国家卫生健康委员会"十四五"规划教材
全国中医药高职高专教育教材

供中药学、中药制药、中药材生产与加工等专业用

药用植物栽培技术

第4版

主　编　汪荣斌

副主编　付绍智　陈　娜　钟湘云　兰才武

编　者　（按姓氏笔画排序）

王　乐（安徽中医药高等专科学校）

付绍智（重庆三峡医药高等专科学校）

兰才武（贵州金川实业有限公司）

汤灿辉（江西中医药高等专科学校）

吴琪珍（赣南卫生健康职业学院）

汪荣斌（安徽中医药高等专科学校）

陈　娜（亳州职业技术学院）

陈玉宝（遵义医药高等专科学校）

林泽燕（漳州卫生职业学院）

郑　雷（四川中医药高等专科学校）

赵　鑫（南阳医学高等专科学校）

钟湘云（湖南中医药高等专科学校）

人民卫生出版社
·北　京·

图书在版编目（CIP）数据

药用植物栽培技术 / 汪荣斌主编. —4 版. —北京：
人民卫生出版社，2023.7（2025.10 重印）
ISBN 978-7-117-34963-5

Ⅰ. ①药…　Ⅱ. ①汪…　Ⅲ. ①药用植物－栽培技术－
高等职业教育－教材　Ⅳ. ①S567

中国国家版本馆 CIP 数据核字（2023）第 142113 号

人卫智网	www.ipmph.com	医学教育、学术、考试、健康， 购书智慧智能综合服务平台
人卫官网	www.pmph.com	人卫官方资讯发布平台

药用植物栽培技术
Yaoyong Zhiwu Zaipei Jishu
第 4 版

主　　编：汪荣斌
出版发行：人民卫生出版社（中继线 010-59780011）
地　　址：北京市朝阳区潘家园南里 19 号
邮　　编：100021
E - mail：pmph @ pmph.com
购书热线：010-59787592　010-59787584　010-65264830
印　　刷：三河市宏达印刷有限公司
经　　销：新华书店
开　　本：850×1168　1/16　　印张：15
字　　数：423 千字
版　　次：2010 年 5 月第 1 版　　2023 年 7 月第 4 版
印　　次：2025 年 10 月第 6 次印刷
标准书号：ISBN 978-7-117-34963-5
定　　价：55.00 元

打击盗版举报电话：010-59787491　E-mail：WQ @ pmph.com
质量问题联系电话：010-59787234　E-mail：zhiliang @ pmph.com
数字融合服务电话：4001118166　E-mail：zengzhi @ pmph.com

《药用植物栽培技术》
数字增值服务编委会

主　编　汪荣斌

副主编　陈　娜　钟湘云　兰才武　王　乐　付绍智

编　者（按姓氏笔画排序）

王　乐（安徽中医药高等专科学校）

付绍智（重庆三峡医药高等专科学校）

兰才武（贵州金川实业有限公司）

汤灿辉（江西中医药高等专科学校）

吴琪珍（赣南卫生健康职业学院）

汪荣斌（安徽中医药高等专科学校）

张新轩（广东众生药业股份有限公司）

陈　娜（亳州职业技术学院）

陈玉宝（遵义医药高等专科学校）

陈春宇（重庆三峡医药高等专科学校）

林泽燕（漳州卫生职业学院）

郑　雷（四川中医药高等专科学校）

孟　肖（亳州职业技术学院）

赵　鑫（南阳医学高等专科学校）

钟长军（安徽中医药高等专科学校）

钟湘云（湖南中医药高等专科学校）

唐双勤（湖南中医药高等专科学校）

修订说明

为了做好新一轮中医药职业教育教材建设工作，贯彻落实党的二十大精神和《中医药发展战略规划纲要（2016—2030 年）》《教育部 国家卫生健康委 国家中医药管理局关于深化医教协同进一步推动中医药教育改革与高质量发展的实施意见》《教育部等八部门关于加快构建高校思想政治工作体系的意见》《职业教育提质培优行动计划（2020—2023 年）》《职业院校教材管理办法》的要求，适应当前我国中医药职业教育教学改革发展的形势与中医药健康服务技术技能人才培养的需要，人民卫生出版社在教育部、国家卫生健康委员会、国家中医药管理局的领导下，组织和规划了第五轮全国中医药高职高专教育教材、国家卫生健康委员会"十四五"规划教材的编写和修订工作。

为做好第五轮教材的出版工作，我们成立了第五届全国中医药高职高专教育教材建设指导委员会和各专业教材评审委员会，以指导和组织教材的编写与评审工作；按照公开、公平、公正的原则，在全国 1 800 余位专家和学者申报的基础上，经中医药高职高专教育教材建设指导委员会审定批准，聘任了教材主编、副主编和编委；确立了本轮教材的指导思想和编写要求，全面修订全国中医药高职高专教育第四轮规划教材，即中医学、中药学、针灸推拿、护理、医疗美容技术、康复治疗技术 6 个专业共 89 种教材。

党的二十大报告指出，统筹职业教育、高等教育、继续教育协同创新，推进职普融通、产教融合、科教融汇，优化职业教育类型定位，再次明确了职业教育的发展方向。在二十大精神指引下，我们明确了教材修订编写的指导思想和基本原则，并及时推出了本轮教材。

第五轮全国中医药高职高专教育教材具有以下特色：

1. **立德树人，课程思政**　教材以习近平新时代中国特色社会主义思想为引领，坚守"为党育人、为国育才"的初心和使命，培根铸魂、启智增慧，深化"三全育人"综合改革，落实"五育并举"的要求，充分发挥思想政治理论课立德树人的关键作用。根据不同专业人才培养特点和专业能力素质要求，科学合理地设计思政教育内容。教材中有机融入中医药文化元素和思想政治教育元素，形成专业课教学与思政理论教育、课程思政与专业思政紧密结合的教材建设格局。

2. **传承创新，突出特色**　教材建设遵循中医药发展规律，传承精华，守正创新。本套教材是在中西医结合、中西药并用抗击新型冠状病毒感染疫情取得决定性胜利的时候，党的二十大报告指出促进中医药传承创新发展要求的背景下启动编写的，所以本套教材充分体现了中医药特色，将中医药领域成熟的新理论、新知识、新技术、新成果根据需要吸收到教材中来，在传承的基础上发展，在守正的基础上创新。

3. **目标明确，注重三基**　教材的深度和广度符合各专业培养目标的要求和特定学制、特定对象、特定层次的培养目标，力求体现"专科特色、技能特点、时代特征"，强调各教材编写大纲一定要符合高职高专相关专业的培养目标与要求，注重基本理论、基本知识和基本技能的培养和全面素质的提高。

4．能力为先，需求为本 教材编写以学生为中心，一方面提高学生的岗位适应能力，培养发展型、复合型、创新型技术技能人才；另一方面，培养支撑学生发展、适应时代需求的认知能力、合作能力、创新能力和职业能力，使学生得到全面、可持续发展。同时，以职业技能的培养为根本，满足岗位需要、学教需要、社会需要。

5．规划科学，详略得当 全套教材严格界定职业教育教材与本科教育教材、毕业后教育教材的知识范畴，严格把握教材内容的深度、广度和侧重点，既体现职业性，又体现其高等教育性，突出应用型、技能型教育内容。基础课教材内容服务于专业课教材，以"必需、够用"为原则，强调基本技能的培养；专业课教材紧密围绕专业培养目标的需要进行选材。

6．强调实用，避免脱节 教材贯彻现代职业教育理念，体现"以就业为导向，以能力为本位，以职业素养为核心"的职业教育理念。突出技能培养，提倡"做中学、学中做"的"理实一体化"思想，突出应用型、技能型教育内容。避免理论与实际脱节、教育与实践脱节、人才培养与社会需求脱节的倾向。

7．针对岗位，学考结合 本套教材编写按照职业教育培养目标，将国家职业技能的相关标准和要求融入教材中，充分考虑学生考取相关职业资格证书、岗位证书的需要。与职业岗位证书相关的教材，其内容和实训项目的选取涵盖相关的考试内容，做到学考结合、教考融合，体现了职业教育的特点。

8．纸数融合，坚持创新 新版教材进一步丰富了纸质教材和数字增值服务融合的教材服务体系。书中设有自主学习二维码，通过扫码，学生可对本套教材的数字增值服务内容进行自主学习，实现与教学要求匹配、与岗位需求对接、与执业考试接轨，打造优质、生动、立体的学习内容。教材编写充分体现与时代融合、与现代科技融合、与西医学融合的特色和理念，适度增加新进展、新技术、新方法，充分培养学生的探索精神、创新精神、人文素养；同时，将移动互联、网络增值、慕课、翻转课堂等新的教学理念、教学技术和学习方式融入教材建设之中，开发多媒体教材、数字教材等新媒体形式教材。

人民卫生出版社成立70年来，构建了中国特色的教材建设机制和模式，其规范的出版流程，成熟的出版经验和优良传统在本轮修订中得到了很好的传承。我们在中医药高职高专教育教材建设指导委员会和各专业教材评审委员会指导下，通过召开调研会议、论证会议、主编人会议、编写会议、审定稿会议等，确保了教材的科学性、先进性和适用性。参编本套教材的1 000余位专家来自全国50余所院校，希望在大家的共同努力下，本套教材能够担当全面推进中医药高职高专教育教材建设，切实服务于提升中医药教育质量、服务于中医药卫生人才培养的使命。谨此，向有关单位和个人表示衷心的感谢！为了保持教材内容的先进性，在本版教材使用过程中，我们力争做到教材纸质版内容不断勘误，数字内容与时俱进，实时更新。希望各院校在教材使用中及时提出宝贵意见或建议，以便不断修订和完善，为下一轮教材的修订工作奠定坚实的基础。

人民卫生出版社有限公司

2023 年 4 月

前 言

药用植物栽培是获取中药资源的主要途径，是中药生产的"第一车间"，是中医药走向现代化和国际化的关键所在。发展药用植物栽培，不仅可为中医药产业提供品种齐全、质量优良的药材，对弘扬民族文化、促进中医药事业发展等都具有重要的现实意义。

药用植物栽培技术是高职高专中药学专业（或相关专业）重要专业课之一，本教材是药用植物栽培岗前培训使用的一本具有实践性和技术指导性特点的教材。为适应中药材规范化生产对药用植物栽培高素质技术技能人才培养的需求，将培养学生的职业道德、职业素养、职业综合能力作为教材编写的主要目标。

本版教材结合近年来本学科的最新研究进展和中医药高职专业建设、课程建设等成果，吸取其他版本教材的长处，在保留上版教材特色的基础上对教材内容进行了一定增删与修改。在编写过程中，本着"优化经典，强化现代"的原则，删除过时的、与现代栽培技术不一致的内容，补充当代科技发展前沿成熟、稳定的新成就、新技术、新理论。注重培养学生创新、获取信息及终身学习的能力，以便提高学生的综合素质、满足其未来发展的需要。在编写中突出数字内容，增加实践操作视频、教学课件、图片等拓展资料。鉴于本教材正文涉及的药用植物栽培品种有限，将编写大纲之外的其他常用药用植物内容通过数字资源形式展现，不同地区院校可灵活选择。

本教材分为总论、各论、实训指导三部分。总论分七章，主要内容为药用植物栽培概况及发展趋势，药用植物生理学基础，药用植物种植制度和土壤耕作技术，药用植物繁殖与良种繁育技术，药用植物田间管理及病虫害防治技术，中药材的采收、产地加工与贮藏技术，药用真菌栽培技术。各论按照药用植物主要入药部位分为六章，介绍具有一定代表性的25种常用药用植物规范化栽培技术。

本教材在编写过程中，参阅了大量相关资料，并得到了各参编单位的大力支持和帮助，在此一并表示衷心感谢！

本教材在编写过程中，可能存在缺点和错误，诚请专家、读者提出宝贵意见，便于今后修订，不断提高教材的编写水平。

《药用植物栽培技术》编委会

2023 年 4 月

目 录

总 论

各　　论

总　论

第一章　绪　　论

中医药学包含着中华民族几千年的健康养生理念及其实践经验，是中华文明的瑰宝，凝聚着中国人民和中华民族的博大智慧，为中华民族的健康繁衍生息和文化传承做出了巨大贡献。中药材是中医药事业传承和发展的物质基础，是关系国计民生的战略性资源。随着医学模式的转变和人民健康需求的增长，中医药事业和中药相关产业蓬勃发展，中药资源需求量显著增加。药用植物是传统中药的主要来源，在野生资源不断减少、需求日益增加的情况下，供不应求的局面日趋严重。为保证中药原料的有效供应及中药资源的可持续利用，大力开展野生药用植物引种驯化和人工栽培已成为必然趋势。

第一节　药用植物栽培概况

一、药用植物栽培的内涵

药用植物栽培研究的对象是各种药用植物的群体。药用植物是指含有生物活性成分，具有防病、治病和保健作用的一类植物。药用植物栽培技术是根据药用植物的生物学特性，选择或创造与之相适应的栽培环境条件，采取有效的栽培管理措施，使所栽培的药用植物正常生长发育的一门技术。它的形成以药用植物的生物学特性、生长发育特点、产量和品质形成规律作为基础。科学、有效的栽培技术是药用植物获得稳产、优质、高效的重要保证。

药用植物的品种、产地、栽培技术、栽培年限、采收部位、采收时期及加工、贮藏条件均影响药用植物活性成分含量高低，而活性成分含量高低直接影响临床疗效。

二、药用植物栽培的特点

（一）药用植物栽培技术的多样性和复杂性

我国药用植物有11 000余种，其中常用药用植物有600余种，依靠栽培的主要药用植物有300种左右。药用植物种类繁多，其习性、繁殖方法、采收加工、药用部位、栽培年限以及对环境要求的多变性，决定了药用植物栽培技术的多样性和复杂性。在进行人工栽培时需要采取不同的措施才能达到预期的生产目的，如人参、黄连等耐阴植物种植时需有一定荫蔽条件；地黄、北沙参等喜阳植物则需选向阳地块种植；菊花、红花等种植时需要打顶促进分枝，以增加头状花序数量，提高花的产量；牡丹、白术常于现蕾前剪掉花蕾或花序，可以终止生殖生长，提高地下部分产量。栽培时还涉及农学及中医药等相关学科知识。

（二）药用植物栽培更注重质量

中药是用于防治疾病的一类特殊商品，药材是制作各种中药的原料，药材的质量决定着中药产品的质量，从而直接影响着临床治疗效果。如果药材质量不合格，甚至会导致病情贻误或加重。因此，药用植物栽培除要求一定的产量外，应更加注重产品质量，属于典型的质量农业范畴。稳步提升中药材质量，对于中医药事业的健康发展具有十分重要的意义。

目前关于药材质量评价技术体系尚不完善，虽然现行的《中华人民共和国药典》已经对许多药材的活性成分含量提出了限量标准，但作为药材主要来源的药用植物，大多数活性成分仍未明确，一种或数种活性成分含量并不能全面体现药材质量情况。比较有效的方法是建立传统的性状鉴别、现代的活性成分含量测定、生物效价等全方位的综合评价体系。

（三）药用植物栽培强调道地性

由于地理环境、气候条件等多种生态因素影响了药用植物次生代谢产物、有益元素种类及其存在状态，形成了药用植物品质的区域性和道地性。传统意义上的道地药材是指经过中医临床长期应用优选出来的，产在特定地域，与其他地区所产同种药材相比，品质和疗效更好，且质量稳定，具有较高知名度的药材。良好的生态条件、悠久的栽培历史、独特的产地加工技术和优良的种质资源是道地药材形成的主要原因，遗传变异、环境饰变和人文作用（含生产技术等）是道地药材形成的基本条件。在中医药发展的早期，由于受科技水平的限制，缺乏有效的检测标准和手段，人们很重视药材是否来自原产地，往往以道地药材作为质优的标志。将药材与地理、生境和种植技术等特异性联系起来，可分为关药、北药、怀药、浙药、南药、云药及川药等。在众多的药材种类中，有的药材道地性强，产量与质量受地理环境、气候条件等生态因素的影响大，如四川的川芎、重庆的黄连、甘肃的当归、吉林的人参等。有的种类的道地性是受过去技术、交通等原因限制而形成，这类药材引种后生长发育、品质与原产地基本一致，如薯蓣（山药）、芍药、金银花、菊花等。此外，受环境条件或用药习惯改变的影响，所谓的道地药材也会发生一定的变迁，如地黄、泽泻及人参等。

（四）药用植物栽培研究起步较晚

我国药用植物栽培历史悠久，但其栽培技术水平及生产规模化、集约化程度还远远落后于小麦、水稻等粮食作物。目前很多药用植物种类尚处于半野生状态，已形成的栽培品种特别是具有推广价值的优良品种还较少；沿用传统种植技术或经验的现象还很普遍。同时，药材重金属和农药残留的问题较为突出，已成为制约中医药国际化、现代化进程的主要瓶颈。

（五）药材市场的特殊性

药用植物栽培的目标产品是各种药材，而药材市场与一般农产品的市场不同，药材生产的服务对象是医院、中药制药企业等。药材是用于防病治病的物质，中医又多用复方配伍入药，各个药材的性、味、归经、功效、主治不同，相互之间不能随意替代。药用植物栽培过程中，要强调种类全，种类、面积比例适当，才能满足中医用药要求。俗话说："少了是宝，多了是草"，因此在进行栽培时，需要根据市场需求做好预测，尽量使种类、种植面积与市场需求量相适应。

三、药用植物栽培的发展概况

我国药用植物栽培具有悠久的历史，薏米是我国栽培最早的药用植物，据《薏苡》一书的作者赵晓明等考证，薏米在我国至少有 6 000～10 000 年的栽培驯化历史。在我国古籍中有关药用植物栽培的记载可追溯到 2 600 多年以前。《诗经》载有枣、桃、梅的栽培。

汉武帝时期，药材的生产已初具规模，在长安建立引种园，张骞出使西域，引种红花、安石榴、胡桃、大蒜等有药用价值的植物到关内栽培，丰富了药用植物种类。

北魏时期，贾思勰著有《齐民要术》，其中记载了地黄、红花、吴茱萸、竹、姜、栀、桑、胡麻、蒜等20余种药用植物栽培法。

隋代，在太医署下设"主药""药园师"等职，掌管药用植物栽培，并设有药用植物引种园，还有《种植药法》《种神草》等药用植物栽培专著。

唐宋时代，已经形成了一套完整的栽培技术，如韩彦直在《橘录》中记载了橘类、枇杷、通脱木、黄精等数十种药用植物栽培法。

明代，李时珍在《本草纲目》中记载荆芥、麦冬等约180种药用植物的栽培方法。

明清时期，王象晋的《二如亭群芳谱》、徐光启的《农政全书》、吴其濬的《植物名实图考》等均详细地记载了多种药用植物的栽培法，为以后药用植物栽培的研究奠定了基础。

民国时期，药用植物的研究多偏重化学药理方面，直至抗日战争时期，为防止疟疾，当时的国民政府农林部、军政部在四川南川（今重庆市南川区）金佛山筹建常山种植场，开始了药用植物的栽培与研究。

中华人民共和国成立后，药用植物栽培取得了突飞猛进的发展，已开展野生变家种或引种栽培的药用植物有2 000余种。野生变家种的药用植物日益增多，如天麻、甘草、麻黄、细辛、北五味子、川贝母等。从国外引种的药用植物有30多种，如西红花、西洋参、丁香、水飞蓟、胖大海等。

随着科学技术的发展，现代生物学、农学、药学的新技术开始广泛融入并影响药用植物栽培技术的研究和发展，逐步解决以前遗留下来的难题以及新出现的问题，如管理粗放、品种混杂、农药与重金属污染、重茬障碍、药材质量不稳等。近年来，现代生物技术在药用植物研究中的应用越来越广泛，主要用于药用植物的快速繁殖、脱毒苗生产及有效次生代谢产物的提取或生物合成等方面。

四、药用植物栽培种类区域分布

我国幅员辽阔，地形复杂，气候多样，适宜各类植物生长。由于自然条件、用药历史及用药习惯的不同，药材生产地域性较强，决定了我国各地生产、收购的药材种类不同，所经营的药材种类和数量亦不同。全国各地生产、收购的药材种类各具特色，形成了药材区域化的生产模式。全国道地药材基地划分为东北、华北、华东、华中、华南、西南、西北7大区域。

（一）东北道地药材产区

大部属于温带、寒温带季风气候，是关药主产区。包括内蒙古东北部、辽宁、吉林及黑龙江等地，中药材种植面积约占全国的5%。

本区域优势道地药材品种主要有人参、北五味子、关黄柏、辽细辛、关龙胆、辽藁本、赤芍、关防风等。

（二）华北道地药材产区

大部属于亚热带季风气候，是北药主产区。包括内蒙古中部、天津、河北、山西等地，中药材种植面积约占全国的7%。

本区域优势道地药材品种主要有黄芩、连翘、知母、酸枣仁、潞党参、柴胡、远志、山楂、天花粉、款冬花、甘草、黄芪等。

（三）华东道地药材产区

属于热带、亚热带季风气候，是浙药、江南药、淮药等主产区。包括江苏、浙江、安徽、福建、江西、山东等地，中药材种植面积约占全国的11%。

本区域优势道地药材品种主要有浙贝母、温郁金、白芍、杭白芷、浙白术、杭麦冬、台乌药、宣木瓜、牡丹皮、江枳壳、江栀子、江香薷、茅苍术、苏芡实、建泽泻、建莲子、东银花、山茱萸、茯苓、灵芝、铁皮石斛、菊花、前胡、木瓜、天花粉、薄荷、延胡索、玄参、车前子、丹参、百合、青皮、覆盆子、瓜蒌等。

（四）华中道地药材产区

属于温带、亚热带季风气候，是怀药、蕲药等主产区。包括河南、湖北、湖南等地，中药材种植面积约占全国的16%。

本区域优势道地药材品种主要有怀山药、怀地黄、怀牛膝、怀菊花、密银花、荆半夏、蕲艾、山茱萸、茯苓、天麻、南阳艾、天花粉、湘莲子、黄精、枳壳、百合、猪苓、独活、青皮、木香等。

（五）华南道地药材产区

属于热带、亚热带季风气候，是南药主产区。包括广东、广西、海南等地，中药材种植面积约占全国的6%。

本区域优势道地药材品种主要有阳春砂、新会皮、化橘红、高良姜、佛手、广巴戟、广藿香、广金钱草、罗汉果、广郁金、肉桂、何首乌、益智仁等。

（六）西南道地药材产区

属于亚热带季风气候及温带、亚热带高原气候，是川药、贵药、云药主产区。包括重庆、四川、贵州、云南等地，中药材种植面积约占全国的25%。

本区域优势道地药材品种主要有川芎、川续断、川牛膝、黄连、川黄柏、川厚朴、川椒、川乌、川楝子、川木香、三七、天麻、滇黄精、滇重楼、川党、川丹皮、茯苓、铁皮石斛、丹参、白芍、川郁金、川白芷、川麦冬、川枳壳、川杜仲、干姜、大黄、当归、佛手、独活、青皮、姜黄、龙胆、云木香、青蒿等。

（七）西北道地药材产区

大部属于温带季风气候，是秦药、藏药、维药主产区。包括内蒙古西部、西藏、陕西、甘肃、青海、宁夏、新疆等地，中药材种植面积约占全国的30%。

本区域优势道地药材品种主要有当归、大黄、纹党参、枸杞、银柴胡、柴胡、秦艽、红景天、胡黄连、红花、羌活、山茱萸、猪苓、独活、青皮、紫草、款冬花、甘草、黄芪、肉苁蓉、锁阳等。

知识链接

道地药材

道地药材是在特定地域，通过特定生产过程所产生，较其他地区所产的同种药材品质佳、疗效好的药材。又称地道药材。历史上道地药材多数来源于野生资源，区域特征明显，数量有限。当代特别是改革开放以来，随着科学技术进步和用药量的增加，人工栽培药材逐步取代野生药材的步伐不断加快，道地药材加快发展。

道地药材是中医药事业发展的重要基石之一，加强道地药材资源保护和生产管理，规划引导道地药材生产基地建设，推进标准化、规范化生产，稳步提升中药材质量，对于实施健康中国战略和乡村振兴战略具有十分重要的意义。

课堂互动

请说出你的家乡所在地区的主要药用植物有哪些？

第二节 药用植物规范化生产和发展趋势

一、中药材生产质量管理规范概述

中药材 GAP 是《中药材生产质量管理规范》（Good Agricultural Practice for Chinese Crude Drugs）的简称。实施中药材 GAP，对中药材生产全过程进行有效的品质控制，是保证中药材品质"稳定、可控"，保障中医临床用药"安全、有效"的重要措施。中药材 GAP 的研究对象是药用植物、药用动物及其赖以生存的环境（包括各种生态因子），也包括人为的干预。

2002 年 4 月 17 日，国家药品监督管理局发布试行版中药材 GAP（《中药材生产质量管理规范》），共分 10 章 57 条；2003 年国家食品药品监督管理局颁布了《中药材生产质量管理规范认证管理办法（试行）》及《中药材 GAP 认证检查评定标准（试行）》，并于 2003 年 11 月正式开展中药材 GAP 的认证工作，中药材 GAP 认证检查项目共 104 项，包括关键项目 19 项和一般项目 85 项。2016 年，取消中药材 GAP 认证。此阶段先后共认证中药材 GAP 基地 177 个，涉及 71 种中药材。

2022 年 3 月 17 日，国家药品监督管理局、农业农村部、国家林业和草原局、国家中医药管理局联合发布修订后的正式版《中药材生产质量管理规范》，是中药材生产企业建设规范化生产基地的技术指导原则。该规范明确了中药材 GAP 的实施方式，既不是认证制，也不是备案制，而是通过监督检查中药生产企业"延伸检查"中药材生产企业。中药生产企业使用符合新版中药材 GAP 要求的原料，可按要求在药品标签适当位置标示"药材符合 GAP 要求"。新版中药材 GAP 共 14 章 144 条，较试行版中药材 GAP 增加了 4 章 87 条。修订思路主要包括强调对中药材质量有重大影响的关键环节实施重点管理、重视全过程细化管理、以"六统一"（统一规划生产基地，统一供应种子、种苗或其他繁殖材料，统一肥料、农药、饲料、兽药等投入品管理措施，统一种植或养殖技术规程，统一采收与产地加工技术规程，统一包装与贮存技术规程）和"可追溯"树立风险管控理念；强调高标准、严要求、兼顾中药材生产实际情况及当前技术水平；贯彻"写我要做、做我所写、记我所做"理念，将技术规程和质量标准制定前置；立足中医药特色和传承，鼓励采用适宜的新技术、新方法；强调药材规范生产与生态环境保护统一；强化药材流向管理，补充了放行、投诉、退货与召回等管理内容。

 知识链接

新版中药材 GAP 适用范围

新版中药材 GAP 既适用于中药材的种植和养殖，也适用于野生抚育和仿野生栽培。中药材 GAP 所指的中药材为来源于药用植物、药用动物等资源，经规范化的种植（含生态种植、野生抚育和仿野生栽培）、养殖、采收和产地加工后，用于生产中药饮片、中药制剂的药用原料。由于矿物药来源于非生物，其自然属性和生产过程与生物类不同，所以矿物药的生产质量管理暂不包括在本规范内。

二、药用植物栽培的发展趋势

随着人民生活水平的提高和卫生保健事业的快速发展，中药产品市场需求日益增大，大力发展药用植物栽培已成为满足市场需求的必然趋势。我国具有世界上最丰富的天然药物资源，中药是我国医药的特色和优势。中医药将面临贸易全球化所带来新的机遇，这为充分利用我国丰富的药用植物资源创造了良好的外部条件。

提高中药材的质量是药用植物栽培研究的永恒主题。为稳定和提高中药材质量，实现中药资源的可持续利用，必须从源头抓起，着力构建和完善现代中药的质量保障体系。但是由于诸多原因，我国药用植物栽培还存在许多问题：如种质不清，良种使用率低，栽培、加工技术不规范，农药残留量严重超标；中药材质量问题可追溯性不强，质量责任不明确；中药材质量不稳定，抽检不合格率居高不下；野生资源破坏严重等。在药用植物栽培中，应开展药用植物品种选育及良种繁育，严格管理农药、肥料等农业投入品的使用，禁止使用剧毒、高毒农药，提高中药材质量。此外，通过加强野生药用植物资源保护促进药用植物资源可持续利用。

（一）加强基础理论研究

药用植物栽培的研究涉及多学科、多领域的研究成果的综合运用。药用植物栽培技术与其产量和质量的关系涉及植物体内有效成分的合成、转化、积累的动态变化，以及与生境之间的相互关系等，要有效解决这些问题必须多学科紧密协作，综合研究。加强基础研究，提升药材生产科技水平，将会有力推进土地资源可持续利用、生态种植、优良品种选育及各种生产管理措施优选确定，最终提高药材的产量与质量，促进中医药事业发展。

（二）加强道地药材生产

道地药材在整个中药材中所占比例较大，发展道地药材的生产是保证中药材质量的重要措施。《中华人民共和国中医药法》明确规定："国家建立道地中药材评价体系，支持道地中药材品种选育，扶持道地中药材生产基地建设，加强道地中药材生产基地生态环境保护，鼓励采取地理标志产品保护等措施保护道地中药材。"应在道地药材研究的基础上，按照中药材产地适宜性优化原则，因地制宜，合理布局，统一规划，实现规模化、集约化生产经营。

（三）加强绿色栽培技术研究

中药材是用于防病治病的特殊商品，质量是其生命，提高和保证药材质量是药用植物栽培研究永恒的目标。药材质量决定于基因、生态环境、药用植物个体发育及产地加工方法等。从中药材生产的基地选址，种子种苗或其他繁殖材料，种植、野生抚育或者仿野生栽培，采收与产地加工，包装、放行与储运等各个环节加强管理，控制生产过程中影响药材质量的各种因素，实现各种操作的标准化，保证药材质量"稳定、可控"、临床用药"安全、有效"。

（四）加强现代生物技术应用研究

现代生物技术发展迅速，中药材生产融入现代生物技术，有利于提升中药材生产效率。如分子标记辅助育种及组培、脱毒等新技术可以加速繁殖和培育优良品种，有效提高药材产量与质量；应用组织细胞工程合成特定活性成分，可以实现工业化大规模生产；应用发酵工程培养药用真菌，可直接生产多糖类产品；开展药用植物工厂化栽培，可以实现某些药材的规模化、现代化生产。

随着信息技术、智能装备的发展和世界中药发展新潮流的引领，新技术、新装备、新理念也促进了药用植物栽培产业的发展。精准农业技术、设施栽培技术、农业机械、可追溯体系、物联网技术等在中药材产业中的应用也越来越普遍，这对于提高中药材产品的国际市场竞争力，乃至整个中药产业的提档升级必将起到巨大的推动作用。

思政元素

摸清家底，助力中医药事业发展

中药资源是国家战略性资源。但中药资源可持续发展面临各种问题，如野生中药资源的破坏，中药材质量堪忧，中药材市场价格失灵，产业集中度低、竞争力弱，工艺设备和产品质量以及国际地位有待提高等。

国家高度重视中药资源保护和可持续利用工作，20 世纪 60～80 年代，分别开展了 3 次全国范围的中药资源普查。为了进一步摸清中药资源家底，为中药资源保护措施和相关产业发展政策制定提供科学依据，2011—2020 年，国家中医药管理局组织开展了第四次全国中药资源普查，一是开展县域中药资源普查，了解我国各地中药资源家底，为国家（省、县）中药材资源保护、合理开发和利用提供基础数据；二是建立中药资源动态监测信息和技术服务网络体系，形成长效机制，实时掌握我国中药材的产量、流通量、价格和质量等的变化趋势，促进中药产业的健康发展；三是建立中药材种子种苗繁育基地和种质资源库，从源头上保证中药材的质量，促进珍稀、濒危、道地药材的繁育和保护；四是开展与中药资源相关的传统知识调查，挖掘、传承和保护与中药资源相关的传统知识。形成了中药资源保护和可持续利用的长效机制。

（汪荣斌 王 乐）

扫一扫，测一测

? 复习思考题

1. 简述药用植物栽培技术的概念。
2. 怎样理解《中药材生产质量管理规范》(GAP)实施的必要性？
3. 简述药用植物栽培的特点。

第二章　药用植物生理学基础

PPT课件

知识导览

第一节　药用植物生长发育的生理学原理

　　植物的生长发育是其生命活动中极为重要的生理过程，表现为种子发芽、生根、长叶，植物体长大成熟、开花、结果，直至最后衰老、死亡。植物的生长发育是一个从量变到质变的过程，是植物按照自身固有的遗传模式和顺序，并在一定的外界环境下，利用外界的物质和能量进行生长、分生和分化的结果。

　　生长是植物直接产生与其相似器官的现象，生长的结果引起植物体积或质量的增加。由于茎（芽）和根的尖端始终保持分生状态，茎、根中又有形成层存在，可不断使其增生、加粗，使植物的细胞、组织、器官的数量、质量、体积不断增大，所以生长是一个量变的过程。

　　发育是植物通过一系列的质变以后，产生与其相似个体的现象，主要表现为各种细胞、组织和器官的分化，发育的结果产生新的器官。从栽培角度讲，发育主要指从营养生长阶段到生殖生长阶段的质变过程。

　　在植物一生中，生长和发育常常是交织在一起的。根、茎、叶是吸收、合成和输导营养的器官，故称营养器官；花、果实和种子是繁殖后代的器官，所以叫生殖器官。药用植物从播种到收获的时间，称为药用植物的生育期。生产上，把田间管理和伴随着药用植物不同器官的分化、形成，达到田间植株 50% 的时期，相应称为不同的生育时期（如出苗期、现蕾期等）。植物种子萌发、生根并形成茎叶，植物的体积和质量增加，是植物的营养生长过程，称为营养生长阶段；伴随着营养器官生长到一定阶段，植物开始生殖器官的分化、开花并形成果实和种子等，是营养生长与生殖生长并进阶段；营养器官生长停止，并达到最大量，进入生殖器官的充实、晚熟阶段，是植物的生殖生长过程，称为生殖生长阶段。药用植物种类的不同，它们的生长发育类型及对外界环境的要求也不同。了解药用植物的生长发育规律及其与环境条件的关系，对于药用植物栽培具有十分重要的意义。

一、药用植物的生命周期

　　绝大多数药用植物为种子植物。植物体从合子发育成种子开始，到新一代种子形成的整个过程称为生命周期。根据植物的生命周期不同，把药用植物分为以下 3 种类型：

（一）一年生药用植物

在播种当年内完成种子萌发、开花、结果、植株衰老死亡等过程的植物。如薏米、曼陀罗、王不留行等。

（二）二年生药用植物

在播种当年种子萌发后进行营养生长，到第二年开花、结实至衰老死亡的植物。如当归、牛蒡、白芷等。

（三）多年生药用植物

在一次播种或栽植后，可以连续生长发育二年以上，每年都完成一个营养生长到生殖生长的周期，到一定株龄后就可连年开花结实，结实后一般不易死亡的一类植物。如人参、贝母、党参、杜仲、厚朴、黄柏等。但少数植物一生只开花结实一次，如天麻等。也有个别植物一年多次开花，如忍冬、菊花等。

一年生和二年生植物之间，或二年生与多年生植物之间，有时是不容易截然区分的。如红花、菘蓝等，秋播当年形成叶丛，而后越冬，第二年春天抽薹开花，表现为典型的二年生药用植物。但是若将这些二年生药用植物于春季气温较冷时播种，则当年也可抽薹开花，表现为一年生植物。

二、药用植物的生长发育过程

药用种子植物从种子萌发开始到再收获种子为止，经历种子时期、营养生长时期、生殖生长时期3个阶段，完成一个生长发育过程。不同药用植物因植物种类、繁殖方法和播种时间不同，生长发育过程存在差异。

（一）种子时期

指种子的形成至开始萌发阶段。这一时期可分为胚胎发育期、种子休眠期、发芽期3个阶段。

1. 胚胎发育期　这一时期是在母体上完成的。从卵细胞受精开始，胚珠发育成为成熟的种子为止。

2. 种子休眠期　采收后的成熟种子进入休眠状态，休眠时间有长有短，如山茱萸、黄连休眠时间较长，而红花、薏米休眠时间较短。

3. 发芽期　种子经过休眠阶段，在适宜发芽的条件下，即可萌发。

（二）营养生长时期

指植株营养器官快速生长期、休眠期。种子萌发后进入幼苗期，标志着植物自养生活的开始。这一时期分为幼苗期、生长旺盛期、休眠期。

1. 幼苗期　种子萌发后进入幼苗生长期，为营养生长初期。绿色叶片进行光合作用制造营养物质，除了一部分被呼吸代谢消耗外，均用于根、茎、叶的生长。这一时期要根据植物种类进行温度、水分、光照等条件的调节。

2. 生长旺盛期　幼苗期后，植株进入旺盛生长时期。此时一年生植物根、茎、叶旺盛生长，为开花结果奠定营养基础；二年生或多年生草本植物利用营养器官生长剩余的光合产物，积累养分，形成块根、块茎等贮藏器官（地下部分）。

3. 休眠期　二年生或多年生草本植物完成生长旺盛期，地上部分为适应酷夏或严冬等不良环境，逐渐枯萎，停止生长，进入休眠阶段。此时应做好植物的保护，免遭寒、热危害，减少营养物质的消耗。

（三）生殖生长时期

植物营养生长到一定时期，在适宜的外界条件下，内部开始发生一系列质的变化，逐渐转向生殖生长，分化发育出生殖器官——花，最后结实形成种子。这一时期分为花芽分化期、开花期、结果期。

1．花芽分化期 在光照、温度等外界因素的诱导下，植物顶端分生组织代谢类型发生变化，生长锥发生花芽分化。花芽分化是植物营养生长过渡到生殖生长的标志。对花芽分化影响最大的环境条件是温度和日照长度。不同植物的花芽分化时期与方式不同，孕蕾时间长短不同，有的长达一年，如山茱萸。一般植物在花芽分化期，茎叶与根部均同时生长。

2．开花期 现蕾、开花到授粉受精时期。此时需要合适的光照、温度、水分。否则，将影响花朵开放和受精，引起落花落果。

3．结果期 花经授粉受精后，子房膨大发育形成果实和种子。以果实或种子作为经济产品，此时应供足水肥，保证果实饱满成熟，并促进营养器官生长，为果实、种子提供养分。

三、药用植物生长发育的周期性

由于地球的公转与自转，太阳辐射能量呈周期性变化，与环境条件相适应的植物有机体的生命活动也表现出同步的周期性变化。植物生长的周期性变化，与每天的或季节的环境条件变化密切相关。同时植物内部因素，在多种周期性变化中也起着重要作用。

药用植物生长发育周期性——生物钟（合欢）

（一）植物生长曲线和生长大周期

植物器官或整株植物在一生的生长过程中，其生长速率是不均衡的，表现出"慢 - 快 - 慢"的基本规律，即开始时生长缓慢，以后逐渐加快，然后又减慢，直至停止生长，这一生长全过程称为生长大周期。这种生长节律无论在细胞数量增长中，还是整株植物重量增加、茎的伸长、叶面积的扩大、果实发育以及产品器官的增大，甚至体内所含成分含量的变化，都表现出一个共同的特征，即"慢—快—慢"生长的基本规律。如果以植物（或器官）体积、干重、高度、表面积、细胞数或蛋白质含量等参数对时间作图，可得到植物的生长曲线。生长曲线表示植物在生长周期中的生长变化趋势，典型的有限生长曲线呈 S 形。这种曲线称为植物生长的 Logistic 曲线。

植物出现生长大周期的原因，可从细胞的生长情况来分析。细胞生长有 3 个时期，即分生期、伸长期和分化期，生长速率呈"慢—快—慢"的规律性变化。器官生长过程中，初期细胞主要处于分生期，以细胞分裂为主，这时细胞数量虽能迅速增多，但细胞内原生质体的合成过程较慢，故体积增加较少，因此表现出生长较慢；到了器官生长中期，细胞转入伸长期，以细胞伸长和扩大为主，细胞内的原生质体的合成旺盛，再加上液泡渗透吸水，使水分迅速进入，细胞体积迅速增大，因而这时是器官体积和重量增长最显著的阶段，也是绝对生长速率最快的时期；到了器官生长后期，细胞进入分化期，以分化成熟为主，细胞内的原生质体的合成停止，细胞趋向成熟与衰老，器官的体积和重量增加逐渐减慢，直至最后停止。

研究和了解药用植物植株或器官的生长大周期，在药用植物的生产实践上有一定的意义。根据药用植物生产的需要，可以在植株或器官生长最快的时期到来之前，及时采用农业措施加以促进或抑制，以控制植株或器官的大小。如根及根茎类药用植物的收获器官是根及地下茎，应在苗期加强肥水管理，促使其形成大量茎叶，积累大量的光合作用产物，为丰产打好基础；生长中期控制地上部分生长、防止徒长；生长后期则应以促进地下部分生长为主，获得所需要的高产、高质的药用部位。

（二）昼夜周期性

植物在一天的生长过程中，经历白天与黑夜，受到昼夜节奏生长因子的影响，表现出昼夜周期性。引起植物生长昼夜周期性的原因主要是温度、光照和植物体内的水分状况。植物正常的生长发育既需要光与暗的昼夜节奏，也需要温度有昼夜差异。白天光照加强，温度升高，蒸腾强度大，易发生水分亏缺，夜间气温下降，蒸腾作用低，水分充足，因而加速生长。同时，白天光照强，对细胞延伸也起抑制作用。通常在植物体内水分不亏缺条件下，白天适当高温有利于光合作用进行，而夜间适当低温可使植物呼吸作用减弱，光合作用产物消耗减少，净积累增多，生长加快。

（三）季节周期性

在一年四季中，寒来暑往，植物的生长过程也表现出明显的周期性。自然界中，温带多年生植物在春季气温开始回升时发芽、生长，继而出现花蕾；夏秋季节高温下开花、结实及果实成熟；秋末冬初低温条件下落叶或枯萎，呼吸强度减弱，体内淀粉转化为糖，以增强抗寒能力，随之进入休眠。药用植物体内某些有效成分含量的高低，有时也呈现周期性的变化，如不同月份采收的牡丹皮中丹皮酚含量呈曲线型变化，3—6月由高逐渐降低，7、8月含量基本相近，9—11月又逐渐增加，11月达最大值，12月又逐渐降低。药用植物产量也呈周期性变化，如牡丹皮产量从3—8月逐月增加，8月达最高值，9月呈下降趋势。由此可见，植物生长季节周期性与确定中药材最佳采收期关系密切。

另外，树木的年轮一般是一年一圈。在同一圈年轮中，春夏季由于适于树木生长，细胞分裂快，体积大，所形成的木材质地疏松，色泽较淡，称早材或春材；到了秋冬季，细胞分裂减弱，细胞径小壁厚，质地紧密，色泽较深，称晚材或秋材。可见，年轮的形成也是植物生长季节周期性的一个具体表现。

（四）生物钟

植物生长对昼夜与季节变化的反应，很大程度是由于环境条件的周期性变化而引起的。而有一些植物的生命活动则并不取决于环境条件的变化。例如菜豆、合欢、酢浆草等植物的叶子白天是水平的，而在夜间下垂。这种随昼夜节奏的运动，是这些植物叶子的就眠运动。再如有些花在清晨开放，而另一些花在傍晚开放，这就分别为白天活动的昆虫和夜晚活动的昆虫提供它们需要的花粉。实验证明，这种每日的就眠运动，即使在外界连续见光或连续黑暗条件下也呈周期性的出现。这种运动是一种内在周期，但内生昼夜节奏的周期不是准确的24小时，而是在22～28小时之间，所以也称为近似昼夜节奏或生物钟。生物钟现象在自然界广泛存在，具有明显的生态意义。

大多数药用植物通过体内生物钟的节奏性，感受外界环境的周期性变化（如昼夜循环、季节变化等），来调节自身的生理活动节律，使它在一定的时期开始、进行或结束。所以，植物生长发育进程或行为的加强与减弱，是植物体内生物钟的节奏性与外界环境周期性变化共同作用的结果。

四、药用植物生长发育的相关性

植物是有机的整体。植物的细胞、组织、器官之间既有精细的分工又有密切的协调，既相互促进又相互制约。植物体内不同器官之间相互依存、相互制约的关系称为植物生长的相关性。不同药用植物的产品器官在形成过程中，一方面受同一个体其他器官生长的影响，另一方面又有各自对外界环境特殊的要求。了解各个药用植物相应器官生长相关性及其所需的特殊条件，是做好药用植物栽培的基础。

（一）顶芽与侧芽、主根与侧根的相关性

一般植物茎和根的顶端生长快，侧芽和侧根生长慢，这种顶端生长占优势的现象，叫作顶端优势。只有在顶芽受到损伤或人工摘除后，邻近的腋芽才能萌发或加速生长。这种现象主要是与生长素的作用有关。高浓度的生长素（IAA）抑制植物生长，低浓度的 IAA 促进植物生长。茎尖产生的生长素在植物体内由形态学上端运往形态学下端，使侧芽附近的生长素浓度加大，侧芽生长被抑制，因此顶芽的存在限制了侧芽的生长。如果去掉顶芽，削弱顶端优势，腋芽就可萌发生长。植物地下部分的主根与侧根也存在类似的现象。

在药用植物生产中顶端优势被广泛运用，如杜仲、黄柏、合欢等以收获茎皮为对象的木本植

物,必须控制侧枝,保持顶端优势,培养主干生长。在栽培菊花、红花、狭叶番泻叶时,就需要摘心,除去顶端优势,使其形成较多侧枝,才能丰产。对根的处理也是一样,如栽种山茱萸等幼苗时,要保护整个主根,使其向土壤纵深处伸展。在栽培麦冬幼苗时,要剪掉一段根茎,促使多发须根,增加产量。

(二)地上部分与地下部分的相关性

药用植物地上部分与地下部分存在密切的关系,一方面地下部分生长所需要的大量有机物由地上部分茎、叶所提供;另一方面根系供应地上部分水分和无机盐,同时根也能合成多种生长物质和有机养分,沿导管向上输送给茎、叶。这些物质的相互交流,才使根、茎和叶分别获得自己不能满足而生长又必需的物质,从而得以正常生长。通常用根冠比来表示两者的生长相关性,即地下部分重量和地上部分重量(鲜重或干重)之比。影响植物根冠比的因素主要有土壤水分、土壤通气性、光照、矿质元素、温度等。

土壤中常有一定的可用水,所以根系相对不易缺水。而地上部分则依靠根系供给水分,又因枝叶大量蒸腾,所以地上部分水分容易亏缺。因此土壤水分不足对地上部分的影响比对根系的影响大,使根冠比增大。反之,若土壤水分过多,土壤中氧气含量减少,不利于根系的活动与生长,使根冠比减小。

植物地上部分位于大气中,氧气的供应比较充足,而根系位于土壤中,氧气的供应不足。如果土壤通气良好,有利于根的生长,水肥吸收能力增强,地上部分生长也好,使根冠比稍有增加。反之,土壤通气性差,根系生长受阻,使根冠比减小。通常中耕,能够疏松土壤,使土壤通气性增强,为根系生长创造良好的条件,使根冠比增大。

在一定范围内,光照强度提高则光合产物增多,对根与冠的生长都有利。但在强光下,空气中相对湿度下降,植株地上部分蒸腾增加,器官组织中水分减小,茎叶的生长易受抑制,因而根冠比增大。反之,若光照不足,向下输送的光合产物减少,影响根部生长,而对地上部分的生长相对影响较小,所以根冠比降低。

营养元素的种类和含量水平,对根冠比的影响有所不同。氮素是细胞生长必需的物质。氮素充足时,大部分氮素运往地上部分,参与地上部分蛋白质的合成,地上部分生长旺盛,同时光合产物的消耗也多,减少了输向根的光合产物,影响根系生长,使根冠比降低;氮素少时,首先满足根的生长,运到地上部分的氮素减少,使地上部分蛋白质合成受阻,地上部分生长减慢,消耗的光合产物减少,输入根的增多,使根冠比增大。磷、钾肥有调节碳水化合物转化和运输的作用,可促进光合产物向根和贮藏器官转移,通常能增加根冠比。当土壤缺铁时,根冠比下降。因为缺铁使叶绿素合成受阻,光合作用下降,输入根的光合产物减少。同时,由于缺铁使根系呼吸作用减弱,从而影响根的生长。

通常根部的活动与生长所需要的温度比地上部分低,故在气温低的秋末至早春,植物地上部分的生长处于停滞期时,根系仍有生长,根冠比因而增大;但当气温升高,地上部分生长加快时,使根冠比减小。

在生产上,调整根及地下茎类药用植物的根冠比,是提高产量和品质的重要措施之一。如丹参、白芷,一般在生长前期,地上部分应充分生长发育,根冠比要小,生产上则要求较高的温度、充足的土壤水分与适量的氮肥。生育中期逐步提高根冠比,至生长后期或接近收获期,要以地下部分增大为主,根冠比达最大值,生产上要求适当降低土温,减少氮肥供给,增施磷、钾肥,从而提高产量。在药材生产中,有些药用植物根茎虽然不入药,但对产品器官的形成和产量有影响。如款冬是以花蕾入药,其花着生在地下根茎上,根茎生长的好坏,对花蕾的形成和产量的高低影响很大,需要以根冠比为指标,加强田间管理。

(三)营养生长与生殖生长的相关性

营养生长是指根、茎、叶等营养器官的生长,花、果实、种子等繁殖器官的生长称为生殖生长。两者既是统一的,又是相互抑制的。生殖生长所需的养料,大部分是由营养器官所供应,营养器官生长的好坏直接影响生殖器官的生长发育。生殖生长同样也影响营养生长,一般药用植物在生育中期,营养生长尚在继续,而生殖生长与它相伴进行,此时光合产物既要供给生长中的营养器官,又要供给发育中的生殖器官。由于花和幼果常成为营养分配中心,营养优先供给花与果,这样势必影响营养器官的生长。如某些种类的竹林在大量开花结实后会衰老死亡,主要是由于果实消耗了大量营养物质的缘故,这在肥水不足的条件下表现更为突出。

在生产上,要适度调节营养生长与生殖生长的关系。如以花、果实、种子为收获器官的药用植物,在开花前重点培育壮苗,使营养器官生长发育茁壮,为生殖生长创造雄厚的物质基础。同时要防止生长过旺,以免进入生殖生长阶段时不能建立起繁殖器官的生长优势,造成花期推迟、落果、种子空瘪等现象。以收获果实、种子为目的的木本药用植物,大量结实会使树势衰弱,影响花芽的形成,使来年产量降低,造成所谓"大小年"现象。适当供应水、肥,合理修剪或适当疏花、疏果便能克服此现象。而对于以茎、叶为入药部位的药用植物,则可采取增施氮肥、供应充足的水分、摘除花蕾和修剪等措施来控制生殖器官的生长。

(四)极性与再生性

植物体形态上下两端各具有不同生理特性的现象称为极性。与植株分离的部分(细胞、组织或器官)具有长成新植物体的能力称为再生性。植物体的极性在受精卵中就已形成,并延续给植株。当胚长成新的植株时,仍然明显地表现出极性。如一段枝条,其形态学上端总是长出芽,而形态学下端总是长出根。这种形态上的不同是由于内部生理差异所造成的。不同器官极性的强弱不同,一般来说极性强弱顺序是茎>根>叶。

再生作用和极性原理在药用植物生产上应用十分广泛。如枸杞、菊花等用枝条扦插或丹参、地黄分根繁殖时要注意枝条和根的极性,顺插才容易成活。在嫁接繁殖中极性也很重要,如果接穗与砧木在形态上是相同方向,嫁接则容易成活。

第二节　药用植物生长发育与环境条件的关系

药用植物栽培的环境是指药用植物生长发育的外界条件,是由很多因子组成的,其中包括气候、土壤、肥料等。环境中的各种因子就是药用植物的生态因子。在药用植物栽培过程中,利用、控制各种生态因子,使其有利于药用植物的生长发育,而达到优质、高产,同时要注意各种生态因子对药用植物有效成分的影响,以期获得更高的药用价值和经济效益。

一、药用植物生长发育与气候条件的关系

影响药用植物生长发育的气候条件主要包括光照、温度、水分、空气。

(一)光照对植物生长发育的影响

光是绿色植物进行光合作用的必要条件,植物通过光合作用为其生长发育提供有机物质。在药用植物栽培过程中采取的许多栽培技术都是为了直接或间接地控制和调节光合作用,以获得植物所需营养,所以,光能调节植物的生长发育。另外,光还可抑制植物细胞的纵向伸长,使植株生长健壮。光质、光照强度及光照时间与药用植物生长发育密切相关,影响其品质和产量。

1. 光照强度对药用植物生长发育的影响　植物的光合速度与光照强度密切相关,在一定范围内,光合速度随着光照强度的增加而加快。但光照强度超过一定范围后,光合速度的增加减慢,当达到某一光照强度时,光合速度不再增加,这种现象称为光饱和现象。这时的光照强度称为光饱和点。当光照强度超过光饱和点,此时常常伴随着高温,植物蒸腾作用加剧,细胞水势出

现负值,以致光合速度下降。相反,光照强度逐渐减弱,光合速度随之减缓,待到光照强度下降到某一程度时,光合速率与呼吸速率相等,此时的光照强度称光补偿点。植物只有在光照强度高于光补偿点时,才能积累干物质。不同植物的光饱和点与光补偿点存在差异。根据植物对光照强度的需求不同,将植物分为以下3种类型:

(1)阳生植物(喜光植物):此类植物生长要求充足的直射光,其光合速率随着光照强度增加而加快,一直到光强度等于全部光照为止。其光饱和点是全光照的100%。光补偿点为全光照的3%~5%。如地黄、北沙参、红花、薏米等。

(2)阴生植物(喜阴植物):此类植物多生长在荫蔽环境中,其光饱和点为全光照的10%~50%,光补偿点为全光照的1%。因其输导组织比阳生植物的稀疏且较不发达,当光照很强时,水分对叶片的供应不足,光合速率下降,在全光照下反而生长不良或不能生长。反之,在较低的光照下,由于其内含的叶绿素较多,能充分地吸收光能。如天南星、细辛、人参、黄连等。

(3)中间型植物(耐阴植物):此类植物对光照强度的要求介于以上两者之间,在全光照和稍荫蔽环境下均能进行正常的光合作用。如麦冬、款冬、豆蔻、紫花地丁等。

在自然条件下,药用植物接受光饱和点左右或略高于光饱和点的光照越多、时间越长,光合积累越多,生长发育越好;光照强度略高于光补偿点时,植物虽能生长发育,但质量低下;如果光照强度低于光补偿点时,植物不但不能积累养分,反而要消耗养分,植物生长不良。根据植物对光照强度要求不同,采取间作、套作、合理密植等措施可促进其生长发育。

2.光质对药用植物生长发育的影响 光质(或称光谱成分)影响药用植物的生长发育。叶绿素主要吸收太阳光中的红光,因而红光对植物影响最大,黄光次之。在太阳散射光中,红光和黄光占50%~60%,在太阳直射光中,红光和黄光最多只占37%。

红光可加速长日照植物的生长发育,而延长短日照植物的生长发育;蓝紫光则相反。红光促进茎的伸长,蓝紫光能使茎粗壮,紫外光对植物生长有抑制作用;红光利于糖类合成;蓝光利于蛋白质合成;紫外线照射对果实成熟有利,并能增加果实的含糖量;许多水溶性色素的形成要求有强的红光,如花青苷;维生素C合成时要求有紫外光等。一般在长波长光照下生长的药用植物,节间较长而茎较细,在短波长光照下生长的药用植物,节间短而茎粗,利于培养壮苗。

为满足药用植物生长发育对光质的要求,根据光质对药用植物生长发育的影响,选择色泽合适的塑料薄膜。例如,选择淡色膜栽培人参、西洋参,以淡黄、淡绿膜为宜,因为色深者透光少,植物生长不良;当归覆膜栽培时,薄膜色泽对增产的影响依次为黑色膜>蓝色膜>银灰色膜>红色膜>白色膜>黄色膜>绿色膜。

另外,阳光照射在植物群体上,经过上层叶片的选择吸收,透射到下部的辐射光,以远红外光和绿光为多。因此,在高、矮秆植物间作时,矮秆植物所接受的光线光谱不完全相同。如果做到合理密植,各层叶片间接受的光质就比较接近。

3.光周期对药用植物生长发育的影响 光周期是指一天之中白天和黑夜的相对长度。植物对白天和黑夜相对长度的反应,称为光周期现象。药用植物的花芽分化、开花、结实、某些地下器官(块茎、块根、球茎、鳞茎)的形成均受光周期影响。根据植物对光周期的反应,将植物分为以下3种类型:

(1)长日照植物:指日照长度必须长于某一临界日长,或者暗期必须短于一定时数才能成花的植物。如红花、当归、牛蒡、紫菀以及除虫菊等。

(2)短日照植物:是指日照长度必须短于某一临界日长,或者暗期必须超过一定时数才能成花的植物。如紫苏、菊花、穿心莲、苍耳及龙胆等。

(3)日中性植物:对光照长度要求不严,任何日照长度均能开花的植物。如曼陀罗、颠茄、地黄、蒲公英及千里光等。

临界日长是指昼夜周期中诱导短日照植物开花所需的最长日照时数或诱导长日照植物开花

所需的最短日照时数。长日照植物开花所要求的日照长度应大于临界日长，而短日照植物开花所要求的日照长度必须小于临界日长，但日照太短也不能开花。原产于南方的短日照植物引种到北方后，常因北方的长日照而延迟开花结实，而长日照植物南移时，则其发育受阻。药用植物栽培中应根据植物对光周期的反应确定适宜的播种期，通过人工控制光周期，促进或延迟开花，更多地获得我们所需要的优质产品。

（二）温度对植物生长发育的影响

温度是影响药用植物栽培质量的重要环境因子，植物只有在一定温度范围内才能进行正常的生长发育。一般植物在低于0℃时，不能生长，在0℃以上时，生长速度随着温度的升高而加快，在20～35℃时，生长最快，如温度再升高，往往由于呼吸作用加强，光合作用减弱，干物质的消耗多于积累，或由于代谢过程发生障碍，使生长进程急剧下降，当温度升高到最高限度时，生长趋于停止。所以生长和温度的关系存在三基点，即最低温度、最适温度、最高温度。

1. 药用植物对温度的要求　根据植物对温度的要求，将植物分为以下4种类型：

（1）耐寒植物：一般能耐-2～-1℃的低温，短期内可耐-10～-5℃低温，最适同化作用温度为15～20℃。如人参、细辛、百合、平贝母、大黄、五味子、羌活、石刁柏及刺五加等。

（2）半耐寒植物：一般能耐-2～-1℃的低温，最适同化作用温度为17～23℃。如菘蓝、黄连、枸杞、知母等。

（3）喜温植物：种子萌发、幼苗生长、开花结果均需要较高温度，最适同化作用温度为20～30℃，其花期气温低于10～15℃则不易授粉或落花落果。如颠茄、枳壳、川芎、忍冬等。

（4）耐热植物：生长发育需要较高温度，最适同化作用温度为30℃，个别植物可在40℃以下正常生长。如槟榔、砂仁、苏木、丝瓜、罗汉果、刀豆、南瓜等。

植物的不同器官、不同生长发育阶段对温度的要求不同。植物体地上部分茎叶生长的温度范围常常高于地下部分根系生长的温度范围。植物根系的生长所适应的土壤温度范围较宽，温带木本植物根系生长的最低温度一般在2～5℃，所以在地上部分芽萌发前，其根部早已开始生长，直至晚秋。花、果实和种子等生殖器官的生长发育需要的热量大于根、茎、叶等营养器官生长需要的热量。所以在高寒及干旱地区的优势种群往往属于隐花植物。

2. 极端温度对植物的影响

（1）低温对植物的危害：低温对植物造成的危害有间接和直接两个方面。间接危害是指在冬季久晴无雨，阳光充足或风雨猛烈而持久的气候条件下，一些越冬药用植物地上部分的茎叶因蒸腾作用失水较多，而土温又低，根部吸水滞缓，植物体内水分失衡而植物干枯，这是由于低温造成的间接危害。直接危害即冷害和冻害。热带或亚热带植物由于遇到0～5℃的低温所受的严重伤害，这种高于冰点的低温对植物造成的寒害称为冷害。而温带植物，由于遇到0℃以下的低温危害，组织内出现冰晶而受害称为冻害。

（2）高温对植物的危害：由于高温可使植物体水分平衡遭到破坏，导致植物器官、组织脱水干枯；高温又可使植物体内蛋白质变性，生命系统遭受破坏而引起细胞死亡；高温还可以抑制植物开花；使肉质的叶、茎、果实等器官受到灼伤等。

3. 春化现象　春化现象是指由于低温的诱导而促使植物开花的现象，称为春化现象。用人工的方法对植物进行低温处理，使其完成春化过程称为春化处理。

春化处理可诱导很多植物开花。需要春化作用的植物主要是起源于亚热带及温带的植物，如当归、白芷、菊、菘蓝等。而起源于热带的一些喜温植物，如曼陀罗、颠茄、望江南等，一生均喜高温，这些植物不存在春化现象。需要春化作用的植物通过低温春化之后，要在较高的温度下，并且多数还要求在长日照条件下才能开花。所以，春化作用只是对开花起诱导作用。

植物种类不同，要求春化处理的温度也不同。如萝卜为5℃，芥菜为0～8℃。植物春化作用的有效温度一般在0～10℃，最适温度为1～7℃。不同植物对春化作用的低温所要求持续的时间也不一样。药用植物春化作用的诱导,一般可在种子萌动或营养体生长到一定程度时进行。萌动种子春化处理,准确把握萌动期是关键,控制水分是保持萌动的一个有效办法。春化处理的时间因植物种类而不同,如芥菜 20 天、萝卜 3 天。营养体春化处理需要植株或器官长到一定的生长量,否则即使遇到低温,也不进行春化作用。如当归幼苗根重小于 0.2g 时,对春化作用无反应,对大于 2g 的根进行春化处理后,抽薹开花率可达百分之百。根重在 0.2～2g 之间,抽薹开花率与根重、春化温度和时间有关。感受低温春化处理的部位:萌动种子是胚,营养体主要是生长点。

(三)水分对植物生长发育的影响

水是植物生命活动不可缺少的物质,在植物生长发育过程中起着很重要的作用。首先,水是细胞原生质的重要成分,它直接参与光合作用、呼吸作用、有机质的合成和分解等代谢过程;其次,无机矿物质元素和气体是以水作为溶剂进入植物体内的,在体内形成蒸腾液流,使植物细胞的生长、发育、运动等生理过程得以正常进行。另外,水还可以维持组织细胞紧张度(膨压)和固有形态。

水是植物体的成分之一,其含水量常因植物的特性及环境条件而异。一般植物的含水量占组织鲜重的 70%～90%,水生植物比陆生植物含水量高,可达鲜重的 90% 以上;肉质植物的含水量约占鲜重的 90%,草本植物的含水量占鲜重的 70%～80%,木本植物叶的含水量约占鲜重的80%、树干含水量占鲜重的 40%～50%、休眠芽的含水量约占鲜重的 40%、成熟种子的含水量占鲜重的 10%～15%,岩石上的低等植物含水量约占鲜重的 6%。

1. 药用植物对水的适应性 植物种类不同,对水的适应性不同,在药用植物栽培中,必须了解不同植物对水分的要求,以便采取适当的措施来调节水分,适应植物的需要。根据药用植物对水的适应能力和适应方式,可将植物分成以下 4 种类型:

(1)旱生植物:在干旱的气候和土壤中能维持正常的生长发育,具有较强的抗旱能力,它们在形态上和生理上常发生变化,生长在水分缺乏的地方,表现出特殊的适应性,如仙人掌、芦荟、骆驼刺及某些大戟科、景天科、百合科植物等。此外,还有仅通过降低代谢强度而耐旱的旱生植物,如卷柏、地衣。

(2)湿生植物:此类植物生长在潮湿的环境中,抗旱能力差,水分缺乏将影响其生长发育,甚至出现萎蔫,如水菖蒲、水蜈蚣、毛茛、半边莲、秋海棠及灯心草等。

(3)中生植物:对水的适应性介于以上两者之间,绝大多数陆生植物均属此类,其抗旱抗涝能力均不强,如半夏、栝楼、丹参等。

(4)水生植物:此类植物根的吸收能力很弱,输导组织简单,但通气组织发达。根据它们在水中情况又可分为挺水植物、浮水植物、沉水植物。如泽泻、菱、莲、慈菇、金鱼藻等。

2. 药用植物的需水量和需水临界期

(1)植物需水量:药用植物在生长发育期间,由于蒸腾作用要消耗大量的水分,所消耗的水量约占总耗水量的 80%,蒸腾耗水量称为植物的生理需水量,以蒸腾系数来表示。蒸腾系数是指植物每形成 1g 干物质所消耗的水分克数。

药用植物的需水量因植物种类而异,如人参的蒸腾系数为 150～200g,牛皮菜为 400～600g。即使同一种植物其蒸腾系数也因植物品种和环境条件不同而存在差异。

药用植物的需水量还因不同的生育期而不同,一般来说,植物生长前期需水量小,生长中期需水量大,生长后期需水量居中。从种子萌发到出苗期需水量很少,通常保持田间持水量的 70%为宜;生长前期,苗株矮小,地面蒸发耗水量大,土壤含水量应保持在田间持水量的 50%～70%为宜;中期营养器官生长较快,覆盖大田,生殖器官分化形成,此时需水量大,土壤含水量应保持在田间持水量的 70%～80% 为宜;植物生长后期,是植物各器官增重成熟阶段,需水量较少,土壤含水量应保持在田间持水量的 60%～70%。

(2)植物需水临界期:植物的不同发育期,对缺水的敏感程度不同。植物对缺水最敏感的时期,称为植物的需水临界期。这个时期缺水对植物产品的产量及质量影响最大。大部分植的需水临界期都出现在生殖生长时期，此时植物生长旺盛，需水较多，如薏米等禾本科植物的需水临界期在拔节到抽穗期，如缺水则会严重减产；而有些植物从种子萌发到出苗期，为需水临界期，此时对水分很敏感，如缺水，就会导致缺苗，水分过多又会出现烂种或烂芽，如蛔蒿、黄芪、龙胆等药用植物的需水临界期在幼苗期。

在需水临界期内，植物新陈代谢增强，生长速度加快，需水量增加，植物忍受和抵抗干旱的能力大大减弱，缺水会使植物显著减产。所以，在药用植物栽培时，应该首先考虑各种植物的需水临界期，合理安排植物种类，大量用水时期不要过分集中。

3．旱涝对药用植物的危害

（1）干旱及其危害性：植物常遭受的不良环境条件之一就是缺水，严重缺水的现象称为干旱，分大气干旱和土壤干旱。大气干旱，植物生长发育受到抑制，影响细胞的分裂、生长、分化，还可致细胞死亡，植物干枯。长时间的大气干旱，将发生土壤干旱。土壤干旱致使植物生长受阻或完全停止。

植物对干旱的适应能力称为植物的抗旱性。为提高植物的抗旱性，除了进行抗旱育种外，在栽培实践中常采取抗旱锻炼的方法，即用适当干旱的条件处理种子。具体做法是：将种子湿润1～2天，在15～25℃下干燥，反复数次，然后播种。或使用化学药剂如乙酸苯汞、8-羟基喹啉硫酸盐等抗蒸腾剂，使气孔暂时闭合，减少水分损失，增强植物的抗旱能力。

（2）涝害及其危害性：涝害是指长期持续阴雨致使地表水泛滥淹没农田，或田间积水、水分过多使土层中缺乏氧气，根系呼吸减弱，植物最终窒息死亡。涝害对植物的危害是，一方面，植物根部正常呼吸受阻，影响水分和矿物质元素的吸收，同时，无氧呼吸积累乙醇等有害物质，引起植物中毒；另一方面好氧性细菌如硝化细菌、氨化细菌、硫化细菌等活动受阻，影响植物对氮素等物质的吸收和利用，而厌氧性细菌活动活跃，在土壤中积累有机酸和无机酸，使土壤反应趋于酸性，同时产生有毒的还原性产物如硫化氢、氧化亚铁，使根部细胞色素酶和多酚氧化酶受破坏，植物窒息，使植物遭受间接危害。药用植物栽培中常采取起高畦、开凿排水沟等措施以避免涝害。

（四）空气对植物生长发育的影响

空气主要由氧气、二氧化碳、氮气组成。

1．氧气　氧是植物呼吸作用的必要因素。氧气浓度影响呼吸速率，当空气中氧浓度降低到20%以下时，茎叶等器官的呼吸速率便开始下降；当氧浓度降到5%以下时，呼吸强度急剧降低；缺氧时，有氧呼吸便完全停止。植物根部虽能适应土壤空气中较低的氧浓度，但适宜根系生长的土壤含氧量仍需10%～15%。如低于5%时，根系呼吸受到影响。如下降到2%时，往往阻碍根系呼吸，影响生长。

2．二氧化碳　二氧化碳是光合作用的初始物质，其供给量对光合作用影响很大。大气圈中的二氧化碳含量通常为0.02%～0.03%，一般情况下，光合作用的最适二氧化碳浓度约为1%，生产上对植物进行二氧化碳施肥，可提高光合生产率。

3．氮气　空气中的氮气能够被豆科植物的根瘤菌和固氮菌吸收和转化，成为植物氮素的重要来源，一般不需要补给。

二、药用植物生长发育与土壤的关系

土壤是药用植物生长发育所需水、肥、气、热的供给者，绝大多数药用植物栽培是以土壤作为基础。所以，要获得药用植物栽培的优质高产，必须创造良好的土壤结构，改善土壤性状，提高土壤肥力，协调土壤中水、肥、气、热等肥力因素，为药用植物栽培提供合适的土壤条件，满足其生长发育的需要。影响药用植物生长发育的主要土壤因素有土壤组成、土壤结构、土壤质地、土壤肥力、土壤有机质、土壤水分、土壤酸碱性等。

（一）土壤组成

土壤是由固体、液体、气体三相组成的一种复杂的自然体。固体部分包括土壤矿物质、土壤有机质、土壤微生物。土壤矿物质的重量约占固体部分的95%以上，是组成土壤固体部分最主要、最基本的物质，有土壤"骨架"之称。土壤有机质重量不到固体部分的5%，是植物残体、枯枝、落叶、残根和动物尸体、人畜粪便等在微生物作用下，分解产生的一种黑色或暗黑色胶体物质，称为腐殖质。腐殖质能够很好地调节土壤的水、肥、气、热等肥力因素，适应植物生长发育需要。土壤微生物包括细菌、放线菌、真菌、藻类、鞭毛虫和变形虫等，其中有些细菌（硝化细菌、氨化细菌、硫细菌等）能够对有机质和矿质营养元素进行分解，为植物生长发育提供养分。液体部分为土壤水分。气体部分为土壤空气。土壤水分和空气存在于固体部分所形成的孔隙中，两者互为消长。

组成土壤的三相物质，并非孤立存在和机械混合，而是相互联系、相互制约，并在内外因素的综合影响下，进行着各种复杂变化的一个有机整体，土壤中一切变化都与它们有关。

（二）土壤结构

自然界的土壤，在内外因素的综合影响下，形成大小不等的团聚体，这种团聚体称为土壤结构。在土壤结构中以团粒结构为最好，因为团粒结构是由腐殖质与钙质将分散的土粒胶结在一起所形成的土团，能够很好地解决土壤水分与空气的矛盾，使土壤具有良好的供水、供肥、通气性能，土温稳定，保证植物生长发育的需求。

（三）土壤质地

土壤中大小矿物质颗粒的百分率组成，称为土壤质地。在土壤颗粒中，直径为0.01～0.03mm之间的颗粒占50%～90%的土壤称为砂土，砂土通气性能、透水性能良好，耕作阻力小，但保水、保肥性能差，土温变化剧烈，容易发生干旱。这种土壤适合种植珊瑚菜、仙人掌、甘草、麻黄等植物。土壤直径小于0.01mm的颗粒在80%以上的土壤称为黏土。黏土通气透水性能差，土壤结构致密，耕作阻力大，但保水保肥力强，供肥慢、肥效持久，一般药用植物不适合在黏土中栽培。矿物质颗粒大小比例介于以上两者之间的土壤称为壤土，其通气透水性、保水保肥性、供水供肥性和耕作性能均很好，这类土壤是大多数药用植物栽培的理想土壤，尤其是根及根茎类药用植物。如人参、黄连、地黄、山药、当归和丹参等。

（四）土壤肥力

土壤最基本的特性就是具有肥力。土壤肥力是指提供植物生长所需要的水、肥、气、热的能力。水、肥、气、热是组成土壤肥力的4个因素，四者相互联系、相互制约。土壤肥力的高低不仅在于每个肥力因素的绝对贮备量，更重要的在于每个因素的量是否搭配合理，肥力之间的矛盾是否能很好地解决。

土壤肥力按其来源不同分为自然肥力和人为肥力两种。自然肥力是指自然土壤在生物、气候、母质和地形等外界因素综合作用下发生、发展起来的肥力。人为肥力是在自然土壤上通过耕作、施肥、种植植物、兴修水利、改良土壤等农业措施人为创造出来的肥力。自然肥力和人为肥力在栽培植物当季产量上的综合表现，称为土壤的有效肥力。有效肥力的高低直接影响到药用植物栽培的产量、质量，通过大搞农田基本建设，精耕细作，不断进行合理的深耕改土、灌溉、种植、施肥，将用地与养地结合，使土壤肥力不断提高。

（五）土壤有机质

在自然土壤中有机质的含量多的可达10%，一般土壤则较少，在0.5%～3%。土壤有机质在土壤中要经过微生物分解释放养分，它不仅是养分的主要来源，而且对土壤一系列性质和生产性状的好坏起着决定性作用，是土壤肥力的中心。大多数药用植物适合在富含有机质的腐殖质土中生长。

1. 有机质的来源和类型　土壤有机质主要来源于动植物和微生物的残体及施入的有机肥

料。其类型主要有以下几种：

（1）新鲜有机质：几乎没有被微生物分解，大部分为动植物的残体。

（2）部分被分解的有机物：呈暗褐色小块，能够疏松土壤。

（3）腐殖质：彻底被微生物分解过的有机物，呈褐色或黑褐色的胶体物质，是复杂的高分子有机化合物，与矿物质颗粒紧密结合，只能用化学方法分离，是土壤有机质中主要的类型，影响土壤肥力。

2．有机质的作用

（1）植物养分的主要来源：土壤有机质含有植物需要的碳（C）、氢（H）、氧（O）、氮（N）、磷（P）、钾（K）、硫（S）、钙（Ca）、镁（Mg）以及多种微量元素。有机质经过微生物的矿质化作用，释放植物营养元素，供给植物和微生物生活需要。

（2）提高土壤保水保肥能力：半分解的有机物能使土壤疏松，增加土壤的孔隙度，提高土壤的保水性；有机质经过腐殖化过程形成腐殖质，腐殖质是亲水胶体，能够吸收大量水分，增加土壤的保水蓄水能力；腐殖质含有多种功能团，如羧基和羟基上的 H^+，可与土壤溶液中的阳离子进行交换，使这些阳离子不至于流失，大大提高土壤的保肥力；腐殖质可与土粒紧密结合，贮藏于土壤中，每年只有 2%～4% 的腐殖质分解，成为植物氮素营养的一个来源。

（3）改善土壤的物理性质：腐殖质是良好的胶结剂，它与钙质将分散的土粒胶结在一起形成土壤中的团粒结构，能够很好地解决土壤中水与气之间的矛盾，使土壤具有良好的供水、供肥、通气性能，使土温稳定，保证植物生长发育的需求；腐殖质可增强砂粒的黏性，提高砂土保水、保肥性能；降低黏粒的黏性，提高黏土的通气、透水性能，减小耕作阻力。

此外，土壤有机质是微生物营养和能量的主要来源，腐殖质能调节土壤的酸碱反应，均有利于微生物的活动。

（六）土壤水分

土壤水分是植物生活所需水分的主要来源。当大气降水与灌溉水进入土壤后，借助于土粒表面的吸附力和微细孔隙的毛管力保持在土壤中。土壤的水分状况和可溶性物质的组成数量，对药用植物生长发育起着重要作用。根据土壤的持水能力和水分移动状况，将土壤水分分为以下 3 种类型：

1．束缚水 是借助于分子吸附力的作用保持在土粒表面的水分，其吸附力的大小与土粒的表面积有关，土粒越细，吸附力越强，束缚水的含量越高。黏粒吸附束缚水的力量很强，只有在 100～110℃高温条件下，经过一定时间才能释放出来，因此束缚水不能被植物吸收利用。

2．毛管水 是借助于土壤毛细管的毛管力而保持在土中的水分。毛管水在土层中从湿润的地方朝着失去水的、干燥的地方移动，因此，它是植物最能利用的有效水分。毛管水含量的多少与土壤质地有关。黏土，毛管多而细，保水力强，透水力差；砂土，毛管少而粗，保水力差而透水力强。

3．重力水 为毛细管所不能保留的水分，是地下水的来源，这种水分不能为旱生植物吸收利用。

土壤中毛管水是植物生活中的有效水分，它不断供给植物根系所需水分，体现了土壤供给水分与调节水分的能力。在生产上，要采取雨后松土、割断毛管联系，或采用镇压土层减少土壤大孔隙，避免干燥的大气与大孔隙中的水汽交换，从而减少毛管水的无益消耗。

（七）土壤酸碱性

土壤酸碱性是土壤的重要性质之一，是在土壤形成过程中产生的，通常用溶液的 pH 值表示。pH 值 6.5～7.5 的土壤为中性，pH 值 5.6～6.5 的土壤为微酸性，pH 值 8.5 以上的土壤为碱性。我国土壤的 pH 值变动范围一般在 4～9 之间，多数土壤的 pH 值在 4.5～8.5。土壤的酸碱性受气候、母质、植被及耕作管理条件等影响很大。"南酸北碱"是我国土壤酸碱性的特点。土壤酸碱性影响土壤养分的有效性。pH 值为 6～7 的土壤，土壤养分有效性最高，最有利于植物生长。酸性土壤易出现 P、K、Ca、Mg 等元素的不足，强碱性土壤易出现 Fe、B、Cu、Mn、Zn 等元素的不足。

不同药用植物对土壤酸碱性的适应性不同。槟榔、肉桂、黄连等药用植物适用酸性土壤栽培；甘草、枸杞等药用植物适用碱性土壤栽培；大多数药用植物适用中性土壤栽培。

三、药用植物生长发育与肥料的关系

肥料通过提高土壤肥力，改善土壤性质，供给植物生长发育所必需的营养物质，促进植物正常生长发育而提高产量和质量。

（一）药用植物生长发育与营养

1. 药用植物生长发育所需营养物质及来源　植物一般含有 75%～95% 的水分和 5%～25% 的干物质。世界公认的植物必需营养元素有 16 种，即碳（C）、氢（H）、氧（O）、氮（N）、磷（P）、钾（K）、钙（Ca）、镁（Mg）、硫（S）、铁（Fe）、锰（Mn）、钼（Mo）、硼（B）、铜（Cu）、锌（Zn）、氯（Cl）。其中 C、H、O 可以从空气和水中获得，其他元素均由土壤供给。由于药用植物对 N、P、K 吸收量很大，土壤供给不能满足生长发育需要，必须通过施肥供给。N、P、K 肥称为肥料三要素，通常施肥主要考虑的是三要素供应情况。

2. N、P、K 的作用　N、P、K 三种元素在药用植物生长发育中起着十分重要的作用。N 是蛋白质、叶绿素和酶的主要成分。缺 N，植物体中蛋白质、叶绿素、酶的合成受阻，导致植物生长发育缓慢甚至停滞，光合作用减弱，植物体内物质转化将受到影响或停止，植株叶片变黄，生长瘦弱，开花早，结实少，产量低。N 充足时，植物枝叶茂盛，叶色浓绿，光合作用旺盛，制造有机物质能力强，营养体生长健壮，为优质高产打下基础。但如果 N 过多，植物组织柔软，茎叶徒长，易倒伏，抗病虫害能力减弱，阻碍发育过程，延迟成熟期。P 是细胞核的重要组成原料，能加速细胞分裂和生殖器官的发育形成，缩短生育期，提早开花结果，提高果实和种子的产量和品质。P 不足，核蛋白的合成受阻，细胞分裂受到抑制，植物生长发育停滞。对于果实和种子类药用植物，如五味子、薏米、枸杞、决明等增施 P 肥，可防止落花落果，增强植株抗病、抗逆能力。K 能增强植物的光合作用，促进糖的合成、运转和贮藏；促进 N 的吸收，加速蛋白质的合成，促进维管束的正常发育，抗倒伏，抗病虫害，可加速同化产物向贮藏器官输送，所以根茎类药用植物如黄芪、人参、党参、地黄、黄连等应增施 K 肥。另含淀粉、糖、蛋白质较多的药用植物如甘草、薏米、黑豆应增施 K 肥，可改善品质，提高产量。缺 K，茎秆生长柔弱，易倒伏，抗病虫能力减弱，新生根量减少。

（二）肥料的种类和性质

肥料的种类很多，按其来源可分为有机肥料、化学肥料、微量元素肥料、微生物肥料等类型。

1. 有机肥料　是指由含有大量生物物质、动植物残体、排泄物、生物废物等积制而成的肥料，包括堆肥、沤肥、厩肥、沼气肥、绿肥、作物秸秆肥、泥肥、饼肥等，是就地取材、就地使用的各种农家肥料。其特点是应用历史最早，来源广泛，成本低，既含有大量的有机质，又有含大量的 N、P、K 三要素和其他多种营养元素，养分完全、迟效、肥效长。长期施用能增加土壤的团粒结构，改善土壤性质，提高土壤保水保肥能力和通气性能。适用于多年生植物和根及地下茎类药用植物，如细辛、芍药、地黄等以其作基肥。常用有机肥的养分含量、性质、施用方法见表 2-1。

表 2-1　常用农家肥料养分含量、性质和施用方法

肥料名称	有机质（%）	N、P、K 含量			性质	施用方法
		N	P_2O_5	K_2O		
人粪尿	5～10	0.5～0.8	0.2～0.4	0.2～0.3	微碱、速效	腐熟作基肥、追肥
堆肥	15～20	0.40～0.50	0.18～0.26	0.45～0.70	微碱、迟效	作基肥
猪尿	2.5	0.30	0.12	0.95	速效	作基肥、追肥
猪粪	15.0	0.56	0.40	0.44	速效	作基肥、追肥

续表

肥料名称	有机质（%）	N、P、K含量			性质	施用方法
		N	P₂O₅	K₂O		
厩肥	0.50～0.70	0.24～0.84		0.63～1.54	微碱、迟效	腐熟作基肥、种肥
草木灰			2～3	约10	碱性、速效	作基肥、追肥
大豆饼	7.00	1.32		2.13	迟效	腐熟作基肥、种肥
棉籽饼	3.41	1.68		0.97	迟效	作基肥
菜籽饼	4.60	2.48		1.40	迟效	作基肥
花生饼	6.32	1.17		1.34	迟效	作基肥
生骨粉	4.05	22.8			微碱、迟效	作基肥
塘泥	0.33	0.39		0.34	微碱、迟效	作基肥
绿肥	0.45	0.18		0.40	微酸性、迟效	作基肥

2. 化学肥料　是应用化学合成的方法或开采矿石经加工精制而成的肥料，亦称为矿质肥料、无机肥料，简称化肥。其特点是体积小、有效养分高、多易溶解于水。由于不含有机质，长期单独大量应用会造成土壤板结，耕作性能差，甚至破坏土壤团粒结构。适用于全草、花、果实、种子类药用植物施用。常用化肥的养分含量、性质、施用方法见表2-2。

表2-2　常用化学肥料养分含量、性质和施用方法

肥料名称	N、P、K含量			性质	施用方法
	N	P₂O₅	K₂O		
硫酸铵 $(NH_4)_2SO_4$	20～21			酸性、速效	追肥、基肥
碳酸氢铵 NH_4HCO_3	17～17.5			弱碱性、速效	基肥、追肥（深施后覆土）
硝酸铵 NH_4NO_3	32～35			酸性、速效	追肥（适于旱地）
氯化铵 NH_4Cl	24～25			酸性、速效	追肥（大麻、亚麻不宜用）
尿素 $CO(NH_2)_2$	45～46			中性、速效	追肥、基肥、根外追肥
过磷酸钙 $Ca(H_2PO_4)_2$		6～18		酸性、速效	追肥、基肥（集中分层施用）
钙镁磷肥		14～18		微碱性、迟效	基肥（适于酸性土壤）
磷酸一铵 $NH_4H_2PO_4$	11～22	56～60		微酸性、速效	追肥、基肥
磷酸二铵 $(NH_4)_2HPO_4$	20～21	51～53		中性、速效	追肥、基肥
氯化钾 KCl			50～60	中性、速效	追肥、基肥
硫酸钾 K_2SO_4			50～52	中性、速效	追肥、基肥
硝酸钾 KNO_3	13		44	中性、速效	追肥、基肥

3. 微量元素肥料　微量元素肥料主要有Fe、Mn、B、Zn、Cu、Mo等元素。多作种肥和根外追肥，在不影响药效和肥效的原则下，可结合防治病虫害，将其与适量农药混合喷施。此类肥料在施用时要注意浓度和用量。常用微量元素肥料的养分含量、性质、施用方法见表2-3。

表2-3　常用微量元素肥料养分含量、性质和施用方法

肥料名称	含量(%)	性质	施用方法（根外追肥浓度）
硼酸	含硼17.5%	易溶于水，微酸	作种肥、追肥（0.1%～0.15%），在碱性土壤中施用效果好
硼砂	含硼11.3%	易溶于水	作种肥、基肥、追肥（0.20%～0.22%）
硫酸锌	含锌40.5%	溶于水，微酸	作基肥、追肥（0.1%～0.5%）在碱性土壤中施用效果好
硫酸铜	含铜25.9%	易溶于水	作基肥每亩1.5～2kg、追肥（0.2%～1%）
硫酸锰	含锰24.6%	易溶于水	作基肥每亩2～2.5kg、追肥（0.05%～1%）
钼酸铵	含钼48.1%	易溶于水	作种肥、追肥（0.02%）

4．微生物肥料　是指利用能改善植物营养状况的微生物制成的肥料，又称细菌肥料。它是利用微生物的活动，增加土壤中可吸收利用的营养元素。其特点是用量小、成本低、无副作用、效果好等。

（1）根瘤菌剂：是由根瘤细菌制成的生物制剂。根瘤菌在豆科植物根部形成根瘤，与其共生，固定大气中氮素。例如，施根瘤菌剂于豆科植物黄芪、甘草中，可增加土壤中根瘤菌量，增强固氮能力。

（2）固氮菌剂：是培养好气性自生固氮菌的生物制剂，其不侵入根内形成根瘤，分布于植物根系附近的土壤中，直接固定大气中的游离氮素转变为化合态的氮，供植物吸收利用。

（3）磷细菌剂：具有将土壤中不可利用态的有机磷分解为植物容易吸收利用的活性态的作用，可做成悬浊液拌种。

（4）钾细菌剂：由于钾细菌的活动，使土壤中含钾矿物里不可利用状态的钾转变成植物可以吸收利用状态的钾。

（三）肥料的合理使用

药用植物施肥是通过补充土壤养分的不足，不断提高土壤肥力，将用地与养地结合起来，为药用植物优质高产创造适宜的条件，促进药用植物生长发育，达到增产、提高产品质量的目的。栽培中要根据药用植物对营养需求的特性、土壤供给养分的能力、外界环境条件以及肥料本身的性质进行科学、合理施肥。

1．施肥原则

（1）以有机肥为主，有机肥和化肥结合使用：在施用有机肥的基础上使用化肥能够充分发挥有机肥、化肥的优点，达到取长补短、缓急相济、不断提高土壤供肥能力；又可提高化肥的利用率，克服单用化肥的副作用。

（2）以基肥为主，配合使用追肥和种肥：施用基肥，既能供给药用植物整个生育期内主要养分的需求，又能改善土壤性质，提高土壤肥力。因此，需要施用大量的基肥，一般应占总施肥量的一半以上，以施用长效的有机肥料为主，配合施用化肥。在施足基肥的基础上，施用种肥和追肥，以满足植物幼苗期和某一时期对养分的需求，补充土壤养分的不足。种肥要用腐熟的优质农家肥和中性、微酸性、微碱性的速效化肥，追肥多用速效肥。

（3）以氮肥为主，配合施用磷、钾肥：植物对氮的吸收量比较大，氮的总量占植物体内干物质的 $0.3\%\sim0.5\%$，磷总量次之，钾更小。在土壤中，氮含量不足，在植物生育期中注意施用氮肥，尤其是植物生育前期施用氮肥。在施用氮肥的同时，配合施用磷、钾肥。

（4）根据土壤肥力特点进行施肥：土壤中水分、空气、热量状况、化学性质、生物因素均影响肥料在土壤中的变化和植物吸收养料的能力。不同土壤的施肥效果不同，生产上要根据土壤的肥力特点进行施肥。土壤肥力高，增施氮肥效果好；土壤肥力低，施用磷肥效果好，配合施用氮肥；土壤肥力为中等，应氮、磷肥配合施用；土壤为黏性土壤，应多施有机肥和草木灰，并将速效性肥料作种肥，早期施入，以利于提苗发棵；砂土，应多施有机肥，并配施塘泥或黏土；酸性土壤，应用碱性肥料，如草木灰、钙镁磷肥、石灰氮或石灰；土壤为碱性，应施用生理酸性肥料，如硫酸铵。

（5）根据药用植物营养特性施肥：不同药用植物种类、品种、药用部位、生长阶段，所需养分种类、数量均有差异。多年生，尤其是根及地下茎类药用植物，最好施用肥效长的、有利于地下部分生长的肥料。如重施有机肥，增施磷、钾肥，配合施用化肥，以保证一个生育期对肥料的需要；一年生、二年生的全草、花及果实种子类药用植物可适当少施有机肥，酌量多施追肥（化肥），促进地上部分生长果实、种子提早成熟。

（6）根据药用植物不同生育期、药用部位进行施肥：生育前期多施氮肥，可促进茎叶生长；生育后期多施磷、钾肥，促进果实早熟，种子饱满。全草类药用植物可适当增施氮肥；花、果实、种子应多施磷肥；根、地下茎应氮、磷、钾配合施用；适合在碱性土壤中生长的药用植物，可施碱性肥料；适合在酸性土壤中生长的药用植物，可施酸性肥料。

（7）根据气候条件进行施肥：低温干燥季节、地区，宜施用腐熟的有机肥，配合氮肥、磷肥一起做基肥、种肥使用，有利于幼苗早发，生长健壮。并且要早施、深施，充分发挥肥效；高温多雨季节和地区，应多施迟效性肥料，为避免养分流失，追肥应少量多次。

2．施肥方法

（1）撒施：在翻耕前，将肥料均匀撒入土面，然后翻耕入土。施用基肥及采取撒播密植的药用植物多采用。应撒匀。

（2）条施或穴施：结合整地、作畦（垄）或在播种、移栽及生育期中采取开沟或开畦的方法进行施肥，再播种覆土，分别称为条施和穴施。本方法优点是施肥集中、用肥经济，但肥料应充分腐熟。多应用于条播、点播或木本植物移植。

（3）环施：在树基开环形沟，将肥料施入沟中，晾3～4小时后覆土。木本植物追肥常用。

（4）拌种、浸种、浸根、蘸根：在播种、移栽时用少量肥料拌种或配成溶液浸种、浸根、蘸根等。

（5）根外追肥：在植物生长期间，采用无机肥料、微量元素肥料和植物生长调节剂等稀释液，结合喷灌或用喷雾器喷洒在植物的茎叶上。此法所需肥料量很少，用得及时，效果显著。常用溶液有尿素、过磷酸钙、硫酸钾、硼酸、钼酸铵等。清晨或傍晚施用。

知识链接

施用化肥对药用植物质量及人体健康的影响

化肥在药用植物栽培中起着重要作用。但化肥的不合理施用，既可严重污染环境与中药材，又会对人体产生严重的毒害作用。药用植物主要是吸收硝态氮，施用化肥的硝态氮高于施有机肥的3～4倍。食用硝酸盐、亚硝酸盐含量高的中药材和农作物，很快进入血液，在剂量未达到急性毒性时，常表现为甲状腺功能降低、维生素A缺乏、造血功能降低、流产等慢性中毒症状。亚硝酸还可在人的胃内或在食品调节剂中形成亚硝胺，亚硝胺是致癌、致畸、致突变物质。

四、药用植物化感作用

（一）药用植物化感作用

药用植物在生长发育过程中向周围环境释放出化学物质，从而对其他植物产生直接或间接的有利或不利的影响，称为药用植物的化感作用。植物化感作用是通过化感物质实现的，而化感物质主要来源于植物次生代谢或其衍生物。植物根系分泌，地上部分淋洗、凋落，有机物腐解，微生物活动等，使植物根际及其周围存在多种化学物质。化感作用是植物在长期固化环境中进化出来的一种适应特异契合环境的生存行为。通过人为措施来协调植物与环境的关系是药用植物栽培的核心意义所在，因此了解植物化感作用，对于了解药材道地性形成、实现野生抚育、提高药材品质具有重要意义。如艾的茎和叶产生的挥发性物质以及艾的挥发油对3种杂草的幼苗生长均有明显的抑制作用；阿魏酸、香草酸等酚酸类化感物质可能是造成地黄连作障碍的因子；西洋参根际土壤中存在着易溶于正丁醇和水的三萜皂苷类化合物对西洋参的生长有影响。

（二）药用植物化感自毒作用

有些植物释放的化学物质可对同种植物的生长发育产生抑制作用，这种现象称为植物的化感自毒作用。植物自身的分泌物，其茎、叶的淋溶物及残体分解产物所产生的有毒物质累积较多时，会抑制同种植物根系生长，降低根系活性，改变土壤微生物系统的作用，从而有利于病原菌的繁殖，并导致作物生长发育不良或者发病，甚至死亡。自毒作用是药用植物栽培中连作障碍的主要原因，对药材产量和品质影响较大。如地黄生长过程中，逐渐积累的根系分泌物是导致地黄连作障碍的主要成因。牡丹皮中含有香豆素、肉桂酸和丹皮酚等多种次生代谢物，这些物质中有多种被确认为是典型的自毒化感物质。

（三）药用植物化感作用的控制

化感作用并不是由单独因素造成的，起作用的化感物质往往并不是单一的。可见连作障碍是植物与土壤相互作用形成的以根际为中心的根际多元生态系统中多种因子相互作用的结果，包括植物本身、土壤、微生物群落和化感物质毒害作用，其中化感毒害作用是诱因，根系分泌化感物质导致土壤环境的恶化。因此，协调好植物、土壤和微生物三者之间的关系，培育耐连作的品种，采取合理的轮作制度等是缓解连作障碍的有效措施。

目前我国许多中药材来源大多为人工栽培，提高药用植物次生代谢物质的含量是药用植物栽培和育种的主要目标，栽培药用植物次生代谢产物含量不断增加，化感或自毒物质作为次生代谢的一部分，可能造成药用植物更易释放化感或自毒物质。因此，有效地调控化感作用，使药用植物在适宜的生态环境下生长，既能保证产量又能保证品质，是一种不可缺少的技术手段。

思政元素

顺境出产量，逆境出品质

药用植物的生长发育与外界条件密切相关，主要包括光照、温度、水分、土壤、肥料等。当外界条件适宜，能充分满足植物的生长发育需求时，植物的生长状态良好，产量就高。但是如果没有经历严酷的环境条件，植物生长过程中的次生代谢产物往往就相对较少，尤其是药用植物，往往是利用植物的次生代谢产物来治疗疾病。所以，有时一些艰苦的自然条件反倒更能刺激药用植物的生长发育，从而产出高品质的中药来，比如黄芪、甘草等根类药材，生长在干旱少雨的西北沙漠地区，根特别发达，次生代谢产物也丰富，成为优良的中药材。生长在昼夜温差比较大的地方的瓜果，要比生长在温差小的地方的瓜果甜度更高，也是这样的道理——顺境出产量，逆境出品质。我们人类也一样，当我们的成长过程一直处在良好的生活状态下，虽然我们感觉生活得很幸福，但是往往缺乏应对困难和处理各种事情的能力，反倒是经常面对挫折、压力的环境更能磨炼我们的意志，激发我们的潜能，锤炼我们的品质，提升我们做事的能力。正所谓"宝剑锋从磨砺出，梅花香自苦寒来"。

（陈玉宝）

？复习思考题

1. 怎样协调营养生长和生殖生长的关系？
2. 影响植物根系生长的因素有哪些？如何培育壮根？
3. 为什么将 N、P、K 称为肥料的三要素？
4. 合理施肥的原则有哪些？
5. 何为植物化感作用？如何对药用植物的化感自毒作用进行有效的控制？

扫一扫，测一测

第三章　药用植物种植制度和土壤耕作技术

1. 掌握种植制度与复种的内涵，间作、混作、套作的运用原则，土壤耕作的主要目的。
2. 熟悉药用植物复种条件，轮作应注意的问题。
3. 了解复种方式及间混套作类型，连作障碍产生的主要原因及轮作主要作用，土壤改良的基本技术。

第一节　药用植物的种植制度

一、种植制度的概念、功能及原则

（一）种植制度的概念

种植制度又称为栽培制度，是指一个地区或生产单位为适应当地自然条件和社会经济条件及科学技术水平而形成的作物组成及其种植方式的技术体系。包括所种植物的结构、配置、熟制与种植方式。其中作物种植的结构、配置与熟制泛称种植布局（又称作物布局）。种植方式包括单作、间作、混作、套作、轮作、连作、复种和休闲等。种植体制即种植的顺序，通常包括轮作和连作。

由于我国幅员辽阔，气候、地形、土壤复杂多样，栽培植物种类、品种繁多，故种植制度各地差异很大。因此，药用植物的种植制度应根据当地农业生产的总体种植制度进行规划和布局，根据种植区域的环境条件、季节特点以及药用植物的生物学特性来制定。

（二）种植制度的功能

种植制度强调系统性、整体性和地域性，具有宏观布局的功能。主要体现在因地种植合理布局技术、复种技术、立体种植技术、轮作与连作技术、单元区域种植制度设计与优化等技术中。要根据当地自然与社会经济条件统筹兼顾，做出土地利用布局、作物结构与配置、熟制布局等的优化方案。建立一种科学、合理的种植制度，有利于统筹安排国家、地方、集体与药农之间的利益，调整城乡与工农之间的关系；能妥善处理各类矛盾，减少片面性，处理好药用植物与农林牧副渔之间的关系；能充分利用土地自然资源与社会经济资源，培肥地力，保护资源，维持农田生态系统平衡，解决药用植物资源利用与保护的关系；能持续增产稳产并提高经济效益，促使药用植物种植产业与国民经济协调发展。

（三）建立合理种植制度的原则

建立合理的种植制度应遵循的原则包括：可持续地利用农业资源，用地与养地结合、提高土地利用率，满足社会需要、提高经济效益。农业资源中一些资源是可更新的，一些是不可更新的，或更新周期极其漫长的，因此不能过度使用这些资源。土地资源在开发利用后，土壤养分逐渐被消耗，肥力水平不断下降，必须用地养地结合，采用生物养地，施用有机肥，合理使用化肥，采用灌溉、农田基本建设、土壤改良等措施提高土地生产率。同时，合理的种植制度还应能满足社会需求，提高经济效益。

二、种植布局与原则

（一）种植布局的概念

种植布局是指药用植物种植结构、熟制与配置的总称，是种植制度的基础，它决定了作物种植的种类、数量、种植面积比例、种植地点、一年中种植的次数和先后顺序。即解决种什么、种多少、种在什么地方的问题。种植结构包括种植植物的种类、品种、种植面积及比例等；熟制是指一年内在同一块土地上种植的植物季数；配置是指植物在田地上的分布。

合理的种植植物布局是种植制度的核心内容与基础，既反映作物对自然条件的适应性，又反映作物生产所依据的社会生产条件和科学技术水平，作物布局具有全局性的影响，在组织农业生产中应有利于土地、阳光和空气、劳力、能源、水等各种资源的有效利用，取得当时条件下植物生产的最佳社会、经济、生态效益，并能可持续地发展生产。它除了制约着复种指数的高低，还制约着复种、间作、混作、套作的方式以及轮作与连作的安排。

（二）种植布局的原则

1. 满足需求原则　科学合理的植物布局必须满足人类对药材的需要，主要是满足中医临床及保健、中药饮片及中成药生产的需求。

2. 生态适应原则　生态适应是指作物与其生态环境之间的关系。它是作物长期自然选择和人工选择的结果。应根据各种药用植物生物学特性及其生长发育对环境条件的要求，结合当地自然条件（光照、热量、水分等）、生产条件，充分利用自然资源，因地、因时制宜进行植物的合理布局及种植，以获得更高的产量和质量。

3. 高效可行原则　制定合理、可行的植物种植布局，确定所种植物的种类、品种、熟制和面积等，应根据市场需求，结合当地生产条件和社会条件，合理布局，生产适销对路、高产优质产品，以达到生产上可行、经济上高效的目的。

4. 生态平衡原则　种植布局的规划，必须坚持用地与养地相结合、农田的开发与生态保护相结合、水源的积蓄与利用相结合的原则，农、林、牧、副、渔各业协调发展，从而达到布局合理、经济高效、农业生态平衡和药用植物资源的可持续发展的目的。

课堂互动

如何确定一个区域适合种植的药用植物？怎样进行合理布局？

三、复种技术

（一）有关概念

1. 复种　即指同一块土地上在一年内连续种植两季或两季以上植物的种植方式。季是指从播种到收获整个过程，包含三个特性：①对耕地较长时间的占用。②需要较多的生产投入。③较明显的生产效果。一季生长时间、一季生产投入和一季产量，缺少任一特性都不能算是作物种植意义上完整的"一季"。

2. 复种的方式　复种的常见方式有四种，即直播复种、套作复种、移栽复种、再生复种。在同一块田地上，一年内在上茬作物收获后，直接播种下茬作物为直播复种，如小麦收获后种植夏玉米或夏大豆。在同一块田地上，一年内在前茬作物的行间套种或套栽下茬作物的种植方式为套作复种。如白芍地里套栽红花的种植方式。在同一块田地上，一年内前茬作物单作收获后，移栽下茬作物的种植方式为移栽复种。如大蒜收获后移栽棉花或西瓜（甜瓜）苗的种植方式。水稻与再生稻形成的复种形式称为再生复种。复种可以实现时间和空间上的种植集约化，增加种植面积，提高产量；能在有限的土地上充分利用生长季节，缓解多种栽培植物争地的矛盾，促进药用植物和粮、果、菜等作物全面增产；能促进用地与养地相结合，能保持水土，恢复和提高地力，提高土壤单位面积产量；同时也能增强全年产量的稳定性，如"夏粮损失秋粮补"。

3．复种指数 耕地利用程度的高低常用复种指数表示。复种指数是指一定时期内（一般为1年）在同一地耕地面积上种植农作物的平均次数。复种指数是以全年所种植物总收获面积占耕地面积的百分数来表示。

$$复种指数（\%）= \frac{全年所种植物总收获面积}{耕地面积} \times 100\%$$

式中，"全年所种植物总收获面积"包括绿肥、青饲料作物的收获面积在内。根据上式，也可以计算粮田的复种指数以及某种类型耕地的复种指数等。国际上通用的种植指数其含义与复种指数相同，套作是复种的一种方式，计入复种，增加复种指数；而间作、混作则不计入，不增加复种指数。

4．熟制与多熟种植 耕地利用程度的高低还可以用熟制来表示。熟制是指一年内在同一块土地上种植的植物季数。把一年种植一季植物称为一年一熟，如东北地区一年种植一季玉米；一年种植两季植物称为一年两熟，如莲子—泽泻；一年种植三季植物称为一年三熟，如小麦—水稻—泽泻；两年内种植三季植物称为两年三熟，如晚稻→丹参—太子参。其中，"→"表示年度间接茬种植，"—"表示年度内接茬种植。一年内同一田地上前后或同时种植两种或两种以上作物即为多熟种植。它通过多种作物提高对土地在时间和空间上的集约利用程度，包括复种和间套作两个方面。

5．休闲与撂荒 耕地在可耕种植物的季节只耕不种或不耕不种的方式称为休闲。分为全年休闲和季节休闲两种方式。耕地休闲的主要目的是使耕地暂时休息，减少土壤水分、养分的消耗，并蓄积雨水，促进土壤潜在养分转化，恢复地力，消灭杂草，为后作植物创造良好的土壤条件。但休闲时土地资源利用率低，易加剧水土流失，加快土壤潜在肥力矿化，不利于土壤有机质的积累。故应根据当地实际情况选择是否休闲和休闲方式。撂荒是指荒地开垦种植几年以后，较长时期弃耕不种，待地力恢复时再进行垦殖的一种土地利用方式。生产实践中，当休闲年限在2年以上并占到整个轮作周期的2/3以上时，也称为撂荒。

（二）复种的条件

一个地区能否复种以及复种程度的高低，与当地自然条件、生产条件和技术水平密切相关。

1．热量条件 热量是决定能否复种的首要条件，一般用积温表示。积温是指植物生长发育阶段内大于某一临界温度值的日平均气温的总和。喜凉作物以≥0℃积温计，喜温作物以≥10℃积温计。复种所需要的积温不仅是复种方式中各种植物本身所需积温的相加，还应在此基础上有所增减。如在前茬植物收获后再复种后茬植物，应加上农耗期的积温。套种则应减去上、下茬植物伴生期间一种植物的积温。如果是移栽，则应减去植物移栽前的积温。一般情况下，≥10℃积温在2 500～3 600℃的地区，基本上为一年一熟，仅能复种或套作早熟植物。积温在3 600～5 000℃，一年可两熟；积温在5 000～6 500℃，一年可三熟；积温大于6 500℃，一年可三熟至四熟；也可以根据一个地区无霜期的长短决定复种熟制，一般情况下无霜期短于140天的地方，作物一年一熟；无霜期为140～240天的地方，一年两熟；无霜期240天以上的地方，一年三熟或四熟才有可能。

2．水分条件 水分是决定能否复种的关键性条件。当热量条件符合复种条件，水分则成为能否进行复种的限制因子。例如热带，热量充足，一年可三熟至四熟，而一些干旱地区，在没有灌溉的条件下，复种受到限制，只能一年一熟。植物的复种受降水量、降水分配规律、地上地下水资源、蒸腾量、农田基本建设等多种因素的影响。水分条件包括降水量、灌溉水和地下水。降雨量不仅要看总的降雨量，还要看月份降雨量分布是否均匀。一般当年降水量在1 200mm以上时，可一年三熟制；当年降水量在800～1 000mm时，可一年两熟制；降水量为600mm的地区，虽然热量能满足一年两熟的要求,但水分则成为限制性因子。故我国的复种耕地面积主要分布在有灌溉条件的地区。

3. 地力与肥料条件　在热量和水分条件均具备的情况下,地力和肥料条件是复种产量高低和效益好坏的决定因素。土壤肥力高,有利于复种高产;若地力不足,肥料少,则复种的产量低,往往会出现两季不如一季的现象。在土地使用过程中,用地与养地相结合,不断提高土壤肥力,以保证植物复种质量。

4. 人力、畜力和机械化条件　复种植物的次数多,要求在农忙季节短时间内要及时完成上季植物收获、下季植物播种以及田间管理任务。足够的人力、畜力和机械化条件,才能保证复种植物在指定时间内充分利用光热和地力等自然条件,保证上、下茬植物的栽培质量。所以有无充足的人力、畜力和机械化条件也是事关复种成败的一个重要因素。

5. 技术条件　除了上述各条件外,还必须有一套相适应的种植栽培技术。主要包括植物种类、品种的结合,前后茬的搭配,种植方式(播种、育苗移栽、间混作、套作),促进早熟措施(如地膜覆盖、免耕播栽、密植、打顶、使用催熟剂)等。技术条件的完善与否,决定着是否能够复种及复种程度的高低。

6. 经济效益　复种是一种集约化的种植,时效性强,用工增加,需保证劳动力的均衡使用,及时收种;同时对地力消耗增加,需及时养地增肥。人力和物力投入必然增加,在高投入的同时,必须保证高产出,只有产量高,经济效益也增长时,复种才有意义。农谚道"三三得九不如二五一十",所以经济效益也是决定能否复种的重要因素。

(三)复种的作用与效益原理

1. 复种的作用　复种能通过耕地利用次数的增加,进而增加作物播种面积,提高耕地年生产力。复种能优化种植业结构,缓和作物间争地矛盾。我国人多地少,提高复种有利于缓和粮、经、饲、果、菜等作物争地的矛盾,促进全面增产。同时复种有利于耕地用养结合,促进农业生产可持续发展。复种还可以增强农业生产的稳定性,提高劳动就业率。

2. 复种的效益原理　可通过增加光合时间、光合面积,集约利用光资源;延长生长期、充分利用农田热量资源,通过集约利用生长季节、积温及借助移栽、套作、地膜技术,减少农耗期等实现集约利用热量资源。农业生产中,降雨季节与作物生长期的错位矛盾十分普遍,不利于水资源的高效利用。一般一季作物生长需水量为250~500mm。复种时随作物种植季数的增加,耗水量也比一熟增加1~3倍。所以,在年降水量600~2 000mm的地区或有灌溉条件的地区,都可通过复种,提高对水资源的集约利用。通过延长利用时间、增加土壤肥力等实现集约利用地力。通过增加地面覆盖、减少水土流失、提供多种经营空间等提高经济效益和生态效益。

> **课堂互动**
>
> 1. 探讨为何同一块土地有时一年种一种作物,有时一年内可以种多种作物?
> 2. 土地年年种植作物,需要休息吗?

四、间作、混作、套作技术

(一)单作、间作、混作、套作、立体种植的概念及特点

1. 单作　在一块土地上只种一种植物的种植方式。由于单作的植物单一,对条件的要求一致,生育期一致,因此单作具有便于种植、管理、收获,便于机械化操作、大规模经营,有利于产业化发展等优点。但单作的群体单一,如果大面积种植单一植物,存在系统稳定性下降、抗逆能力减弱等问题。

2．间作　是将两种或两种以上生育期相近的植物在同一块土地上同时或同季节成行或带状相间种植的种植方式。如在黄瓜、玉米、高粱、桑树地里，可以在行间种植广藿香、半夏、麦冬、大豆等。这种种植方式可以充分利用地力和阳光。解决药用植物栽培与粮、林争地的矛盾，提高土地利用率。间作是不同种植植物在田间构成的人工复合群体，个体之间既有种内关系，又有种间关系。间作时，不论间作的作物有几种，皆不增计复种面积。间作的植物播种期、收获期相同或不相同，但植物共处期长，其中至少有一种植物的共处期超过其全生育期的一半。间作是集约利用空间的种植方式。

3．混作　将两种或两种以上生育季节相近的植物在同一块土地上同时或同季在田间按一定比例混合撒播或同行混播的种植方式。混作与间作都是由两种或两种以上生育季节相近的植物在田间构成复合群体，从而提高田间密度，充分利用空间，增加光能和土地利用率。不同的是配置形式不同，间作利用行间，混作主要利用株间，选用耐旱涝、耐瘠薄、抗性强的作物组合混作，可减轻旱、涝、病、虫等灾害对植物的危害，有抗灾、稳产、保收的作用。有利于提高光能和土地利用率，增加产量。如山茱萸与黄芩混作、柴胡与孜然混作、玉米与花生混作等。

4．套作　又称套种、串作。指在同一块田地上，在前季植物生长后期，在其行间、株间或畦间播种或移栽后季植物的种植方式。套作与间作或混作的区别在于套作的两种或两种以上作物的共生期只占生育期的一小部分时间。这种种植方式是利用植物苗期生长速度缓慢，所需生长空间小、肥水少，在前季植物生长后期适当早播后季植物，解决前季植物未熟而后季植物生长期较长的矛盾。在进行套作时要充分了解前、后季植物的生长特性，巧妙搭配，提高光能和土地利用率。如黄精套种玉米，玉米与穿心莲套作，核桃与药用植物当归、党参、续断、川乌、云南重楼、白及等套作。套作时需注意解决不同作物在套作共生期间互相争夺日光、水分、养分等矛盾，促使后季作物幼苗生长良好。

5．立体种植　是指在同一块田地上，充分利用时间、空间等多层次种植两种或两种以上作物的种植方式。立体种植形成一个多层次的复合"绿化器"，使能量、物质转化效率及生物产量均比单一种植显著提高，是实现优质、高产、高效、节能、环保的农业种植模式。如昆明植物研究所建成的立体种植模式，最上层是橡胶树，第二层是肉桂和萝芙木，第三层是茶树，最下层种植耐阴的植物砂仁，充分利用光、热、土等资源，增加土地的产出率，提高了复合产值。立体种植是立体农业的一种具体形式，具有集约、高效、持续、安全的特征。即集约经营土地，体现出技术、劳力、物资、资金整体综合效益；高效即充分挖掘土地、光能、水源、热量等自然资源的潜力，同时提高人工辅助功能的利用效率；持续减少有害物质的残留，提高农业环境和生态环境的质量，增强农业后劲，不断提高土地（水体）生产力；产品和环境安全，主要体现在利用多物种组合来同时完成污染土壤的修复和农业发展，建立经济与环境的融合观。

 课堂互动

在学习种植方式的过程中请分别画出间作、混作、套作、立体种植等方式的示意图。

（二）间作、混作、套作的技术原理

间作、混作、套作时，不同植物之间存在着相互排斥、相互促进的辩证关系，必须搭配好植物种类，确定适宜的配置方式，运用合理的田间管理技术等手段，以解决好植物之间的多种矛盾。

1．选择适宜的植物种类和品种搭配　利用植物形态特征，生理生态特性之间的差异，将它们间、混、套作在一起构成合理的复合群体，使它们互补互利，减少竞争。农民有"一高一矮""一胖一瘦""一深一浅""一圆一尖""一阴一阳"等经验。

选择高秆与矮秆、垂直叶与水平叶、圆叶与尖叶、深根与浅根植物搭配。"一高一矮"是指株型方面可选择高秆与矮秆植物的搭配，如玉米与麦冬间作、套作；"一胖一瘦"是指株形肥大松散、枝叶茂盛、叶片向水平方向发展的植物与株形纤细紧凑、枝叶向纵向发展的植物搭配，如枣树与黄芩、果树与小葱、高粱与马铃薯；"一深一浅"指的是深根与浅根植物的搭配，如天南星、半夏、平贝母只能吸收土壤表层营养，而棉花、黄芪、丹参、红花等则可吸收深层养分，可将玉米与半夏套作，同时，根系分泌物要互利无害，注意植物间的他感作用；"一圆一尖"指的是圆叶（豆类、棉花）和尖叶（多为禾本科）植物搭配，如大豆与王不留行；在适应性方面，选择"一阴一阳"，即喜阴植物和喜阳植物的搭配，如玉米和黄连间作；"一长一短""一早一晚"指植物生长期长短要前后交错，在品种熟期上，间、套作中的主栽植物生育期可长些，副栽作物生育期要短些，如小麦套作桔梗或牛膝。

不同植物从土壤中吸收的营养元素种类有较大差异，如豆科植物对钙、磷需求量多，而根及地下茎类吸收钾较多，叶类和全草类需要氮肥量大，把它们搭配起来，合理间作、混作、套作，既可合理利用土地，又能达到优质高产的目的。

2. 建立合理的密度和田间配置　间作、混作、套作时，为了尽可能地满足不同植物生长发育的要求，解决好争光、争肥、争水等矛盾，还需注意安排好密度和复合群体，这是争取增产的关键措施。合理的密度和群体结构，可依靠妥善处理所种植物的配置方式和比例来实现。

（1）所种的植物要有主副之分：原则上以主栽植物为主，在主栽植物增产或不减产、少减产的情况下，增收副栽植物。主栽植物行株距不变，副栽植物根据地力可多可少；主栽植物应占有较大的播种面积，其密度可接近单作时的密度，副栽植物占较小比例，密度小于单作，这样既可协调好同一植物个体间矛盾，又能协调不同植物之间的矛盾，减少个体之间、群体之间的竞争。既要通风透光良好，又要尽可能提高叶面积指数。

（2）"矮要宽、高要窄"：矮秆植物种植宽度至少要等于高秆植物的株高。

（3）种植行向：若两种植物高度差大则南北行向种植较好，高度差小则东西行向种植较好。

3. 采用相应的田间管理措施　在间、混、套作情况下，虽然合理安排了田间结构，但争光、争水、争肥的矛盾仍然比较突出。为了确保丰收，必须提供充足的水分和养分，使间套作植物平衡生长，实行精耕细作，如因植物、地块做好配方施肥和合理灌排，因栽培植物品种特性和种植方式调整好播期，做好间苗定苗、中耕除草等伴生期的管理。要区别植物的不同要求，分别进行追肥与田间管理，这样才能保证间套作植物都丰收。

（三）间作、混作、套作类型

间作、混作、套作是我国精耕细作的组成部分，早在2 000多年前就有瓜与韭菜或小豆间作、桑与黍混作的记载。《齐民要术》中也提出要经常保持土壤中含有适量的水分，增强土壤肥力，要利用农作物吸收养料的不同，进行作物的轮作、间作、混作和套作。如今全国各地都有本地的间、混、套作经验。间、混、套作类型很多，主要有粮药、菜药、果药、林药、药药的间、混、套作类型。

1. 粮药、菜药间、混、套作　一类是在农作物、蔬菜间、混、套作中引入药用植物。如玉米与麦冬、桔梗、柴胡、平贝母、黄芪、白芷，芝麻与细辛等间、混种，玉米地上套种郁金、穿心莲，甘蔗地上套种白术、丹参、沙参、玉竹，小麦地上套种党参、牛膝、桔梗，棉花地上套作红花、芥子、王不留行，互补增效；一类是药用植物间、混、套作中引入作物或蔬菜，在种植白芷的行间种植大叶菠菜、四月慢油菜和越冬甘蓝等品种，芍药、牡丹、山茱萸、枸杞间混作豌豆、大蒜、莴苣、芝麻等，川乌套种玉米等。

2. 果药间、混作　果树行、株间种植中药材，提高果园产出效益。果园间、混作药用植物应根据果树树龄、树冠情况和果树的物候期等因素合理选择品种。从树龄情况来看，幼龄果园尚未封行，可在行、株间栽培1～3年收获的喜光药用植物，如幼龄果树行间可间种红花、菘蓝、地黄、防风、苍术、穿心莲、知母、百合、长春花等；成龄果树树冠及树叶较稠密的，可间种喜阴矮秆药用植物，如福寿草、细辛、天麻、半夏、灵芝、黄连、三七、天南星、玉竹等喜阴湿环境的药用植物。树冠较稀疏的果树，如苹果、梨、山楂等，可栽种西洋参、丹参、百合、天门冬等药用植物。

3. 林药间、混作　合理利用林间空地，获得可观的经济效益。人工营造林幼树阶段可间、混种龙胆、桔梗、柴胡、防风、穿心莲、苍术、补骨脂、地黄、当归、北沙参、藿香等。人工营造林成树阶段（天然次生林），可间、混种人参、西洋参、黄连、三七、细辛、天南星、淫羊藿、刺五加、石斛、砂仁、草果、豆蔻、天麻等。

4. 药药间、混、套作　主要有喜阳与耐阴、深根性与浅根性、阔叶与细叶、多年生木本与生育期短的草本等相互搭配，以获得最大的经济效益。如薏米与紫苏间作，枸杞与紫菀、菊间作，杜仲可混作黄连，山茱萸混作黄芩，山药可套作穿心莲、车前混作金钱草，忍冬生长前期套种菘蓝等。

五、轮作与连作技术

（一）轮作

1. 轮作的概念　轮作是指在同一块田地上，有顺序地在季节间或年间轮换种植不同作物或复合组合的种植方式。轮作是世界各国的共同经验，我国古代《齐民要术》中有"穀田必须岁易"等有关轮作的经验总结，农谚则有"倒茬如上粪""庄稼要想好，三年两头倒""谷后谷，坐着哭，豆后谷，享大福"等轮作增产的形象说明。如在一年一熟条件下的丹参→玉米→土豆 3 年轮作，这是在年间进行的 3 年植物的轮作。这种轮作方式每年都种植单一的作物，称之为单作轮作。在一年多熟的情况下，则既有年间轮作又有年内轮作，如小麦—水稻→小麦—水稻→蚕豆—水稻（一年两熟，三年一轮）或小麦—水稻→大麦—棉花→小麦—水稻（一年两熟，两年一轮）这种轮作的方式由不同的复种方式组成，又称为复种轮作。长期以来我国旱地多采用禾谷类轮作、禾豆轮作、粮食和经济作物轮作，以及水旱轮作、草田轮作等。

2. 轮作的主要作用

（1）减轻病虫害，抑制或消灭杂草：植物的病原菌对寄主有一定的选择性，有的害虫还有专食性或寡食性，有些杂草有其相应的伴生者或寄生者，连续种植同种植物，病菌、害虫侵染源增多，发病率、受害率加重。如人参黑斑病、菌核病，薏米黑粉病，红花炭疽病，大黄根腐病，黄芪食心虫，罗汉果根结线虫，伴生谷田的狗尾草，水稻田的稗草，寄生大豆的菟丝子等。如果长期连种同一种植物，这些病虫害就会日益严重。寄生病菌在土壤中一般只能生存 2～3 年，少数可达 7～8 年。在此期间，如果遇不上其他寄主，就会逐年消灭或在数量上少到不致引起植物发病。另外，有些植物根系的分泌物，有的不能为自身所利用，连作过久，这些物质在土壤中累积下来，就形成毒物，则引起植物自身中毒死亡或停滞生长；有的植物根系的分泌物对另一种植物有益，如十字花科植物、甘蔗、烟草和小麦等植物根系的分泌物能刺激好气性非共生固氮细菌的发育，使土壤中的氮素养料增加，促进了其他植物的生长；大蒜、洋葱、黄连等根系分泌物有一定抑菌作用；细辛、续随子等有驱虫作用，把它们作为易感病、虫害的药用植物的前作，可以减少甚至避免病虫害发生。因此，实行抗病植物与容易感染这些病虫害的植物定期轮作，改变其生态环境和食物链组成，能达到减轻病虫害和提高产量的目的。另外，轮作还能防治或减轻田间杂草的危害，玉米、棉花等中耕作物，中耕时可铲除杂草；一些伴生性或寄生性杂草如豆科作物田间的菟丝子，轮作后由于失去了伴生作物或寄主，能被消灭或抑制危害。特别是实行水旱轮作，旱生型杂草在水淹的情况下丧失发芽能力，抑制、防除杂草的效果更为明显，减轻杂草对土壤肥力的消耗。

（2）均衡利用土壤营养元素，避免土壤养分偏耗：轮作能均衡利用土壤营养元素，提高肥效。不同植物对土壤的营养元素有不同的要求和吸收能力，如稻、麦等禾谷类植物，对氮、磷、硅的消耗量相对较多，而对钙的吸收量少；烟草、薯类植物则对钾的消耗量较多；豆类植物对氮、钙和磷吸收量较大，且能增加土壤中氮素含量。因此，长期连种对土壤养分要求倾向相同的植物，就会引起土壤中某些营养元素的缺乏。由于各种植物生物学特征的差异，决定了其对土壤有机质积累与消耗的不同。如绿肥和油料作物能在土壤中积累大量的有机质。豆科植物可借根瘤菌的固氮作用固定空气中的游离氮素，丰富土壤中的氮营养。十字花科植物的根系分泌物能分解土壤难溶性磷，可以提高土壤中有效磷的含量。将这些植物合理轮作，能避免土壤养分的偏耗，提高土壤肥力并获得植物高产。

（3）改善土壤理化性质，减少有毒物质：禾谷类作物具有庞大根系，可疏松土壤、改善土壤结构。绿肥和油料作物通过增加土壤腐殖质来改善土壤结构。水旱轮作还可以改变土壤的生态环境，有利于土壤通气和有机质分解，消除土壤中的有毒物质，促进土壤有益微生物的繁殖，加速土壤有机质分解和利用，从而起到改善土壤结构的作用。

（4）均衡利用水分，适应气候变化：不同植物对土壤水分的要求与利用能力不同，同时，不同植物的根系深浅和伸展范围也不同，深根植物和浅根植物轮作，可充分利用耕层及耕层以下的土壤养分和水分。因此，合理轮作能有效均衡利用土壤水分，适应气候的年内变化和年际变化。

（5）有利于均衡劳动力分配：单一植物的经营、播种、收获等作业的劳动高峰，常常集中于某一季节。所以，将栽培季节不同的植物进行轮作，可以降低劳动强度，均衡劳力分配。

3．轮作中应注意的问题　正确选择前茬植物是轮作的中心问题，因为所种植物对前茬植物都有一定的要求。只有选择得当才利于植物生长发育，优质高产。

（1）根类药用植物：如薯蓣、白芷、地黄等，其药用部分生长在地下，要求土质疏松，并需要较多的磷钾肥料，因而以谷类作物为其前茬比较适宜。

（2）叶类和全草类药用植物：如菘蓝、洋地黄、薄荷、荆芥、紫苏、大青叶、泽兰等，肥沃的土壤和充足的氮肥，能促进其生长，提高产量，因而豆科作物是它们良好的前茬。

（3）利用小粒种子进行繁殖的药用植物：如桔梗、柴胡、党参、广藿香、穿心莲、紫苏、牛膝、白术等，播种覆土浅，易受杂草危害，应选择豆科或收获期较早的中耕作物作前茬。

（4）有相同病虫害的植物：避免将有相同病虫害的植物作前茬，如地黄与白菜、萝卜的病害，地黄与棉花、芝麻的红蜘蛛，红花、薏米与小麦、玉米的黑穗病、苗期地下害虫，枸杞与马铃薯有相同疫病等。

（5）生长年限长，轮作周期长的药用植物：此类药用植物可单独安排其轮作顺序。如人参需轮作30年左右，三七需轮作10年以上，黄连需轮作7～10年，大黄需轮作5年以上。

课堂互动

在学习过程中，讨论总结什么是植物的化感作用及其实例。

（二）连作

1．连作的概念　连作是指在同一块田地上连年种植相同植物的种植方式。连作又叫重茬，与轮作相反，有些药用植物可以实行连作，有的在短期内（2～3年内）可以连作，如菊、菘蓝、紫云英等；有的则在多年时间内都可以连作，如莲子、平贝母、洋葱、怀牛膝等；有的则忌连作，如人参、三七、白术、地黄、大黄、黄连、丹参、川芎、薯蓣、当归、黄芪等。

2．连作的危害　连作的危害较多，不同作物的连作危害表现的形式不同。第一，连作导致营养物质的偏耗。特定作物对矿质营养元素吸收的种类、数量和比例是相对稳定的，该作物长期连作，势必导致土壤中吸收量大的元素严重匮乏，土壤养分比例失调，作物生长发育受阻。第二，连作导致土壤水分大量消耗。某些作物吸水量大，连作时易造成土壤水分大量消耗，导致水分不足而减产。如甜菜和向日葵。第三，连作导致有毒分泌物质的积累。作物生长过程中的分泌物，尤其残体分解物对自身生长发育有强烈抑制作用，如大豆根系分泌氨基酸较多，使土壤噬菌体增多，它们分泌的噬菌素也随之增多，从而影响根瘤的形成和固氮能力，造成大豆减产。第四，连作导致土壤物理性状恶化。某些作物或复种方式连作，如双季稻连作，土壤淹水时间长，土壤大孔隙减少，容重增加，通气不良，土壤次生潜育化明显，物理性状恶化。长期淹水，导致土壤容重增加，不利于同种作物的生长。第五，连作导致病虫草害加重。连作时，某些土壤传染的病害显著加重；某些专一性虫害的密度增大，危害加剧；而某些伴生性和寄生性杂草的危害累加效应突出，导致产量锐减和品质下降。第六，连作不仅降低土壤的供肥能力，还导致土壤微生物种群数量与比例失调和土壤酶活性下降，如大豆连作磷酸酶和尿酶活性降低，玉米连作真菌增加，细菌减少，都能导致作物减产。

3．不同植物对连作的反应　一般按需间隔的年限长短可分为以下 4 类：

（1）忌连作的植物：这些作物对连作极为敏感，连作时，生长受阻，植株矮小，发育异常，减产严重，甚至绝收。在同一田地上种 1 次后需间隔 5 年以上才可再种。如地黄、大黄、薯蓣、西瓜、茄子、豌豆等需间隔 5 年，黄连、亚麻等需间隔 5～10 年，人参则需要间隔 30 年后再种。

（2）耐短期连作植物：这类作物对连作反应的敏感性属于中等类型，连作 1～2 年后需间隔 2～3 年再种。如甘薯、芝麻、紫云英、菊、菘蓝、甘蔗、油菜等植物，这类作物在连作两三年内受害较轻，但如若长期连作也会显著减产。

（3）耐连作植物：这类作物连作的危害一般表现甚轻或不明显，如水稻、棉花、玉米、麦类、莲、贝母等作物，其中又以水稻、棉花的耐连作程度最高，苋科的怀牛膝耐连作程度也比较高。在采取合理的耕种措施，增施有机肥料和加强病虫防治的情况下，这类作物连作时仍然可以丰产。

4．复种连作　在一年多熟地区，同一块田地上连年采用同一复种方式的连作。复种连作时，一年中虽有不同类型的植物更替栽种，但仍会产生连作的种种害处，如排水不良、土壤理化性状恶化、病虫害日趋严重等。为克服连作引起的弊端，可实行轮作（水旱轮作）或在复种轮作中轮换不耐连作的植物，扩大耐连作的植物在轮作中的比重或适当延长其在轮作周期中的连作年数，增施复合化肥、有机肥料等。

课堂互动

　　目前我国大多数栽培的药用植物均存在不同程度的连作障碍问题，有的还相当突出。连作障碍的解决办法有哪些？

5．连作的应用

（1）连作应用的必要性：农业生产中，虽然同一植物多年连作后常产生许多不良的后果。但是，当前生产上连作是不可完全避免的，有时甚至是必要的，许多栽培植物仍然运用连作，原因在于以下方面：

1）社会需求：有些植物，如粮、棉、糖等，在人类生活中不可缺少，需求量又非常大，只有实行连作才能满足全社会对这些农产品的需求，社会的这种特殊需求决定了连作是必要的。

2）资源利用决定连作：某些地区由于受到当地资源限制或为了充分利用当地优势资源，将最适宜植物进行连作栽培。如新疆棉花、亳州的白芍则体现了资源的充分利用。

3）经济效益决定连作：有些不耐连作的植物，如烟草，由于种植的经济效益高，其种植相隔年限由原来的"四年两头种"变为"两年一种"。

4）作物结构决定连作：某些地区的作物结构决定了连作，在商品粮、棉、糖基地，这些作物在轮作计划中占绝对优势比重；在中药材 GAP 基地，植物种类必然出现单一化现象，导致商品性作物的多年连作或连作年限延长。

（2）连作应用的可能性：某些植物具有耐连作的特性，在栽培中，可以进行连作；间、套作养地作物；增施有机、无机肥料；将高新技术引入药用植物栽培中，可克服连作产生的弊病。如新技术推广应用，尤其是化学技术的应用，采用先进的植保技术，使用新型的高效低毒的农药、除草剂进行土壤处理或茎秆叶片处理，能有效减轻病、虫、草的危害。另外，农业技术的应用，如更换抗病品种，进行合理灌溉和土壤耕作也可以减轻土壤毒素。

　　综上所述，在药用植物栽培中，要根据药用植物的生物学特性、气候、土壤等自然环境条件选择科学合理的种植方式,以满足各种需求,维持生态平衡,保证药用植物栽培质量为宗旨。

(陈　娜)

第二节　土壤耕作技术

土壤耕作技术是根据植物生长对土壤的要求,利用机械或使用农机具,为植物创造良好的土壤耕层构造所采用的一系列技术措施的总称。土壤耕作是农业生产中最基本的农业技术措施,其作用是调节土壤中水、肥、气、热等因素间的矛盾,改善土壤结构和理化性状,提高土壤保水保肥能力及消灭杂草和病虫,为植物生长发育创造良好的环境条件。

在药用植物栽培过程中,需要采取多种土壤耕作措施。不同土壤耕作措施对土壤影响不同。根据对土壤耕层影响范围及消耗动力,可将土壤耕作措施分为土壤的基本耕作和表土耕作两种类型。

一、土壤基本耕作技术

土壤基本耕作技术是影响整个耕层土壤的耕作措施。通过土壤基本耕作可翻转耕层土壤,交换上下层土壤;翻埋肥料,使肥料、土壤充分混合,增强肥效;晒垡土壤,促进土壤熟化;粉碎或消除根茬和杂草残体,掩埋病菌及害虫,减轻病虫危害;改善耕层理化性状和生物状况,创造良好的耕层结构;调节土壤中水、肥、气、热等肥力因素的比例,为药用植物正常生长发育创造良好的土壤环境。土壤基本耕作技术包括耕翻、深松耕和上翻下松3种方式。

(一)耕翻

耕翻是使用各种式样的犁或其他挖掘工具进行耕作层翻土。耕翻具有翻土、松土、混土、碎土作用,以便翻转耕层土壤,改善耕层理化和生物状况。通过翻转耕层土壤,将上、下层的土壤交换,通过晒垡等过程促进土壤熟化。耕翻可以消除地表残茬、杂草和病虫害,调整养分垂直分布,利于根的吸收。疏松耕层,增强土壤通气性,也能促进好氧微生物活动,使养分得以分解释放,疏松的耕层也有利于根系伸展。

1.耕翻深度　我国农民对深耕极为重视,并积累了丰富的经验,如"深耕细耙,旱涝不怕""耕地加一寸，强如施苲粪"等农谚，都反映了深耕对增产的作用。生产实践证明，在地表下50cm范围内，植物产量随深度的增加有不同程度的提高。在生产上，一般耕翻深度为15～20cm，浅耕10～15cm，较深的达20～25cm。深耕是创造植物生长理想土壤类型的基本措施之一。栽培药用植物通常宜深耕，但耕翻深度要根据药用植物种类、土壤特性和气候特点来确定，一般以药用植物根系集中分布的范围为度。深根性药用植物（山药、大黄、牛膝、黄芪等）耕翻宜深，浅根性药用植物（半夏、麦冬等）耕翻宜浅。

旱地土壤耕翻深度以20～25cm为宜；黏性土壤通透性差，深耕效果比砂质土壤明显；上砂下黏的土壤，可根据条件适当增加耕翻深度，混合黏砂层以改善耕层土壤质地，增强保水保肥能力；上黏下砂的土壤，不宜深耕，避免砂层上翻，导致漏水漏肥；土层肥沃深厚，耕地深度不受土壤质地限制；肥力差的灰化土、白浆土则应采取逐年加大耕地深度的措施；土层浅薄、下层石砾多的土壤，不宜深耕，宜采取客土法加深耕作层；地下水位高的土壤，耕地时要保持与地下水的距离。干旱地区，不宜深耕，以减少水分流失；多雨地区，可深耕，以改善土壤通气性。雨季前耕地可深，耕后无降水补耕宜浅；秋冬耕作宜深，春耕宜浅。

深耕还应注意以下几点：

（1）不要一次性把大量生土翻上来：一般要求熟土在上，不乱土层。机耕应逐年加深耕层，每年加深2～3cm为宜。

（2）应与增施肥料和土壤改良结合起来：增施肥料，提高肥效，使肥土相融，深耕的效果更好。另外还要把翻砂压淤、翻淤压砂、黏土掺砂等土壤改良措施和深翻结合起来进行。

（3）在适耕期耕翻：既不能湿耕，也不能干耕，根据墒情耕作。

（4）利于保持水土：药用植物用地多为坡地、荒地，应横向耕作，以减缓水流速度，防止水土流失。

2. 耕翻时期　在前作收获后，土壤宜耕期应马上耕地，其时间因地域不同存在差异。我国东北、华北、西北等地，冬季寒冷，土地冻结，耕翻多在春秋两季进行，即春耕或秋耕。春耕宜提早，因此时温度低、湿度大，利于保墒，可对上年末秋耕的地块进行补耕，为春播做好准备。对于那些因前作收获太晚或因其他原因（土壤秋旱、低洼积水、畜力或动力不足等）没有秋耕的地块，第二年必须抓紧适时早耕翻，当土地解冻深度足够时即应进行。秋耕在植物收获后，土壤冻结前进行，可使土壤经过冬季冰冻、风刮、日晒后，质地疏松，既能积蓄大量降水，增加土壤底墒，又能消灭土壤中的病菌和害虫，还能提高春季土壤温度。各地经验认为，植物收获后及早秋耕有利于防止春旱，故有"秋耕无早，越早越好"的农谚。长江以南各地，冬季比较温暖，许多药用植物全年均可栽培，一般随收随耕，多数进行冬耕，要求前作收获后及时耕地，临冬前再犁耙一次，耙后越冬或蓄水越冬。

（二）深松耕

用深松铲或凿形犁对土壤深松耕，深松耕深度20～50cm。深松耕能打破传统耕翻所形成的坚实的犁底层，又不打乱土层，只将心土就地翻动，上下层不翻转变换，避免生土、熟土相混；局部深松，耕层构造呈虚实相间状态，不但具有良好的通气透水性，有利于贮水，而且有利于提墒供水，促进根系发育，增强抗旱、防涝性能，亦可减轻风蚀、水蚀和土壤水分流失，适于干旱、半干旱地区采用。深松耕也可打破犁底层，加厚耕作层，为植物创造一个疏松深厚的活土层，适用于有犁底层的农田。在山区、坡地采用深松耕，有利于水土保持，盐碱地深松耕后增产效果明显，但深松耕不便于肥料和残茬的翻埋，尤其在我国南方，气温高、湿度大、土质黏重、复种指数高、施用大量有机肥料的地块，深松耕后田间杂草较多，易发生草荒。因此，耕翻还不能被深松耕所取代。

（三）上翻下松

南方地区有些耕作层较浅，生产上常采用两架普通犁进行前后套犁的分层耕法，即前犁耕翻后再用去掉犁壁的犁或松土铲松土，可以起到不让生土翻上来又可加深耕作层的作用。在北方，上翻下松方法适用于麦茬地、压绿肥和施用有机肥以及秸秆还田的地块,草荒严重的大豆、玉米茬地进行基本耕作。

此外还有少耕和免耕法。少耕法也称最小耕作方法,是指在植物生长过程中,减少某些耕作措施或把几个措施合在一起进行,以减少耕作次数的操作方法。如播种、施肥、防治病虫害等环节采用复式作业,机具一次进田就可完成上述各项工作。我国北方一年二熟制地区的夏播作物常采用此法。少耕可减少因农机具碾压而引起的对土壤结构的破坏,避免水分散失过快,减轻水土流失,争取农时,有利于下茬植物及早播种。采用少耕时,要注意防止因少耕造成土壤紧实、杂草过多,影响药用植物生长而导致减产。免耕法又叫零耕作,即不耕翻土壤,直接在茬地上播种。典型的免耕包括以下 3 个环节:①利用植物秸秆或其他材料,覆盖全田或行间,以减轻风蚀、水蚀和土壤蒸发;②采用联合作业的免耕播种机,前边通常装置切刀,开出宽 5～8cm、深 8～10cm 的沟,然后施肥、施药、播种、覆盖、镇压,一次完成作业;③应用广谱性除草剂,于播种前后进行土壤处理或苗期喷洒,杀除杂草。免耕法由于不翻动土壤、不灭茬,既可避免耕层土壤被压实,减少土壤结构的破坏,又能减少土壤水分蒸发,增加雨水下渗,防止或减少土壤侵蚀,改善耕层生态条件,还能降低生产成本,提高劳动生产率。但其存在的问题是:在低洼易涝地区结构较差的黏土上,使用效果不好;植物残茬覆盖,容易造成土温偏低,对寒温带、温带地区春播植物萌发出苗和越冬植物返青不利,且残茬在分解过程中产生某些有毒物质,会抑制土壤中有益微生物的活动;此外,土壤过度紧实时,不利于植物根系的生长。

二、表土耕作技术

表土耕作技术是借助于畜力、机械力改善土壤耕作表层结构和表面状况的土壤耕作措施的总称,包括耙地、耱地、旋耕、镇压、起垄、开沟、作畦、中耕、培土等作业。表土耕作多在耕地后进行,其耕作深度为 3～10cm,是土壤基本耕作的辅助性措施,也是完成土壤耕作各项任务必不可少的措施。它的主要作用是:消除土壤经过耕翻后出现的地面起伏不平、表土不够细碎、耕层过松等不良状况,达到地平土碎、上虚下实,利于播种和种子出苗。有时,为了减少耕作次数,争取农时,也可以表土耕作代替基本耕作。在需要灌溉、排水的情况下,常在播种前作畦、起垄或开沟。由此可见,表土耕作既是基本耕作的补充,又是播种、出苗和田间管理的基础。

(一)耙地

在土壤耕翻后、播种前,采用圆盘耙、钉齿耙、弹簧耙等进行耙地。具有破碎土块、平整地面、混拌肥料、清除杂草的作用,还可疏松表土,多接纳雨水,利于保墒防旱。有些只需灭茬不需耕翻的地块,采用耙地就可收到较好效果。降雨或灌溉以后耙地,则有破除板结、收墒保墒的作用。耙地要适时适度,华北平原有"顶凌耙地,不伤元气"的农谚,说的是在早春土壤刚解冻时耙地,可达到减少土壤水分蒸发,蓄水保墒的作用,是干旱地区防春旱的重要措施,但耙地次数过多,不但消耗动力和劳、畜力,还会压实土壤,破坏土壤结构。在干旱地区和干旱季节耙地会造成土壤水分损失,不利于种子发芽生长。

(二)耱地

耱地又称糖地。其工具是用荆条、柳条编制的长方形耱,应用时可加上重物,以增加重量。耱地常和耙地联合作业进行。耙后耱地可把土地耱平,兼有平土、破碎土块和轻压的作用,在地表形成厚 2cm 左右的疏松层,下面形成较紧实的耕层,这是北方干旱地区或轻质土壤常用的保墒措施。

(三)旋耕

旋耕是利用旋耕机进行整地的一种方法。旋耕主要作用是切削、打碎土块,疏松混拌耕层土壤,广泛应用于旱地、水田和园田。与耕翻相比,旋耕碎土性强,可使旱耕土壤细碎,水耕表土松软起浆,耕后地面平整,作业一次即可起到耕、耙、平、压的效果。

我国北方地区的旱地或水田，常在耕翻后以旋代耙，提高整地质量。旋耕亦适用于套作田块，带状作业不会影响套作幼苗的生长。旋耕深度较浅，通常 10～15cm，对根茬、杂草掩埋较差，长期采用会使耕层变浅，杂草增多。故生产上宜采取耕翻与旋耕交替使用。

（四）镇压

镇压是常用的表土耕作措施。它可使过松的耕层适当紧实，减少水分蒸发损失；还可使播种后的种子与土壤紧密接触，利于种子吸收水分，促使发芽和扎根，提高播种质量；此外，对防止植物徒长和填补田间裂缝，也有一定的作用。在北方干旱地区镇压既可减少水分蒸发，又可促进土壤毛管水上升，从而湿润播种层，兼有保墒提墒作用。如果镇压与耢地相结合，则效果更佳，但盐碱地不宜镇压，以免引起返盐。

（五）开沟、作畦、起垄

1. 开沟　为方便排灌，提高排灌质量，利于降低地下水位，消除有毒物质，可在药用植物播种前或播种后整个生育期内进行。

2. 作畦　土壤耕翻后，为了方便管理，利于植物生长，应耙细整平，及时作畦。作畦的目的是便于灌溉和排水，控制土壤中的含水量及改善土壤生态条件。作畦应根据药用植物的生长特性、地势高低和当地降水情况确定畦的类型。畦的类型可分为高畦、平畦和低畦 3 种类型。

（1）高畦：畦面通常比畦间走道高 10～20cm。高畦畦面暴露在空气中的土壤面积较大，水分蒸发量多，致使耕层土壤含水量适宜；地温较高，适合种植喜温植物；利于通风透光和灌溉排水。根及根茎类药用植物和雨水多、地势低洼、排水不良的地区多采用高畦；在土层较浅或气候寒冷的地方种植根及地下茎类药用植物时，最好也采用高畦，这样不仅可提高土温，而且有利于根系伸展，提高产量。畦宽，北方通常为 100～150cm，南方 130～200cm，高畦畦高一般 15～20cm。

（2）平畦：畦面和畦间走道相平，便于引水浇灌。适用于栽培要求土壤湿度大的药用植物以及风势猛烈、地下水位低、土层深厚、排水良好的地区。平畦保水较好，但易积水，应注意排水。在多雨地区或地下水位较高，排水不良的地方不宜采用。

（3）低畦：畦面通常比畦间走道低 10～15cm，便于蓄水灌溉。在地下水位低的干旱地区或喜湿的药用植物栽培多采用低畦。

畦的方向以南北向较为合适，植物受光均匀，利于生长发育，尤其是喜阳植物；在北风强烈的地区，为避免两侧植物受害，可采用东西向；在山坡或倾斜地段上，作畦应与坡向垂直，等高开行作畦或做成梯田，以减缓坡度，减少水土流失，利于保持水分和养分。

畦的宽度以 130～150cm 为宜。过宽不便于操作和管理，过窄降低土地利用率。作畦时，畦面要平整。

3. 起垄　是在耕层筑起垄台，挖下垄沟，垄高 20～30cm，垄距 30～70cm，将植物种植在垄台上。其地表面积及受光面积比平作增加 25%～30%，白天垄温比平作高 2～3℃，夜间温度比平作低，所以垄作土壤温度昼夜温差大，有利于光合产物的积累。起垄可使耕作层加厚，地温增高，利于地下器官的生长发育，也利于排水和防止风蚀。同时，肥料集中施在垄内，肥料利用率高。块根、块茎类药用植物常起垄栽培。起垄可用犁和锄头进行操作，先用犁开一行沟，施入肥料，再在行沟两侧向内翻两犁，即形成垄。

（六）中耕

中耕是在药用植物生长期间常用的表土耕作技术。中耕可疏松表土、避免土壤板结；切断土壤毛细管，较多地接纳雨水，保蓄土壤水分；提高土壤通气性及土温；除去杂草，加强土壤养分的有效化；减少病虫危害。雨后中耕在保墒防旱上有重要的作用，土壤湿度大时，中耕有散表墒、蓄底墒和提温的作用。中耕深度要根据药用植物大小、高矮、行距、根群分布的深浅及地下部分生长情况确定，一般是 4～6cm 深。播种行内的中耕，应按浅—深—浅的标准进行，即在苗期宜浅,否则伤苗、压苗;在生育中期,宜深,可促进根系发育;到接近封行时,宜浅,否则易伤根。浅根性植物宜浅;深根性植物宜深。土壤干旱时宜浅;墒情大时宜深。中耕的时间和次数应根据气候、土壤、植物种类和生育状况确定,总的原则是要经常保持地净土松和不伤苗。中耕通常在封垄前、土壤墒情适宜时进行,若在过湿时进行,易形成泥块、板结,效果不良。中耕次数一般3~4次。苗期中耕除草宜勤,防止土壤板结、杂草滋生;成株期宜少,避免损伤植株;天气干旱、土壤黏重宜勤;雨后或灌水后要及时中耕。中耕次数过多,会破坏土壤结构,在风沙地区和坡地易造成风蚀或水蚀。中耕工具有手锄、耘锄、无壁犁、机引悬挂中耕机或万能中耕机等。

(七) 培土

培土是结合中耕将行间土壅到根旁形成高垄或土堆的措施。块根、块茎、根茎及高秆类药用植物培土常与第二、第三次中耕结合进行。培土可固定植株、防倒伏(如薏米、天门冬);保护芽头(如玄参);利于块根、块茎膨大(如玄参、半夏)或根茎的形成(如黄连、玉竹);增厚土层提高地温;改善土壤通气性,防板结;扩大根系活动范围。在雨水多的地方,培土亦有利于排水防涝,覆盖肥料及杂草,促进根系生长。培土的时间、高度、次数,因药用植物种类、气候、土壤及种植方式不同而异。但在干旱地区及干旱季节,为了防止土壤水分蒸发,不宜培土。培土工具有锄头、铲、犁、机引培土器等。用犁培土可在行间向植株行向犁两次,即成垄。

三、土壤改良技术

不同种类药用植物生长对土壤条件要求有较大差异。如根及根茎类药用植物适宜生长于疏松透气的砂质壤土中;高大的木本药用植物适宜生长于肥沃深厚的壤土中;兰科植物适宜生长于疏松的腐殖土中;原产于亚热带、热带的药用植物适宜生长于 pH 值偏低的红壤土中;原产于温带或寒带的药用植物适宜生长于 pH 值适中的黄壤土或黑壤土中等。对于适合药用植物生长的土壤,要用地与养地结合,不断采取耕作、施肥、灌溉、排水和合理轮作等田间管理措施,进一步提高土壤肥力和适用性。对于一些不良土壤类型,要根据药用植物栽培的需要,采取有效措施,积极地进行改良,以更好地满足药用植物生长。

(一) 土壤质地的改良

土壤质地可分为砂土、壤土和黏土3种类型。壤土是农业生产上较为理想的土壤质地类型,满足绝大多数药用植物生长。砂土砂粒含量高,养分贫乏,保水、保肥能力差,且土壤易干旱。黏土黏粒含量高,孔隙小,通透性不良,耕性差。生产上对于砂土和黏土均需进行改良,以更好地满足药用植物生长。改良途径和措施要因地制宜、循序渐进地进行。

1. 掺砂、掺黏客土调剂 如果在砂土附近有黏土、河泥,可采用搬黏掺砂的办法,黏土附近有砂土、河沙,可采取搬砂压淤的办法,逐年客土改良,使之达到壤土质地范围。

2. 翻砂压淤或翻淤压砂 如果黏土表层下不深处有砂土层,砂土表层下不深处有淤泥层,可采用表土大揭盖、底土大翻身的办法,将下层的砂土或黏土翻到表层来,上、下砂、黏土层掺和,调剂土质。

3. 引洪漫淤、漫砂 黄河或洪水中所携带的淤泥是来自地表的肥沃土壤,养分丰实。将黄河水或洪水有控制地引入农田,使淤泥沉积于砂土表层,既可增厚土层,改良质地,又能肥沃土壤,俗称"一年洪水三年肥"。引洪漫砂也有改良黏土质地的效果。

4. 增施有机肥 有机肥中含有大量有机质,可增加砂土的黏结性和团聚性,降低黏土的黏结性,促进土壤团粒结构的形成。通过增施有机肥既可以克服砂土过砂、黏土过黏的缺点,又能改善土壤结构,提高土壤肥力,是农业生产上较为常用的一种改良措施。

5. 种树种草,培肥改土 在过砂或过黏的不良土壤质地上种植耐瘠薄的草木植物,能达到改善土壤性状、培肥土壤的目的,特别是豆科绿肥作物,效果更为显著。

知识链接

胶泥粒

　　塘泥黏重,并富含有机质和胶质,充分干燥后质地坚硬,不易粉碎,将其粉碎成颗粒,即为胶泥粒。可作为药用植物育苗、栽培的一种基质,不仅透气性强,而且有机营养丰富,利于植物根系发育。

(二)盐碱土的改良和利用

　　盐碱土又称盐渍土,是盐土和碱土的统称,主要分布于华北、西北及东北和东南海滨地区。盐土呈中性或弱碱性,主含氯化物和硫酸盐;碱土呈碱性或强碱性,pH 值高达 9～10,主含碳酸盐和重碳酸盐。盐碱土表面可见白色盐渍斑,内含的有机质被碱溶解,土壤有机营养丧失,土壤的肥力、通透性及耕作能力均降低。

　　改良盐碱土应根据盐碱土的性质,采取以水肥为中心,因地制宜,综合治理的措施,具体方法如下:

1. 淡化耕作层

　　(1)平整土地,大水漫灌,洗去盐分:这需要有充足的灌溉水源,且每块田地都应有单独的进出水口。新垦盐土表土含盐量常在 1% 以上,需灌水泡洗 2～3 次,洗去表土大部分盐分。

　　(2)在盐碱地中种植水生植物:通过水生植物带有的水分,溶解表土的盐分,并逐渐向下渗漏,使表土逐渐脱盐,同时经常换水可排除部分盐分,起到泡田洗盐的作用。

　　(3)疏通排水道:排除洼地积水,以减少地上水对地下水的补给和地下水的蒸发,同时降低地下水的盐分。

2. 多施有机肥

　　在盐碱地中施入大量的粪肥或饼肥,提高土壤中有机质含量,使盐碱土中的碳酸盐转变成腐殖酸盐类。在盐碱地中种植豆类等植物,并将其翻压于土中,既能为土壤提供大量的有机质和氮素,又能提高 C/N 比,加速有机肥转变为腐殖质。

3. 改进栽培技术

　　土壤水分的运动可使土壤积盐或脱盐。当大气降水少时,水分蒸发大,含盐的地下水通过土壤毛细管的作用不断上达表层,水分蒸发后,盐分就积累在地表,利用盐分这种运动的特性,可以在盐碱地上作垄,使垄上积聚较多的盐分,而将植物种植在盐分少的垄沟里,同时沟里湿度大,也利于植物生长。

　　此外,还可通过在盐碱地上植树造林来降低风速,防止风沙危害,改善田间小气候;进行生物排水,降低地下水位,减少地面蒸发,减轻和抑制土壤返盐,有利于雨水淋洗,加速脱盐。对耐盐的药用植物就可以在盐碱地上种植,边种边改良。如将枸杞种植在盐碱地上,生长良好,产量也高。

4. 化学改良

　　一般通过施用石膏、石灰石及氯化钙等含钙物质,不仅可以代换土壤胶体上吸附的钠离子,还可以使土壤颗粒团聚起来改善土壤结构。也可施用酸性物质来中和土壤碱性。

　　通过采用综合措施改良盐碱土,才能收到更好的效果。

课堂互动

　　讨论:红树林为什么可以生长在海滩上?

(三)风沙土的改良和利用

　　风沙土主要分布在西北、华北北部和东北西部的干旱、半干旱地区,大河两岸及河流入海口附近的地区也有零星分布。导致土壤沙化主要有两方面的因素,恶劣的自然条件和人类不合理的利用。草场过度放牧,导致植被破坏,成为沙漠;草场和林地不合理地开垦为农田,也易造成土壤沙化,形成风沙土。风沙土地区一般干旱多风,裸露的地表易遭受风蚀;土壤质地过砂,砂砾含量达80%~90%;营养缺乏,保水保肥能力差。

风沙土的改良利用必须坚持以防为主、治理为辅、因地制宜的原则。具体的措施如下:

1．防止风蚀　通过植树造林、发展果树、播种多年生绿肥,如紫穗槐、沙打旺等来固定风沙土及改良风沙土。改良土壤,包括平整土地、客土掺黏、轮作牧草绿肥、增施有机肥料等。

2．合理利用　选择适宜的品种,如抗风沙、耐旱,耐贫瘠的作物;适时播种;合理耕作,垄向应与风向垂直,耕后不宜耙得太细,也不镇压,既可减轻风蚀,又利于保墒。

(四)红壤土的改良和利用

红壤土主要分布在我国长江以南的热带和亚热带地区。由于该地区日光充足,雨量充沛,林木生长繁茂,土壤有机物增长快,分解也快,而且非常容易流失。土壤中碱性物质被淋失,而铁、铝不易流动而且易聚积,土壤呈酸性,易与碳素结合成难溶状态。干旱时水分容易蒸发散失,使土壤变得紧实坚硬,针对这些不良性状,可通过以下措施进行改良:

1．增施有机肥料　采取种植绿肥、增施有机肥料等措施增加土壤中的有机质,改善土壤的吸收性能,提高保水保肥能力,提高药用植物产量。

2．施用磷肥和熟石灰　既可中和红壤的酸性,加强有益微生物的活动,又可改良土壤,使土壤的生物性状得到改善。

3．选择适宜植物进行合理轮作　新开垦的红壤,由于肥力低,宜选择栽培耐瘠、耐旱、耐酸的药用植物,如喜树、木瓜、栀子、望江南等。但大多数药用植物不适合在红壤中栽培,可与绿肥、饲料作物进行轮作,能起到加速熟化、提高土壤肥力的作用。

思政元素

保护黑土地

黑土地被称为"耕地中的大熊猫"。我国的黑土区是国家重要粮食生产基地,粮食产量约占全国的1/4,在保障国家粮食安全中具有举足轻重的地位。由于长期高强度开发利用,加上风蚀、水蚀等侵害影响,导致黑土层厚度和有机质含量下降,土壤酸化、沙化、盐渍化加剧,水土流失严重,对东北乃至全国的粮食安全和生态安全带来一定风险。为充分发挥黑土地在确保稳产保供、维护国家粮食安全方面的重要作用,国家做出了一系列加强耕地保护、保障国家粮食安全和生态安全的决策部署,尤其是《中华人民共和国黑土地保护法》的顺利出台,为依法保护好黑土地这一"耕地中的大熊猫"提供了坚实的法治保障。

(郑　雷)

复习思考题

1．何谓复种?决定一个地区或生产单位能否复种的条件有哪些?

2．何谓轮作?田地进行轮作有什么意义?

3．在生产上克服连作障碍的技术原则有哪些?你认为轮作效果的好坏与什么因素有关?在生产上克服连作障碍的技术途径有哪些?

4．何为土壤耕作技术?中耕的作用有哪些?

5．怎样选择畦的种类?

6．土壤质地改良的措施有哪些?

扫一扫,测一测

第四章　药用植物繁殖与良种繁育技术

学习目标

1. 掌握种子繁殖和营养繁殖的主要方法,种子采收、调制、贮藏要点,种子萌发的主要条件,种子品质检验基本概念,影响营养繁殖效果的因素。
2. 熟悉种子品质检验基本方法,药用植物良种选育及繁育的方法。
3. 了解品种混杂退化的原因及防止措施,药用植物引种驯化的方法。

药用植物产生同自己相似的新个体,称为药用植物的繁殖。这是植物繁衍后代、延续物种的一种自然现象,也是植物生命的基本特征之一。其繁殖方法主要有有性繁殖和无性繁殖两种。有性繁殖又称种子繁殖,是由植物雌雄两性配子结合形成胚,再由胚发育成新个体的过程。种子植物的有性繁殖通过植物的有性器官经授粉、受精后形成种子。无性繁殖又称营养繁殖,是由植物体营养器官的一部分再生出独立的新个体的繁殖方法,这种繁殖不经过植物传粉受精过程。我国药用植物种类繁多,生存环境复杂多样,部分野生药用植物资源稀缺。因此,对药用植物进行良种繁育和引种驯化,对保护药用植物资源、促进中药材产业健康可持续发展具有深远意义。

第一节　种　子　繁　殖

药用植物的繁殖,多采用种子繁殖,繁殖系数大,其后代不仅数量多而且具有较强的抗逆性和适应性,便于大量繁殖,易于驯化,有利于引种。另外,种子具有体积小,易于采收、贮藏、运输等特点,便于推广和培育新品种。凡是由种子播种长成的苗称实生苗。实生苗根系发达,生长旺盛,寿命较长,对环境适应性强,并有较高的免疫和抗病毒能力。但是种子繁殖的后代易产生变异,从而失去原有的优良品质,导致品种退化;开花结果较晚,尤其是木本植物所需年限较长。

一、种子的采收、调制和贮藏

(一)种子的采收

药用植物进入生殖生长期,经传粉受精后发育形成种子。药用植物种子成熟期因不同植物种类、生长环境和栽培技术有较大差异,适时采收合格的药用植物种子对保障药用植物种子繁殖质量十分重要。因此,需要根据药用植物种子成熟程度来决定其采收时间。种子成熟包括生理成熟和形态成熟。

1. 生理成熟　是指种子的种胚已经发育成熟,种子内的干物质积累已基本完成,种子已具有发芽能力。生理成熟的种子含水量高,营养物质处于易溶状态,尚不能完全保护种仁,易出现水分散失现象。此时采集,其种仁急剧收缩不利于贮藏,会很快丧失发芽能力,抗逆性低,易被微生物危害。

2. 形态成熟　是指种子中的营养物质的积累基本停止,种子重量不再增加或增加很少,含水量降低,营养物质转化为难溶的脂肪、蛋白质和淀粉,呼吸作用微弱。种皮坚硬致密、种仁饱满,抗逆性强,进入休眠,较耐贮藏,且呈现出该品种的固有颜色和外部形态特征。

多数药用植物种子的成熟过程是先经过生理成熟再到形态成熟,但也有些种子如浙贝母、刺五加、人参、山杏等,形态成熟在前而生理成熟在后,果实达到形态成熟时,胚发育尚未完成,种子采收后,经过贮藏和处理,胚再继续发育成熟。还有一些种子如泡桐、杨树,它们的形态成熟与生理成熟基本是一致的。真正成熟的种子应是生理、形态均成熟。

药用植物繁殖用的种子,首先要选择品种纯正、无病虫危害、生长发育健壮的优良单株作为采种母株,及时采收发育成熟、饱满、粒大而重的种子做种。另外,实际采种时,还要考虑到果实形态,如果皮颜色的变化,未成熟的果实一般为绿色并较硬。不同类型的果实,成熟时其形态特征不同。浆果、柑果、梨果等肉果成熟时,颜色由绿逐渐转变为白、黄、橙、红、紫、黑等颜色,如南酸枣、杏、木瓜成熟时果皮为黄色,龙葵、女贞、樟树成熟时果皮为黑色,山楂、枸杞子、火棘成熟时果皮为红色。蓇葖果、荚果、蒴果、翅果、坚果等干果是果皮外表颜色变深,籽粒饱满,由软变硬。其中,蓇葖果、荚果、蒴果果皮自然裂开,如黄连、黄芪、马齿苋等。

种子成熟度对发芽率、幼苗长势、种子耐藏性等均有影响,大多数药用植物需要采收完全成熟的种子,但有时也有例外。例如当归、白芷等,如采收老熟的种子,播种后抽薹早,需要采收适度成熟的种子。又如黄芪、油橄榄等种子老熟后往往硬实种子增多,或休眠加深,如要采后即播,需要采收适度成熟(稍嫩)的种子。

采收种子时,凡种子成熟后果实不易开裂、种子不易脱落的植物,待全株的种子完全成熟时一次采收;凡种子成熟后易脱落的植物则要在脱落前分批采收,或待大部分种子成熟后将果梗割下,熟后脱粒,如穿心莲、远志、芥子、白芷、北沙参、补骨脂、黄连等应在开裂之前随熟随采。在同一植株上,应选择早开花枝条所结的种子,其中以生在主干或主枝上的种子为好,对于晚开的花朵及柔弱侧枝上花朵所结的种子,一般不宜留种。

木本药用植物种子的采收,要选择生长健壮、生长到一定年限、充分表现出优良性状、无病虫害的植株作为采种母株。如杜仲要选择未剥过皮的15年以上的树木作母株。

采种工具多采用手工操作的简单工具,如镰刀、枝剪、高枝剪、竹竿、种钩、采种袋、梯子、绳子、安全带、安全帽、簸箕、扫帚等。

课堂互动

怎样理解种子的生理成熟和形态成熟?

(二)种子的调制

调制是指对采集的药用植物种子进行的一系列处理过程。目的是获得纯净、适宜播种或贮藏的优良种子,是防止种子变质的必要工序与措施。其内容包括:脱粒、净种、干燥、分级等。种子采收后应尽快调制,避免发热、发霉。根据植物果实、种子的种类,选择适当的调制方法,以保证种子的品质。

1.脱粒

(1)蓇葖果类:如黄连、淫羊藿、杠柳、白首乌、八角茴香等,果实或带果枝采收后,根据药用植物性质采取阴干或晒干的方法,使果实自行开裂或搓揉,清除果皮、果枝等,取出种子并除去杂质。

(2)蒴果类:如党参、桔梗、蓖麻子、车前子、王不留行等,果实自行开裂后,过筛精选。含水量高的如杨树、柳树果实采后,应立即放入避风干燥的室内,风干3~4天后,当多数蒴果开裂时,用柳条抽打,使种子脱粒,过筛精选。

(3)坚果类:如板栗、莲等,一般含水量高,不能曝晒,采后进行粒选或水选,去除蛀虫,摊开阴干,摊铺厚度不超过20cm,经常翻动,当种实湿度达到要求程度时,立即收集贮藏。

（4）翅果类：如杜仲、白蜡、臭椿、榆树等翅果，处理时不必脱去果翅，干燥后清除杂物即可，其中榆树，不可曝晒，要用阴干法。

（5）荚果类：如甘草、黄芪、刺槐、紫藤、合欢、皂荚、苦豆等，一般含水量低，采后曝晒3～5天，有的荚果晒后裂开脱粒，有的不开裂，用棍棒敲打或用石磙压碎进行脱粒清除杂质，提取净种。

（6）肉果类：肉质果类包括核果、浆果、聚合果等，其附属部分多为肉质，含果胶、糖类较多，易腐烂，其种子一般含水量较高，采后须立即处理，否则会降低种子的品质。一般可以用水浸数日后，直接揉搓，再脱粒净种，阴干，并经常翻动，不可曝晒或雨淋。当种子含水量达到要求时即播或贮藏或运输。如柑橘、枇杷、芒果等种子不能晒，且无休眠期，故洗后略干1～2天即可播种。

（7）球果类：油松、侧柏、金钱松等球果采后曝晒3～5天，鳞片裂开，大部分种子可自然脱离，其余用木棒轻击球果，种子即可脱出。不易开裂的马尾松球果含松脂较多，可用2%稻草灰和水，温度在95～100℃，煮果2分钟，用稻草堆沤法脱脂，每日翻动时淋温水一次，经1周左右全脱脂后曝晒，球果即可开裂。

2．净种　净种是指清除种子中的夹杂物，如鳞片、果皮、果梗、枝叶、碎片、空粒、土块等异类种子的调制工序。常用净种的方法如下：

（1）风选法：利用自然或人工、机械产生的流动空气净种，进行种子筛选，得到纯种和精种，适用于较重的中粒种子，如国槐、刺槐、合欢、紫藤、皂荚等。

（2）筛选法：用大小不同的筛子，将大于和小于种子的杂物除去，再用其他方法将与种子大小相等的杂物除去，此方法多用于种子粒级的精选。

（3）水选法：利用水的浮力将夹杂物及空瘪种子漂出或反复淘洗，良种留于下面。此方法适用海棠、杜梨、樱桃、文冠果等。注意浸水不宜过长，浸水后禁曝晒，要阴干。

（4）粒选法：将大粒种子或珍贵、稀有的种子进行人工单个挑选，如核桃、珙桐、贴梗海棠等。

3．干燥　种子干燥的主要作用是降低种子水分，提高种子的耐贮性，以便能较长时间保持种子活力。此外，种子干燥还有杀死害虫、消灭或抑制微生物活动、促进种子后熟及减少运输压力等作用。种子干燥的方法通常有自然干燥和人工机械干燥两类。

（1）自然干燥：当前生产用种子以自然干燥最为普遍。自然干燥是利用日光曝晒、通风和摊晾等方法降低种子含水量。一般是选择干燥、空旷、阳光充足及空气流畅的晒场，在晴朗干燥的天气，于早上9时至下午4时之间将种子摊成5～15cm薄层，进行晾晒，晒种过程中要经常翻动，晚上要防止返潮，高水分种子要避免发热。这种方法简便，经济而又安全，尤其适用于小批量种子。但用此法干燥种子，必须做到清场预晒，薄摊勤翻，适时入仓，防止结露回潮。

（2）人工机械干燥法

1）自然风干法：采用鼓风机干燥种子。适用于小批量种子的干燥。

2）热空气干燥：用热空气干燥种子。其工作原理是在一定条件下，提高空气的温度可以改变种子水分与空气相对湿度的平衡关系。不同类型的种子、不同地域，所采用的加热机械和烘房布局也各不相同。采用此法干燥种子时应注意如下事项：①绝不可将种子直接放在加热器上烘干；②应严格控制种温；③种子在干燥时，一次失水不宜太多；④如果种子水分过高，可采用多次间歇干燥法；⑤经烘干后的种子，需冷却到常温后才能入仓。

4．分级　把同批种子按大小轻重进行分类。实践证明，不同级别的种子分别播种，出苗整齐一致，生长发育均匀，分化现象少，不合格苗显著减少。

（三）种子的贮藏

种子的贮藏是指种子从收获后至播种前需经过的或长或短的保存阶段。在此期间，种子会经历不可逆转的劣变过程。从种子生理成熟后，劣变就已开始，劣变过程中，种子内部将发生一系列生理生化变化，变化的速度取决于收获、加工和贮藏条件。劣变的最终结果是导致种子生活力下降，发芽率、幼苗生长势以及植株生产性能降低。种子贮藏的任务就是采用合理的贮藏设备和先进的贮藏技术，人为地控制贮藏条件，防止发热、霉变和虫蛀，将种子劣变降到最低限度，有效地保持较高的种子发芽率和活力，从而确保种子的播种价值。种子贮藏期限的长短，因药用植物种类和贮藏条件不同而存在差异。其中种子含水量和贮藏的温度、湿度是主要影响因素。

根据种子的生理特点及贮藏条件，生产中常采用干藏和湿藏两种贮藏方法。

1. 干藏法 将种子贮藏在干燥的环境中。凡种子含水量低的均可采用此法贮藏。干藏法又分普通干藏法和低温干藏法。

（1）普通干藏法：将充分干燥的种子装入麻（布）袋、箱、桶等容器中，置于凉爽而干燥、相对湿度保持在 50% 以下的种子室、地窖、仓库或一般室内贮藏。本法适合贮藏大多数药用植物种子如云木香、栝楼、白芷、牛膝等。

（2）低温干藏法：将充分干燥的种子放在 0～5℃、相对湿度维持在 50% 左右的种子贮藏室或放在冰箱或冷藏室内贮藏。本法适合于种皮坚硬致密，不易透水、透气的种子，如山茱萸、决明、合欢等。另外，还有些种子需要长期贮存，低温干藏仍会失去发芽力，可采用低温密封干藏，即将种子贮存于密封的玻璃容器内，加盖后用石蜡或火漆封口，置于低温贮藏室内。为适当延长种子寿命，容器内可放些吸湿剂如氯化钙、生石灰、木炭等。

2. 湿藏法 有些种子一经干燥就会丧失生活力，如黄连、三七、肉桂、细辛等种子，可采用湿藏法。湿藏的主要作用是使具有生理休眠的种子，通过潮湿低温条件处理，破除休眠，提高发芽率，并延长种子的生命力。其方法一般多采用层积法。如山茱萸、银杏、贴梗海棠、玉兰、酸橙等的种子多用之。层积法必须保持一定的湿度和 0～10℃的低温条件。如种子数量多，可在室外选择适当的地点挖坑，其位置在地下水位之上。坑的大小根据种子多少而定。先在坑底铺一层 10cm 厚的湿沙，随后堆放 40～50cm 厚的混沙种子（沙：种子 =3：1），种子上面再铺放一层 20cm 厚的湿沙，为防止沙子干燥，最上面覆盖 10cm 厚的土，坑中央要竖插一小捆高粱秆或其他通气物，使坑内种子透气，防止温度升高致种子霉变。如种量少，可在室内堆积，即将种子和 3 倍的湿沙混拌后堆积室内（堆积厚度 50cm 左右），上面可再盖一层 15cm 厚的湿沙。也可将种子混沙后装在木箱中贮藏。贮藏期间应定期翻动检查。贮藏末期要注意气温突然升高或遇到反常的天气可能会引起种子提前萌发。如有此种情况，应及时将种子取出并放入冰箱或冷藏室，以免芽生长太长，影响播种。

知识链接

低温层积沙藏法操作流程

1. **选择地点** 沙藏时一般选择地势高燥、排水良好、背风向阳的地方进行挖坑，坑的宽度、深度为 50～80cm，原则是保证沙藏环境的温度为 0～10℃。

2. **处理坑底** 在坑底铺一层 10cm 厚的湿沙。

3. **存放种子** 按沙：种为 3：1 的比例放入混沙种子，种子上面铺一层 20cm 厚的湿沙，再覆盖 10cm 厚的屋脊状土，避免冬季降雨雪时对种子造成危害。

4. **设置通气道** 每隔 1m 设置通气道，可放较细的草秸。不能用钢管等粗杆，通风过强，易危害种子。

5. **日常检查** 必须根据温度变化对种子进行及时管护，若冬季温度剧烈下降则应及时覆盖草帘，好转后再掀开。

二、种子的特性

（一）种子休眠

1. 种子生理休眠及强迫休眠 许多药用植物即使在适宜发芽的温度、湿度、氧气和光照条件下,其种子也不能正常萌发的现象,称为种子休眠,也就是所谓的生理休眠。种子生理休眠的原因:①胚尚未成熟;②胚虽在形态上发育完全,但贮藏的物质还没有转化成胚发育所能利用的状态;③胚的分化已完成,但细胞原生质出现孤离现象,在原生质外还包有一层脂类物质,透性降低;④在果实、种子或胚乳中存在抑制物质,如氢氰酸、氨、生物碱、有机酸、乙醛等,阻碍胚萌芽;⑤种皮太厚太硬或有蜡质,透水透气性能差,影响种子萌发。此外还有一种是强迫休眠,是由于种子得不到发芽所需的条件,暂时不能发芽的现象。种子休眠是植物抵抗和适应不良环境的一种保护性的生物学特性。

2. 影响种子休眠的因素　种子发芽的难易程度与其初生长期所同化的生态条件密切相关。例如,终年在温暖多湿的热带地区生长的植物,其种子的休眠程度浅而不明显,休眠期短而极易萌发,这是因为它们生长的环境终年具备种子萌发及使幼苗良好生长的条件。相反,在干旱与潮湿、温暖与严寒相交错的地区,植物种子常有一定时间的休眠期,以便避开旱、涝、炎热、严寒等恶劣的气候条件,保证种子发芽及幼苗的安全生长发育。植物种子的休眠,是适应特殊的外界环境条件而保持物种不断生存、发展和进化的一种生态特征。

3. 种子休眠的意义　种子休眠在生产上有重要意义,常可通过应用植物激素及各种物理、化学方法来促进或抑制发芽。如不同浓度的赤霉素或激动素处理种子,可促进或抑制种子发芽,乙烯则可使种子维持休眠。植物种子的休眠特性,除了对物种的保存、繁衍具有特殊的生物学意义外,在生产上也具有一定的经济意义。一定的休眠期可以保证种子不在果实内发芽,但种子的休眠特性对生产也有不利的一面。例如,有的种子由于休眠程度过深,休眠期过长,以致到了播种期它们仍未通过休眠,常常影响到按时播种,贻误生产。为了保证按时播种,可采用人工处理,打破种子休眠来唤醒种子。又如,在种子贮藏期间,或在种子交换、出口外运之前,为了解种子的生命状况,确定种子的使用价值,都必须进行发芽率测定。然而由于种子休眠尚未通过或未完全通过,而使发芽率测定工作无法进行,或测定的发芽率太低,种子的使用价值无法确定。所以,深入了解种子的休眠特性及原因,就可以设法满足完成种子休眠过程的必要条件,降低其休眠程度,以便随时唤醒种子,为生产和商品交易活动提供充分复苏的种子。还可以采取继续加深、强化休眠程度,以达到既能保持种子旺盛的生活力,又能延长种子寿命的目的。

(二)种子寿命

种子从发育成熟到丧失生活力所经历的时间,称为种子的寿命。即在一定环境条件下能保持生活力的最长年限。种子的生活力是指种子能够萌发的潜在能力或种胚具有的生命力。在贮藏期间,种子的生活力逐渐降低,最后完全丧失。种子的寿命因药用植物种类不同而存在差异。大致可分为以下三种类型:

1. 长命种子(15年以上)　如豆科野决明的种子寿命超过158年。长命种子多集中在豆科、锦葵科、苋科、蓼科中。

2. 中命种子(3~15年)　如大黄、黄芪、甘草等草本药用植物的种子以及桃、杏、核桃、郁李等木本药用植物种子。

3. 短命种子(3年以下)　有的植物种子寿命往往仅有几天或几周,多为一些原产热带、亚热带的药用植物,例如很多热带植物可可属、咖啡属、金鸡纳树属、古柯属、荔枝属等的种子很容易劣变,延迟播种便会丧失种子生活力;一些春花夏熟的种子,如白头翁、辽细辛、芫花等寿命也很短。对于这类种子,在采收后必须迅速播种。

种子寿命除了受遗传因素影响外,还与贮藏条件有关,贮藏条件合适可适当延长种子的寿命。

生产上用来播种的种子,以鲜种子为好,因为隔年的种子往往发芽率降低。寿命短的种子,如杜仲、细辛等应随采随播,隔年的种子几乎全部丧失发芽能力。

种子寿命为一群体概念,一批种子从收获到发芽率降到50%时所经历的天(或月、年)数,又称为半活期，为平均寿命。但也有特殊的情况，有的药用植物，例如白芷、柴胡等即使是新鲜的种子，发芽率也不高，其种子标准不能定得太高。

三、种子萌发的条件

种子的萌发，除了种子本身必须具备的内在因素——健全的发芽力以及解除休眠期以外，也需要一定的环境条件，主要是充足的水分、适宜的温度和足够的氧气，这三个条件称为种子萌发三要素，缺一不可。还有些种子萌发需要光照条件。

（一）充足的水分

休眠的种子含水量一般只占干重的 10% 左右。种子必须吸收足够的水分才能启动一系列酶的活动，开始萌发。因此在播种时土壤必须保持一定的湿度，也可以在播种前进行浸种催芽，促进种子萌发。不同药用植物种子萌发时吸水量不同。一般来说，蛋白质含量高的种子如豆科植物的种子等吸水较多；淀粉含量高的种子吸水量中等；脂肪含量高的种子吸水较少。豆科种子较禾本科种子吸水量大。种子吸水有一个临界值，在此以下不能萌发，一般种子要吸收其本身重量的 25%～50% 或更多的水分才能萌发。为满足种子萌发时对水分的需求，在药用植物生产中要适时播种，精耕细作，为种子萌发创造良好的吸水条件。播种时，土壤必须保持一定的湿度，才能促使种子萌发。

（二）适宜的温度

各类种子的萌发一般都有最低、最适、最高三个基点温度。由于系统发育的关系，药用植物种类和原产地不同，种子萌发的适宜温度范围也不同。原产于温带的植物种子萌发，要求的温度范围比原产于热带的植物种子低。例如起源于温带的药用植物大黄的种子 0～1℃ 就能萌发，15～20℃ 发芽率较高，低于 0℃ 或超过 35℃ 发芽受到抑制；而起源于热带的植物穿心莲的种子萌发最低温度为 10.6℃，最适温度为 20～30℃。不同植物种子萌发都有一定的最适温度。高于或低于最适温度，萌发都会受到影响。超过最适温度到一定限度时，只有一部分种子能萌发，这一时期的温度叫最高温度；低于最适温度时，种子萌发逐渐缓慢，到一定限度时只有一小部分勉强发芽，这一时期的温度叫最低温度。了解种子萌发的最适温度以后，可以结合植物的生长发育特性，选择适当时期播种，以保证植物种子正常萌发和生长。

（三）足够的氧气

种子萌发时，呼吸作用强烈，需吸收很多氧气。土壤氧气供应状况对种子发芽有直接影响。一般药用植物的种子需要周围空气中含氧量在 10% 以上，才能正常发芽，尤其是脂肪含量高的种子，种子萌发时需氧更多。播种过深、土壤水分过多或土面板结使土壤空隙减少，通气不良，均会降低土壤空气的氧含量，影响种子萌发。

（四）光照

一般种子萌发和光照关系不大，无论在黑暗或光照条件下都能正常进行。但有少数植物的种子，需要在有光的条件下才能萌发，如黄榕、烟草和莴苣的种子在无光条件下不能萌发。这类种子叫需光种子。有些植物如毛蕊花等的种子在有光条件下萌发得好些。还有一些百合科植物和洋葱、番茄、曼陀罗的种子萌发则为光所抑制，这类种子称为嫌光种子。需光种子一般很小，贮藏物很少，只有在土面有光的条件下萌发，才能保证幼苗很快出土，进行光合作用，不致因养料耗尽而死亡。嫌光种子则相反，因为不能在土表有光处萌发，避免了幼苗因表土水分不足而干死。此外还有些植物如莴苣的种子萌发有光周期现象。

另外，有些种子的萌发还与土壤的酸碱性有关。一般种子在中性、微酸性或微碱性的情况下，萌发良好。

（吴琪珍）

四、种子的品质检验

种子检验程序图

药用植物种子品质检验又称种子检验。种子品质检验就是应用科学方法对生产上的种子品质进行检验、分析、鉴定，以判断其质量优劣的一种方法。种子检验需要按照规定的检验程序进行，包括扦样、真实性鉴定、净度分析、发芽试验、水分测定、重量测定、生活力测定及健康度检验等，其中种子真实性鉴定、净度分析、发芽试验、水分测定、重量测定为必检项目，其他项目检验属于非必检项目。

（一）扦样

1. 基本原则　扦样是指从种子批中，随机取得一个重量适当、有代表性的供检样品。检验结果的准确性由样品的代表性决定，具体取决于扦样技术和检验技术。

扦样的基本原则：一批种子内各包装间或各部分间的种子类型和品质要求基本均匀一致，否则不予扦样；扦样点要全面均匀地分布在种子堆的各部位，既要有水平分布，又要有垂直分布；各取样点扦取的样品数量一致，不可过多或过少。

2. 方法　要从一批种子中扦取样品，一般采用特制的扦样器来进行。袋装种子用单管扦样器或用双管扦样器。散装种子可用长柄短筒圆锥形扦样器、双管扦样器（比袋装双管扦样器要长）或圆锥形扦样器。

3. 混合样品　从袋子、散装种子中扦取的样品如基本均匀一致，经过混合后组成混合样品。

4. 送检样品　根据种子检验的具体要求，将混合样品减到规定的送检样品重量，若混合样品的大小已符合规定，可直接作为送检样品。

送检样品必须包装好，以防在运输过程中损坏，只有在下列两种情况下，样品应装入防潮容器内：一是供水分测定用的送检样品；二是种子批水分较低，并已装入防潮容器内。在其他情况下，与发芽试验有关的送检样品不应装入密闭防潮容器内，可用布袋或纸袋包装。

送检样品必须由扦样员尽快送到种子检验机构，不得延误。经过化学处理的种子，须将处理药剂名称送交种子检验机构。每个送检样品须有记号（该记号要能把种子批和样品联系起来），并附有扦样证明书。

5. 供试样品　供试样品的最低重量应符合各项检验的规定。检验机构接到送检样品后，首先将送检样品充分混合，然后用分样器经多次对分法或抽取递减法分取供各项测定用的供试样品，其重量必须与规定重量相一致。

重复样品须独立分取，在分取第一份试样后，第二份试样或半试样须在将送检样品一分为二的另一部分中分取。

6. 样品保存　送检样品验收合格并按规定要求登记后，应从速进行检验，如不能及时检验，须将样品保存在凉爽、通风的室内，将质量的变化降到最低限度。

为了便于复验，应将样品在低温干燥条件下保存一个生长周期。

🌐　知识链接

术语解释

1. **种子批**　同一种源、同一年度、同一产地、同一采收期内收获的、在规定数量之内的种子群体。

2. **初次样品**　从种子批中抽取出的少量种子样品。

3. **混合样品**　从一个种子批内抽取的全部初次样品混合而成的样品。

4. **送检样品**　送到种子检验机构检验的规定数量样品。

5. **供试样品**　从送检样品中分取的、供某一检验项目之用的样品。

（二）真实性和品种纯度鉴定

1．种子形态鉴定 随机从送检样品中数取 50 粒种子，2 次重复。采用目测或借助放大镜、体视镜等对种子大小、形状、颜色、光泽、表面构造及气味等形态特征，逐粒细致观察，并与标准种子样本、图片及有关资料对照，鉴别送检种子是否与文件记录物种（品种）种子特征相符。将种子分为文件记录物种（品种）种子和其他物种（品种）种子，计算两类种子数量。

2．幼苗鉴别 随机从送检样品中数取 100 粒种子，2 次重复。将种子置于适宜发芽床及发芽试验条件下进行培养，加速种子生长，当幼苗生长到适宜评价的发芽阶段时，根据幼苗下胚轴的颜色、茸毛有无，子叶的形态和颜色，真叶的形态、颜色、大小、叶缘缺裂等性状对全部幼苗进行形态观察与鉴定，鉴别送检种子幼苗是否与文件记录物种（品种）幼苗形态特征相符。将幼苗分为文件记录物种（品种）幼苗和其他物种（品种）幼苗，计算两类幼苗数量。

结果用种子真实度表示，即记录物种（品种）种子（苗）数占供试种子（苗）数的百分率。记录鉴定时间、地点、鉴定人、鉴定方法及过程等。在实验室、培养室所测定的结果应填报种子数、幼苗数或植株数。

（三）净度分析

种子净度是指达到净度标准的种子重量占供检种子重量的百分率。种子净度是衡量种子品质的一项重要指标，优良的种子应该洁净，不含杂质和其他废品。

进行净度测量时，将送检样品分成三种成分：净种子、其他植物种子和杂质，并测定各成分的重量百分率。在种子构造上凡能明确鉴别出属于所分析的物种（已变成菌核、病害孢子团或线虫瘿的除外），即使是未成熟的、瘦小的、皱缩的、带病的或发过芽的种子都算作净种子。

1．重型混杂物的检查 在送检样品中，若有与供检种子在大小或重量上明显不同且严重影响结果的混杂物，如土块、小石块或小粒种子中混有大粒种子等，应先挑出这些重型混杂物并称重，再将重型混杂物分离为其他植物种子和杂质。

2．供试样品的分取 净度分析的供试样品应按规定方法从送检样品中分取，应估计至少含有 2 500 个种子单位的重量或不少于国家标准中种子净度分析试样规定的最小重量。净度分析可用规定重量的一份试样，或两份半试样进行分析。

供试样品须称重，以克表示，精确至表 4-1 所规定的小数位数，以满足计算各成分百分率达到一位小数的要求。

表 4-1　称重与小数位数

试样或半试样及其成分重量（g）	称重至下列小数位数
1.000 0 以下	4
1.000～9.999	3
10.00～99.99	2
100.0～999.9	1
1 000 或 1 000 以上	0

3．供试样品的分离 供试样品称重后，按照规定，将试样分离成净种子、其他植物种子和杂质三种成分。

分离时可借助于放大镜、筛子、吹风机等器具，或用镊子施压，在不损伤发芽力的基础上进行检查。分离时必须根据种子的明显特征，对样品中的各个种子单位进行仔细检查分析，并依据形态学特征、种子标本等加以鉴定。分离后各成分分别称重，以克表示，折算为百分率。

4．其他植物种子数目的测定 根据送检者的不同要求，其他植物种子数目的测定可采用完全检验、有限检验和简化检验。

5. 结果计算和表示方法

（1）结果计算

1）核查分析过程的重量增失：不管是一份试样还是两份半试样，应将分析后的各种成分重量之和与原始重量比较，核对分析期间物质有无增失。

2）计算各成分的重量百分率：一份试样分析时，所有成分（即净种子、其他植物种子和杂质三部分）的重量百分率应计算到一位小数；半试样分析时，应对每一份半试样所有成分分别进行计算，百分率至少保留到两位小数，并计算各成分的平均百分率。另百分率必须根据分析后各种成分重量的总和计算，而不是根据供试样品的原始重量计算。

3）检查重复间的误差：对于两份半试样，分析后任一成分的相差不得超过国家标准中规定的重复分析间的容许差距。

4）修约：各种成分的最后填报结果应保留一位小数。各种成分之和应为 100.0%，小于 0.05% 的微量成分在计算中应除外；如果其和是 99.9% 或 100.1%，那么从最大值（通常是净种子部分）增减 0.1%。如果修约值大于 0.1%，那么应检查计算有无差错。

5）有重型混杂物的结果换算

净种子：$P_2(\%) = P_1 \times \dfrac{M-m}{M}$

其他植物种子：$OS_2(\%) = OS_1 \times \dfrac{M-m}{M} + \dfrac{m1}{M} \times 100$

杂质：$I_2(\%) = I_1 \times \dfrac{M-m}{M} + \dfrac{m2}{M} \times 100$

式中：M 为送检样品的重量（g）；

　　　m 为重型混杂物的重量（g）；

　　　m1 为重型混杂物中的其他植物种子重量（g）；

　　　m2 为重型混杂物中的杂质重量（g）；

　　　P_1 为除去重型混杂物后净种子重量百分率（%）；

　　　I_1 为除去重型混杂物后杂质重量百分率（%）；

　　　OS_1 为除去重型混杂物后其他植物种子重量百分率（%）；

最后应检验：$(P_2 + I_2 + OS_2)\% = 100.0\%$。

（2）结果表示：净度分析结果以三种成分的重量百分率表示。进行其他植物种子数目测定时，结果用测定中发现的种（或属）的种子数来表示，也可折算为每单位重量（如每千克）的种子数。

6. 结果报告

净度分析的结果应保留一位小数，各种成分的百分率总和必须为 100%。成分小于 0.05% 的填报为"微量"，如果一种成分的结果为零，须填"-0.0-"。

知识链接

术语解释

1. 净种子　种子单位或构造符合送检物种（包括该物种的全部植物学变种和栽培品种）的种子。

2. 其他植物种子　除净种子以外的任何植物种类的种子单位。

3. 杂质　除净种子和其他植物种子外的种子单位和所有其他物质和构造。

（四）发芽试验

种子能否正常发芽是衡量种子是否具有生活力的直接指标，也是决定田间出苗率的重要因素，对确定合理的播种量、改进种子贮藏方法、划分种子等级和确定合理的种子价格等具有重要意义。

课堂互动

　　同学们，哪位同学在家里培养过绿豆芽或花生芽，请谈谈你的培养经历，具体是如何做的？

发芽试验以发芽率表示，发芽率是指在规定条件和时间内长成的正常幼苗数占供检种子数的百分率。

种子发芽试验的具体步骤如下：

1. 方法与程序

（1）数取试验样品：从充分混合的净种子中，随机数取 400 粒。通常以 100 粒为 1 次重复，大粒种子（千粒重大于 1 000g）可以 50 粒，甚至 25 粒为 1 次重复。复胚种子应作为一个种子单位进行试验，不需分开（弄破）。

（2）选用发芽床：发芽试验时，用来摆放种子，并供给种子水分和空气的衬垫称为发芽床。发芽床一般用纸和沙，除特殊情况外，土壤也可作为发芽床，但使用时必须先消毒。一般小粒种子适宜选用纸作发芽床；大粒种子适宜选用沙作发芽床；中粒种子选用纸或沙作发芽床均可。

知识链接

发芽床

　　1. 纸床　作为纸床的纸一般要求具有一定的强度、质地好、吸水性强、保水性好、无毒无菌、清洁干净，不含可溶性色素或其他化学物质，pH 值为 6.0～7.5。可以选用滤纸、吸水纸。用纸作为发芽床，分为两种形式，即纸上和纸间。

　　2. 沙床　一般要求沙粒大小均匀，直径为 0.05～0.80mm，无毒、无菌、无种子，pH 值为 6.0～7.5。使用前必须进行洗涤和高温消毒，发芽用过的沙子，不再重复使用。用沙作为发芽床，分为沙上和沙中。

　　3. 以土壤作为发芽床　当在纸床上幼苗出现植物中毒症状或对幼苗鉴定结果有疑问时，可采用土壤作为发芽床。用作发芽床的土壤土质应疏松良好、无大颗粒、不含种子、无毒、无菌、持水性强，pH 值为 6.0～7.5。使用前应消毒，不重复使用。

2. 置床培养　将数取的种子均匀地排在湿润的发芽床上，粒与粒之间应保持一定的距离。在培养器具上贴上标签，按种子适宜的发芽条件进行培养。发芽期间要经常检查湿度、水分和通气情况。如有发霉的种子应取出冲洗，严重发霉时应更换发芽床。

3. 发芽条件

（1）水分和通气：发芽期间发芽床应始终保持湿润。根据发芽床和种子特性决定发芽床的加水量。发芽时应保持种子周围有足够的空气，纸卷床不应卷得过紧，应疏松。用沙床或土壤时，覆盖种子的沙或土壤不应压得过紧。

（2）温度：发芽应在种子适宜的温度条件下进行，发芽期间发芽器、发芽箱、发芽室内的温度应该保持相对稳定、一致，温度变幅不应超过 ±1℃。

（3）光照：需光种子培养的光照强度为 13.5～22.5μmol/（m²·s），如在变温条件下发芽，光照应在白天 8 小时高温时进行。

4．休眠种子处理

（1）种皮硬实种子处理：种皮硬实不透水，阻碍了种子对水分的吸收，需采取开水烫种、机械损伤、浓硫酸浸泡等方式使种皮透水、透气。

（2）胚休眠种子处理：种子收获时胚形态未分化完全或种胚处于休眠状态，种子不能正常萌发，需采用低温处理或高低变温处理方法打破种子休眠，促进种胚成熟。

5．幼苗鉴定　鉴定要在幼苗主要构造已发育到一定时期进行。根据品种的不同，试验中绝大部分幼苗应达到子叶从种皮中伸出、初生叶展开或叶片从胚芽鞘中伸出。

知识链接

正常幼苗与不正常幼苗

1. 正常幼苗　应符合以下类型之一：

（1）完整幼苗：幼苗具有发育良好的根系（包括初生根、次生根及根毛）、胚轴、形态完整的子叶和芽，并且生长良好、完全、匀称和健康。

（2）带有轻微缺陷的幼苗：幼苗的主要构造出现某种轻微缺陷，如初生根局部损伤，胚轴有轻度的损伤或裂痕，子叶局部损伤或初生叶边缘缺损、坏死等，但仍能正常良好地发育成完整幼苗。

（3）次生感染的幼苗：幼苗完全符合完整幼苗和带有轻微缺陷幼苗的要求，但已受非种子自身来源的微生物感染发病或腐烂的幼苗。

2. 不正常幼苗　应符合以下类型之一：

（1）受损伤的幼苗：幼苗的构造残缺不全或受到严重损伤，不能均衡正常发育者。如幼苗没有初生根，胚轴、子叶、初生叶及芽缺失、破裂、缩缩、腐烂。

（2）畸形的幼苗：幼苗主要构造畸形、发育不平衡或生长瘦弱。如初生根短粗、肿胀、纤细，子叶及初生叶肿胀卷曲、畸形、变色、坏死，胚轴深度开裂、严重扭曲或弯曲、纤细，子叶出现后幼苗无法进一步发育。

（3）腐坏的幼苗：幼苗的主要构造染病或腐烂严重，以致阻碍幼苗的正常发育。

6．重新试验　当试验出现以下情况时，应当进行重新试验：①由于微生物污染而使试验结果不可靠时；②当正确鉴定幼苗数有困难时；③当发现实验条件、幼苗鉴定或计数有差错时；④当 100 粒种子重复间的差距超过最大容许差距时，应采用同样方法重新试验。

7．结果表示与计算　实验结果以发芽率表示，即发芽种子数占供试种子数的百分率。当一个试验的 4 次重复发芽率都在最大容许差距内，则以其平均数表示发芽率。不正常幼苗、硬实及新鲜不发芽种子和死种子的百分率按 4 次重复平均数计算。正常幼苗、不正常幼苗和未发芽种子百分率的总和应为 100%。

（五）水分测定

种子含水量是指种子中所含水分的质量占种子总质量的百分率。种子含水量是影响种子品质的重要因素之一，与种子安全贮藏、运输等有着密切关系，在贮藏前和贮藏过程中均需测定含水量。

在进行水分测定时，用带盖耐高温的样品盒进行水分测定，测定时应取两次重复的独立样品。称重的精确度为 0.001g，称重时样品暴露在空气中的时间不应超过 2 分钟。

大粒种子在烘干前应磨碎，磨碎的种子至少有 50% 的磨碎物通过 0.5mm 筛孔的金属丝筛；较大粒种子或皮坚硬的种子应切成小片。

测定种子水分通常有低恒温烘干法和高恒温烘干法。若一个样品的两次测定值之间的差距不超过 0.2%，其结果可用两次测定值的算术平均数表示，否则，重做两次测定。

结果用种子含水量表示，即种子烘干后失去的重量占烘干前种子重量的百分率，按以下格式计算到小数点后 1 位：

$$H = \frac{M2 - M3}{M2 - M1} \times 100$$

式中：H 为种子含水量（%）；

M1 为样品盒和盖的重量（g）；

M2 为样品盒和盖及种子的烘干前重量（g）；

M3 为样品盒和盖及种子的烘干后重量（g）。

（六）重量测定

种子重量测定方法有百粒法和千粒法，结果常以千粒重进行记录。

百粒法：从试验样品中随机数取种子 100 粒，8 次重复，分别称重，小数位数与规定相符。计算 8 个重复的平均重量、标准差及变异系数。

千粒法：从试验样品中随机数取两份试样，大粒种子每份数 500 粒，中小粒种子每份数 1 000 粒，分别称重，小数位数与规定相同。如果两份试样的重量相差不超过其平均值的 5%，则用两份试样重量的平均值作为该种子的重量。如果两份试样之差超过允许误差范围时，则应再数取第三份试样称重，直到达到标准为止。

结果用千粒重表示，即 1 000 粒种子的重量，单位为 g，小数位数与规定相同。

（七）生活力的测定

种子生活力是指种子发芽的潜在能力或种胚具有的生命力。药用植物种子寿命长短各异，很多种子休眠期较长，为了在短期内了解种子的品质，一般采用生物化学的方法测定种子的生活力，以确定种子是否能用并估算播种量。

测定种子生活力的方法常见的有红四氮唑染色法、靛红染色法、剥胚法、荧光法等，目前应用较为广泛的是红四氮唑染色法，常用试剂为 2，3，5- 氯化三苯基四氮唑。其原理是有生活力种子的胚细胞含有脱氢酶，具有脱氢还原作用，被种子吸收的氯化三苯基四氮唑参与活细胞的还原作用，故被染色。方法是将试剂用蒸馏水配成 0.1%～1% 的溶液，再用稀碱调节 pH 值至中性，也可用磷酸缓冲液来配制。有生活力的种子胚染成红色，无生活力的种子胚则不染色或仅有浅色斑点。可根据胚的染色情况区分种子是否有生活力。

结果用生活力表示，即各个重复中有生活力的种子数占供检种子数的百分率。重复间最大差距不应超过重复间容许的最大差距的规定，平均值百分率的计算精确到小数点后 1 位。

（八）健康度测定

种子健康度是指种子样品携带病虫害（真菌、细菌、病毒以及害虫）种类及数量的百分率。开展种子健康度测定，能够了解种子的健康状况和使用价值，最重要的是根据测定结果来采取有效措施，防止和控制病虫害的传播和蔓延，为生物安全和农业生产提供科学有力保障。

1. 方法与程序

（1）未培养检验：不采用培养基培养，利用肉眼或借助工具直接检查种子的带病虫害情况，主要方法有：直接检验、相对密度检验、解剖检验。

（2）萌芽检验：试验样品经过一段时间培养后，检查种子内外部和幼苗上是否存在病原菌或其症状。常用的方法有吸水纸法和沙床法两种。

（3）分离培养检验：利用固体或液体培养基分离培养病原物，再进行检验。主要用于发芽较慢的致病真菌潜伏在种子内部的病原菌，也可用于检验种子外表的病原菌。方法分别为种子外部带菌检测、种子内部带菌检测、真菌鉴定。

2．结果表示与计算　未培养检验和萌芽检验测定结果以带菌率表示，即供检样品中病粒种子的百分率或病原体数目来表示。

分离培养检验测定结果以孢子负荷量和分离频率来表示，孢子负荷量为单位种子的孢子携带量，分离频率为某一分离物的出现数占分离物总数的百分率。

五、播种前种子的处理

播种前进行种子处理是非常有效的增产措施。它不仅可以提高种子品质，防治病虫害，打破种子休眠，促进种子萌发、出苗整齐和幼苗生长健壮，而且操作简便、取材容易、成本低、效果好，生产上广泛采用。种子处理的方法很多，以下介绍种子精选、消毒和促进种子萌发的方法。

（一）种子精选

可采用风选、筛选、盐水选等种子精选的方法。通过精选，可以提高种子的净度，同时按种子的大小进行分级。分级分别播种有利于迅速发芽、出苗整齐，便于管理。

（二）种子消毒方法

通过种子消毒可预防病虫害的发生流行。

1．药剂消毒处理

（1）药粉拌种：取种子重量 0.3% 的杀虫剂或杀菌剂的粉剂，与浸种后的种子充分拌匀或与干种子拌匀。常用杀菌剂有 70% 敌克松、50% 福美锌等；杀虫剂有 90% 敌百虫粉等。

（2）药水浸种：用药水浸种前，先把种子用清水浸泡 5～6 小时，然后浸入药水中消毒一定时间，捞出后，用清水冲净种子，立即播种或催芽。需要注意的是要严格掌握药液的浓度或消毒时间以防药害。常用方法如下：

1）福尔马林（40% 甲醛）熏蒸：先用 100 倍水溶液浸种 15～20 分钟，捞出，密闭熏蒸 2～3 小时，清水冲净。

2）浸种：用 1% 硫酸铜溶液浸种 5 分钟后捞出，清水冲净；用 10% 磷酸钠或 2% 氢氧化钠的水溶液浸种 15 分钟后捞出冲净。

2．热水烫种消毒　热水烫种是一种有效的种子消毒方法。方法是用冷水先浸没种子，再用 80～90℃的热水边倒边搅拌，使水温达到 70～75℃保持 1～2 分钟，然后加冷水逐渐降温至 20～30℃，再继续浸种。水温达到 70℃能使病毒钝化，又有杀菌作用。例如薏米种子先用冷水浸泡一昼夜，再选取饱满种子放进筛子里，把筛子放入开水锅里，当全部浸入时，再将筛子提起散热，冷却后用同样的方法再浸 1 次，然后迅速放进冷水里冲洗，直到流出的水没有黑色为止，此法可有效防治薏米黑粉病。此外，变温消毒法可消除炭疽病的危害，即先用 30℃低温浸种 12 小时，再用 60℃高温水浸种 2 小时。

（三）促进种子萌发方法

1．晒种　晒种有促进种子后熟、提高发芽势和发芽率的作用，又能防治病虫害，可达到一播全苗和苗齐苗壮的目的。晒种时，种子要摊在架棚和苇席上，厚 3～5cm，每隔 1～2 小时翻动一次，日落后及时堆起盖好，第二天日出后再均匀摊开。不要在水泥地、砖地或石板地上晒种，因为温度过高易灼伤种子，影响发芽。晒种时间根据种子特性、温度高低而定。

2．浸种　将种子放在冷水、温水或冷水、热水变温交替浸泡一定时间，使其在短时间内吸水软化种皮，增加透性，加速种子生理活动，促进种子萌发，而且还能杀死种子所带的病菌，防止病害传播。根据药用植物种子种类决定浸种时间。如穿心莲种子在 37℃温水中浸 24 小时，桑、鼠李等种子用 45℃温水浸 24 小时，能够较好地促进种子萌发。对一些种壳厚而硬实的种子，如黄芪、甘草、合欢等可用 70～75℃的热水，甚至 100℃的开水烫种促进种子萌发。

3．机械损伤处理　有些种子种皮有蜡质或种子坚硬，利用破皮、搓擦等机械方法损伤种皮，使难透水透气的种皮破裂,增强透性,促进种子萌发。如黄芪、穿心莲种子的种皮有蜡质,可先用细沙摩擦,使种皮略受损伤,再用 35～40℃温水浸种 24 小时,可显著提高发芽率。

4. 磁场处理 对药用植物的种子用适当强度的磁场进行处理,也可以促进种子萌发,提高发芽率,有利于幼苗生长、提高产量。

5. 超声波及其他物理方法 用超声波处理种子有促进种子萌发、提高发芽率等作用。如早在 1958 年,北京植物园就用频率 22kHz、强度 0.5～1.5W/cm 的超声波处理枸杞子种子 10 分钟的方法,明显提高了发芽率。

此外,为改善种皮透性,促进出苗,使苗期生长粗壮,农业生产上还有用红外线(波长 770nm 以上)照射 10～20 小时已萌动的种子。为促进酶活化,提高种子发芽率,采用紫外线(波长 400nm 以下)照射种子 2～10 分钟,还可用 γ、β、α、X 射线等低剂量照射种子,促进种子萌发、使其生长旺盛、提高产量。

6. 化学物质处理

(1) 无机化学药物处理:有些无机酸、盐、碱等化学药物能够腐蚀种皮,改善种子的通透性,具有打破种子休眠和促进发芽的作用。常用的药物有:浓硫酸、硼酸、盐酸、碘化钾、高锰酸钾。除了上述药物,还有能刺激种子提前解除休眠和促进发芽作用的药物,如硝酸铵、硝酸钙、硝酸锰、硝酸镁、硝酸铝、亚硝酸钾以及硫酸钴、碳酸氢钠、氯化钠、氯化镁等。如桔梗种子用 0.3%～0.5% 的高锰酸钾溶液浸 24 小时,种子和根的产量分别比对照组提高 28.6%～33.3% 和 21%～51.5%。

另外,用双氧水(H_2O_2)浸泡休眠或硬实种子,可使种皮受到轻度损伤,既安全,又增加了种皮的通透性;既能解除种子休眠,又能提高发芽势。

(2) 有机化学药物处理:很多有机化合物都具有一定的打破种子休眠、刺激种子发芽的作用,如硫脲、尿素、过氧化氢络合物、腐殖酸钠、秋水仙碱、乙醛、甲醛、乙醇、丙酮、对苯二酚、甲基蓝、羟氨、丙氨酸、谷氨酸、反丁烯二酸、苹果酸、琥珀酸、酒石酸、四甲基戊二酸等。这些有机化合物都是生物原刺激素,可以全部或局部取代某些种子完成生理后熟作用或发芽所需要的特殊条件。

采用化学药物处理种子时,根据不同的药用植物种子,必须严格掌握药液浓度和浸种时间,以防药害。

7. 生长调节剂处理 常用的生长调节剂有吲哚乙酸、α-萘乙酸、赤霉素、ABT 生根粉等。如果使用适当,能显著提高种子发芽势和发芽率。如党参种子用 0.005% 的赤霉素溶液浸泡 6 小时,发芽势和发芽率均提高 1 倍以上。

8. 层积处理 层积催芽方法与种子湿藏法相同,是打破种子休眠常用的方法,如银杏、人参、黄连、忍冬、吴茱萸等种子常用此法来促进后熟。应注意的是,一是要掌握种子休眠特性,适时进行层积催芽,二是要根据药用植物的种类把握好层积处理时间。如山茱萸种子层积催芽处理需 5 个月左右,而忍冬只需 40 天左右时间就可发芽。

另外,针对低温型种子如黄连、山茱萸、黄柏等的催芽,为缩短催芽时间,提高催芽效果,除用层积法外,还可在变温条件下进行催芽处理。如黄皮树种子用 30℃ 热水浸种 24 小时后,混以 2 倍湿沙,使种子在 4 昼夜内保持 12～15℃ 温度,然后将沙混合物移到温度低的地方,直到混合物开始冻结时,再将种子移到温暖的房子里,4 天以后再移到寒冷的地方,这样反复 5 次,只需 25 天就可发芽,比层积催芽缩短一半以上时间,而且种子发芽率可提高 5% 以上。

9. 生物方法处理 目前药用植物栽培生产上所采用的生物方法主要是用菌肥处理种子,通过增加土壤有益微生物,把土壤和空气中植物不能利用的元素,变成植物可吸收利用的养料,促进植物的生长发育。常用的菌肥有根瘤菌剂、固氮菌剂、磷菌剂和"5406"抗生菌肥等。如豆科药用植物决明、望江南等,用根瘤菌剂拌种后一般可增产 10% 以上。

六、播　　种

（一）播种期

药用植物性质各异,根据不同药用植物生长习性及种子发芽所需条件,结合当地气候条件,确定各种药用植物的播种期。大多数药用植物播种时期为春播或秋播,一般春播在3~4月份,秋播在9~10月份。一般耐寒性、生长期较短的1年生草本植物大部分在春季播种,如薏米、决明、荆芥等;多年生草本植物适宜春播或秋播,如大黄、云木香等;耐寒性较强或种子具休眠特性的植物如人参、北沙参等宜秋播;核果类木本植物如银杏、核桃等宜冬播;有些短命种子宜采后即播,如北细辛、肉桂、天麻、三七等。如温度已经适合播种,应早播,早发芽,又可延长光合时间,提高产量。播种期又因气候带不同而有差异。在南方,红花秋播延长了光合时间,产量比春播高得多。而北方因冬季寒冷,幼苗不能越冬,一般在早春播。有时还因栽培目的不同播种期也不同,如牛膝以收种子为目的宜早播,以收根为目的的应晚播。又如菘蓝为低温长日照作物,收种子应秋播;收根应春播,并且春季播种不能过早,防止抽薹开花。薏米适宜晚播,可减轻黑粉病发生。因此,播种期应该根据药用植物生物学特性和当地的气候条件而定,做到不违农时,适时播种,特别是引种过程中更要注意。

（二）播种深度

播种深浅和覆土厚薄,直接影响种子萌发、出苗和幼苗的生长,甚至决定播种的成败,生产上应予重视。根据药用植物种类和种子大小决定播种深度。凡种子发芽时子叶出土的如决明、大黄等应浅播,若播种较深,胚芽不易出土,常窒息而死;子叶不出土的如人参、三七等应深播,因其根深扎土中,过浅则生长不良。种子千粒重大的可播深些,小粒种子可播浅些。种子覆土厚度一般为种子大小的2~3倍。覆土厚度还要考虑气候条件及土壤状况,在寒冷、干燥、土壤疏松的地方,覆土要厚;在气候温暖、雨量充沛、土质黏重的地方,覆土宜薄。为满足种子发芽时对水分的需求,畦面土壤必须保持湿润。

（三）播种方法

分为大田直播和苗床育苗。药用植物种子多数为大田直播。但对一些种子极小、苗期需要特殊管理,或生育期很长,以及在生长期较短的地区引种需要延长生育期的种类,均应该先在苗床育苗,然后移栽大田,如人参、党参、杜仲等。

播种方法一般可以分为条播、点播和撒播。大田播种宜选择点播、条播。苗床育苗宜选择条播、撒播。

条播即按一定行距开沟,将种子均匀播于沟内,适用于中、小粒种子,行距与播幅视情况而定,条播用种量较少,便于中耕除草施肥,通风透光,苗株生长健壮,能提高产量,在药用植物栽培上大多采用此法。如牛膝、红花、菘蓝等。

点播也称穴播,按一定的株行距在畦面挖穴播种,每穴播种子2~3粒,适用于大粒种子和较稀少的种子,如银杏等。发芽后保留一株生长健壮的幼苗,其余的除去或移作补苗用。点播费工费时,但出苗健壮,管理方便。

撒播即把种子均匀撒在畦面上,疏密适度,过稀过密,都不利于增产,此法适用于小粒种子。种子过于细小时,可将种子与适量细沙混合后播种。撒播播量大,出苗多,省工省地,但用种量大,管理较为困难。

（四）播种量

播种量是指单位面积土地播种种子的重量。对于大粒种子可用粒数表示,播种量直接影响苗株的数量和质量。播种量过大,既浪费种子,又导致出苗过密,间苗费工;播种量过小,苗株数量少,达不到高产的要求。因此应科学地计算播种量。

计算播种量主要依据播种方法、密度、种子千粒重、种子净度、发芽率（或发芽势）等指标。大田直播和苗床育苗播种量也存在一些差异。计算播种量的常用方法如下：

$$播种量（克/亩）=\frac{每亩需要苗株数×种子千粒重}{种子净度×种子发芽率×1\,000}$$

用上式计算出的数字是理论数值，是较理想的播种量。但在生产实践中，还要考虑到气候、土壤条件、整地质量的好坏、自然灾害、地下害虫和动物危害的有无、播种方法与技术条件等，是否能保证使每粒种子都发芽成苗。因此实际播种量需将上式求得的播种量乘上损耗系数。损耗系数主要依种子大小、是否育苗及播种管理技术等而变化。种子愈小，耗损愈大。通常，耗损系数在1～20之间。

（五）育苗移栽

1. 育苗　育苗是经济利用土地、培育壮苗、延长生育期、提高种植成活率、加速生长、达到优质高产的一项有效措施。苗圃地要选择地点适中或靠近种植地，且排灌方便、避风向阳、土壤疏松肥沃的田块。苗圃地选好后，按要求精细整地作床。

课堂互动

同学们参观过育苗大棚吗？请谈谈你见到的大棚样式。

（1）苗床形式：通常有露地、冷床、温床等。

1）露地苗床：是在苗圃地里不加任何保温措施，大量培育种苗的一种方法，木本药用植物如杜仲、厚朴、山茱萸等的育苗常采用此类。

2）冷床：仅用太阳热能进行育苗的一种方法。其构造由风障土框、玻璃窗或塑料薄膜、草帘等几部分组成。具有设备简单，操作方便，保温效果好的特点。冷床的位置以向阳背风、排水良好的地方为宜，冷床选好后，按东西长4m、南北宽1.3m的规格挖床坑，坑深10～13cm，在床坑的四周用土筑成床框，北床框比地面高30～35cm，南床框高出地面10～15cm，东西两侧床框成一斜面，床底整平，即可装入床土。床土应当肥沃、细碎、松软，一般为细沙、充分腐熟达到无害化卫生标准的牲畜粪或堆厩肥和肥沃的农田土，三者混合过筛而成，三者各为1/3。一般在3～4月即可播种育苗。

3）温床：既利用太阳热能，又在床面下垫入酿热物，来提高苗床温度而育苗的一种方法。温床宜东西走向，长度视需要而定，南北宽（床宽）1.2m，再沿长宽范围下深挖50～60cm，四周用土筑成土框，北面高60cm，便于覆盖塑料薄膜。酿热物的种类很多，一般都是价廉易得的有机物。根据其碳氮含量的不同，可分为高热酿热物和低热酿热物。属于前者的有新鲜马粪、鸡粪、羊粪、新鲜厩肥，各种饼肥、棉籽皮和纺织屑等。属于后者的有牛粪、猪粪、麦秸、稻草、瓜藤、枯叶及垃圾等。高热酿热物含细菌多，养料丰富，发热快而温度高，但持续的时间短。低热酿热物发酵慢，但持续的时间长，可将两者配合使用。我国北方地区早春一般用马粪掺杂少量其他有机物作酿热材料，南方地区马粪少，一般以猪牛粪等低温酿热物为主，同时掺入部分人粪尿、鸡粪、羊粪等高温酿热物混用。具体做法是：用水浸透破碎的玉米秸秆，捞出后泼上人粪尿拌匀，然后再与3倍的新鲜骡马粪混合后，堆到苗床内盖膜发酵，待堆内温度上升到50～60℃时，选晴天中午摊开铺放于床底并踏实、整平。由于床四周低中间高，酿热物的厚度也不一样，即可矫正冷床温度发热不均的缺点，使温床内的土温达到均匀一致。在踏实整平后的酿热物上盖约1cm厚的黏土，再撒上一层2.5%的敌百虫粉，上面铺上15cm厚的营养土，踏实搂平，床面要比地面低10cm，即可播种育苗。

（2）苗床管理：苗床管理是一项细致而重要的工作，管理的关键是要满足苗木对光、温、水、肥的需要。在风大寒冷地区，特别是北方，塑料大棚夜晚要盖草帘保温，草帘打开、盖帘时间根据大气情况决定，早上打开，接受阳光照射，提高棚内温度，晴天可早打开，阴天或风天可晚打开，早盖上。棚内温度白天控制在20～25℃，晚上10℃左右。如白天温度过高，要放风，放风由小到大，时间由短到长来降温。同时在整个育苗期间，注意间苗、松土除草、防治病虫害、肥水管理，根据苗木生长需要，及时追肥和浇水。在塑料大棚内，可以配置施肥喷水装置，促进苗木茁壮生长。

2．移栽　药用植物育苗后要及时移栽。根据药用植物种类和当地的气候条件确定移栽时间。

（1）草本药用植物的移栽：移栽应该选在阴天无风或晴天的傍晚进行。移栽前一段时间适当节制浇水，进行蹲苗。移栽时先按一定行株距挖穴或沟，然后栽苗。一般多直立或倾斜栽苗。深度以不露出原入土部分，或稍微超过为好。根系要自然伸展，不要卷曲。覆土要细，并且要压实，使根系与土壤紧密接触，仅有地下茎或根部的幼苗，覆土应将其全部掩盖，但是必须保持顶芽向上。定植后应立即浇定根水，以消除根际的空隙，增强土壤毛细管的供水作用。

（2）木本药用植物的移栽：木本药用植物需要育苗1～2年移栽。移栽时间一般以休眠期及大气湿度大的季节为宜。如杜仲、厚朴等落叶木本，多在秋季落叶后至春季萌芽前移栽；酸橙、樟树等常绿木本，则应该在雨季移栽。既可零星移栽，也可集中移栽造林。通常采用穴栽，一般每穴只栽1株，穴要挖深，挖大，穴底土要疏松细碎。为保证根系伸展，原则上穴的深度应略超过植株原入土部分，穴径应超过根系自然伸展的宽度。穴挖好后，直立放入幼苗，去掉包扎物，使根系伸展。先覆细土约为穴深的1/2，压实后用手握住主干基部轻轻向上提，使土壤能填实根部的空隙。然后浇水使土壤湿透，再覆土填满，压实，最后培土稍高出地面。

（赵　鑫）

第二节　营养繁殖

药用植物的营养繁殖是利用其植物体的营养器官——根、茎、叶的某一部分，在脱离母体后，重新长成一个新植物体的繁殖方式。又称无性繁殖，是药用植物繁殖方式的一种。营养繁殖是利用脱离母体的营养器官的再生能力，发展成为新的独立生活的植株。由于无性繁殖未经减数分裂过程，所以理论上可以产生和原有植株遗传性状完全相同的新个体。营养繁殖分为自然营养繁殖和人工营养繁殖。

自然营养繁殖是药用植物借助于块根、鳞茎、球茎、块茎、根状茎等变态器官在母体周围繁殖蔓延，产生大量后代，经过若干年后，可以形成大片新个体。如地黄、太子参等可利用块根繁殖；贝母、百合等利用鳞茎繁殖；番红花等利用球茎繁殖；天南星、半夏等利用块茎繁殖；款冬、薄荷、甘草等利用根茎繁殖。

在生产实践中，人工营养繁殖以药用植物营养器官为材料，利用植物的再生能力、分生能力，以及与另一植物通过嫁接愈合为一体的亲和能力来繁殖和培育新个体。适用于那些采收种子非常困难或不结种子的药用植物，如雅连、川芎等；一些药用植物虽然结籽，但种子发芽困难或植株生长慢，生长年限长或产量低的也可采用人工营养繁殖，如贝母用鳞茎繁殖一年一收，用种子繁殖五年才能收获；又如地黄、玄参等均用无性繁殖，只是选育良种时才用有性繁殖。所以，人工营养繁殖在药用植物栽培中占有重要地位。

人工营养繁殖经常采用的方法有分株、扦插、压条和嫁接繁殖等，这些措施在加速植物繁殖，改良作物品种或保存品种的优良特性等方面起了很大的作用。但营养繁殖苗的根系不如实生苗的发达（嫁接苗除外），且抗逆能力弱，有些药用植物若长久使用营养繁殖易发生退化、生长势减弱等，因此，在生产上，有性繁殖与无性繁殖应该交替进行。

一、分株繁殖

分株繁殖又叫分离繁殖、分割繁殖，有分离和切割的含意。植株母体的营养器官（如鳞茎、球茎、块根、根茎、珠芽、萌蘖枝、丛生枝、匍匐枝等）作为繁殖材料时，是借人力与母体分开，另行栽植，培育成独立的新植株。多用于宿根性草本植物的繁殖，有时为实行老株更新，也常采用分株法促进新株生长。此法简便，成活率高。分株繁殖大致可分为以下几种类型：

（一）鳞（球）茎繁殖

如贝母、百合及西红花、荸荠等，在鳞茎或球茎四周常发生小鳞茎、小球茎，可取下做种繁殖。

（二）根茎繁殖

如款冬、薄荷、甘草等。可将横走的根茎按一定长度或节数分成若干小段，每段保留3～5个芽，做种繁殖。

（三）块茎或块根繁殖

如地黄、山药、何首乌等。按芽和芽眼的位置分割成若干小块，每小块必须保留一定表面积和肉质部分，做种繁殖。

（四）分根繁殖

如芍药、玄参、牡丹等多年生宿根草本植物，地上部分枯死后，萌芽前将宿根挖出地面，按芽的多少、强弱，从上往下分割成若干小块，做种繁殖。

（五）吸（珠）芽繁殖

吸芽是植物根际或地上茎叶腋间自然发生的短缩、肥厚呈莲座状的短枝。吸芽下部可自然生根，故可从母株分离而另行栽植培育成新植株。如多浆植物中的芦荟、景天、拟石莲花等常在根际处着生吸芽；凤梨的地上茎叶腋间能抽生吸芽。用此法繁殖，可增加繁殖系数，生产上常用伤害植物根部的方法，刺激其产生吸芽。而在洋葱和百合等植物的叶腋或开花的部位能形成微小的鳞茎，长大后称短匍茎，掉落或人工采摘栽种后，也能长出新株。

分株时间一般在休眠期，植株开始生长前为好。栽植深度除注意繁殖材料大小外，还必须注意植株特性、土壤、气候等诸因素。新割的块根和块茎，分割后先晾1～2天，使创口稍干，或拌草木灰，加强伤口愈合，减少腐烂。栽种球茎、鳞茎类的材料，需芽头向上。牡丹、芍药的根栽种时要求根部舒展，入沟后覆土，踩压，倘若土壤干燥需及时浇水。

二、压条繁殖

压条繁殖是在枝条不与母株分离的情况下，将枝梢部分埋于土中，或包裹在能发根的基质中，促进枝梢生根，然后再与母株分离成独立植株的繁殖方法。新植株在生根前，其养分、水分和激素等均可由母株提供，且新梢埋入土中又有黄化作用，故较易生根。其缺点是繁殖系数低，对母株有伤害。多用于扦插难以生根的木本植物，或一些根蘖丛生的灌木。压条时期应视药用植物种类与当地气候而定，温暖地区一年四季均可进行。一般落叶植物多在秋季，尤以7～8月为好，因此时枝条充分成熟，积累养分丰富，生根快，长出的新个体健壮；常绿植物则宜在雨季，因此时温度较高、湿度大，不仅容易生根，而且有充分的生长时间。生产上还常采用一些可以促进压条生根的方法，如刻伤、环剥、绑缚、扭枝、黄化处理、生长调节剂处理等。

压条繁殖根据压条时期分为休眠期压条和生长期压条两种方法，休眠期压条是利用一年生枝条，于秋季落叶后或早春发芽前进行；生长期压条是利用当年生新梢，在雨季进行。根据埋条状态、位置及其操作方法分为普通压条法、直立压条法和空中压条法。

（一）普通压条法

普通压条又称伞状压条。在春季树木萌芽前，将母株上近地面的一年生、二年生枝条压入深8～20cm的土穴中。穴的内侧要挖成斜面，外侧成垂直面，以引导枝梢垂直向上生长。枝条地下部分先行割伤或环剥，或用生根促进剂处理。在枝条向上弯曲处以木钩固定，覆以松软肥土并稍踏实。一母株周围可同时压数枝，呈伞状。对专门供繁殖用的母株，在每次压条后将母株枝条剪短，促发新梢供下次压条用。普通压条法适用于枝条柔软或藤本植物，如忍冬、连翘、常春藤、凌霄、南天竹等。此法又可分为先端压条法、连续压条法和波状压条法等。

1．先端压条法　此法多用于灌木类植物。压条时将母株接近地面的一年生、二年生的枝条向下弯曲，再把下弯突出部分刻伤或环状剥皮，然后埋入土中（深约15cm）。同时将被压枝条的枝梢部分露出地面，并用竹杆绑扎固定，使其直立生长。待刻伤部分生根后即可剪离母株另行栽植（图4-1）。

2．连续压条法　此法多用于灌木。压条时先把母株上靠近地面的枝条的节部轻轻刻伤，再将刻伤部位浅埋入事先挖好的沟内，使枝梢露出地面。经过一段时间，埋入土内的节部可萌发出新根，不久节上的腋芽也会萌发顶出土面，待幼苗老熟后即可用利刀深入土层，将各段的节间切断，经半年以上的培养即可移植（图4-2）。

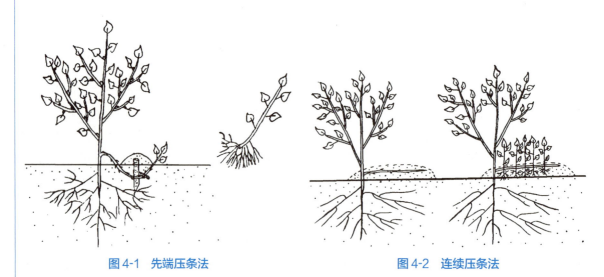

图4-1　先端压条法　　　　　　　　　　图4-2　连续压条法

3．波状压条法　此法多用于藤本蔓性木本植物。由于这类植物枝条很长，其节间入土后大都能自然萌发新根，因此，可将其枝条呈波浪状逐节埋入土内，一般不用刻伤，经20～30天便可发根，发根后将露在外面的节间部分逐段剪断即可（图4-3）。

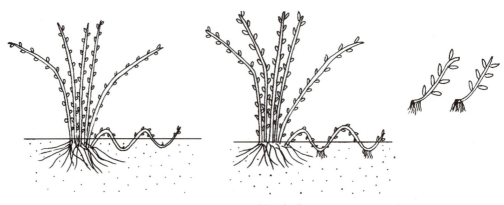

图4-3　波状压条法

（二）直立压条法

直立压条法又叫垂直压条法、培土压条法、堆土压条法或壅土压条法等。适用于分蘖多、丛生性强的植物，如贴梗海棠、无花果、木兰、醋栗、栀子等。多于冬末春初萌芽前，对供压条母株距地面15～20cm重短截，促使萌发新梢。当新梢半木质化时，在其基部进行第一次培土，培土高度为新梢长的1/2。为增加生根部位，在第一次培土后20～30天，在新梢基部进行第二次培土。两次培土总高度为25～30cm。培土前浇足水，培土后注意保持湿润。新梢到秋季便成为带有根系的小植株，在秋末冬初即可起苗。起苗时先扒开土堆，从新梢基部靠近母株处剪断，以便分出带根系的小植株（图4-4）。

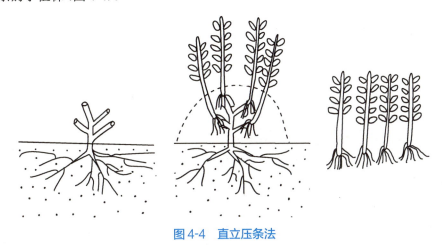

图4-4 直立压条法

（三）空中压条法

通称高压法。因在我国古代，早已用此法繁殖石榴、五味子、柑橘、荔枝、龙眼、树菠萝等，所以这种方法又叫中国压条法。此法技术简单，成活率高，但对母株损伤重。空中压条在整个生长季节都可进行，但以春季和雨季为好。一般当春季树液开始流动时，可在母株上选择生长健壮的2～3年生枝条，在枝条上离基部约10cm处环割两刀，注意刀口整齐，两刀之间宽度为3～4cm，视枝条粗细可适当调整，深达木质部即可，然后将环状皮层剥去。切忌环割过深导致枝条遇风折断。在伤口处涂抹2 000mg/kg吲哚丁酸或萘乙酸，用塑料薄膜套在环剥口处，在环剥口下方扎紧，使塑料膜成漏斗状，然后用肥沃园土与苔藓或锯末等体积混合后填入，并加入适量的水分，湿度以力压能成团，但无水流出为宜。填入后稍加压实，扎紧上部。2～3个月后观察，发根则剪离分株（图4-5）。

图4-5 空中压条法

三、扦　插　繁　殖

扦插繁殖是剪取植株的部分营养器官（如根或茎或叶），插入土壤或其他育苗基质中，在适宜的环境条件下，使基部产生不定根，上部发出不定芽，培育成完整植株的繁殖技术。扦插也称为插枝、插条、插木。扦插用的枝条叫作插穗,通过扦插成活的新植株称为扦插苗。

（一）扦插方法

扦插依插穗材料的不同可以分为枝插、根插和叶插。在生产上,枝插方法应用广泛,根插其次,叶插应用较少。

1.枝插法

（1）硬枝扦插

1）插穗采集与贮藏:于深秋落叶后至来年早春树液开始流动之前,从优良品种母株上采集生长健壮、芽体饱满且无病虫害的一年生枝条。在同一植株上,插材要选择中上部向阳充实的枝条,且节间较短,芽头饱满,枝叶粗壮。在同一枝条上,硬枝插材宜选用枝条的中下部,因为中下部贮藏的养分较多,而梢部组织常不充实。采集枝条后一般通过低温湿沙贮藏至扦插,但要保证休眠芽不萌动。

2）剪插穗:将一年生枝条剪成带 2～3 个芽、20cm 左右长的插穗,有些长势强健的枝条也可保留 1 个芽。易生根者剪取插穗长度可适当短些。插穗上切口为平口,离最上面一个芽 1cm 为宜,而干旱地区可为 2cm。如果距离太短,则插穗上部易于干枯,影响发芽,下剪口在靠近节处斜剪形成单斜面切口。容易生根的木本植株可采用平切口,其生根较均匀;对于有些植物,为扩大吸收面积和促进愈伤组织形成,可采用双斜切口或踵状切口。上下切口都要平滑。

3）基质的选择:除了水插外,插条均要插入一定基质中,对基质的要求是:①渗水性好,有一定的保水能力;②升温容易,保温良好。基质的种类很多,有园土、培养土、山黄泥、兰花泥、砻糠灰、蛭石、河沙等。对于生长较粗放的植物,一般插入园土或培养土中,喜酸性土的植物可插入山黄泥或兰花泥中,生根较难的植物则宜插在砻糠灰、蛭石或河沙中。

4）催根与扦插:扦插前进行催根处理既能提高生根率,又能延长生育期,使苗木健壮。催芽的方法是在温床的底部铺上一层腐熟的有机肥,待温度上升至 25℃ 以上时将插穗成捆立于床内,提前浸泡使插穗吸足水分,用湿锯末或湿沙添满空隙,只露上部芽眼,气温控制在 10℃ 以下,避免发芽,约 20 天后即可形成愈伤组织和根原基,待室外气温上升至 25℃ 以上后就可将插穗直插于已备好的苗床上,将插穗上部 1～2 个芽露出土壤或基质,切忌直接用力将插穗向下扦插,以防止损坏基部愈伤组织。插床的准备基本同播种,扦插前灌足水。对于易生根木本植株也可不进行催根处理,待温度适宜时直接将插穗插入苗床,但这种扦插方式最好用地膜覆盖,以提高地温,促进先形成愈伤组织和生根,主要的做法是将插穗透过地膜插入土壤或基质中,将插穗顶部 1～2 个芽露于地膜上,并将插穗周围压实。对较难生根的木本植株,目前最常用的催根措施是应用生长素类植物生长调节剂处理插穗来促进生根,常用的有萘乙酸（NAA）、ABT 生根粉等,如 NAA 1 000～2 000mg/L 速蘸插穗基部数秒钟或 20～200mg/L 处理插穗基部数小时,不同木本植株的处理浓度和处理时间各异,应以实验为基础。

5）插后管理:水、肥、气、热是插穗成活和生长的必需条件,直接影响到插穗的生根成活和苗木的生长,水分条件是关键因子,要注意合理灌溉,以保持土壤湿润,保证苗木的水分供应。在插穗愈合生根时期,要及时松土除草,使土壤疏松湿润,通气良好,提高地温,减少水分蒸发,以促进插穗生根和成活。但插穗长出许多新梢时,应选留一个生长健壮、方位适宜的新梢作为主干培养,抹除多余的萌条。除萌应及早进行,以避免木质化后造成苗木出现伤口。硬枝扦插法见图4-6。

（2）嫩枝扦插:插穗一般保留 1～4 个节,长度 5～15cm,插穗下切口位于叶或腋芽之下,以利于生根,上端则保留顶梢。阔叶木本植株为减少水分

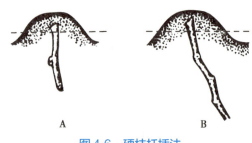

图4-6　硬枝扦插法

A. 短枝插　B. 长枝插

蒸腾，将插穗下部的叶片适当摘除，上部的叶片必须保留，若叶片过大可再将留下的叶片剪掉1/3～1/2，针叶树的针叶可以不去掉。插穗入土深度以其长度的1/3～1/2为宜。插穗一般随采随插，不宜贮藏。嫩枝扦插后需要适度遮阳和保持湿度，使床面经常保持湿润状态和一定的空气湿度。可利用全光照自动间歇喷雾装置对空气加湿，使嫩枝扦插的插穗在一定光照条件下，空气相对湿度为80%～90%，插床基质保持适度湿润和良好通气状态，可获得较好的生根效果。嫩枝扦插的苗床基质最好在扦插前进行消毒。嫩枝扦插法见图4-7。

若插条仅有1芽附1片叶，这种扦插方式被称作芽叶扦插，芽下部带有盾形茎部1片，或1小段茎，扦插时插入沙床中，仅露芽尖即可，插后盖上薄膜，防止水分过量蒸发。叶插不易产生不定芽的种类，宜采用此法，如山茶、橡皮树、天竺葵等。芽叶扦插法见图4-8。

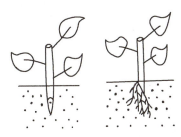

图4-7 嫩枝扦插法

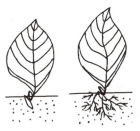

图4-8 芽叶扦插法

（3）草质茎扦插：此类插穗用于繁殖容易发根的草本植物如天竺葵、菊和许多热带药用植物。草本药用植物在生长期随时都可以取插穗，容易发根，尤其在插穗水分充足时。取插穗后将插穗基部插于温暖（24～32℃）、无通风装置的基质中，且在长出新根前要喷雾保持湿度。由于栽培种类和栽培品种不同，插穗生根时间多为数天到数周。插穗的基质温度若能保持在25℃的恒温状态，可缩短生根时间并且可使生根情况整齐一致。当插穗形成愈伤组织和生根后应当减少喷雾频率，以降低病害风险和锻炼强化插穗。

2．根插法 根插是截取植物的根段做插穗。该法只适用于那些根系容易产生不定芽的植物繁殖。利用根插繁殖的植物有芍药、补血草、使君子、山楂、杜梨、槟榔、海棠果、牛舌草等。以枣为例，说明根插法。

（1）取插穗：于休眠期选取粗0.5～1.5cm的一年生根为插穗。

（2）削插穗：将所选的一年生粗壮根截成15～20cm的根段，上切口为平口，下切口为斜形，于春季扦插。

（3）扦插：插时多是定点挖穴，将其直立或斜插埋入土中，根上部与地面基本持平，表面覆1～3cm厚的锯末或覆地膜，经常浇水保湿。

对于一些根段较细的草本植物，如牛舌草、剪秋萝等，可把根剪成3～5cm长的段，撒播于苗床，覆砂土1cm，保持湿润，待不定芽发生后移植。

3．叶插法 叶插是以叶片或带叶柄叶片为插材，扦插后通常在叶柄、叶缘和叶脉处形成不定芽和不定根，最后形成新的独立个体的繁殖方法。这种方法适用于虎尾兰属、秋海棠属、景天科、苦苣苔科、胡椒科等具粗壮的叶柄、叶脉或叶片肥厚的植物。叶插按所取叶片的完整性可分为全叶插和片叶插；按叶片与基质接触的方式又可分为平置法和直插法。叶插后需要适度遮阳和保持湿度，使床面经常保持湿润状态和具有一定的空气湿度。

（1）全叶插：插材为带叶柄的完整叶片或不带叶柄的完整叶片，根据扦插方法的不同又可分为直插法和平置法。直插法是将叶片的叶柄部分插入基质中，叶片直立，最后叶柄基部发生不定根和不定芽，如大岩桐、非洲紫罗兰、豆瓣绿、球兰等。平置法则是将叶片去柄，将叶片上的粗壮叶脉用刀切断数处，平铺于基质上面，用竹针等插入叶片以使叶片背面与基质密切接触，在每个切断处产生幼小植株，如秋海棠属和景天科的很多植物均可采用此法。直立全叶扦插法见图4-9。

（2）片叶插：片叶插通常采用直插法，即将一个叶片切成数块，分别将每一块都直立于基质中，注意一定要将形态学下方插于基质中，保持温度和湿度，在下切口处生根长芽，最后形成新植株，如虎尾兰、蟆叶秋海棠等常采用此法繁殖。片叶扦插法见图4-10。

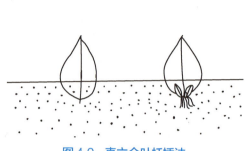

图4-9   直立全叶扦插法

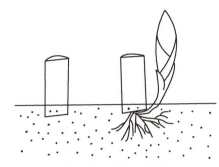

图4-10   片叶扦插法

（二）影响扦插成活的因素

1. 内部因素

（1）植物种类：不同药用植物插条生根的能力有较大差异。可以分为极易生根类、较易生根类、较难生根类和极难生根类。无花果、石榴、柠檬、香橼、龙柏、菊、天竺葵以及仙人掌科植物茎段扦插生根较易，而板栗、核桃等枝条扦插生根很难。同一种植物的不同品种枝条扦插发根难易程度也不同，如美洲五味子中的杰西卡和爱地朗发根较难。

（2）树龄、枝龄和枝条的部位：一般情况下，树龄越大，插条生根越难。发根难的木本植株，如从实生幼树上剪取枝条进行扦插，则较易发根。插条的年龄以一年生枝条的再生能力最强，一般枝龄越小，扦插越易成活。但有的木本植株用二年生枝条扦插容易生根，如醋栗。从一个枝条不同部位剪截的插条，其生根情况也不一样。常绿木本植株，春、夏、秋、冬四季均可扦插；落叶木本植株夏、秋扦插，以树体中上部枝条为宜；冬、春扦插以枝条的中下部为好。

（3）枝条的发育状况：凡发育充实的枝条，其营养物质比较丰富，扦插容易成活，生长也较好。绿枝扦插应在插条刚开始木质化即半木质化时采取，硬枝扦插多在秋末冬初和营养状况较好的情况下采条，草本植物应在植株生长旺盛时采条。

（4）营养贮藏：枝条中贮藏营养物质的含量和组分，与生根难易密切相关。通常枝条碳水化合物越多，生根就越容易。如五味子插条中淀粉含量高的发根率达63%，中等含量的发根率为35%，含量低的发根率仅有17%。枝条中的含氮量影响生根数目，低氮可以增加生根数，而缺氮就会抑制生根。硼对插条的生根和根系的生长有良好的促进作用，所以应对采取插条的母株补充必需的硼。

（5）激素：生长素和维生素对生根和根的生长有促进作用。由于内源激素与生长调节剂的运输方向具有极性运输的特点，如枝条插倒，则生根仍在枝段的形态学下端，因此，扦插时应特别注意不要将插穗倒插。

（6）插穗的叶面积：叶片能合成生根所需的营养物质和激素，因此插条叶面积大时对扦插生根有利。然而在插条未生根前，叶面积越大，蒸腾量越大，插条容易失水枯死。所以扦插时，应依植物种类及条件，为有效地保持吸水与蒸腾间的平衡关系，应限制插条上的叶数和叶面积，一般留2～4片叶，大叶种类要将叶片剪去一半或一半以上。

2. 外在因素

（1）湿度：插条在生根前失水干枯是扦插失败的主要原因之一。因为新根尚未生成，无法顺利供给插条水分，而插条的枝段和叶片因蒸腾作用而不断失水。因此，空气湿度要尽可能地大，以减少插条和插床水分的消耗，尤其绿枝扦插，高湿可减少叶面水分蒸腾，使叶子不致萎蔫。插床湿度要适宜，又要透气良好，一般维持土壤最大持水量的 60%～80% 为宜。采用自动控制的间歇性喷雾装置，可维持空气的高湿度而使叶面保持一层水膜，降低叶面温度。其他如遮阴、塑料薄膜覆盖等方法，也能维持一定的空气湿度。

（2）温度：一般木本植物扦插时，白天气温达到 21～25℃，夜间气温在 15℃ 时就能满足插条的生根需要。扦插基质在 10～12℃ 条件下插条可以萌芽，但生根则要求土温在 18～25℃ 或略高于平均气温 3～5℃。如果土温偏低，或气温高于土温，扦插虽能萌芽但不能生根，由于先长枝叶大量消耗营养，反而会抑制根系发生，导致死亡。在我国北方，春季气温高于土温，扦插时要采取措施提高土壤温度，使插条先发根，如用火炕加热、马粪酿热或用电热温床，以提供最适的温度。南方早春土温回升快于气温，要掌握时期抓紧扦插。

（3）光照：光对根系的发生有抑制作用，因此，必须使插条基部埋于土中避光，才可刺激生根。硬枝扦插生根前可以完全遮光，绿枝带叶扦插需要有适当光照，以利于光合作用制造养分，促进生根，但仍要避免日光直射。同时，扦插后适当遮阴，可以减少扦插基质的水分蒸发和插条的水分蒸腾，使插条的水分保持平衡。但遮阴过度，又会影响土壤温度。

（4）氧气：扦插生根需要氧气。插床中水分、温度、氧气三者是相互依存、相互制约的。土壤中水分多，会引起土壤温度降低，并挤出土壤中的空气，造成缺氧，不利于插条愈合生根，也易导致插条腐烂。一般扦插基质气体中以有 15% 以上的氧气并保有适当的水分为宜。

（5）生根基质：理想的生根基质要求通水透气性良好，pH 值适宜，可提供所需的营养元素，既能保持适当的湿度，又能在浇水或大雨后不积水，而且不含有害的细菌和真菌。

（三）促进插条生根的方法

1. 机械处理

（1）剥皮：对木栓组织比较发达的枝条，如五味子，或较难发根的木本药用植物，扦插前可将表皮木栓层剥去，注意不要伤及韧皮部，对促进发根有效。剥皮后能增强插条皮部吸水能力，幼根也容易长出。

（2）纵伤：用利刀或手锯在插条基部 1～2 节的节间处刻划 5～6 道纵切口，深达木质部，可促进节部和茎部断口周围发根。

（3）环剥：在取插条之前 15～20 天，对母株上准备采用的枝条基部剥去宽 1.5cm 左右的一圈树皮，在其环剥口长出愈合组织而又未完全愈合时，即可剪下进行扦插。

2. 黄化处理　对不易生根的枝条在其生长初期用黑纸、黑布或黑色塑料薄膜包扎枝条基部，能使叶绿素消失，组织黄化，皮层增厚，薄壁细胞增多，生长素积累，有利于根原基的分化和生根。黄化处理耗时费事，适用于生根困难的特殊木本植株的扦插繁殖。

3. 浸水处理　休眠期扦插，插前将插条置于清水中浸泡 12 小时左右，使之充分吸水，达到饱和生理湿度，插后可促进根原始体形成，提高扦插成活率。

4. 加温催根　扦插时气温高、土温低，插条先发芽，难以生根而干枯死亡，是导致扦插失败的主要原因之一。为此，可人为地提高插条下端生根部位的温度，降低上端发芽部位的温度，使插条先发根后发芽。

5. 药物处理

（1）植物生长调节剂：应用人工合成的各种植物生长调节剂对插条进行扦插前处理，不仅生根率、生根数和根的粗度、长度都有显著提高，而且苗木生根期缩短，生根整齐。常用的植物生长调节剂有吲哚丁酸（IBA）、吲哚乙酸（IAA）、萘乙酸（NAA）、2,4- 二氯苯氧乙酸（2,4-D）、2,4,5- 涕丙酸（2,4,5-TP）等。使用方法有涂粉法、液剂浸渍法。涂粉法以研细的惰性粉末为载体，如滑石粉或黏土，加入植物生长调节剂的量为 500～2 000mg/kg。使用时，先将插条基部用水蘸湿，再插入粉末中，使插条基部切口黏附粉末即可扦插；液剂浸渍法是将植物生长调节剂配成水溶液浸渍插条切口，由于生长调节剂是不溶于水的，配制溶液时先用乙醇配成原液，再用水稀释，溶液分为高浓度（500～1 000mg/L）和低浓度（5～200mg/L）两种。低浓度溶液浸泡插条4～24小时，高浓度溶液快蘸5～15秒。

此外，ABT生根粉是多种生长调节剂的混合物，是一种高效、广谱性促根剂，可应用于多种药用植物的扦插促根。一般1g生根粉能处理3 000～6 000根插条。生根粉共有三种型号，其中1号生根粉，用于促进难生根植物插条不定根的诱导，如金茶花、玉兰、山楂、海棠、枣、银杏等；2号生根粉用于一般木本药用植物苗木的繁育，如月季、茶花、石榴等；3号生根粉用于苗木移栽时的根系恢复和提高成活率。

（2）其他化学药剂：维生素B$_1$和维生素C对某些种类的插条生根有促进作用。硼可促进插条生根，与植物生长调节剂合用效果显著，如IBA 50mg/L加硼10～200mg/L，处理插条12小时，显著提高生根率。2%～5%蔗糖液及0.1%～0.5%高锰酸钾溶液浸泡12～24小时，亦有促进生根和成活的效果。

知识链接

组织培养

植物的组织培养是指通过无菌操作，把植物体的器官、组织或细胞（即外植体）接种于人工配制的培养基上，在人工控制的环境条件下培养，使之生长、发育成植株的技术与方法，又叫离体培养。按植物组织培养的外植体来源及特性不同，植物组织培养可分为：植株培养、胚胎培养、器官培养、愈伤组织培养、组织培养、细胞培养、原生质体培养、人工种子等。

植物组织培养技术是植物细胞工程中的一种重要手段，其实践性很强，在工农业生产中得到了广泛的应用。其特点是：根据不同植物不同部位的不同要求而提供不同的培养条件，所以，培养条件可以人为控制；生长周期短，往往20～30天为一个周期；繁殖率高，能及时提供规格一致的优质种苗或脱病毒种苗；管理方便，利于工厂化生产和自动化控制，是未来农业工厂化育苗的发展方向；省去了中耕除草、浇水施肥、防治病虫害等一系列繁杂劳动，可以大大节省人力、物力及田间种植所需要的土地。

四、嫁接繁殖

将植物优良品种的芽或枝条转接到另一个植株个体的茎或根上，并使之愈合成为新的独立植株的繁殖技术称为嫁接繁殖技术。嫁接过程中，被嫁接的植株部分如果是芽，则称为接芽；如果是茎段，则称为接穗。接受接穗（芽）的植株，称为砧木。砧木可以是根段，也可以是幼苗，还可以是大树体。通过嫁接方法培育出来的幼苗，称为嫁接苗。

（一）嫁接的意义

1. 利用砧木根系对土壤及气候的适应性，提高植株整体对环境条件的适应性。例如，利用抗病虫性强的砧木培育幼苗，可以有效控制多种植物的病虫害。在木本药用植物的生产中，利用抗性砧木可以提高树木的抗寒性、抗旱性、抗涝性、抗盐碱性。

2. 由于接穗枝条处于生理成熟期，因而通过嫁接可以促使树木提早结果。例如银杏实生苗需要生长18～20年才开始结果，而嫁接后3～4年便可结果。

3. 利用特殊性状砧木，例如树木矮化砧可以改变树体生长特性，引起树木生产方式革新，可矮化密植，促进成花，提早结果，增加产量，改善品质。

4. 有些植物雌雄异株，或者需要异花授粉。通过嫁接雄株枝条或异品种枝条，可以使雌雄异株变成雌雄同株，或者一株多品种，从而减少人工授粉用工量。

5. 当植株根系受害或树皮受伤时，利用靠接或桥接技术，可以恢复植株生长，延长经济寿命。

（二）嫁接愈合原理

当接穗嫁接到砧木上后，在砧木和接穗伤口的表面，死细胞的残留物形成一层褐色的薄膜覆盖着伤口。随后在激素的刺激下，伤口周围的细胞及形成层细胞旺盛分裂，并使褐色的薄膜破裂，形成愈伤组织。愈伤组织不断增加，接穗和砧木间的空隙被填满后，砧木和接穗愈伤组织的薄壁细胞便互相连接，将两者的形成层连接起来。愈合组织不断分化，向内形成新的木质部，向外形成新的韧皮部，进而使导管和筛管也相互沟通，这样砧木和接穗就结合为统一体，形成一个新的植株。

课堂互动

简述嫁接砧穗接合部愈合的形态学基础和生理学原理。

（三）影响嫁接成活的因素

1. 砧木与接穗的亲和力　嫁接亲和力是指砧木和接穗经嫁接能愈合并正常生长的能力。具体讲，指砧木和接穗内部组织结构、遗传和生理特性的相识性，通过嫁接能够成活以及成活后生理上相互适应。嫁接能否成功，亲和力是其最基本的条件。亲和力越强，嫁接愈合性越好，成活率越高，生长发育越正常。

亲和力强弱，取决于砧木和接穗之间亲缘关系的远近，一般亲缘关系越近，亲和力越强。同种或同品种间亲和力最强，如板栗接板栗、月季接在蔷薇上都较好。同属不同种间的亲和力较不同科不同属的强。

2. 嫁接时期和环境条件　嫁接时期主要与气温、土温及砧木与接穗的活跃状态有密切关系。要根据植株特性、方法要求，适期嫁接。不宜选择雨季、大风天气嫁接。嫁接时一般以 20～25℃ 的温度为宜，接口应保持一定湿度。嫁接部位包扎要严密，保持较高的湿度利于愈伤组织形成。

3. 砧木、接穗质量和嫁接技术　接穗和砧木发育充实，贮藏营养物质较多时，嫁接易成活。草本植物或木本植物的未木质化嫩梢也可以嫁接，但要求较高的技术。

嫁接技术要求快、平、准、紧、严，即动作速度快，削面平，形成层对准，包扎捆绑紧，封口要严。

（四）嫁接方法

药用植物栽培常用的嫁接方法有枝接、芽接。

1. 枝接　枝接的接穗既可以是一年生休眠枝，也可以用当年新梢，同样嫁接时砧木既可处于未萌芽状态，即将解除休眠时期，也可以处于正在生长的状态。因此，按照接穗和砧木的生长状况有以下四种类型：一是硬枝对硬枝，即接穗为休眠的一年生枝条，个别木本植株也可用多年生枝条，砧木为即将解除休眠或已展叶的硬枝；二是嫩枝对硬枝，即接穗为当年新梢，砧木为已展叶的硬枝；三是嫩枝对嫩枝，即接穗和砧木均为当年新梢；四是硬枝对嫩枝，即将保持不发芽的一年生硬枝嫁接到当年新梢上。其中第一种方法应用最为普遍，各种木本药用植物基本都采用，其嫁接的时期以春季萌芽前后至展叶时为宜，保持接穗不发芽的前提下，嫁接时期稍晚一点成活率更高，但不能过晚。其他三种方法只适用于五味子等少数木本植株。

（1）劈接：接穗基部削成两个长度相等的楔形削面，削面长约 3cm，外侧稍厚于内侧。将砧木在嫁接部位剪断或锯断，削平切口后，用劈刀在砧木中心纵劈一刀，深 3～4cm。用劈刀将切口撬开，插入接穗，厚侧在外，薄侧向里，并使接穗的外侧形成层与砧木的形成层对准，接穗削面上端微露，然后用薄膜条将所有的伤口全都包严。较粗的砧木可以同时接入两个接穗，有利于伤口的愈合。劈接法见图 4-11。

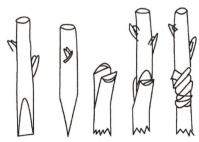

图 4-11　劈接法

（2）切接：接穗长 5～8cm，有 2～3 个饱满芽，过长的接穗萌芽后生长势较弱。将接穗基部削成一长一短两个削面，长削面 2～3cm，与顶芽同侧，对面的短削面长 1cm 左右。砧木在距地面 5～8cm 平滑处剪断，削平截面后，选皮层平整光滑，截口稍带木质部处垂直向下纵切 2～3cm，长削面向里插入接穗，砧穗形成层对准，用薄膜条等绑缚即可。

（3）腹接：又称腰接，即在砧木腹部的枝接。砧木不在嫁接口处剪截，或仅剪去顶梢，待成活后再剪除上部枝条。接穗留 2～3 个芽，与顶端芽的同侧作长削面，长 2～2.5cm，对侧作短削面，长 1.0～1.5cm，类似于切接接穗的削面。在砧木嫁接部位，选择平滑面，自上向下斜切一刀，切口与砧木约成 45°角，深达木质部，约为砧木直径的 1/3，将接穗长削面与砧木内切面的形成层对准插入切口，用薄膜条包扎嫁接口即可。腹接法见图 4-12。

（4）靠接法：将需要嫁接的两植物的枝条彼此靠拢，各在相对一侧削成切口，作为接穗的枝条，在切口相反的一侧需带有芽体，然后贴紧，缚好，涂蜡，待接活后，将接穗的枝条从原植株上剪下，同时剪去砧木上部不需要的枝条即成。靠接法见图 4-13。

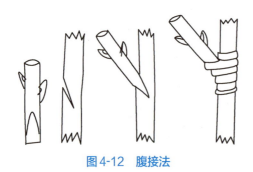 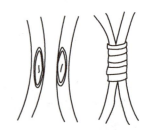

图 4-12　腹接法　　　　　　　　　图 4-13　靠接法

2. 芽接　芽接无论是接穗还是砧木最常用的繁殖材料是当年的新梢，因此芽接一般是在形成层细胞分裂最旺盛的时期 6～9 月进行。也有一些利用休眠芽作接穗在春季或早夏进行芽接。用芽接方法培育苗木时按育苗周期长短分为两类：一是一年苗，即砧木当年播种、当年嫁接、秋冬成苗，如长江以南地区培育的核果类树木苗大多是一年苗，在北方地区采用合适条件，早播种、早嫁接同样也能获得一年苗；二是二年苗，即嫁接当年接芽不萌发，次年春季开始生长，秋冬成苗，从播种到成苗需两个生长季节。梨、柑橘等苗木大多数是二年苗，南方地区采取相关技术措施也可达到一年成苗的目的。芽接后包扎嫁接口时注意薄膜条的对接处放在接芽的对面，用刀划开薄膜条解绑时以便识别，防止伤及接芽。

（1）T 形芽接法：又叫盾状芽接和丁字形芽接，在砧木和接穗均离皮时进行。剪取当年生新梢，用手或修枝剪去除叶身，仅留叶柄。接穗上端向上，手持接穗，先在芽上方 0.5cm 左右处横切一刀，将 1/3 以上接穗皮层的完全切断，然后在芽的下方 1～2cm 处下刀，略倾斜向上推削到横切口，用手捏住芽的两侧，左右轻摇瓣下芽片。芽片长度为 1.5～2.5cm，宽 0.6～0.8cm，不带木质部。芽体处于芽片正中略靠上。将砧木离地 3～5cm 左右处切开 T 形切口，纵切口应短于芽片，宽度应略宽于芽片，用芽接刀柄拨开皮层，插入芽片，芽片的上端对齐砧木横切口，切忌留有空隙或与砧木皮层重叠。接芽插入后用薄膜条从下向上绑紧，越挤越紧，使芽片的上切口与砧木的横切口更好地紧密接触，但要求芽眼和叶柄露出。T 形芽接法见图 4-14。

（2）嵌芽接法：为带木质部芽接的一种方法，在砧木和接穗不离皮时进行。接穗上端向下，手持接穗，先在接穗的芽上方 0.8～1.0cm 处向下斜切一刀，长约 1.5cm，然后在芽下方 0.5～0.8cm 处，斜切成 30°角到第一刀口底部，取下带木质部芽片。芽片长 1.5～2.0cm。按照芽片大小，相应在砧木

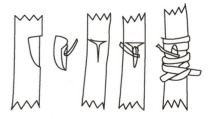

图 4-14　T 形芽接法

上由上向下切一切口，切口比芽片稍长，将芽片嵌入切口中，注意芽片上端必须微露出砧木皮层，以利于愈合。尽量使接穗形成层下部和两侧与砧木对齐，若砧木和接穗的粗度不一致，至少一侧要对齐，最后用薄膜条从上向下绑缚，越挤越紧，使芽片的下切口与砧木的下切口更好地紧密接触。嵌芽嫁接法见图4-15。

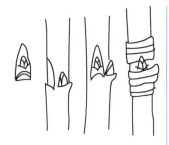

图4-15　嵌芽嫁接法

（3）草本芽接法：包括砧木和接穗的准备、嫁接等步骤。

砧木的准备：多用于双子叶草本植株的嫁接。砧木播于穴盘或塑料钵中。当砧木第一片真叶展开时为嫁接适宜时期。嫁接时，先用刀片或竹签消除砧木的真叶及生长点，然后用与接穗下胚轴粗细相同、尖端削成楔形的竹签，从砧木右侧子叶的主脉向另一侧子叶方向朝下斜插深约1cm。以不划破外表皮、隐约可见竹签为宜。

接穗的准备：顶插接法的接穗一般比砧木晚播7～10天，一般在砧木出苗后接穗浸种催芽。当接穗两片子叶展开时，用刀片在子叶节下1～1.5cm处削成斜面长约1cm的楔形面。

嫁接：将插在砧木上的竹签拔出，随即将削好的接穗插入孔中，接穗子叶与砧木子叶呈十字状。

嫁接机器人技术，是近年在国际上出现的一种集机械、自动控制与嫁接技术于一体的高新技术，它可在极短的时间内，把双子叶植物苗茎秆直径为几毫米的砧木、接穗的切口嫁接为一体，使嫁接速度大幅度提高；同时由于砧木、接穗接合迅速，避免了切口长时间氧化和苗内液体的流失，从而又可大大提高嫁接成活率。

（五）嫁接苗的管理

对于木本药用植物来说，嫁接后的管理相对比较简单。除了及时检查成活率及适时补接外，还应解除绑缚物、剪砧、除萌蘖以及苗圃内整形等。

对于草本药用植物而言，由于嫁接所用的砧木接穗都处于生长状态，而且许多嫁接苗将用于设施条件下的生产栽培，因而加强嫁接后温度、湿度、光照等环境条件控制是嫁接成功的关键。

1. 温度管理　温度过低或过高均不利于接口愈合，影响其成活率。早春低温季节嫁接育苗应在温床（电热温床或火道温床）中进行，待伤口愈合后即可转入正常的温度管理。

2. 湿度管理　嫁接伤口愈合前，须常浇水，减少蒸发，使空气湿度保持在90%以上，待成活后再转入正常湿度管理。

3. 光照管理　嫁接后的3～4天内嫁接苗需要全遮光处理，以防产生高温，同时也能保持较高湿度。但是，遮光时间不可过长、过度，全遮光后应逐渐改为早晚见光，并随着愈合过程的进行，不断增加光照时间。实践表明，在弱光条件下，日照时间越长越好，10天后可恢复到正常管理。

4. CO_2 与激素处理　设施环境内施用 CO_2 可使嫁接苗生长健壮。当 CO_2 浓度从0.3ppm提高到10ppm时，成活率可提高15%。因 CO_2 的增加使幼苗光合作用增强，可以促进嫁接部位组织的融合。另外，嫁接口用一定浓度的外源激素处理，也可明显地提高嫁接苗的成活率。实验研究表明NAA:KT（1:1），2,4-D:BA（1:1）或2,4-D:KT（1:1），浓度为200mg/L处理较适宜。

（林泽燕）

第三节　药用植物良种选育与引种驯化

一、药用植物良种选育

品种是指在一定的自然和栽培条件下，人们根据生产需要选择培育出的经济性状及生物学特性符合人类要求、遗传上相对纯合稳定的植物群体。优良品种（良种）则是表现出具有优质、高产、稳产、抗逆性强等一个或数个优良特性的品种。我国药用植物种类繁多，大多数药用植物品种没有经过严格、科学的选育，大多是地方品种、农家种、生态型、化学型等，且存在品种混杂、种性不纯等问题，严重影响中药材的产量和品质。栽培条件下的药用植物品种不断发生变化，良种也在不断变化。因此，良种选育是药用植物栽培生产上的一项长期重要工作。

（一）良种选育的意义

通过良种选育可以选育出遗传稳定、性状整齐、品质优、产量高的药用植物优良品种，如人参的大马牙、二马牙，地黄的金状元、白状元等。良种选育是保障药用植物品质优良及稳定的基础，对中药材产业健康可持续发展具有重要的意义和作用。

1. 提高产量　在不增加劳动力、肥料的情况下，提高单位面积产量。

2. 改善品质　改善药用植物品质，使其具有更好的外观性状及内在质量。

3. 提高抗逆性　良种具有较强的抗逆性，利于保持药用植物产量和品质的稳定。

4. 转变生产模式　促进药用植物栽培从传统粗放型经营向现代集约化经营转变，提高生产水平及经济效益。也可更好地控制药材质量，为企业提供更优质、稳定的原料，促进企业可持续发展。

（二）良种选育的方法

随着社会需求的提高及现代农业的发展，对药用植物品种提出了更高的要求，如优质、高产、稳产、抗性强、成熟期短等。为实现上述育种目标，通常需先进行种质资源的收集、评价，之后根据育种目标，灵活选择育种途径进行新品种的选育，药用植物常用的良种选育方法有以下几种：

1. 选择育种　从现有的天然或人工群体出现的自然变异类型中，选择优异植株繁殖成株系进而育成新品种的方法。选择育种是常规育种的重要手段之一，常用的有单株选择法和混合选择法。

（1）单株选择法：根据育种目标从原始群体（农家品种、地方品种或推广品种等）中选择优良单株，分别编号、留种、播种，经过鉴定比较而育成新品种（品系）的方法。只经过一次选择的称为一次单株选择法，如果在一次单株选择的后代中，性状还不一致，需要经过两次以上的选择，称为多次单株选择法。单株选择法家系清楚，能选出可遗传变异，有效淘汰劣变基因，但占用较多的土地，选择周期长。

（2）混合选择法：从天然或人工栽培群体中，选择性状相对一致的优良单株，混合采集繁殖材料、混合种植，与原品种或对照品种进行比较的一种选择方法。经过一次选择的称为一次混合选择法。经过两次以上选择的，称为多次混合选择法。混合选择法操作方便，占地面积少，能迅速从混杂群体中分离出优良的类型，并能为生产提供大量种子，多用于提纯复壮。

2. 杂交育种　由两个不同类型或基因型品种杂交，将不同亲本的优良性状组合到杂种中，进行定向培育和选择以育成新品种的方法。杂交育种的关键是亲本的选择，应尽可能选用优点多且双方优缺点又能互补的亲本。杂交育种方式有单交、复交及回交等。

（1）单交：即将两个遗传性不同的品种进行杂交。如甲、乙两品种杂交，甲作母本，乙作父本，可写成甲（♀）×乙（♂），一般常写成甲×乙，通过杂交可以综合双亲的优点。

（2）复交：指两个以上品种的杂交。如甲×乙杂交获得杂种一代后，再与丙杂交。通过复交可综合多个亲本的优良性状。

（3）回交：由杂交获得的杂种，再与亲本之一进行杂交，称为回交。用作回交的亲本类型称为轮回亲本。回交通常是为了克服优良杂种的个别缺点，以更好发挥它的经济效果。

杂种后代的处理是杂交育种的关键，目前较常用的方法有系谱法和混合法。当杂种稳定后，开展品种比较试验，从而选育出理想的新品种。

3. 诱变育种　指利用物理或化学因素诱发药用植物产生变异，并从中选育成新品种的方法。根据诱变因子的不同可分为物理（辐射）诱变、化学诱变、空间诱变等。

（1）物理（辐射）诱变育种：利用 X 射线、γ 射线、β 射线、中子流等高能电离辐射或紫外线、激光等非电离辐射处理植物的种子、器官、花粉或植株等，引起植物突变，再从突变中选择培育出新品种的一种方法。辐射处理可分为内照射处理和外照射处理。内照射处理是使用 ^{32}P、^{35}S 等浸泡处理种子、块根或鳞茎等，或施于土壤中让植物根系吸收。外照射处理是利用各种类型的辐射装置照射育种材料，如种子、花粉等。辐射诱变在药用植物育种中应用较多，如用快中子或 γ 射线照射延胡索块茎，不仅提高了保苗率和块茎繁殖率，而且还使当代和第二代产生了连续增产效应。

（2）化学诱变育种：指利用化学诱变剂处理药用植物的种子、花粉、营养器官或愈伤组织等，诱发植物产生变异，并从中选育成新品种的方法。常用的化学诱变剂有烷化剂、叠氮化钠、核酸碱基类似物等。诱变处理方法有浸渍法、涂抹或滴液法、注入法、熏蒸法、施入法等。诱变剂种类、材料的遗传类型和生理状态、处理浓度和处理时间、温度、溶液 pH 值及缓冲液使用等均会影响化学诱变的效应。

（3）空间诱变育种：又称为太空育种、航天育种，指将植物种子或器官等材料送至太空，利用宇宙辐射，诱导植物变异，返回地面后进行培育、筛选优良品种的方法。与常规育种方法相比，空间诱变育种具有诱变频率高、变异幅度大、有益变异多、育种程序简单、变异稳定快等特点。

此外，作物现代育种技术还有倍性育种、体细胞杂交育种和分子标记辅助育种等。

知识链接

倍性育种

　　通过改变药用植物染色体的数量，产生变异个体，再选择优良变异个体培育新品种的育种方法，称为倍性育种。主要包括单倍体育种和多倍体育种。

（三）良种繁育

1. 良种繁育的意义及任务　　良种选育和推广是提高药用植物产量和品质的重要措施，也是发展药用植物生产的一项基本建设，但是单有新品种的选育，而无大量高品质的良种供推广应用，新品种就不可能在生产上发挥应有的作用。良种繁育是良种选育工作的继续，是保证育种成果和长期发挥良种优势的重要措施。良种繁育的任务主要如下：

（1）大量繁殖和推广良种：良种繁育的首要任务就是要迅速地、大量地繁殖优良品种的种子，使新品种能在生产上迅速推广，取代生产上使用的旧品种，同时也要根据生产需要，繁殖现有推广优良品种的种子。

（2）保持品种的纯度和种性：优良品种在大量繁殖和栽培过程中往往由于从播种到贮运等一系列过程中某一或多个环节造成的机械混杂，或天然杂交引起的生物学混杂，以及由于自然突变等原因，使品种纯度降低。为此要防止品种退化变劣，保证种子的高品质必须进行品种更新，对于已退化混杂的要进行提纯复壮工作。

2. 良种繁育方法及程序　　目前我国种子生产实行原原种（育种者种子）、原种和良种三级生产程序。

原原种：指育种者最初育成的遗传性状稳定，可用于繁殖原种的种子。

原种：指用原原种按技术操作规程繁殖的第一代至第三代种子。

良种（大田用种）：指原种按技术操作规程繁殖的，达到良种质量标准的第一至第二代种子以及达到杂交种良种质量标准的杂交种一代种子。

（1）原种生产：指由原原种或由生产原种的单位生产出来的与该品种原有性状一致的种子。原种的标准为：符合新品种的三性要求，即一致性、稳定性和特异性。在田间生长整齐一致，纯度高，一般农作物品种纯度不小于99%。药用植物育种及种子繁育起步较晚，目前还没有对纯度要求的具体数据标准，有条件的药用植物新品种纯度应与农作物要求看齐；与原品种相比，原种植株的生长势、抗逆性、产量和品质等都不降低，或略提高；种子成熟充分、饱满、发芽率高，无杂质和其他种子，不带检疫性病虫害。

原种生产应该有严格的程序和制度，以确保其纯度、典型性、生活力等指标。目前生产原种的方法有原原种繁殖和"三圃法"两种方法。

1）原原种繁殖：由于培育出的原种数量满足不了种子田用种需求，必须进一步繁殖原种，以扩大原种种子数量。原原种经一代繁育获得原种，原种繁育一次获得原种一代，繁育二次获得原种二代。原种繁育时要设置隔离区，以防止混杂。

2）"三圃法"生产原种：育种单位没有保存原种的任务，在无原原种情况下，由生产单位自己生产原种。整个过程为：大田（单选）→株行圃（分行）→株系圃（比较）→原种圃（混繁）→生产繁殖原种。

株行圃（选种圃）：选择优良单株，建立选种圃。不同来源的种子分别种植一区，精心管理。收获前按原品种性状精选单株，收获后种子按株顺序编号保存。

株系圃：把第一年入选单株，一株一系种在株系圃中，并种植对照便于比较。选留与原品种的典型性相同、生育整齐的优良株系，淘汰与原品种不同的劣系。入选系混合留种。

原种圃：对上年当选株系的混收种子作为原种加速繁殖，生长期注意去杂去劣，加强管理提高种子产量，扩大原种繁殖系数。

课堂互动

怎样理解"三圃法"生产原种？

（2）良种（大田用种）繁殖：指在种子田将原种进一步扩大繁殖，为生产提供批量优质种子。常用的方法有一级种子田良种繁殖法和二级种子田良种繁殖法。一级种子田良种繁殖法是指将种子田生产的优质种子用于下一季的种子田种植，剩下的大部分种子经去杂、去劣后直接用于大田生产。二级种子田良种繁殖法是指将种子田生产的一部分优质种子用于下一季的种子田种植，另外大部分种子经去杂、去劣，在二级种子田中再繁殖一代，再经去杂、去劣后种植到大田。一般在种子数量不够又急需用种时采用二级种子田良种繁殖法，但采用此法生产的种子质量相对较差。

3．良种推广 培育出的新品种，只有迅速生产出质量好、数量足的种子才能在生产上快速推广，是保证育种成果和长期发挥良种优势的重要措施。

（1）区域性试验：指在较大范围内对新品种的品质、适应性、丰产性及稳定性等进行系统鉴定，为新品种（系）的推广应用区域划定提供科学依据。区域性试验需要在不同的自然、栽培条件下进行栽培技术试验，使良种有与之相适应的良法。

（2）生产示范试验：指在较大面积条件下，对新品种进行试验鉴定。试验地面积应相对较大，试验条件与大田生产条件基本一致，土壤地力均匀。设置品种对照试验，并要有适当的重复。生产示范试验可以起到试验、示范和繁殖种子的作用。

（3）栽培试验：一般是在生产示范试验的同时，或在新品种确定推广应用以后，就几项关键的技术措施进行试验。目的在于进一步了解适合新品种特点的栽培技术，为大田生产制定栽培技术措施提供科学依据，做到良种良法一起推广。

（4）品种审定与推广：经审定合格的新品种，划定推广应用区域，编写品种标准。新品种只能在适宜推广应用区域内推广，不得越区推广。

（四）品种混杂退化的原因及防止方法

1. 品种混杂退化原因　优良品种投入生产后，经过一段时间往往会在播种、收获等环节混入同种植物的其他品种的种子，或失掉原有的优良遗传性状，即为品种混杂退化现象。品种混杂退化后，不仅丧失了原品种的特征、特性，而且产量降低、品质变差。品种混杂退化的根本原因便是缺乏完善的良种繁育制度，具体原因如下：

（1）机械混杂：在生产过程中，如种苗处理、播种、收获、运输、脱粒、贮藏等环节，由于操作不严格，人为地造成机械混杂。机械混杂后，还容易造成生物学混杂。

（2）生物学混杂：有性繁殖植物在开花期间，由于不同品种间或种间发生了天然杂交而造成的混杂，称为生物学混杂。生物学混杂使得品种变异，品种种性改变，造成品种退化，以异花授粉植物最为普遍。

（3）基因突变：任何植物在任何情况下都可能会发生自然突变，不利的自然突变会造成品种退化。

（4）长期的无性繁殖和近亲繁殖：长期的无性繁殖，子代一直使用亲代营养体繁殖，母株里的病毒、病菌等会给子代带来病害，致使品种生活力下降，造成品种退化。

（5）留种不科学：由于不了解选择目标和不掌握被选择品种的特性，致使选择目标偏离原有品种的特性。

（6）环境条件不适宜或栽培技术不配套：品种的优良性状是相对的，在一定的生态条件和栽培条件下才能充分表现出来。如果环境条件、栽培条件不适宜，很容易引起品种退化。

2. 防止品种退化的措施　任何优良品种都应经常去杂保纯，及时采取措施防止品种退化。应根据品种混杂退化的原因采取相应的措施。

（1）严防混杂：合理轮作，不重茬栽培；播种、收获等易混杂环节严格管理；采取严格的隔离措施，防止生物学混杂。

（2）改变生育条件和栽培条件：改变种植地区，改善土壤条件以及适当改变或调整播期和耕作制度等都可以提高种性。不盲目在不适合药用植物生长的地区引种栽培，加强栽培管理保障药用植物的健康生长。

（3）建立严格的种子繁育制度：根据药用植物特性建立完善的种子繁育制度，从播种到采收，制订具体的实施方案，以保证良种的纯度、质量。

（4）改变繁殖方式：长期无性繁殖的药用植物，定期更换繁殖部位和繁殖方法。如有性繁殖和无性繁殖相结合，百合鳞茎繁殖后改为珠芽繁殖，山药芽头繁殖改为零余子繁殖等。

（5）复壮更新：种子使用一段时间后，使用原原种或"三圃法"择优复壮。

二、药用植物引种驯化

药用植物的引种驯化主要指把外地或外国的某一种药用植物引到本地或本国栽培，经过一定时间的自然选择或人工选择，使外来药用植物适应本地自然环境和栽培条件，成为能满足生产需要的本地药用植物。包括将野生变为家种和将外地栽培的药用植物引入本地栽培两个方面。

（一）引种驯化的意义和任务

1. 引种驯化的意义　通过引种驯化，对药用植物进行合理的干预和培育，使之朝着我们所需要的方向改变，以满足医疗卫生事业发展的需要。因此，药用植物引种驯化给人类带来的利益是多方面的，主要包括如下方面：丰富本地药用植物资源种类；扩大栽培范围，保护珍稀濒危药用植物；发挥药用植物的优良特性，以良种代替劣种；有利于药用植物的保护性开发利用。目前从国外引种成功的有砂仁、槟榔、沉香、金鸡纳、颠茄、毛地黄等。过去产地集中的道地药材，现在已广泛引种推广的有云木香、地黄、红花、白芷、怀牛膝等。野生药用植物成为家种的有贝母、黄芪、天麻等。由此可见，大力开展药用植物引种驯化工作，对实现就地生产，就地供应，满足人民健康事业的需要具有重大意义。

2.引种驯化的主要任务

（1）引种驯化常用的重要药用植物：对防治常见病、多发病以及战备所需的重要品种，应积极地引种试种和繁殖推广，如地黄、当归、党参、贝母、黄连等。

（2）引种驯化珍稀濒危药用植物：许多药用植物资源日渐减少甚至濒危，不能满足需要，应积极开展野生变家种的引种驯化工作，如石斛、血竭等。

（3）引种驯化重要的药用植物：对国外原产的热带和亚热带药用植物，应积极地引种试种，以尽快地满足医疗用药的需要，如乳香、没药、大枫子、血竭、胖大海等。

（4）引种园的设计和利用：药用植物的引种工作一般在引种园内进行，故应有计划地予以设计，以便根据生产需要进行各项科学研究工作。引种园主要有两类：一类是考察与鉴定引种栽培的药用植物在本地的生长发育情况及其适应性，这主要是通过观察记载，积累详细而准确的资料，以供制订推广栽培方法时参考。另一类是为了解决某一个或几个问题而进行深入研究，或进行良种培育。

（二）引种驯化的步骤

1.准备阶段

（1）调查和选择引种：药用植物的种类繁多，各地名称不一，常有同名异物、同物异名的情况，给引种工作带来困难。因此，在引种前必须进行详细的调查研究，根据国家中药材生产规划和当地药材生产与供求的关系，确定需要引种的种类，并加以准确的鉴定。

（2）引种资料搜集：搜集被引种的药用植物在原产地的海拔、地形、气候和土壤等自然条件，该植物的生物学和生态学特性以及生长发育的相应阶段所要求的生态条件。对于栽培品种，还要详细了解该植物的选育历史、栽培技术、品种的主要性状、生长发育特性、群众反映以及引种成败的经验教训等。

（3）制订引种计划：引种计划的确定，必须根据调查研究所掌握的资料结合本地区实际情况进行分析比较，并注意在引种过程中存在的主要问题，如南药北移的越冬问题、北药南植的过夏问题、野生变家种的性状变异问题等，经全面分析考虑后，制订引种计划，提出引种的目的、要求、具体步骤、途径和措施等。

（4）技术准备：引种计划确定后，应根据预定计划迅速做好繁殖材料、技术力量和必要的物质准备。在搜集材料时，应选择优良品种和优良种子，并进行检疫、发芽试验、品质检查和种子处理等工作，还应注意种子、种苗的运输和保管，广泛收集有关栽培技术的文献资料，以备查阅参考。

2.试验阶段
引种驯化的田间试验，一般应先采用小区试验，然后大区试验，在多方面的反复试验中观察比较，将研究所得的良好结果应用于生产实践。田间试验前，必须制订试验计划，其主要内容包括名称、项目、供试材料、方法、试验地点和基本情况（包括地势、土壤、水利及前作等）、试验的设计、耕作、播种及田间管理措施、观察记载、试验年限和预期效果等。在田间试验过程中，要详细观察记载，了解环境条件对植物生长发育的影响，因为环境条件的任何变化，都会在某种程度上引起植物性状上的相应变化，只有详细、认真地观察和记录，才能对试验结果做出准确的分析和结论，找出问题，以便进一步深入试验研究。

3.繁殖推广
引种的药用植物经过试验研究，获得一定的成果，就可以进行试点推广。在试点栽培中要继续观察，反复试验，通过实践证明这种药用植物引种后，已能适应本地区的自然条件，在当地确能正常生长发育，即可扩大生产，进行推广。

（三）引种驯化的方法

1.直接引种法
指从外地（或原产地）将药用植物直接引进栽培到引种地的方法。在相同的气候带内，或两地的气候条件相似，或植物本身适应性较强的条件下，可采用直接引种法。南方山地的药用植物引种到北方平原或由北方平原向南方山地引种，可采用直接引种法，如云木香从云南海拔 3 000m 的高山地区，直接引种到北京低海拔 50m 的地区；人参从东北地区，引种到重庆市南川区金佛山海拔 1 700～2 100m 地区栽培，也获得成功。长江流域各地之间的气候条件相似，很多药用植物可直接引种。如四川从浙江引种白术、延胡索、杭菊花；江苏从河南引种怀地黄、怀牛膝，均获成功，并有大面积生产。适应性较强的植物，如南亚热带的穿心莲，越过中亚热带，直接引种到北亚热带地区，也能成功。

知识链接

气候相似论

　　1906 年德国著名林学家迈伊尔在他发表的《欧洲外地园林树木》和《在自然历史基础上的林木培育》两部著作中，阐述了树木引种须遵循"气候相似"的思想和科学依据。他认为木本植物引种成功的最大可能性，要看新地区的气候条件是否与原产地相似。他当时采用以温度为主的几个气候指标。之后其他科学家将这一理论推广到草本植物，考虑的气候因子也超出温度的范围而日趋完整，形成了指导引种工作的基本理论之一——气候相似论。

　　2. 间接引种（过渡引种）法　经过驯化使被引种植物产生新的适应性的引种方法。对于气候条件差异很大的地区之间，或适应性差的药用植物，宜采用此法引种。驯化引种主要有下列方法：

　　（1）实生苗的多世代选择：根据植物个体发育理论，由种子产生实生苗可塑性大，在植物幼苗发育阶段进行定向培育最容易动摇其遗传性而产生与新的生态条件相适应的遗传变异性，从而获得适应引种地区环境条件的新类型。此法可从原产地采收引种植物的种子，在引种地区进行连续播种，经过几代选择，选出既适应新环境又能保持该品种优良特性的个体。例如毛地黄引种到北京，第一年播种出苗后加以培育，对能自然越冬而留下的植株采种后，第二年再播种，如此反复进行，逐渐使它增强抗寒性而适应于当地的环境条件。

　　（2）逐步驯化法：将所要引种的种子分阶段逐步移到所要引种的地区。主要有两种方法，一是将引种植物的实生苗从原产地分阶段逐步向新的地区移植，使植物逐步经受新环境条件的锻炼，动摇其遗传保守性而获得新的适应性。另一种是将引种植物的种子，分阶段播种到过渡地区，培育出下一代，连续播种几代，从中选出适应能力最强的植株，采收种子，再向另一过渡地区种植。如把南药逐渐北移，可用种子逐步引种驯化，成功的可能性较大。但此法需经很长时间。

　　此外，还可用无性杂交法、有性杂交法等进行引种驯化。

　　（四）引种驯化过程中的注意事项

　　1. 做好植物检疫工作，防止病虫害的传播。

　　2. 忌不顾中药材的区域特性盲目引种，仓促引进过程中易发生移植异化等问题，造成资源浪费与经济损失。

　　3. 引种时最好用种子繁殖实生苗，因实生苗遗传保守性不稳定，可塑性大，容易接受新环境的影响而产生新的适应性。

　　4. 若从生长期长的地区引种到生长期短的地区，利用种子繁殖时要注意选择早熟品种，或进行温室育苗，延长引种植物的生育期。

　　5. 注意对种子和种苗的选择，不能从年龄太大、生长发育差、有病虫害的植株上采收种子。

　　6. 对有些发芽困难或容易丧失发芽力的种子，引种运输时应注意种子的保存，播种前应掌握种子的生理特性，采用适当的种子处理措施，促进发芽。

7. 引种必须先进行小面积试验研究，获得成功后才进行大面积的繁殖推广。

8. 引种过程一定要注意有害生物的入侵，以免造成目的地生长失控，泛滥成灾，破坏当地的生态平衡。

（五）引种驯化成功的标准

1. 与原产地比较，植株不需要采取特殊保护措施就能越冬、度夏，正常生长及开花结实，并获得一定产量。

2. 能够以常规可行的繁殖方式（无性或有性）进行正常繁殖。

3. 没有改变原有的药效成分和含量以及医疗效果，药用部位质量符合国家有关标准。

4. 种后有一定的经济效益和社会效益。

课堂互动

引种驯化成功的标准有哪些？

（郑　雷）

？　复习思考题

1. 引起植物种子休眠的原因有哪些？

2. 简述种子萌发的条件。

3. 种子繁殖的优点有哪些？

4. 如何确定种子的采收时间？

5. 无性繁殖有哪些特点？

6. 什么叫绿枝扦插？简述其特点和方法。

7. 什么是压条繁殖？有几种方法？

8. 药用植物良种选育的方法有哪些？

9. 简述药用植物良种繁育的方法。

10. 简述品种混杂退化的原因及防止措施。

11. 药用植物引种驯化成功的标准有哪些？

12. 简述种子品质检验的程序。

扫一扫，测一测

第五章 药用植物田间管理及病虫害防治技术

ER-5-1

PPT课件

ER-5-2

知识导览

学习目标

1. 掌握药用植物田间管理的主要内容及方法,药用植物病虫害的综合防治策略及技术。
2. 熟悉农药的使用原则及方法。
3. 了解药用植物田间管理的意义,药用植物病害、虫害的主要类型。

第一节 田间管理

药用植物栽培从播种到收获的整个生长发育期间,在田间所采取的一系列管理措施,总称为田间管理。其主要措施包括间苗、定苗、补苗、中耕、培土、除草、追肥、排灌、打顶、摘蕾、整枝、修剪、覆盖、遮阴、防寒冻、防高温及病虫害综合防治等。目的在于充分利用外界环境中对作物生长发育有利的因素,避免不利因素,协调植株营养生长和生殖生长的关系,保证合理的群体密度等,以促进植株正常生长发育和适期成熟,提高产量、质量和降低成本。

一、间苗、定苗与补苗

间苗是田间管理中一项调控植物密度的管理措施。用种子直播的药用植物,为了防止缺苗和利于选留壮苗,播种量一般超过所需株数,播种后长出的幼苗密度大,需适当拔除一部分过密、瘦弱及染病虫害的幼苗,选留壮苗。一般间苗宜早不宜迟,若间苗过迟,幼苗生长过密,通风不良,植株细弱,极易遭受病虫害,同时苗大根深,间苗困难,易伤害附近植株。间苗次数可根据药用植物的性质决定,一般播种小粒种子,间苗次数可多些,如党参、木香可间苗 2~3 次,播种大粒种子,如薏米间苗次数可少些。最后一次间苗为定苗。

补苗与间苗同时进行,即从间苗中选带土壮苗对缺苗、死苗和过稀的地方进行补栽。补苗最好选阴天或晴天傍晚进行,并浇足定根水,保证成活率。补苗后必须加强田间管理,保证苗齐、苗全、苗壮,为药用植物的优质高产打下良好的基础。

某些块根、块茎繁殖的药用植物,出苗、出芽较多时,也需进行间苗,缺苗时需补苗。

二、中耕、培土与除草

中耕是在药用植物生长过程中,对土壤进行表土耕作,使土壤疏松的作业方式。中耕一般与除草、培土、间苗等结合进行,其目的主要是提高土壤保水保肥能力,消灭杂草,减少养分的无谓消耗,减少病虫害的发生,以利植物生长。早春中耕可以提高土温,在较干旱的地区或地块,中耕松土是一项重要的保水措施。

培土要结合中耕除草及时进行,以保护植物越冬过夏,避免根部外露、防旱、防止倒伏、保护芽头、促进生根及减少土壤水分蒸发等。地下部分有向上生长习性的药用植物如黄连、玉竹、大黄,适当培土可提高产量和质量。培土的时间、次数、深度因植物种类、环境条件和精细耕作程度而异。一年生、二年生药用植物宜在生长中后期进行培土，多年生草本和木本药用植物，一般在入冬前结合防冻进行。对一些根茎类药用植物培土还可增产，如木香在冬季培腐殖土，黄连则要年年培土。

除草是为了消灭田间杂草，减少水肥无谓消耗，防止病虫害的滋生和蔓延。除草一般与间苗、中耕培土等结合进行。清除杂草的方法很多，如人工除草、机械除草、化学除草等。

中耕、除草的次数应根据气候、土壤和药用植物生长情况而定，浅根性植物如天冬、薄荷、玉竹、延胡索，中耕宜浅；深根性植物如牛膝、党参、白芷，中耕宜深。苗期植株小，杂草多，土壤容易板结，中耕除草宜勤；成株期中耕次数宜少，以免损伤植株。天气干旱，土壤板结，应及时浅中耕以保水；雨后或灌水后也应及时中耕，避免土壤板结。

三、追　　肥

追肥是指在药用植物生长发育期间施用的肥料。在定苗后，根据植株生长发育状况，可适时追肥，以满足药用植物各个生长发育时期对养分的需求。追肥的时期，一般在定苗后、萌芽前、分蘖期、现蕾开花前、果实采收后及休眠前进行。根据植物长势和外观症状确定追施肥料的种类、浓度、用量、施用时期和施用方法，以免引起肥害或肥料流失等。一般多在植物生长前期多追施充分腐熟达到无害化卫生标准的人粪尿及氨水、硫酸铵、尿素、复合肥等含氮较高的速效性肥料；而在植物生长的中、后期多追施草木灰、钾肥、过磷酸钙、充分腐熟达到无害化卫生标准的厩肥、堆肥和各种饼肥等。对于不能直接撒于叶面或幼嫩组织的化肥，一般采用行间开浅沟条施或穴施、环施等，避免化肥烧伤叶片或幼嫩枝芽。在追施磷肥时，除施入土中外，还可根外施肥，满足植物生长需求。

科学追肥不仅可提高产量，还可提高药用植物有效成分含量，提高品质，氮与钾有利于糖类与脂质等物质的合成。氮素对植物体内生物碱、皂苷和维生素类的形成具有积极作用，特别是对生物碱的形成与积累具有重要影响，施用适量氮肥对生物碱的合成与积累具有一定的促进作用，但施用过量则对其他成分如绿原酸、黄酮类等都有抑制作用。因此，可以根据药用植物的有效成分的性质，通过施肥试验，选择合理的施肥配方，避免对其成分产生影响，提高有效成分含量。

四、灌溉与排水

灌溉与排水是控制土壤水分、满足植物正常生长发育对水分要求的措施。不同药用植物种类或品种的整个生育期的耗水量差异很大，同时自然条件和栽培条件均影响植物耗水量。在一定的田间水分范围内，药用植物能正常生长发育，超出这一范围，则引起旱害或涝害。因此，栽培时要根据药用植物需水规律和田间水分的变化规律及时做好灌水与排水工作。如花及果实类药用植物在开花期及果熟期一般不宜灌水，否则易引起落花落果；当雨水过多时，应及时排水，特别是根及根茎类药用植物更应注意排水，以免引起烂根；多年生的药用植物，在土地结冻前灌一次水，避免因冬旱而造成冻害。

灌溉方式分为地面灌溉、喷灌和滴灌。地面灌溉是指水在田面流动或蓄存的过程中，借重力作用和毛管作用湿润土壤的灌水方式；喷灌是利用水泵和管道系统，在一定压力下，把水喷到空中如同降细雨一样湿润土壤的灌水方式；滴灌是利用低压管道系统把水或溶有无机肥料的水溶液，通过滴头以点滴方式均匀缓慢地滴到植物根部土壤，使植物主要根系分布区的土壤含水量经常保持在最佳状态的一种先进灌水技术。要根据气候、土壤、药用植物生长状况来确定适宜的灌水方式和灌水量。

排水是调节土壤水分的另一项措施，土壤水分过多或地下水位过高都会造成涝害。通过排水可及时排除地面积水和降低地下水位，使土壤水分适宜植物正常生长需要，避免涝害。目前我国以地面明沟排水为多。

五、打顶与摘蕾

打顶与摘蕾是利用植物生长的相关性,人为地对植物体内养分进行重新分配,从而促进药用部分生长发育的一项重要增产措施。其作用是根据栽培目的,及时控制植物体某一部分的无益徒长,而有目的地诱导或促进所需部分生长发育,使之减少养分消耗,提高其产量和质量。

打顶通常采用摘心、摘芽或直接去顶等方式来实现,摘除腋芽叫打杈。植物打顶后可以抑制主茎生长,促进枝叶生长,或抑制地上部分生长,促进地下部分生长。如菊、红花等花类或叶类药用植物常采用打顶的措施,促进多分枝来提高花和叶的产量。栽培乌头常采用打顶和去除侧芽的措施来抑制地上部分生长,促进块根生长。打顶的时间视植物种类和栽培目的而定,一般宜早不宜迟。打顶不宜在有雨露时进行,以免引起伤口溃烂,感染病害。

植物开花结果会消耗大量的养分,为了减少养分的消耗,对于根及根茎类药用植物,要及时摘除花蕾,以利增产。摘蕾的时间和次数取决于花芽萌发现蕾时间延续的长短,一般宜早不宜迟,除留种田外,其他地块上的花蕾都要及时摘除。药用植物发育特性不同,摘蕾要求也不同。留种植株不宜摘蕾,但可以疏花、疏果,尤其是以果实种子入药的药用植物(如山茱萸)或靠果实种子繁殖的药用植物,疏花疏果能获得果大、籽大、质量好的产品。

六、整枝与修剪

整枝与修剪是在植物生长期内,人为地控制其生长发育,对植株进行修饰整理的各种技术措施。整枝是通过人工修剪来控制幼树生长,合理配置和培养骨干枝条,以便形成良好的树体结构与冠形。而修剪则是在土、肥、水管理的基础上,根据自然条件、植物的生长习性和生产要求,对树体养分分配及枝条的生长势进行合理调整的一种管理措施。通过整枝与修剪可以改变通风透光条件,增强植物抵抗力、减少病虫害,同时还能合理调节养分和水分的分配,减少养分的无益消耗,增强树体的生理活动,从而使植物向栽培目的方向发展,不断提高产量和质量。

药用植物的修剪包括修枝与修根。修枝主要用于木本药用植物,不同种类或同一种类不同年龄的药用植物,其修剪方法也各不相同。一般以树皮入药的木本药用植物,如肉桂、杜仲、厚朴,应以培植直立粗壮的茎干为主体,剪除下部过早的分枝、残弱枝以及基部的萌蘖;以果实种子入药的木本药用植物,可适当控制树体高度和增加分枝数量,并注意调整各级主侧枝的从属关系,以利促进开花结果,提高产量。

幼龄树一般宜轻剪,主要目的是培养合理树型,扩大树冠,促进早成型、早结果。灌木树一般不需要做较多修剪。而很多果树自然树体高大,不便于采花采果和后期修剪,或者不修剪则开花结果较少,因此,这些树一般需要矮化树冠,常培育成自然开心型或多层疏散型。无论是自然开心型还是多层疏散型,都要培养形成多级骨干枝,并使它们分布均匀,各自分布在不同方位并保持适当距离。成年树在大量开花以后,枝条常常过密,一些枝条衰弱、枯死或徒长,修剪的目的是使其通风透光,减少养分无益消耗,集中养分供结果枝生长以及促进萌生新的花枝、果枝,促花促果和保花保果。此期的修剪主要是剪除枯枝、密枝、病枝、弱枝、交叉下垂枝,疏去过密的花和芽。枝条过稀处可通过短剪、摘心、回缩、环割等使其萌发新枝。徒长枝通过打顶、拿枝、扭梢等抑制其长势,促进开花结果。对于长势衰弱、开花结果少的枝条,可通过回缩修剪促进重发新枝。老龄树长势衰弱,开花结果明显减少,修剪的目的是更新枝条,使之形成新的花枝、果枝,要重剪、多剪,对于开花结果很少的衰弱枝条,要从基部剪除,只留短桩。整棵树都严重衰退的,可将全部枝条剪除,重新培育形成新的树冠。

修剪的时间主要在休眠期(冬季)和生长期(夏季)两个时期,冬季修剪,主要侧重于主枝、侧枝、病虫枝、枯枝和纤弱枝等，因冬季树体贮藏的养分充足，修剪后枝芽减少，营养集中在有限枝芽上，开春新梢生长旺盛。夏季修剪，剪枝量要从轻，主要侧重于徒长枝、打顶、摘心和除芽等。

另外，少数药用植物还要修根，如乌头要修去母根上过多的小块根，使留下的大块根生长肥大，确保质量。芍药要修去侧根，保证主根肥大，提高产量和品质。

七、支　架

当栽培的攀缘、缠绕和蔓生的药用植物生长到一定高度时，茎不能直立，则需要设立支架，以利支持或牵引藤蔓向上伸长，使枝条生长分布均匀，增加叶片受光面积，促进光合作用，使植株间空气流通，降低湿度，减少病虫害发生。一般对于株型较小的药用植物，如天门冬、鸡骨草、党参、山药等，只需在植株旁立竿作支柱，而株型较大的药用植物，如罗汉果、五味子、木鳖子等，则应搭设棚架，让藤蔓匍匐在棚架上生长。

八、覆盖与遮阴

覆盖是利用薄膜、稻草、谷壳、落叶、草木灰或泥土等覆盖地面，调节土壤温度。冬季覆盖可防寒冻，使植物根部不受冻害，夏季覆盖可降温，也可以防止或减少土壤中水分的蒸发，避免杂草滋生，利于植物生长。覆盖的时期应根据药用植物生长发育阶段及其对环境条件的要求而定。

对于许多阴生药用植物，如人参、黄连、三七、西洋参，必须搭棚遮阴保证荫蔽的生长环境。某些药用植物，如肉桂、五味子，在苗期也需要搭棚遮阴，避免高温和强光直射。由于各种药用植物对光的反应不同，要求遮阴的程度也不一样，因此，必须根据药用植物的种类和不同生长发育阶段调节棚内的透光度。荫棚的高度、方向应根据地形、气候和药用植物生长习性而定，棚料可就地取材，选择经济耐用的材料，也可采用遮阳网。除搭棚遮阴以外，生产上常用套种、间作、混作、林下栽培、立体种植等方法，为阴生药用植物创造良好的荫蔽环境，如麦冬套种玉米等。

九、防　寒　冻

一些越年生或多年生药用植物的幼苗或块根、块茎等，常遭受寒冻的危害而导致死亡或腐烂，从而给药用植物生产带来很大的损失。因此，在栽培时要根据当地的气候情况采取必要的防霜、防寒冻措施，使植物免遭冻害。

（一）调节播种期

药用植物在不同的生长发育时期，抗寒力存在差异，因此，通过调节播种期可在一定程度上控制药用植物生长发育进程。一般幼苗和花期抗寒力较弱，因此，适时提早或推迟播种时间，可使幼苗或花期避开寒冻危害。例如穿心莲生育期一般在5个月左右，其开花结果与生长发育时期有密切关系，因此，在江苏、四川等地栽培穿心莲时，需要提早在2～3月份采用温床育苗后移栽，植株才能正常开花结果，收到种子。

（二）覆盖、包扎与培土

可采取覆盖、包扎与培土的方法防寒冻使药用植物不受冻害。对于珍贵和植株矮小的药用植物，在冬季到来之前，可覆盖或搭建温室或用塑料布包裹防冻害。对于落叶木本植物，如在东北地区引种杜仲时，在冬季常在根部培土并用稻草包扎幼树来防寒越冬。辽宁、吉林等地引种延胡索时，冬季需要在田间覆盖泥土或杂草，才能保证安全越冬。

（三）灌水

灌水能增大土壤的热容量和导热率，增加空气湿度而缓和气温下降，是一项重要的防寒冻措施。灌水防寒冻效果与灌水时期有关,越接近霜冻日期灌水,效果越好。

(四)施肥

在霜冻未发生前,通过增施磷肥、充分腐熟达到无害化卫生标准的堆肥和厩肥等,也能提高药用植物的耐寒力。

十、防　高　温

高温常伴随着天气干旱,高温干旱对药用植物生长发育威胁很大。生产上,可培育耐高温、抗干旱的品种。遇高温干旱天气,可采用灌水降低地温、喷水增加空气湿度、覆盖遮阴等办法来降低温度,减轻高温危害,保证药用植物正常生长发育。

课堂互动

家住农村有种地经历的同学,请说说某种药用植物或蔬菜的田间管理经验。

（钟湘云）

第二节　病虫害防治技术

药用植物在生长发育过程中,会受到各种病虫害的危害,导致质量和产量降低,甚至绝产。因此,开展药用植物栽培的规范化管理,加强病虫害的防治工作,对保证药用植物优质、高产、无公害具有重要意义。

一、药用植物的病害

药用植物在生长发育过程中受到生物因子或非生物因子的不良影响,使正常的新陈代谢遭到破坏或干扰,在生理功能、形态结构等方面出现异常,表现出生长延缓或停滞、品质变劣等病态,这种现象称为药用植物病害。病害对药用植物的危害,既包括产量和质量的降低,又影响到临床疗效,同时又会造成病原物在中药材上的残留,对人体产生危害。

(一)病害病因

导致植物发生病害、表现病变的原因称为病因。植物病害的病因主要有三种,即生物因子、非生物因子和遗传因子。

1.生物因子　引起植物病害的生物因子又称为植物病原物,常见的有真菌、细菌、病毒、寄生性线虫等病原物。被植物病原物寄生的植物称为寄主。植物病原物均有破坏寄主植物的能力,即致病力。病原物侵入寄主后,随即在其上生长和繁殖,寄主会出现光合作用下降、呼吸作用加强、蒸腾作用增强等生理生化特性的变化。

2.非生物因子　非生物因子对植物的危害,没有侵染性和传染性,因此也称为非侵染性、非传染性病害或生理性病害。对植物的影响具有发病均匀的特点。植物的生长需要适宜的温度、水分、氧气、光照等条件,当这些非生物因素不适应药用植物生长发育,例如出现干旱、洪涝、严寒或养分失调时,植物的新陈代谢将受到影响并造成危害,出现生理性病害。

3.遗传因子　在药用植物栽培生产中,也会因为植物自身遗传因子异常,导致植物生长异常,如产生抽穗不齐、矮化苗、白化苗等现象。遗传异常的植株出现频率很低,零星分布于大田。

（二）病害症状

药用植物感染病原物或受到非生物因子的影响，所表现的病态称为病害症状。病害症状包括病症和病状两个方面。

1. 病症　病症是指在适宜的条件下，病原物在寄主植物发病部位上大量繁殖或形成可视的营养体、繁殖体和休眠结构。主要表现为霉状物、粉状物、点状物、颗粒状物和脓状物等。

2. 病状　病状是指植物受到侵染性或非侵染性病害后，局部或整株出现的不正常表现。主要表现为五大病状，即变色、萎蔫、腐烂、坏死和畸形。

（三）病害分类

1. 侵染性病害　药用植物侵染性病害是因生物因素如真菌、细菌、病毒、寄生性线虫等病原物侵入植物体而引起的病害。侵染性病害具有特定的侵染过程，具有传染性，也可称为传染性病害。

（1）病害的侵染过程：药用植物遭受病原物侵染到发病的过程称为侵染过程，又称病程。病害的侵染过程可分为侵入期、潜育期和发病期，各个侵染阶段是一个连续的过程，各个时期没有绝对的界限。

侵入期是从病原物初次接触寄主、侵入寄主植物到开始建立寄生关系的一段时间。侵入途径有直接侵入（从角质层、蜡质层、表皮及表皮细胞等结构侵入）、自然孔口（从气孔、皮孔、柱头、蜜腺等通道侵入）和伤口侵入（从由机械损伤、冻伤、灼伤、虫伤等外因引起的伤口侵入）三种。对侵入期影响最大的是湿度和温度。

潜育期是从病原物侵入寄主到寄主开始出现明显症状的过程。潜育期的长短主要决定于病原物与寄主的互作，环境条件中以温度影响最大。

发病期是从寄主出现症状开始直到生长期结束，甚至直到死亡的过程。发病期是病原物大量产生繁殖体、扩大危害的时期。

（2）侵染性病原：药用植物侵染性病害较多，常见的有霜霉病、白锈病、白粉病、根腐病、猝倒病、立枯病、炭疽病、线虫病等。引起这些病害的病原物，目前已知的主要有真菌、细菌、病毒、寄生性线虫及寄生性种子植物等。

1）真菌：药用植物病害绝大部分是由真菌引起的，真菌种类较多，其症状多为坏死、枯萎、斑点、腐烂、畸形等。如在药用植物栽培中常见的白锈菌，引起牛膝、马齿苋等的白锈病；白粉菌引起菊、甘草等的白粉病；霜霉菌引起大黄、菘蓝等的霜霉病。

2）细菌：在药用植物栽培中，细菌病害危害不如真菌和病毒病害，种类较少，细菌病害多为急性坏死，表现为斑点、腐烂、萎蔫等症状。在潮湿的环境下，病部常常分泌黏液，腐烂伴有特殊的腐败臭味。如人参、浙贝母、天麻的软腐病、柑橘的溃疡病，是生产上较难防治的病害。

3）病毒：病毒性病害相当普遍，具有寄生性强、致病力大、传染性高的特点。受害植物通常在全株表现系统病变，常见的症状有黄化、花叶、卷叶、萎缩、矮化、畸形等。如北沙参、桔梗、玉竹、地黄等都较易感染病毒病。

4）寄生性线虫：线虫在湿润的砂质土壤中活动性强，植物发病率高。受害植株生长缓慢、矮小、茎叶卷曲，根部常产生肿瘤。如桔梗、丹参、川芎、牛膝等药用植物在栽培中，易受到根结线虫危害。

5）寄生性种子植物：寄生性种子植物寄生在药用植物上，抑制寄主的生长，使受害植物植株矮小、生长衰弱、开花减少甚至不结果。如菟丝子主要危害豆科、茄科、菊科、旋花科等药用植物；桑寄生和槲寄生主要危害桑科、壳斗科等木本药用植物；列当主要危害黄连等药用植物。

课堂互动

大家走进学校药用植物园，观测、记录2～3种药用植物侵染性病害发生的特征。

2. 非侵染性病害　非侵染性病害是指药用植物在生长发育过程中，受到不适宜的非生物因

素,直接或间接导致的病害。引起非侵染性病害的因素主要如下:

（1）化学因素引起的植物病害

1）植物营养失调:植物生长发育所需的基本营养物质,包括氮、磷、钾、钙、镁、硫等营养元素,在植物生长新陈代谢中具有各自的生理功能,并使得植物体得以完成固有的生长周期。当植物的各种必需营养元素间的比例失调或某些元素过量及缺失,就会导致植物表现出植株矮小、失绿、畸形、徒长、叶片肥大等各种病态。

2）药害:由于施用农药不当导致植物生长发育异常等现象称为药害。有直接药害和间接药害,直接药害是施用农药对喷施植物造成药害,间接药害是施用农药对邻近敏感植物造成的药害;还有急性药害和慢性药害,急性药害一般在施药后2~5天即可发生,常在叶面上出现坏死的斑点或条纹斑,叶片褪绿变黄,严重时枯萎脱落,慢性药害症状表现较慢,逐渐影响植株正常的生长发育,导致生长缓慢、种子出芽率低、枝叶黄化脱落及开花减少等现象发生。

3）环境污染物:对植物造成毒害的环境污染物主要有大气污染物、水体污染物和土壤污染物,对植物组织、器官的危害主要表现为组织坏死和器官脱落。如二氧化硫、氟化物、氯气、臭氧、氮氧化合物,以及在工业废水中存在的有机物、氯化物、碱性或酸性物质等直接或间接伤害药用植物。

（2）物理因素引起的植物病害

1）温度胁迫:温度是药用植物栽培必须考虑的重要因素,当环境温度超出了它们的适宜温度范围,会对植物生长发育形成胁迫,造成不同程度的损害。温度胁迫主要表现为高温胁迫、低温胁迫、剧烈变温胁迫等。如在参棚下生长的人参,夏季遮阴不当,常发生叶面灼伤。

2）湿度失调:药用植物的生长状况与土壤湿度密切相关。土壤水分不足或久旱,植物生长发育受到抑制,甚至造成药用植物凋萎或死亡,如枸杞子在结果期遭受干旱,果实明显瘦小,产量和品质下降。土壤湿度过大导致土壤中氧气供应不足,根部无法进行正常的有氧呼吸导致烂根。

3）光照不适:光照的影响因素主要有光照强度、光周期。光照强度不足影响植物叶绿素合成与光合作用,引起植物的黄化、落叶及生长柔嫩。光照强度过大,再遇到高温、干旱,则易引起植物的日灼病,如人参、砂仁等喜阴植物易被灼伤。光周期长短,影响植物生长发育和生殖。如华北地区引种的穿心莲,因日照时间长而不能正常结果。

4）通气不良与风害:充足的氧气是植物生长的必要条件之一,通气不良导致环境缺氧可引起植物病害。缺氧能引起渍水土壤中旱地植物根部组织脱水;土壤高湿与土壤或空气高温相结合,土壤对根系的有效氧含量减少,而植物需氧量却增加,两者共同作用可导致根系极度缺氧、衰弱,甚至死亡,同时,土壤厌氧微生物的生长,产生一些对根部有害的代谢物质,加剧植物病害。过强的气流（强风）也会对植物造成危害,但在自然情况下并不单独引起病害。常见的是强风与高温互作导致植物生长异常。

> **知识链接**
>
> **开展有效、准确的药用植物病害预测**
>
> 　　植物病害预测要根据病害流行规律,利用经验或系统模拟方法,分析菌源、田间病情、植物感病性、栽培条件和气候条件等预测因子,对未来的病害流行状况做出预测。在药用植物病害管理过程中,要做好病害预测工作,根据准确的病害预测,可以提早做好各项防治准备工作,提高防治效果与效益。

二、药用植物的虫害

危害药用植物的有害生物以昆虫为主,其次为螨类、蜗牛等。在药用植物的生长过程中,既有蜜蜂、瓢虫这些能够帮助传粉、捕食害虫的益虫,也有很多对药用植物生长发育产生危害的害虫。研究与掌握昆虫的生物学特性,对于积极保护有益昆虫、有效防治害虫、提高药用植物产量和质量,具有十分重要的意义。

(一) 昆虫的生物学特性

1. 昆虫生长发育的特点　昆虫的生长发育分两个阶段:第一阶段在卵内完成,从卵受精至幼虫孵化为止,为胚胎发育阶段;第二阶段是从幼虫孵化至成虫性成熟为止,为胚后发育阶段。

昆虫从幼虫孵化至羽化为成虫的发育过程中,经过一系列从外部形态和内部器官的变化,形成不同的发育时期,这种现象称为变态。昆虫的变态有不完全变态和完全变态。不完全变态就是昆虫只有卵、若虫和成虫3个发育阶段,若虫和成虫的形态、生活习性基本相似,若虫不同于成虫的地方主要在于翅未生长,性器官未成熟;完全变态就是昆虫具有卵、幼虫、蛹和成虫4个不同虫期,幼虫在形态上与成虫极不相同,翅在体内进行发育,且生活习性也存在较大的差异。

昆虫由卵到成虫开始繁殖后代的个体发育史称为1个世代。昆虫完成1个世代的全部经历,称为生活史。不同的昆虫种类、不同生境,完成1个世代所需时间不同,1年中可发生的世代数也不同。如黄芪食心虫一年只发生1代,蚜虫、红蜘蛛等1年发生十几代或数十代。昆虫世代的长短及1年内发生的代数,除与品种的遗传等生物学特性有关,还与昆虫生活范围内的温度等环境条件有关,气温越高,完成世代的时间就越短,昆虫发育越快。

昆虫在个体发育的不同阶段,对环境的适应性和抵抗力不同。因此,掌握昆虫的生活史,了解害虫的生物学特性和发生规律中的薄弱环节,从而采取适宜的防治措施,可减少或杜绝虫害的产生。

2. 昆虫的生活习性　昆虫的种类不同,生活习性各异,研究昆虫的生活习性,对采取合适的虫害防治措施具有十分重要的意义。

(1) 趋性:昆虫对某些外来刺激(光、温度及化学物质等),发生的不可抑制的行为称为趋性,是昆虫较高级的神经活动。昆虫受到外来刺激后,向刺激来源运动,称为正趋性,反之,称为负趋性。药用植物栽培管理过程中常利用害虫的趋光性、趋化性进行防治,如利用金龟子、蛾类、蝼蛄等的趋光性,可用诱虫灯诱杀;利用地老虎、黏虫等的趋化性,可用添加药物的饵料诱杀。

(2) 食性:昆虫的食性很复杂,根据其采食的种类分为植食性、肉食性和腐食性。大多数药用植物害虫为植食性昆虫,根据取食范围不同,分为单食性、寡食性和多食性昆虫。单食性昆虫只危害一种植物,如白术术籽虫;寡食性昆虫只取食同科属或近缘的植物,如菊天牛危害菊科药用植物;多食性昆虫危害不同科的植物,如地老虎、蝼蛄等。

(3) 假死性:有些害虫受到外界震动或惊扰时,立即从植株上落地,自发地保持不动装死的现象称假死性。如金龟子、叶蝉等,生产上常利用此习性将害虫震落后进行捕杀。

(4) 休眠:由于食料不足,或受到低温、酷热等环境影响,虫体不食不动暂时停止发育的现象称为休眠。昆虫以休眠状态越过夏季或冬季,称为越夏或越冬。害虫的种类不同,越夏或越冬的虫态和场所也不同。调查害虫越夏或越冬场所、休眠期间的死亡率等害虫休眠习性,有助于在害虫休眠期将其集中消灭。

(二) 药用植物的主要害虫及其危害

药用植物害虫种类很多,除受一般农作物害虫危害外,其本身还有一些特有害虫。根据其取食的特点和部位不同,药用植物害虫主要有以下4种类型。

1. 刺吸式口器害虫　以吸食植物汁液危害药用植物,除了造成黄叶、皱缩、叶及花果脱落,严重影响其生长发育外,还可能传播病毒病,造成病毒病蔓延。包括蚜虫类、蚧壳虫类、螨类等。蚜虫是常见的刺吸式口器害虫。例如,危害菊及十字花科药用植物的桃蚜;危害红花、牛蒡等菊科植物的红花指管蚜;分布于全国枸杞种植区域的枸杞蚜虫,是枸杞生产中的成灾性害虫。蚧壳虫是刺吸式口器害虫的另一主要种类。在南方,木本南药受害较大,常见的有危害槟榔的椰圆盾蚧;北方常见的有危害人参、西洋参等药用植物的康氏粉蚧等。

2.咀嚼式口器害虫　这类害虫主要通过咀嚼药用植物的叶、花、果等,造成孔洞或被食成光秆。如危害伞形科药用植物的黄凤蝶幼虫,危害板蓝根的菜青虫,危害大黄等蓼科植物的蓼金花虫等。尺蠖对忍冬的危害严重,在短时间内,就可以将忍冬吃成光秆,造成严重的损失。

3.钻蛀性害虫　钻蛀性害虫是药用植物的一类危害重、防治难度较大、造成经济损失较大的害虫类群。主要有蛀茎性害虫,它们钻蛀药用植物枝干,造成髓部中空,或形成肿大结节和虫瘿,影响疏导功能,生长势弱,枝干易折断,严重者可使植株死亡,如菊天牛、肉桂木蛾等;蛀根及根茎类害虫主要蛀食心叶及根茎部,破坏生长点,根茎或根部中空,直接影响根及根茎类药材产量和质量,如危害北沙参的北沙参钻心虫;蛀花、果、种子害虫,常直接危害药用部位,危害率几乎和损失率相当,造成严重的经济损失,如槟榔红脉穗螟、枸杞实蝇等。

4.地下害虫　地下害虫种类很多,是药用植物虫害防治中急需解决的突出问题,包括蛴螬、蝼蛄、金针虫、地老虎、白蚁等。这些地下害虫常常咬食植物的幼苗、根、种子及根状茎、块茎等,造成缺苗断垄,幼苗生长不良,尤其在种苗发育阶段受害严重。

课堂互动

调查学校药用植物园或你的家乡所在地区的主要虫害类型。

三、病虫害的综合防治

(一)药用植物病虫害的发生特点

1.道地药材与病虫害的关系　道地药材的特点是优良的药材品种、成熟的栽培技术、特定的环境因素,相对比较稳定的药材质量。在栽培历史悠久的传统产区,由于长期栽培,使得病原物、害虫对区域环境和相应寄主植物具有较强的适应性,且逐年积累,致使病虫害发生严重。锈病是东北人参的重要病害,病原菌柱孢属真菌已成为东北森林土壤中的习居真菌;浙贝母在浙江主产区受铜绿丽金龟危害非常严重。近年来,中药材的生产发展迅速,规模化引种栽培,由于天敌的缺失及环境的改变,在新的产区形成新的病虫害种类,如人参在传统产区是锈病危害,但是引种到北京,严重的锈病被根腐病代替。

2.无性繁殖与病虫害的关系　无性繁殖在药用植物栽培中广为采用,如白芍、地黄、丹参、贝母等。采用无性繁殖的药用植物在栽培生产中,繁殖材料多为边采收边栽培、自留自用。这些用于繁殖的根及根茎、块根和鳞茎等地下部分常携带病原菌、虫卵,是病虫害初侵染的重要来源,也是病虫害传播的一个重要途径。因此,在采用无性繁殖时,应选择无病健壮种苗,对种苗作合理的病虫害防治预处理,并应建立无病留种田。

3.地下部分与病虫害的关系　许多中药材的药用部位是根、根茎等地下部分,易受到土传病害和地下害虫的影响,使得药用价值下降。土传病害是发生在药用植物根部或根茎部,病原物以土壤为媒介进行传播的病害。这类病害的病原物以真菌为主,也有细菌和线虫,其生活史一部分或大部分存在于土壤中,在条件适宜时病原物萌发并侵染植物根、根茎,导致植物发生病害,如三七根腐病、人参锈腐病、白术根腐病、贝母腐烂病等。药用植物地下害虫种类繁多,常见的是单食性和寡食性害虫。如蛴螬、蝼蛄、金针虫等。地下害虫咬食部位造成的机械损伤,较易导致病原物的侵染,加剧地下部分病害的发生与扩大。

4.特殊栽培技术对病虫害的影响　在药用植物栽培过程中,采取一些特殊的栽培技术措施,力求减少病虫害的发生。如人参、当归采取育苗定植,通过认真选苗,除去弱、病及有伤口的种苗;菘蓝适时割叶;芍药晾根;菊、忍冬整枝等。这些技术措施如处理得当,并采用适当方法处理种苗,合理贮存、运输种苗等,都会减少病虫害的发生,相反就会加重病虫害的流行。

（二）药用植物病虫害综合防治的主要方法

我国药用植物栽培历史悠久，经验丰富，但还是面临着许多新的研究课题。药用植物病虫害的防控，要坚持"预防为主，防治结合"的策略，要从生物与环境整体观点出发，从源头上控制病虫害的发生，采取综合防治措施，合理运用生物的、农业的、化学的、物理的方法及其他有效的生态手段，把病虫害的危害控制在经济阈值以下，以保证生产无公害、安全、优质的绿色中药材，达到提高经济效益和生态效益之目的。

1. 植物检疫　植物检疫是依据国家制定的有关检疫法规，对植物及其产品进行检验，防止有害生物（危险性病、虫、杂草以及其他有害生物）通过人为传播出、入境，并防止进一步扩散蔓延的预防性保护措施。中药材被明确列入植物检疫对象，药用植物种子、菌种和繁殖材料在生产、储运过程中应实行检验和检疫制度以保证质量和防止病虫害及杂草的传播。植物检疫的主要任务如下：一是禁止危险性病、虫、杂草随植物、种子及其他农产品的调运而传播蔓延；二是将局部地区发生的危险性病、虫、杂草封锁在一定范围内，并采取有效措施逐步消灭；三是当危险性病、虫、杂草侵入新地区时，应立即采取有效措施彻底消灭。

2. 农业防治　农业防治是在农业生态系统中，利用和改进耕作栽培技术及管理措施，调节病虫、寄主和环境条件之间的关系，创造有利于作物生长、不利于病虫害发生的环境，控制病虫害发生和扩散的方法。优良的农业技术，不但能保证药用植物生长发育所要求的适宜条件，同时也可以创造和保持足以抑制病虫害大量发生的条件，使病虫害降低到最低限度。

（1）合理的轮作和间作制度：连作障碍已是药用植物栽培中普遍存在的问题，尤其是绝大多数根和根茎类药材"忌"连作，进行合理轮作和间作对防治病虫害十分重要。轮作可以增加土壤生物多样性，促进土壤中对病原物有拮抗作用的微生物的活动，抑制病原物的滋生，抑制药用植物单食性和寡食性害虫的发生。如浙贝母与水稻隔年轮作，可减轻灰霉病的危害。选择合理的轮作搭配对象尤其重要，同科、属植物或同为某些严重病虫害寄主的植物不能选为轮作植物。如地黄以商陆为前茬的产量高于以黄芪为前茬的产量；白术与茄科作物轮作，白术根腐病发病重，而与水稻轮作则发病轻。一般药用植物的前作以禾本科植物为宜。间作植物还要避免根系分泌物对相邻作物病虫害的影响。

（2）调节播种期：药用植物不同的生长发育阶段与病虫害发生有着密切的相关性。在栽培管理中，应有效地调节药用植物播种期，设法使易感染病虫害的发育阶段避开病虫害大量流行时期，尽量避免或减轻病虫害的危害程度，达到防治目的。如薏米在北方适期晚播，可以避免或减轻黑粉病的发生；红花适期早播，可以避免或减轻炭疽病和红花实蝇的危害；地黄适期育苗移栽，可以避免或减轻斑枯病的发生。但是在实际应用时，要以不影响药材品质为前提，尤其是晚播可能影响有效成分的含量，一年生药材的产量也可能受到影响。

（3）加强田间管理：深耕细作、除草、修剪和清洁田园等田间管理，是防治药用植物病虫害的有效措施之一。很多病原菌和害虫在土内越冬，采用深耕细作可以直接杀灭病原物和害虫。冬耕晒土和春季耕耙可改变土壤物理结构、化学性状，直接破坏害虫的越冬巢穴或改变栖息环境，促使害虫死亡，减少越冬病虫源；可以把土壤深处的病原物和害虫翻露在地面，经日光照射、鸟兽啄食，也可以消灭部分病虫。深耕细作还能促进药用植物根系发育，使植物健壮生长，增强抗病虫害的能力。田间杂草和药用植物采收后的残枝落叶，常是病原物和害虫生存及越冬场所，结合中耕除草、修剪、清洁田园等方式，及时除去杂草，将病虫残枝和枯枝落叶进行烧毁、深埋处理，可避免和减轻病虫害的发生。

（4）合理施肥：合理施肥是药用植物栽培中一项重要的措施，能够增强植物的抗病性。合理地优化矿质营养配比、施肥种类、数量、时间、方法，能够促进药用植物的健壮生长，增强其抗病虫害的能力或避开病虫危害时期。生产实践证明，生产中增施磷肥、钾肥，特别是钾肥可以增强植物茎秆的硬度，从而增强植物的抗病性；偏施氮肥，导致植物徒长，会加大病虫危害发生。如延胡索生长后期偏施氮肥会发生严重的霜霉病和菌核病。

（5）选育抗病虫的优良品种：对那些病虫害严重、难防治的药用植物，选育抗病虫品种是一种行之有效的防治措施。药用植物的不同栽培类型或品种对病虫害抵抗能力存在差异，如有刺型红花比无刺型红花抗红花炭疽病和红花实蝇的能力强；阔叶矮秆型白术，其苞片较长，能盖住花蕾，可阻挡术籽虫产卵。不同药用植物对逆境的忍耐程度不同，同一品种的单株之间抗性能力也有差异。如地黄品种金状元对地黄斑枯病比较敏感，而小黑英品种抗病能力就比较强。在开展抗病虫品种选育时，需要加强致病机制及寄主抗病遗传机制研究，发现有利的抗性基因变异，采用系统选育、诱变育种等多种方法，培育出更符合中药材可持续发展的药用植物抗病虫新品种。

3．生物防治　　生物防治是指利用一种或多种微生物或其代谢产物来抑制或消灭病虫害的方法。目前生物防治的基本途径主要有以虫治虫、微生物治虫、植物源农药以及性诱剂防治害虫等。

（1）有益昆虫及动物的应用：利用捕食性、寄生性和其他有益动物等天敌来防治害虫是常见的生物防治措施之一。捕食性昆虫主要有螳螂、草蛉幼虫、七星瓢虫、步行虫、食蚜蝇及食蚜虻等。寄生性昆虫主要有寄生蜂和寄生蝇。其他有益动物主要有鸟类、蛙类、蛛类等。如利用凤蝶金小蜂防治马兜铃凤蝶、利用小茧蜂防治菜青虫幼虫、利用肿腿蜂防治忍冬咖啡虎天牛等。

保护这些益虫，使其在田间繁衍生息，能够有效控制害虫，减少农药使用，减少药用部位农药残留。随着试验条件和饲养技术的进步，国内外已能大规模工厂化人工繁殖一些天敌昆虫释放到田间防治害虫，减轻危害程度。

（2）有益微生物的应用：微生物治虫是指利用细菌、真菌、病毒等病原微生物防治病虫害。如哈茨木霉防治甜菊白绢病，5406菌肥可防治荆芥茎枯病。枯草芽孢杆菌的菌体生长过程中产生的枯草菌素、多黏菌素、制霉菌素、短杆菌肽等活性物质，这些活性物质对致病菌或内源性感染的条件致病菌有明显的抑制作用。病原细菌苏云金杆菌（Bt）各种制剂，具有较广的杀虫谱，可使害虫中毒患败血病，罹病昆虫表现食欲缺乏、停食、下痢、呕吐，1～3天后死亡，虫体软腐有臭味。病原真菌主要有白僵菌、绿僵菌、虫霉菌等，目前应用较多的是白僵菌，罹病昆虫表现运动呆滞，食欲减退，皮色无光，有些身体有褐斑，吐黄水，3～15天后死亡，虫体僵硬。

知识链接

哈茨木霉和5406菌肥

哈茨木霉：主要是哈茨木霉菌T-22株，作为一种生防菌可以用来预防由腐霉菌、立枯丝核菌、镰刀菌、黑根霉、柱孢霉、核盘菌、齐整小核菌等病原菌引起的植物病害。其主要作用方式是在植物根围生长并形成"保护罩"，以防止根部病原真菌的侵染。能分泌酶及抗生素类物质，分解病原真菌的细胞壁。

5406菌肥：5406菌肥是由中国农用抗生素创始人之一、著名植物病理学专家，中国农业科学院植物保护研究所微生物研究室尹莘耘教授从老苜蓿根土壤中分离筛选出的放线菌，具有解钾、解磷、抗病、促生、保苗等多功能的抗生菌肥。5406菌肥可用作拌种、浸种、穴施、追施、基施等。

（3）植物源农药的应用：近年来，植物源农药发展很快，如以烟碱、苦参碱、大蒜素、茶皂素等为主要成分的植物源农药的应用，正逐步取代化学农药，为生产绿色中药材创造了条件。

（4）性诱剂的应用：性诱剂是一种无毒、不伤害天敌、不使害虫产生抗药性的昆虫性外激素。利用昆虫释放性外激素引诱异性前来交配，进行诱捕、迷向或交配干扰进行防治。主要有以下两种方法：一是诱捕法，又称诱杀法，是用性外激素或性诱剂直接防治害虫的一种方法。在田间设置适当数量的性诱剂诱捕器，及时诱杀求偶交配的雄虫，实践表明在虫口密度较低时，诱捕法防治效果较好。二是迷向法，又称干扰交配，是在大田应用昆虫性诱剂防治害虫的一项重要的方法。通过干扰、破坏雄、雌昆虫间这种性外激素通讯联络，达到防治效果。

4. 物理防治　物理防治是根据害虫的生活习性和病菌的发生规律，利用温度、光、电磁波、超声波等物理方法清除、抑制、钝化和杀死病原物，以控制植物病虫害的方法。这类防治法既可用于有害生物大量发生之前，也可作为有害生物已经大量发生危害时的急救措施。如对有趋光性的鳞翅目、鞘翅目及某些地下害虫等，利用诱虫灯诱杀；对活动力不强、危害集中或有假死性的害虫实行人工捕杀，如大灰象甲、黄凤蝶幼虫等。

5. 化学防治　应用化学农药防治病虫害的方法，称为化学防治法。化学防治具有高效、速效、应用方便等优点，能在短期内消灭或控制病虫害的大量发生，受地区性或季节性限制比较小，是防治病虫害常用的一种方法。但是，有机化学农药毒性较大，有残毒，污染环境，影响人畜健康，若使用不当或长期使用，会引起病原物、害虫产生抗药性，同时杀伤天敌、降低植物生长环境中的有益微生物，不仅造成病虫害猖獗，更影响中药材品质。因此，在施用有机化学农药防治病虫害时，要做到"对症施药、适时施药、适量施药"和科学混配农药。严格禁止施用毒性大、有残毒的农药，并要严格掌握施药时期和用量。

（1）农药使用原则：化学农药的合理使用是在确保人、畜和环境安全的前提下，采用最小有效剂量，获取最佳防治效果，并降低或避免病虫害抗药性的产生。药用植物病虫害的防治，如必须施用农药时，应按照《中华人民共和国农药管理条例》等有关规定使用。一是剧毒、高毒、高残留农药不得用于中药材的生产，要遵循农药的使用限制，具体的国家明令禁止使用的农药、不得使用和限制使用的农药见附录五；二是采用最小有效剂量并选用高效、低毒、低残留农药，以降低农药残留和重金属污染；三是允许使用生物源农药、矿物源农药和限量使用部分有机合成农药；四是农药使用者应当严格按照农药的标签标注的使用范围、使用方法和剂量、使用技术要求和注意事项使用农药，不得扩大使用范围、加大用药剂量或者改变使用方法；五是标签标注安全间隔期的农药，在农产品收获前应当按照安全间隔期的要求停止使用。

（2）农药使用方法：农药的使用方法直接影响农药的防治效果，因此，要达到理想的施药效果，在使用农药时必须解决好以下几个问题：一是要根据病虫害的发生情况，确定施药时间；二是要根据不同的病虫害，选择合适的农药；三是要掌握好有效用药量；四是要根据农药的特性，采用适当的施药方法。主要方法如下：

1）喷雾法：喷雾法是将农药配制成一定浓度的药液，用喷雾器将其均匀地喷洒在植物体表面来防治病虫害，是防治病虫害最常用的一种施药方法。可分为人力喷雾法和机动式喷雾法两种，在田间喷洒农药一般采用人力喷雾法，而对高大树木喷洒农药则需要采用机动式喷雾法。喷雾时一定要做到喷洒均匀，以植株充分湿润为度，具体用量根据植物和病虫害的危害程度而定。这种方法与喷粉法比较，有不易被风吹散失、药效期长、防治效果好等优点，不足之处是在干旱地区和山区使用较费工。喷雾法常可选择可湿性粉剂、乳剂、乳油、胶悬剂、水剂、可溶性粉剂等农药。

2）毒饵法：将具有胃毒作用的农药与害虫和鼠类喜食的饵料按一定比例混合均匀，用来防治蝼蛄、地老虎、蝗虫、鼠类等。毒饵法是防治地下害虫和鼠类最为经济实用的方法，用药量随农药种类的不同而定，宜在傍晚将毒饵投放在害虫、鼠类危害或栖息的地方。如将炒香的豆饼或油饼与一定量的辛硫磷、毒死蜱、马拉硫磷等混合制成毒饵来毒杀蝼蛄、地老虎。

3）熏蒸法：熏蒸法是利用熏蒸剂农药挥发出的有毒气体来防治病虫害的方法，主要用于仓库、温室大棚、土壤中的病虫害防治。如用马拉硫磷、毒死蜱、辛硫磷熏蒸防治白芷、白芍蛴螬等地下害虫。采用熏蒸法必须有相对密闭条件，如在仓库、室内、帐幕或熏蒸箱内进行，一般要求室温应在 20℃ 以上（溴甲烷除外）。土壤熏蒸时地温应在 15℃ 以上，才能获得较好的防治效果。应用熏蒸剂时必须准确计算单位面积内的用药量。

4）种苗处理法：种苗处理法包括拌种、浸种和苗木消毒等方法。拌种法是将一定量的农药按比例与种子拌和均匀后播种以防治病虫害的方法。如用噻虫嗪药液拌种防治地下害虫。浸种法是将种子或种苗放在一定浓度的农药溶液中浸渍一定时间以防治病虫害的方法。主要用于防治附带在种子、苗木上的病菌。如用枯草芽孢杆菌等综合菌及甲基硫菌灵、多菌灵浸泡白芍根防治白芍根腐病。

5）土壤处理法：结合耕翻，将农药的药液、粉剂或颗粒剂均匀施入土壤中，防治病虫害的方法称为土壤处理法。主要用于防治地下害虫、线虫、土传性病害和土壤中的虫、蛹等。此法通常用于苗床消毒或温室大棚内土壤的消毒处理。也可将药剂集中喷洒或灌注于播种沟或播种穴中，节约用药量。如用阿维菌素药液防治白芷根结线虫。

6）烟雾法：利用农药的烟剂或雾剂来防治病虫害的方法称为烟雾法。目前烟雾剂主要用于仓库、温室大棚等密闭场所的病虫害防治。生产上主要在育苗时使用。

7）喷粉法：喷粉法的优点是工作效率高且不需要水，但是粉剂药物在喷洒时容易散失到环境中造成污染，使用受到限制，现在已很少采用，生产上主要采用喷雾为主的施药方法。

8）涂抹法：将农药配制成高浓度的药液，涂抹在植物的茎、叶、生长点等病虫害易侵染部位，主要用于防治具有刺吸式口器的害虫和钻蛀性害虫。如用抑芽丹涂抹白术球茎，用农用链霉素涂抹树干、枝干上的溃疡等。

 知识链接

农药残留的产生及其对农产品质量安全的影响

农药使用所引发的农产品安全、环境污染和人类健康等问题在世界范围内备受关注。农药喷施后大约 30% 附在农作物表面，其余 70% 则落入土壤、水源、大气中，通过对作物的直接污染，或通过食物链与生物富集效应累积等途径形成农药残留。

农产品对六氯环己烷（六六粉）、双对氯苯基三氯乙烷（DDT）等有机氯农药残留具有较强的吸收和富集能力，所形成的农药残留不仅直接降低农产品的品质，而且由于土壤的作用使其对农产品安全的影响是长期的。有机磷、有机氮、有机汞等农药是目前形成残留的主要农药种类。我国在 20 世纪 80 年代后期逐步限制与禁止使用 DDT，但由于其降解缓慢，且对环境的污染是持久的，因而至今在土壤中仍可检测到其残留。

（林泽燕）

? 复习思考题

1. 简述中耕的目的。
2. 如何选择追肥时期？
3. 简述药用植物病虫害发生特点。
4. 简述农药使用的原则。
5. 简述药用植物病虫害综合防治策略。

扫一扫，测一测

第六章　中药材的采收、产地加工与贮藏技术

学习目标

1. 掌握中药材的采收、产地加工方法。
2. 熟悉药用植物采收期的确定，中药材包装、贮藏方法。
3. 了解中药材包装要求，中药材贮藏质量的影响因素。

第一节　中药材的采收

中药材的采收是指药用植物生长发育到一定阶段，药用部位质量已符合用药要求，采取合适的技术措施，从野外或田间采集收获的过程。当今，中药材采收作为中药现代化的一个重要组成部分，必须从多学科的角度对其进行研究，制定科学合理的采收加工制度以指导生产实践。中药材采收要根据其种类、生长周期、入药部位、生长发育的特点及活性成分积累动态变化规律来确定适宜的采收时间和方法。

一、采 收 时 间

确定采收时间是采收加工的第一步，也是保障中药材质量的重要因素。中药材的采收时间直接影响中药材有效成分含量的高低，进而影响临床疗效。为了保障中药材有效成分含量在采收时符合中药材质量标准，必须做到适时采收。

（一）确定采收时间的原则

1. 保质保量原则　既要保证符合质量标准，又要保证药材的商品属性和经济产量。

2. 环境友好原则　如避免在坡地采挖根茎类药材，否则易导致水土流失。

3. 资源可持续利用原则　如采收野生药材，要注意留种，保障资源可持续利用。

（二）确定采收时间的方法

1. 根据外观性状确定　根据药用植物的生长周期、生长发育的特点来确定采收时间。如金银花花蕾期绿原酸含量最高，产量也最高，为最佳采收期。

2. 根据内在质量确定　根据药用植物的活性成分积累动态变化规律来确定采收时间。

（三）确定采收时间的要求

1. 确定采收的年限　生长年限可能影响产量，也可能影响活性成分含量。

2. 确定采收的季节　春夏秋冬四季变化往往导致活性成分含量和经济产量有明显变化。

3. 确定采收的时间段　即使在一个季节，采收时间段的不同往往也导致活性成分含量有差异。

4. 确定采收的时机　在同一采收时间段，采收具体的时机也会影响活性成分含量和商品性状。如薄荷在连续阴雨后薄荷油含量急剧降低，所以薄荷不宜在阴雨天或连续阴雨刚放晴时采收。

二、采 收 方 法

1．人工采收　中药材大多数品种还是人工采收，能采用机械采收的较少。

2．机械采收　随着采收机器设备的更新，越来越多的品种可以采用机器设备进行辅助采收作业，但目前仅有极少部分品种可以采用机器设备进行采收作业。

3．采收测产　大多数草本药材按照面积测产，根据所采收的药材随机设计 4 个样方，样方为长 2m，宽 2m，将样方内所采药材称重，计算产量。木本药材可以按照株数测产，根据树的长势设计多个样地，每个样地选择样树，将样树所采药材称重，计算产量。

三、分类采收时期和方法

中药材一般根据传统的药用部位可分为根和根茎类、皮类、茎木类、叶类、花类、全草类、果实和种子等类别。不同类别中药材采收时期和方法存在差异。

（一）根和根茎类

大多数根和根茎类中药材的采收期应在植株停止生长之后，地上部分枯萎时或在春季萌芽前。因此时植物的营养物质大多储存于根或地下茎内，有效成分含量也较高，能够保证中药材产量和质量，如大黄、黄连、防风、怀牛膝、党参等；天麻在初冬时采收质优；但有些药用植物地上植株枯萎时间较早，如延胡索、夏天无、浙贝母、半夏、太子参等，宜在初夏或夏季地上部分枯萎时采收；有些植物花蕾期或初花期活性成分含量高，例如柴胡、关白附，宜在花蕾期或初花期采收；仙鹤草芽只有在根芽未出土时才含有所需的活性成分；白芷、当归、川芎等，为了避免抽薹开花，根茎木质化或空心，在生长期采收。

用人工或机械方法掘取，除净泥土，根据需要除去非药用部分，如残茎、叶、须根，采收时要注意保持药用部位完整，避免受伤受损。北沙参、桔梗、粉防己等药材需趁鲜去皮。

（二）皮类

皮类主要是指木本植物的干皮、枝皮和根皮，少数来源于多年生草本植物。干皮、枝皮采收应在春、夏季节，因此时有效成分含量高，植物生长旺盛，皮下养分、汁液较多，形成层细胞分裂快，皮部与木质部易于分离，有利于剥离树皮和伤口愈合，但盛夏不宜剥皮，例如黄柏、杜仲等。少数药材如肉桂适合在寒露前采收，因此时内含的挥发油含量最高。

干皮采收的方法有全环状剥皮、半环状剥皮和条剥，时间宜选择在多云、无风或小风的天气，清晨或傍晚进行，使用锋利刀具环剥或半环剥或条剥将皮割断，深度以割断树皮为准，争取一次完成，剥皮处进行包扎，根部还需要灌水施肥，剥下的树皮趁鲜除去栓皮，按要求压平或发汗或卷成筒状，阴干、晒干或烘干。

根皮的采收应在春秋时节，例如白鲜皮、香加皮、地骨皮、五加皮等的采收，先挖取根、除去泥土、须根，趁鲜刮去栓皮或用木棒敲打，分离皮部与木部，抽去木心，晒干或阴干。

课堂互动

黄柏根皮可以用吗？如何采收？

（三）茎木类

大多数茎木类药材全年均可采收，如苏木、沉香、降香等；木质藤本植物如忍冬藤、络石藤、槲寄生等在秋冬两季采收；草质藤本，例如首乌藤在开花前或果熟期之后采收。

茎木类药材的采收方法是用工具砍割，有的需去除残叶、细嫩枝条等非药用部位，根据要求切块、段、片，晒干或阴干。

（四）叶类

大多数叶类药材在植物生长最旺盛时，色青浓绿，花未开放或果实未成熟时采收，如大青叶、艾叶、荷叶等。因此时植物的光合作用最强，有效物质积累较多。但桑叶则宜在秋季霜后采收。有的药用植物一年可采收多次，如枇杷叶、菘蓝叶等。

叶类药材采收时要除去病残叶、枯黄叶，晒干或阴干。

（五）花类

根据花类药材用药要求确定采收时期，以花蕾入药的药材，例如金银花、辛夷、款冬花、槐花等，在花蕾期采收；以开放的初花入药的药材，例如菊花、旋覆花应在花朵初开时采收；有的要求用盛开的花，例如野菊花、番红花等应在花盛开时采收；花粉类药材，例如蒲黄、松花粉应在开花期采收，宜早不宜迟，否则花粉脱落；有的药材，例如红花、金银花应分批次采收。

花类药材主要是人工采收，采收后阴干或低温干燥。

（六）全草类

全草类的地上全草，例如淡竹叶、龙牙草、益母草、荆芥等应在茎叶生长旺盛、枝繁叶茂、活性成分含量高、质地色泽均佳的初花期采收。全草类的全株全草，例如蒲公英、辽细辛应在初花期或果熟期之后采收。低等植物如石韦全年均可采收；茵陈在幼嫩时采收。

全草类药材用割取或挖取采收，全株全草要除净泥土，有的要趁鲜切段，晒干或阴干。

（七）果实类

从植物学角度看，果实和种子是植物体中两种不同的器官，而在商品中药材中，果实和种子没有严格区分，有的果实连同种子一起入药，例如五味子、枸杞子、马兜铃、砂仁、瓜蒌等。

果实类药材多在果实完全成熟时采收，如草果、薏米、苍耳子等；马兜铃、牵牛子、天仙子、决明子、青葙子、白芥子在果实成熟而尚未开裂时采收；但也有例外，如青皮、枳实、乌梅等要求用未成熟果实，要在果实尚未成熟时采收；槟榔需要完全成熟采收；有的要求在成熟经霜后采收，例如山茱萸经霜变红、川楝子经霜后变黄、罗汉果由嫩绿转青色时采收。如果实成熟期不一致，则应随熟随采。

采收方法是采摘法。多汁果实，采摘时避免挤压，减少翻动，以免碰伤。

（八）种子类

种子类药材一般在果皮完全退绿成熟，呈固有色泽时采收。因此时种子、果实是各类有机物质综合作用最旺盛的部位，营养物质不断从植物的组织输送到种子和果实中，种子完全成熟，有效成分含量最高,产量、折干率也最高。种子成熟期不一致的药材,应分批采收,随熟随采。

种子采收为人工或机械收割,脱粒、除净杂质,稍加晾晒。

第二节　中药材的产地加工

药用植物采收后,在产地对药材的初步处理称为"产地加工"或"初加工"。除生姜、鲜石斛、鲜芦根等少数鲜用外,大多数药材需要在产地进行干燥。

一、产地加工的目的

(一)除去非药用部位及杂质,利于包装、贮藏,保证药材质量。

(二)通过及时干燥,保证药材品质,避免霉烂变质,保证临床效用。

(三)通过简单加工,降低药材的毒性,矫正药材的不良气味。

(四)通过分级,便于包装、储运以及进一步炮制,同时也有利于药材销售。

二、常用产地加工方法

(一)净选

1.挑选(手选)　用手挑拣除去混在药材中的杂质、非药用部分或将药材大小、粗细分档的净选方法。

除去根和根茎类药材的地上部分、残留茎基、叶鞘及叶柄等;除去鳞茎类药材的须根和残留茎基;除去全草类药材混有的其他杂草和非入药部分;除去花类药材中混有的霉变品及质次部分;除去茎类药材中混有的非药用部分及质次部分;除去果实、种子类药材中的霉变品、非药用部分及质次部分。

2.筛选　是根据药材和杂质的体积大小不同,采用不同规格的筛或箩,除去药材中的杂质,或将大小不等的药材进行分档的操作。现代大量生产多采用筛药机,如振荡式筛药机、箱式双层电动筛药机。块茎、球茎、鳞茎、种子类药材多选用。

3.风选　是利用药材与杂质的轻重不同,借助簸箕或风机产生的风力将药物与杂质分开的操作。除去非药用部位如果柄、花梗、叶子、干瘪的果实或种子。多用于果实、种子类药材的加工。

4.水选　用水洗或水漂的方法除去杂质及干瘪种子的方法。常用清洗方法有喷淋法、刷洗法、淘洗法。适用于颗粒较小的果实种子类。

5.水洗　部分以地下根或根茎入药的药材,在加工前往往泥沙较多,为了除去泥沙,常常先用水清洗,再进行下一步的加工。

(二)去皮

有些药物的表皮(栓皮)、果皮、种皮、根皮属于非药用部位或有效成分含量甚微,或果皮、种皮两者作用不同,均应除去或分离,以便能纯净药材或分别药用。古人在这方面早就有论述,《金匮玉函经》言:"大黄皆去黑皮。"《本草经集注》指出肉桂、厚朴、杜仲、秦皮等"皆去削上虚软甲错,取里有味者秤之"。树皮类药材,如肉桂、厚朴、杜仲、黄柏去栓皮;根及根茎类药材,如知母、明党参、北沙参、白芍等去根皮;以果皮入药的,趁鲜时剥离果皮,如陈皮、青皮。

去皮方法有手工去皮,适用于小量生产、形状极不规则的根及根茎类、以果皮入药的药材;工具去皮,应用于药材干燥后或干燥过程中去皮,常用工具有撞笼、撞兜、木桶、筐及麻袋,通过药材的相互碰撞除去粗皮；机械去皮，适用于大量生产、形状规则的药材，可使用小型搅拌机；化学去皮，如应用石灰水浸渍半夏。

（三）修整

为了便于捆扎、包装、划分等级，用刀或剪等工具除去非药用部位或不规则、不利于包装的枝杈的方法。药材干燥之前，趁鲜剪除芦头、须根、侧根，进行切片、切瓣、截短、抽头等操作。药材干燥之后，剪除残根、芽苞，切削不平滑部分。

（四）蒸、煮、烫

鲜药材通过蒸或煮的方法进行处理，目的是除去药材组织中的空气，破坏氧化酶，阻止氧化，避免药材变色；使细胞内蛋白质凝固，淀粉糊化，增强药材角质样透明度；破坏酶的活性，利于贮存；促进水分蒸发，利于干燥；降低有毒成分的含量，降低毒性；杀死虫卵，利于贮存。操作时，将鲜药材抢水洗涤或不洗，置蒸制容器内蒸制或置沸水中煮制一定时间切片，干燥。

（五）浸漂

浸漂是指浸渍和漂洗。浸渍是加适量清水或药汁浸泡药材的方法。漂洗是将药材用多量清水、多次漂洗的方法。浸漂的目的是降低药物的毒性，矫正药材的不良气味，例如半夏、附子等；抑制氧化酶的活性，防止药材氧化变色，例如白芍、山药等。

浸漂的时间、换水次数、辅料的使用要根据药材的质地、季节、水温灵活掌握。注意药材在形、色、味等方面的变化，用水要清洁，勤换水。

（六）切制

一些较大的根和根茎类药材，可以趁鲜切片或块，利于干燥，但含挥发性成分的药材不宜产地加工。切制方法有手工切制和机械切制。

（七）发汗

是指鲜药材加温或干燥至五六成干时，将其堆积，用草席覆盖，使其发热，内部水分向外蒸发，当堆内水汽饱和，遇堆外低温，水汽就凝结成水珠附于药材表面，称为"发汗"或"回潮"。此过程能够加快干燥速度，使药材内外干燥一致，又可有效地防止干燥过程中产生的结壳。

（八）干燥

中药材除应用鲜品外，大多数均需及时干燥，除去过多的水分，避免一系列变异现象发生，影响质量，有利于保存药效，便于贮存。干燥方法主要分为自然干燥和人工干燥。要根据中药材性质及产地气候条件，采用适当的干燥方法。

1. 自然干燥　自然干燥是指把中药材置于日光下晒干或置阴凉通风处阴干，必要时采用烘焙至干的方法。古人有"阴者取性存，晒者取易干"之说。晒干法和阴干法都不需要特殊设备，具有经济方便，成本低的优点。但有占地面积大、易受气候的影响、中药材易受污染等缺点。

晒干法适用于大多数中药材的干燥；阴干法适用于气味芳香、含挥发性成分较多、色泽鲜艳和受日光照射易变色、走油等中药材的干燥。

中药材的干燥传统上要求保持形、色、气、味俱全，充分发挥药效，现代理论认为干燥方式的不同会影响有效成分的含量、药性等，因此要根据药物所含有效成分的性质采用合适的干燥方法。

（1）黏性类：黏性类药物如天冬、玉竹等含有黏性糖质类药材，易发黏，多采用晒干法或烘焙法。一般烘焙或晒至九成干即可。干燥时要勤翻动，防止焦枯。

（2）粉质类：粉质类药物如山药、浙贝母等含有较多的淀粉，这些药材易发滑、发黏、发霉、发馊、发臭而变质，宜采用晒干法或烘焙法。如天气不好微火烘焙。

（3）油脂类：油脂类药物如当归、怀牛膝、川芎等，宜采用日晒法，如遇阴雨天用微火烘焙，注意避免火力太大使油质溢出，失油干枯。

（4）芳香类：芳香类药材如荆芥、薄荷、香薷、木香等，多采用阴干法，不宜烈日曝晒。如遇阴雨天用微火烘焙,注意避免火力太大。

（5）色泽类：色泽类药材如桔梗、浙贝母、泽泻、黄芪等,根据色泽不同分别采用日晒法和烘焙法,白色的桔梗、浙贝母宜用日晒,越晒越白。黄色的泽泻、黄芪,宜用小火烘焙,可保持黄色,增加香味。

此外,根须类和根皮类药物可采用日晒法和烘焙法,如白薇、龙胆、厚朴、黄柏等;草叶类药物薄摊曝晒,勤翻动,不宜用烘焙法,以防燃烧,如仙鹤草、泽兰、竹叶、地丁草等。

目前实施的中药饮片 GMP 规定：洗涤后的中药材不宜露天干燥。

2.人工干燥　自然干燥时若遇阴雨天气,可根据中药材的性质适当采用人工干燥。人工干燥是现代中药材加工常用方法。人工干燥是利用一定的干燥设备,对药材进行干燥。本法优点是不受气候影响,卫生清洁,并能缩短干燥时间,减轻劳动强度,提高生产率,适宜规模化种植基地使用。要求建设标准化烘房或采用干燥机械。近年来,全国各地在生产实践中,设计并制造出多种干燥设备,如直火热风式、蒸汽式、电热式、远红外线式、微波式,其干燥能力和效果均有了较大的提高,这些干燥设备正在不断完善,在中药材加工上得到了广泛应用。

人工干燥的温度,应视药材性质而灵活掌握。一般药材以不超过 80℃为宜。含芳香挥发性成分的药材以不超过 60℃为宜。已干燥的药材需放凉后再包装贮存,否则,余热会使药材回潮,易发生霉变或虫蛀。

3.干燥标准　药材干燥的基本标准是以在贮藏期间不发生发霉变质为准。干燥后药材的含水量应控制在 7%～13%。可采用烘干法、甲苯法及减压干燥法检测,但在实际工作中,多用经验鉴别法来控制药材干燥质量。

（1）干燥的药材断面色泽一致,中心与外层无明显界限。

（2）干燥的药材质地硬、较脆、不易折断。

（3）干燥的药材互相撞击,应发出清脆响声。

（4）叶、花、茎、全草类,手折易碎断,叶花可用手搓出粉末。

（5）果实种子类药材,用手能轻易插入,无阻力。

（付绍智　张新轩）

第三节　中药材的包装

中药材的包装系指对中药材进行盛放、包扎并加以必要说明的过程。是中药材加工操作中很重要的一道工序。

一、中药材包装的意义

（一）保证中药材的数量和质量。

（二）有利于中药材的存取、运输、贮藏和销售。

（三）体现或提高其商品价值。

（四）有利于促进中药材生产的现代化、标准化。

二、中药材包装的要求

中药材包装要逐步实现规格化、标准化。包装应按标准操作规程操作,并有批包装记录,其内容应包括品名、规格、产地、批号、重量、包装工号、包装日期等;所使用的包装材料应是清洁、干燥、无污染、无破损，并符合药材质量要求；在每件药材包装上，应注明品名、规格、产地、批号、包装日期、生产单位，并附有质量合格的标志；易破碎的药材应使用坚固的箱盒包装；毒性、麻醉性、贵细药材应使用特殊包装，并应贴上相应的标记。

三、中药材包装方法

根据药材性状及包装仓储运输条件，选择合适的包装方法。根据包装形式分为单层包装和多层包装、手工打包和机械打包、定额包装和非定额包装等。根据包装材料不同分为以下几种：

（一）袋装

常用的包装袋有塑料编织袋、塑料（复合）袋、纸袋、布袋、麻袋等。塑料（复合）袋用于密封包装，盛装粉末状、颗粒状药材以及易潮解、易泛糖的中药材，如海金沙、蒲黄、松花粉等；布袋、细密麻袋用于盛装颗粒小的药材，如车前子、青葙子、菟丝子等。

（二）筐装或篓装

一般用于盛装短条形药材，如桔梗、赤芍等。其优点是能通风透气，能承受一定压力，不至于压碎药材。

（三）箱装

多用纸箱或木箱，内层多用食品用塑料袋密封，用于怕光、怕潮、怕热、怕碎的名贵药材的包装。

（四）桶装

流动的液体药材常选用木桶或铁桶盛放，如蜂蜜、苏合香油、薄荷油、缬草油等。一些易挥发的固体药材如冰片、麝香、樟脑等，常用铁桶、铁盒、陶瓷瓶等盛放。

（五）打包包装

有手工打包和机械打包。手工打包应避免"斧头形""龟背形"等包形出现。

1．打包材料　外层多用粗布、麻布、薄席、草席、塑料编织布作覆盖物，以竹片作垫料，用铁丝、麻绳作捆器。

2．打包要求　打包压力不低于15吨，并扣牢固，回松的包件保持扁平，缝捆严密。

3．捆扎的要求　商品装料必须两头平齐，四周踩紧，两边填实，中间紧松持平，分层均匀平放。捆扎的绳索一般不少于四道，机械打包包件大小应符合国家药品监督管理局制定的标准件尺寸。缝口严密，两端包布应缝牢，标记事先应填完整。

4．打包方法　打包捆扎分为全包、夹包。全包：即全包、全缝、全捆的货包，外用竹夹或粗布，其密度，因品种而定。夹包：上下两面用粗布、竹夹，只限于桑白皮等的包装。

第四节　中药材的贮藏

中药材的贮藏保管是中药材采集、产地加工后的一个重要环节。良好的贮存条件、合理的保管方法是保证中药材质量的关键。贮藏保管的核心是保持中药材的固有品质，减少贮品的损耗。若中药材贮存保管不当，会发生多种变异现象，从而影响饮片的质量，进而关系到临床用药的安全性与有效性。

一、影响中药材贮藏质量的因素

中药材在贮存过程中发生的多种变异现象，究其原因，主要有两方面的因素。一是外界因素，二是内在因素。

（一）外界因素

主要指空气、温度、湿度、日光、微生物、昆虫等。

1．空气　空气中的氧和臭氧是氧化剂，能使某些药材中的挥发油、脂肪油、糖类等成分氧化、酸败、分解，引起"泛油"；使花类药材变色，气味散失。因此药材不宜久放，贮存时应包装存放，避免与空气接触。

2．温度　药材的成分在常温（15～20℃）条件下是比较稳定的，但随着温度的升高，物理、化学和生物的变化均会加速。若温度过高，能促使药材的水分蒸发，其含水量和重量下降，同时加速氧化、水解等化学反应，造成变色、气味散失、挥发、泛油、粘连、干枯等变异现象；但如果温度过低，对某些新鲜的含水量较多的药材，如鲜石斛、鲜芦根等也会产生寒害或冻害。

3．湿度　湿度是影响中药材质量变异的一个极重要因素。湿度不仅可引起药材的物理、化学变化，也会导致微生物的繁殖及害虫的生长。一般药材的绝对含水量应控制在 7%～13%。贮存时要求空气的相对湿度在 60%～70%。若相对湿度超过 70%，药材会吸收空气中的水分，使含水量增加，导致发霉、潮解溶化、粘连、腐烂等现象的发生；若相对湿度低于 60%，中药材的含水量又易逐渐下降，出现风化、干裂等现象。

4．日光　日光的直接或间接照射，会导致药材变色、气味散失、挥发、风化、泛油。

5．霉菌　一般室温在 25～28℃，相对湿度在 85% 以上，霉菌极易生长繁殖，从而溶蚀药材组织，使之发霉、腐烂变质而失效。尤以富含营养物质的药材，如淡豆豉、瓜蒌、肉苁蓉等，极易感染霉菌而发霉，腐烂变质。

6．害虫　最适宜害虫生长繁殖的温度在 16～35℃。中药材的含水量在 13% 以上，空气相对湿度在 70% 以上，尤其是富含蛋白质、淀粉、油脂、糖类的中药材最易被虫蛀，所以中药材入库贮存，一定要充分干燥，密闭或密封保管。

（二）内在因素

指中药材所含化学成分的性质。中药材的成分不稳定，有的易被氧化或还原，如还原型蒽醌易被氧化；有的具有挥发性，在高温条件下易挥发而降低其含量；有的在光照条件下易异构化，而失去生物活性，如木脂素类；有的富含糖类及蛋白质，是昆虫和鼠类的良好食物；有的在适宜的条件下，由于酶的存在而易水解，如苷类；有的含吸湿性成分，致使药材吸湿后发生霉变等。因此在贮藏药材时，一定要根据药材及其所含成分的性质，结合外界因素，选用适当贮藏方法才能保证中药材的品质。

二、中药材贮藏原则

陈嘉谟言："凡药贮藏，宜常提防，倘阴干、曝干、烘干，未尽去湿，则蛀蚀霉垢朽烂不免为殃。"为了保证中药材的质量，避免发生二次污染，在中药材贮藏期间，必须遵循以下原则：

（一）以防为主，防治并举原则

贯彻"以防为主，防治并举"的保管方针，保证库房周边大环境安全无污染，保持库房内部贮藏环境的清洁卫生，避免对药材造成污染。

（二）生态环保原则

应将传统贮藏方法与现代贮藏技术相结合。在贮藏中尽量不使用或少使用有毒性的化学药品，必需使用的化学药品应符合无公害食品或药品的有关标准或使用准则。

（三）硬件与软件并重原则

保证库房的硬件与软件符合 GAP、GSP、GMP 等规范要求。

1．符合库房建设标准　库房及配套设施设备要按照库房标准建设与配置。尤其是保证库房的严密性、通风性、隔热性，良好的干燥避光环境；必要时配备空调和除湿设备，地面易清洁、无缝隙,有防鼠、防虫措施,但应避免污染药材;库温 25℃、相对湿度为 65%;选用密封性、隔湿性、避光性良好的木箱、木桶、铁桶、缸、坛、玻璃器皿等盛放中药材。

2.符合库房管理标准　严格按照库房管理制度和规范化操作规程,中药材包装应放于货架上,堆放要整齐;为保证通风,利于抽检,要留有通道、间隔和墙距;易碎药材不可重叠堆放;要做到合格的与不合格的中药材不能混放、可食用的单独存放、有毒的单独存放;各种药材均要有标签,注明植物学名、产地、数量、加工方法及等级等;定期检查,防止虫蛀、霉变、腐烂、泛油等变异现象发生。

三、中药材贮藏保管方法

(一)冷藏法

冷藏法是防治害虫及霉菌比较理想的办法,但需要制冷设备,主要用于难于保存的贵重药材的贮藏,如人参、鹿茸、全蝎等。北方可利用冬季严寒季节,将药材薄薄摊晾于露天,温度在 −15℃,经 12 小时后,一般会冻死各种害虫。

(二)干沙贮藏法

干燥的沙子不易吸潮,又无营养不仅能防虫,而且霉菌也无法蔓延。一般将沙铺在水泥晒场上,经地面温度 40℃左右曝晒至充分干燥,装入缸或木箱中,再将中药材埋于其中。适用于根和根茎类药材。

(三)防潮贮藏法

利用自然吸湿物或空气去湿机,来降低库内空气的水分,以保持仓库干燥的环境。传统常用的吸湿物有生石灰、木炭、草木灰等。现在可采用氯化钙、硅胶等吸湿剂,此法适用于吸湿性强的中药材。

(四)气调贮藏法

采用降氧、充氮气,或降氧、充二氧化碳的方法,人为创造低氧或高二氧化碳状态,以达到杀虫、防虫、防霉、抑霉的目的;防止泛油、变色、气味散失等变异现象发生。该法不仅能有效地杀灭药材的害虫,防止害虫及霉菌的生长,还能保持药材色泽、皮色、品质等作用。尤其适用于贮藏极易遭受虫害的药材及贵重的、稀有的药材。是一种科学而又经济的贮藏方法。

(五)密封防潮贮藏法(包括密闭贮藏法)

密封或密闭贮藏是指将中药材与外界(空气、温度、湿气、光线、微生物、害虫等)隔离,尽量减少外界因素对药材影响的贮藏方法。但密封贮存是完全与外界环境隔离;而密闭贮存不能完全与外界空气隔绝。密封贮存方法是将木板铺在地面上,木板上铺油毛毡和草席,上铺塑料薄膜,用塑料薄膜包裹密封中药材,并将接缝粘接起来。适用于不易发霉和泛油的一般性药材。

(六)对抗贮藏法

对抗贮藏法属于传统的药材贮藏方法,如泽泻、山药与牡丹皮同贮防虫保色,动物药材与花椒一起储藏防虫蛀,大蒜防芡实、薏苡仁生虫等。

在应用传统贮藏方法的同时,应注意选择现代贮藏保管新技术、新设备。

贮藏时间短时,只需选择地势高、干燥、凉爽、通风良好的室内,将中药材堆放好,或用塑料薄膜、苇席、竹席等防潮即可。

知识链接

贮藏时应注意的问题

1.经常抽检药材水分含量,以免产生变异现象。

2.堆放要整齐,要留有通道、间隔和墙距,以利抽检及空气流动。

3. 不同种类药材应分别堆放,吸湿性强的药材更应分别堆放,以免引起其他药材受潮。各种药材应挂上标签,并在上面注明植物学名、产地、数量、加工方法及等级等。

4. 易碎药材,不能重叠堆放。

5. 贯彻"先进先出"原则。

(王　乐)

❓ 复习思考题

1. 如何确定药用植物采收期?

2. 常用的药用植物(中药材)干燥技术有哪些?

3. 分组收集或起草3～5个中药材采收加工藏技术标准。

4. 如何确定药用植物的采收期?

5. 产地初加工的目的有哪些?

6. 净选的方法有哪些?

7. 简述药材干燥的方法。

8. 简述中药材包装方法。

9. 中药材贮藏保管方法有哪些?

ER-6-3

扫一扫,测一测

PPT 课件

知识导览

第七章　药用真菌的栽培技术

学习目标

1. 掌握药用真菌的制种方法、药用真菌的段木栽培、代料栽培技术,药用真菌的菌种保藏及复壮方法。
2. 熟悉药用真菌的病虫害及其防治技术。
3. 了解药用真菌生长发育的条件。

广义的药用真菌,是指一切具有药用价值的真菌。真菌作为药用或保健品,在我国具有悠久的历史。据历代本草书中记载,药用真菌有 3 000 多种,其中疗效确切的有 200 余种。《神农本草经》中记载的药用真菌有茯苓、灵芝、僵蚕、雷丸、冬虫夏草、香菇、木耳等。近代,药用真菌除野生采集外,还可通过人工栽培乃至工厂化生产,如人工培育出灵芝、猪苓、麦角菌、蜜环菌和白僵菌等,栽培技术成熟,经验丰富。药用真菌的栽培已是中药材生产的一个重要组成部分。

一、药用真菌生长发育的营养条件

(一)碳源物质

凡能提供药用真菌细胞和新陈代谢产物中碳素来源的物质称为碳源物资或碳源。它构成药用真菌细胞的骨架,供给其生命活动所需能量来源,是药用真菌生长发育过程中最重要的营养元素。碳源物资主要有纤维素、半纤维素、木质素、淀粉、单糖、有机酸、醇类等。

(二)氮源物质

凡能被药用真菌利用的含氮物质,称为氮源物质或氮源。氮源是构成菌体蛋白质、核酸和细胞质的主要成分,来自于有机氮和无机氮,通常有机氮源优于无机氮源。有机氮源有很多,如在菌种制备过程中常用的马铃薯汁、酵母汁、玉米浆和蛋白胨,在栽培过程中常用的米糠、麦麸、豆饼粉、棉籽饼粉、蚕蛹粉和马粪等。药用真菌利用无机氮作为唯一氮源时,一般会表现出生长缓慢。

氮源、碳源应有一定的配比,一般在菌丝生长期需要氮源的浓度较高,C:N 以 20:1 为好;在形成子实体时期需要氮源的浓度较低,C:N 以(30~40):1 为宜。

(三)矿物质

矿物质是维持药用真菌生命活动不可缺少的物质,也是细胞和酶的组成成分,具有维持酶活性、能量转移、调节渗透压等作用。矿质元素主要包括 P、S、Mg、K、Ca、Fe、Co、Zn、Mo、Mn 等,仅少量供给即可满足真菌生长需要。

(四)生长调节物质

生长调节物质是真菌进行生命活动需要量极少,但又是不可缺少的有机营养物质,能够调节其代谢和促进其生长,如维生素、激素、生长素类等,常来源于牛肉膏、酵母膏、麸皮、土豆汁、米糠、玉米浆等材料。

二、药用真菌生长发育的环境条件

温度、湿度、空气、光照、酸碱度等,是影响药用真菌生长发育的主要因素,并且它们之间互相影响。

（一）温度

温度是影响药用真菌生长发育的重要因素。各种药用真菌生长所需的温度范围不同，每一种药用真菌只能在一定的温度范围内生长，按其生长速度可分为最低、最适和最高生长温度。药用真菌最适生长温度多数在18～25℃，在生产中，一般要求菌丝生长健壮，培育的温度比最适温度低2～3℃。

（二）水分和湿度

水分是药用真菌细胞的重要组分，菌丝体和新鲜子实体约有90%的水分，而水分绝大部分来自培养料。药用真菌的生长需要一定的空气相对湿度。一般适合药用真菌菌丝生长的培养料含水量在60%左右，空气相对湿度为60%～80%；子实体形成时则要求含水量增至70%左右，空气相对湿度为80%～90%。

（三）空气

药用真菌是好气性菌类，一生都需充足的氧气供应。氧与二氧化碳的浓度是影响药用真菌生长发育的重要环境因子，通过呼吸作用吸收氧气并排出二氧化碳。药用真菌在菌丝生长阶段需氧量较少，在子实体形成阶段，则需要充足的氧气。因此，在药用真菌生长过程中根据不同生长阶段，要适当调控通风换气条件。

（四）光照

药用真菌不进行光合作用，其生长发育不需要直射光。多数药用真菌菌丝的生长不需光照，而子实体的分化和形成需要一定的散射光。

（五）酸碱度

酸碱度会影响细胞内酶的活性及酶促反应的速度，是影响药用真菌生长的因素之一。大多数药用真菌喜偏酸性环境（pH值为3～6.5），最适pH值为5～5.5。

三、药用真菌的制种及菌种保藏

药用真菌菌种根据培养基形态分固体菌种和液体菌种。固体菌种一般分母种、原种和栽培种。母种（一级菌种）是由子实体组织、孢子等经分离纯化培养得到的菌种，原种（二级菌种）是由母种扩大繁殖得到的菌种，栽培种（三级菌种）是由原种扩大繁殖得到的菌种。母种用来保存菌种，原种用来扩大菌种，栽培种用来生产。液体菌种不分级，既可作为母种，也可作为栽培种。固体菌种种类较多，生产中应用范围比较广泛。

（一）制种工具与设备

1. 接种设备和工具　接种室（无菌室）是进行无菌分离和接种的场所。必备的设备及工具有超净工作台、接种箱、紫外灯、酒精灯、废物缸、培养皿、接种工具等。

2. 菌种培养室　一般要求长×宽为3m×3m，内有紫外灯、日光灯、菌种架、电热恒温加热装置、温度计、风扇等设备。

3. 灭菌设备　母种培养基进行灭菌可采用高压蒸汽灭菌锅或家用高压锅。有条件的可用高压蒸汽炉对培养料进行灭菌，无条件的可用简易常压灭菌灶。

（二）母种制备技术

1. 培养基的制备　药用真菌的母种分离和培养一般多选用马铃薯-琼脂培养基。处方：马铃薯（去皮）200g、葡萄糖20g、琼脂15～20g、水1 000ml。培养基制作：取200g马铃薯切成小块，加水1 000ml，在锅中煮沸并维持20～30分钟，用4层纱布过滤至量杯中，滤液补水至1 000ml，放入锅中，加入琼脂20g，小火加热并不断搅拌使其溶化后，加入葡萄糖20g，加开水至1 000ml，搅拌均匀，趁热装入100ml盐水瓶中，每瓶装8～10ml，在瓶口塞上棉塞，用牛皮纸包住棉塞及瓶口部分，用胶圈扎紧。

2. 灭菌　采用高压灭菌法，一般年产10 000kg左右产品的种植户，使用手提式高压锅就可以满足生产需求。

3.菌种分离　菌种分离的方法有孢子分离法、组织分离法和基内菌丝分离法等,生产中最常用组织分离法,其操作简便,后代不易发生变异。组织分离法是从药用真菌子实体、菌核或菌索的一小块组织分离纯菌种的方法,要符合无菌操作的要求,才能保证分离成功。通常在选择育种工作中,最有效和常用的是子实体组织分离法,具体方法如下:

(1)子实体消毒:选取幼嫩、健壮、饱满、无病虫的子实体,切去菌柄,放入洗净的盘内,放在安装有紫外灯的接种箱内照射20~30分钟。

(2)接种块选择部位:根据药用真菌种类,选择合适部位的接种块。在菇体肥厚的种菇菇柄中部纵切一刀,撕开,挑取菌盖和菇柄交界处的一小块组织;对个体细小的伞菌子实体,也可采用子实层作组织分离材料;对子实体组织层较薄,质地较韧,菌丝数量极少,分离难度较大的胶质菌类的组织分离,一般分离时剖取尚未展开的耳片胶质团内部的组织块。

(3)接种块切取:在已消毒的接种箱内,用消毒刀片切取黄豆粒大小组织块,放入菌种瓶内培养基上培养。

4.培养及管理　将放入组织块的菌种瓶竖放在室内的架上或平台上,室内温度控制在20~28℃,经过1~2天,组织块萌发,检查菌丝生长情况,及时挑拣除去污染物,经过避光培养10天左右菌丝长满瓶,母种制作成功。

知识链接

孢子分离法

孢子分离法是利用某些药用真菌子实体成熟后自行弹射的孢子,在无菌条件下弹落到适宜培养基上,萌发成菌丝而获得纯菌种的一种方法。通常分多孢子分离法和单孢子分离法。

多孢子分离法是将许多个孢子接种在同一培养基上,让其萌发,随机自由交配获得纯菌种的方法。多孢子分离的操作方法有涂抹法、空中孢子捕捉法、孢子印法、弹射分离法等。多孢子分离方法简单易操作,无不孕现象,在生产上常采用。

单孢子分离法是只取单个担孢子,让其萌发成菌丝体而获得纯菌种的方法。单孢分离法操作比较复杂,是在采集到大量孢子的基础上,利用分离手段(如稀释法、划线法、毛细管分离法和器械分离法等)使孢子之间互相分开,每个孢子单独萌发出菌丝。

生产上多采用多孢子分离法保持药用真菌菌株的原有特性,而单孢分离法主要应用于药用真菌菌株的筛选和杂交育种等工作。

(三)原种和栽培种的制作

1.培养基的制备　原种和栽培种的培养基配制基本相同,根据主料不同可分为粮食颗粒、棉籽壳、稻草、玉米芯、粪草、木屑等多种。原种培养基更精细、营养更丰富全面,更易被吸收;栽培种培养基更粗放广泛,更接近生产实际。

(1)颗粒培养基:原种培养多使用颗粒培养基。配方:粮食粒(玉米粒、麦粒等)98.5%,石膏粉1%,碳酸钙0.5%。配制:将粮食粒洗净后用1%石灰水泡胀,文火煮沸15~20分钟(熟而不烂,勿破皮),捞出晾至无明水后拌入余料。

(2)棉籽壳麦麸培养基

配方:棉籽壳87%,麦麸10%,白糖1%,石灰1%,过磷酸钙1%。

配制:将棉籽壳、麦麸、石灰混合为主料,余料溶解于少量水后浇入主料中。边加清水边翻拌至含水量达60%~65%(即用手紧握培养料,手指缝中有水渗出而不下滴)。

(3)分装:原种培养基装入菌种瓶或其他大口瓶,装量约占瓶高的1/2(非颗粒培养基可装至瓶肩,用锥形棒打一料孔),瓶口擦净,塞大小、松紧度适宜的棉塞后外面包上牛皮纸或双层报纸。

栽培种培养基一般装入聚丙烯菌种袋,上端套颈圈后如同瓶口包扎法,两端开口的可将两端扎活结。培养料外紧内松,紧贴瓶(袋)壁。松散的培养料易致菌丝断裂及影响对养分、水分的吸收。

2.培养基的灭菌　通常采用高压蒸汽灭菌,在152kPa压力(1.5kg/cm²)、温度约128.1℃条件下,维持灭菌1~2小时。

3.接种　灭菌后的原种和栽培种培养基应及时运送至无菌环境中,待料温降至约为30℃时,进行抢温接种。

(1)原种接种:耙取蚕豆大小的母种(连同培养基)放于瓶中培养料的孔口处(1支母种接种5~8瓶原种)。母种试管斜面的尖端及原来的母种块勿接入。

(2)栽培种接种:用大镊子、接种铲或接种匙取枣大小的原种,放于瓶(袋)中料面上,若为两端扎活结的菌种袋,则每端都要接入原种。1瓶原种约接60瓶或25袋栽培种。注意要弃去原种表面老化的菌丝及老种块。堵棉塞或用线绳扎袋口。贴标签,注明菌种名称和接种日期。

4.培养　接种后,将种瓶(袋)置于适温下培养。菌种瓶初放时,应直立于床架上,当菌丝吃料后,再将其横放。菌种瓶(袋)根据气温可单层或多层叠放,隔4~5天转动或调换位置,以利于受温一致并避免培养料水分的沉积;要经常检查,及时去除出现杂色、黏液及菌种死亡的瓶(袋);逐渐降温(当菌丝长至料深的1/2时,降温2~3℃,以免料温升高,并有壮丝作用);注意菌龄,原种30~40天,栽培种20~30天菌丝长满,再继续培养7~10天。

(四)菌种保藏与复壮

菌种保藏可以保持优良菌种的生活力和遗传性状,降低菌种的衰亡程度,确保菌种为纯培养,防止杂菌和螨类的污染。

1.菌种的保藏方法　菌种保藏的基本原理是根据药用真菌的生理生化特性,利用低温、冷冻、干燥和减少供氧等措施,使孢子或菌丝的代谢活动处于休眠状态,达到保持菌种原有优良性状的目的。主要保藏方法有斜面低温保藏法、载体保藏法(如沙子保藏法、滤纸保藏法)、液体石蜡保藏法、液氮超低温保藏法、真空冷冻低温保藏法等。菌种的长期保藏最好由专门的药用真菌研究或菌种保藏机构进行。

2.菌种的退化、老化及复壮

(1)菌种的退化、老化:某一菌种的整体性能不因外界条件因素影响而变得恶劣,并且这种性能会遗传给下一代称为菌种退化。菌种培育过程中随着菌龄的增加,出现养分不断消耗,生命力衰退,色素分泌增加,细胞中空泡增多,甚至破裂等现象为菌种老化。菌种退化与老化的最大区别在于菌种退化的本质是染色体的变异,具有遗传性,而老化现象则不会传给子代。

(2)防治退化措施:一旦菌株出现了长势弱、抵抗环境杂菌等的抵抗力变弱、出菇迟、产量低、质量差等异常现象,首先要分清是老化还是退化,或是因外界培养条件变化引起。如果是因老化或外界条件变化引起,可采用新的培养基及改善培养条件后生长会恢复原状,若因退化引起则应采取相应的防治措施。

1)减少扩接,控制菌种移接次数:当获得优良菌种后,转管扩接最多不要超过5次。

2)防止基因突变:低温保藏菌种,一般宜在0~4℃。目前国内外公认防止菌种退化的较理想办法是液氮超低温保藏。

3)分离纯化:对保藏的优质菌种需要经常分离纯化,采用有性孢子分离与无性组织分离交替使用,以有性繁殖发现好的变异菌株,用组织分离来巩固优良菌株的遗传。

4)菌种复壮:将已衰变退化的菌种,通过人为的方法使其优良性状重新得到恢复的过程即为菌种复壮。复壮工作要经常,并注意要在适温、合适酸碱度、充足氧量、无杂菌培养等条件下进行。复壮的措施很多,如适当更换培养基、系统选育(组织分离法)、菌丝尖端分离等。

5)活化移植:菌种在保藏期间,通常每隔3~4个月要重新移植1次,并放在适宜的温度下培养1周左右,待菌丝基本布满斜面后,再用低温保藏。但应在培养基中添加磷酸二氢钾等盐类,使培养基 pH 值变化不大。

6）更新养分:避免在单一或同一培养基中多次传代,如连续使用同一种木屑培养基,会引起菌种退化,应注意变换不同树种和配方比例的培养基。

7）保证菌种的纯培养:不用被杂菌污染的菌种,不用同一个药用真菌种类的不同菌株混合或近距离相连接培养。

8）菌种不宜过长时间使用:超龄菌种会出现老化,而老化与退化是有机相连的,生活力弱的菌种很容易出现退化。

9）改善环境:在制种过程中,应创造适宜的温度,并注意通风换气,保持室内干燥,使其在适宜的生态条件下生长,保持性状稳定。

四、药用真菌的生产方式及工艺

（一）药用真菌的生产方式

根据原料性质,药用真菌的生产方式分为段木栽培和代料栽培等;根据栽培方式分为瓶栽、袋栽、菌砖栽培、块栽、床栽、套种畦栽等。

（二）生产工艺

1. 工艺流程

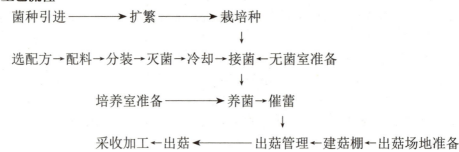

2. 工艺要点

（1）段木栽培:段木栽培是模拟野生药用真菌的生长环境,进行人工栽培的一种生产方式,即人工接菌于段木上,使其长出菌丝体或菌核。具体步骤如下:

1）选择场地:根据药用真菌的生物学特性,选择合适的栽培场地。

2）准备段木:根据真菌野生状态选择段木树种。一般以壳斗科植物为佳。树龄一般以 15～20 年为宜,树木粗度一般宜为胸径 8～20cm;砍伐树木的时间一般宜选择树木所含营养丰富、水分适中的时期进行砍伐,如在晚秋树叶脱落后至翌年春季萌发前的时间段;砍伐后,进行去枝、锯段、晾晒脱水、削皮、灭菌、堆土等处理。

3）接种:接种质量是进行段木栽培的关键。接种前必须检查段木组织是否枯死,水分状况是否适中。根据真菌的生物学特性,选择合适的接种时间、接种量、接种密度;根据菌丝生长的最低温度适当提早接种时期,减少杂菌污染;根据段木大小和气温变化灵活掌握接种量。宜选择阴天进行接种。接种方法如下:

打孔:又称打眼、打穴。根据栽培品种的特性,确定接种孔穴的形状及株行距,一般行距 4～8cm,孔距为 8～12cm,深度为 2～3cm,直径 2cm 左右,成品字形或梅花形排列。常用电钻、手钻打孔锤等打洞工具。

下种:将栽培种在无菌条件下接入接种孔内,为确保下种菌丝成活,菌种应与树皮、木质部紧贴,但又不能过紧。为避免杂菌污染与失水风干,加树皮做孔盖。段木栽培用的栽培种有很多类型,如木屑菌种、棒形种木、三角种木等。

4）管理:①为防止杂菌污染,栽培场地要清洁;②在栽培期间,根据药用真菌的生物学特性,通过采取搭棚遮阴、升温、降温、喷水、通风等措施调节光照、温度、湿度及通气性等，以符合药用真菌生长的要求；③在段木栽培中要及时防治霉菌和病虫害。

5）采收：从子实体分化形成幼小子实体到采收一般需要 3～7 天，要做到适时采收。药用真菌的种类不同，从接种到收获所需的时间以及收获的次数不同。以子实体入药的多在雨量充沛、气候湿润的 7～8 月生长，应及时采收；胶质菌在 5～6 月开始生长，应及时采收；人工栽培的菇类，应在出菇高峰期采收；以菌核入药的多在春季或秋季采收，如茯苓段木栽培，翌年春季采收，一年只能收获 1 次，采收时应去除残留的泥土和培养基，然后按产品质量标准进行加工。猪苓在人工栽培接种后 4～5 年方能采收，以秋季采收为好。生长密度决定采摘量，一般生长过密要多采摘。采收时应去除残留的泥土、杂质、腐烂虫蛀部位等，然后按产品质量标准进行加工。

（2）代料栽培：代料栽培是利用各种农副产品如木屑、甘蔗渣、废棉团、棉籽壳、豆饼粉、秸秆等为主要原料，添加一定量的辅料，制成培养基或培养料代替传统的段木栽培的一种栽培方法。

1）菌丝体培养：①培养基的选择：不同药用真菌代料栽培时，所需营养组成、培养基结构均不相同。选择培养基时要注意因地制宜、就地取材以降低成本。原料如木屑以陈旧的为好，粗细适宜、无霉变，辅料如棉籽壳、玉米芯粉、麦麸、米糠应新鲜。配生料要加抑制剂、调 pH 值，用于畦栽、块栽或大袋栽。熟料按正常配方后直接装袋；②菌袋灭菌：采用高压蒸气灭菌时，一般单层摆放，压力为 1.4～1.5kg/cm^2，维持 2～2.5 小时；采用常压蒸气灭菌，单层摆放时，100℃维持 8～12 小时，而堆大堆时要求 100℃维持 60～72 小时；散料常压灭菌要求顶气上料，达到 100℃后计时，维持 2 小时；③接菌：要求无菌操作，灭菌后，送入无菌室内或超净工作台上，可一点式接菌（工厂化方式），也可两点式接菌或多点式接菌（作坊化方式）；④发菌阶段：一般在 20～24℃培养，培养室温度应不超过 30℃，并经常检查杂菌，按品种各生长发育阶段要求控制好温湿度、空气、光线等。

2）子实体培养及采收：出菇室或棚要求通风透光、保温保湿、二氧化碳浓度可调控。养菌和出菇在同一场地的一场制生产，如生料栽培、段栽、畦栽，可调控水、温、光、温差、通风等自然条件；养菌和出菇不在同一场地的二场制生产便于集中管理，提高厂房利用率和生产效率，易于实现机械化、自动化管理。

在催菇蕾阶段可人为采取措施，一般经过温差、搔划、通风、光照等刺激，促进原基迅速、整齐地分化。采收应及时，去除残留的泥土和培养基，按产品质量标准进行分级和加工。

五、药用真菌的病虫害及其防治

（一）病害

药用真菌在生长发育过程中，由于环境条件不适或受到其他有害微生物的污染，使菌丝体或子实体生长发育受阻，造成萎缩、腐烂凋亡等现象称为药用真菌病害。根据病原菌的有无，药用真菌的病害可分为侵染性病害和生理性病害两大类。药用真菌受到有害病原物（真菌、细菌等）侵染而发生的病害为侵染性病害，具有传染性；而实际生产中因外部环境条件的不适应而发生的各种病状称为生理性病害，也叫非侵染性病害。病害的防控策略是"预防为主，综合防治"。

1. 侵染性病害　包括真菌性病害和细菌性病害。

（1）真菌性病害

1）常见的药用真菌子实体病害有疣孢霉引起的褐腐病、枝孢霉引起的软腐病、镰孢霉引起的猝倒病等。

防治方法：①采用二次发酵；②加强通风；③喷 50% 多菌灵或甲基托布津 1 000 倍液；④搞好环境卫生，彻底消除病菇。

2）常见培养料内真菌性病害有绿色木霉类、青霉类、毛霉、酵母菌、链孢霉、曲霉类和根霉属等，各种菌类会在棉花塞和瓶颈交接处或培养基表面上形成菌落，用放大镜可见不同色泽。

防治方法：①严格选用木屑，配方合理，含水量适中，填料严实，封口严密；②选用优质塑料袋，料筒在搬运时要防止毛刺刺破；③灭菌时排列合理，以确保受热均匀，灭菌效果好；④排足冷气，冷却室要求洁净；⑤接种过程无菌操作规范化；⑥培养料发酵彻底，搞好培养料的消毒，生产过程中采用无菌操作。

（2）细菌性病害：典型表现为病原菌大多没有菌丝，菇棚内臭气较重，子实体表面腐烂，但也有个别的细菌性病害并无臭味。细菌性病害常污染子实体和菌种，在子实体菌盖上的病斑呈圆形、椭圆形或不规则形，病斑外圈颜色较深，呈深褐色。潮湿时，中央灰白色，有乳白色黏液。菌杆、菌盖全部变黑褐色，质软，有黏液，最后整个子实体腐烂。该类病害的发生频率最高，但因此而造成毁灭性损失的比例却不高。

防治方法：①控制菇房内的温度在15℃以下、湿度控制在培养料表面和菇体上的水分能及时蒸发；②避开春季高温、高湿的影响；③发病初期，用次氯酸钙的600倍液喷雾；④链霉素或土霉素的100倍液喷雾，可抑制病菌蔓延。

在菌种制作时，常发现以麦粒及粪草为基质的菌种瓶或袋外壁局部出现"湿斑"和淡黄色的黏液（菌落），打开棉塞有一股难闻的气味，类似有机物腐烂的腥臭味，这些现象大多是芽孢杆菌类污染，主要原因是灭菌不彻底、放气不足造成假压、灭菌时间过短等，灭菌后冷却速度过快，也会引起残存抗热性细菌的增殖而导致污染。

2. 生理性病害　环境因素是引起药用真菌生理性病害如菌丝体阶段的菌丝萎缩或徒长，子实体阶段的畸形或死菇的主要因素，诸如管理失误，温度、湿度（水分）、空气、光照及覆土的影响等，发生生理代谢性障碍导致畸变，这属于非侵染性病害。栽培时监测控制好环境条件，为药用真菌的生长提供适宜的条件，可有效预防生理性病害。

（二）虫害

1. 眼菌蚊　别名菇蝇、菇蛆。多以蛆形幼虫取食各种药用真菌的菌丝和子实体，并传播病原菌。

防治方法：①生产中菇房应安装纱门、纱窗，以防成虫飞入产卵；②消除菇房周围垃圾，房内地面撒生石灰；③如果菇房内已有眼菌蚊危害，可用2.5%溴氰菊酯乳剂稀释3000倍喷雾，可兼治螨和跳虫，但子实体采收前一星期内禁用。

2. 螨类　也称菌蜘蛛、菌虱、菇螨。螨类以若螨或成螨危害菌丝、子实体和菌种，能把菌丝咬断，菌丝萎缩不长，也能咬噬菇蕾及成熟子实体，并传播病菌。发生严重时，培养料内的菌丝能全部被食光，造成绝收。

防治方法：①保证菌种不带螨；②菇房隔离，搞好环境卫生，及时彻底消毒；③培养料严格进行二次发酵和高温杀菌；④药剂防治（堆料和发菌期用克螨特500～1000倍液喷雾、500倍液辛硫磷喷雾用于空房消毒、磷化铝熏蒸杀螨）；⑤诱杀（糖醋液法、骨头汤法、毒饵法）。

3. 线虫　有寄生线虫和腐生线虫两大类。主要是滑刃线虫、双垫刃线虫和小杆线虫。线虫极细小，只能在显微镜下观察到。危害几乎所有的药用真菌，致使子实体腐烂，表面黏，有腥臭味。线虫无处不有，在干燥基质上呈"休眠"状态，耐旱力长达3年。不清洁的水是线虫的主要来源。但线虫不耐热，40℃以上即死亡。

防治方法：①培养料和覆土材料采用二次发酵，利用高温进一步杀死料土中的线虫；②清洁水浇菇；③菇净或阿维菌素1000倍液喷施；④采用轮作制，如菇稻轮作、菇菜轮作、轮换菇场。

（汤灿辉）

？　复习思考题

1. 常用的菌种保藏的方法有哪些？
2. 如何防治药用真菌的病虫害？

各　论

第八章　根及根茎入药植物栽培

第一节　人　　参

人参 *Panax ginseng* C.A.Mey. 为五加科多年生草本植物，以干燥根和根茎入药，药材名人参。人参味甘、微苦，性微温，具有大补元气、复脉固脱、补脾益肺、生津养血、安神益智的功效，用于体虚欲脱、肢冷脉微、脾虚食少、肺虚喘咳、津伤口渴、内热消渴、气血亏虚、久病虚羸、惊悸失眠、阳痿宫冷等病症。栽培者习称园参，野生者习称山参。播种在山林野生状态下自然生长的称林下参，习称"籽海"。主产东北三省，河北、山西、山东、湖北、陕西、四川、贵州、云南等地亦有栽培。

一、生物学特性

人参为阴生植物，喜凉爽温和的气候，耐寒，怕强光直射，忌高温。适应生长的温度范围是10～34℃，最适温度20～25℃，温度高于34℃或低于10℃时，人参处于休眠状态。越冬时最低可耐受 −40℃的低温。一般4月下旬至5月上旬，平均气温10～18℃，人参休眠芽开始萌动出苗；5月上、中旬，平均气温14℃以上时为地上茎叶生长期；6月上、中旬，平均气温16℃以上，进入开花期；6月下旬至7月上旬，平均气温18℃以上时，进入结果期；8月上、中旬，平均气温18℃以上，为果熟期；9月中、下旬，平均气温12℃以上，进入枯萎期，然后转入休眠期。人参喜湿润、怕干旱、怕积水，适宜空气相对湿度为80%左右，土壤相对含水量80%左右。要求土壤水分适当，排水良好。人参喜弱光、散射光和斜射光，怕强光和直射光，栽培时要加强遮阴管理。要求选择土层深厚，富含腐殖质的砂壤土栽培，适宜微酸性土壤（pH值5.5～6.5），不宜栽种在碱性土壤中。

人参种子千粒重25～40g，种子有休眠特性，必须经过后熟过程，才能发芽出苗。后熟过程可分为胚的形态后熟和生理后熟两个阶段。种子寿命为2～3年。

二、栽　培　技　术

（一）选地与整地

农田栽参应选择富含腐殖质，排灌方便的砂壤土或森林腐殖土为宜，土壤中性到微酸性，忌重茬。前茬以禾本科或豆类作物为好，且要收获后休闲一年才能种植。选地后，于封冻前翻耕1～2次，深20cm。翌春化冻结合耕翻，亩施农家肥4 000kg，与土拌匀，以后每1～2个月翻耕1次。栽播前1个月左右，打碎土块，清除杂物，整地作畦，畦面宽1～1.5m，畦高25～30cm，略呈龟背形,长度视地形而定,畦间作业道宽 1～1.2m。应以采光合理、土地利用率高、有利防旱排水及田间作业方便为原则。

（二）繁殖方法

一般采用种子繁殖,种子选用 4～5 年生植株结实取种,育苗移植。

1. 种子处理　7—8 月间,采种后可趁鲜播种,种子在土中经过后熟过程,第二年春可出苗。或将种子进行沙埋催芽。方法是选地势高燥、排水良好、向阳背风处,挖 15～20cm 深的坑,其长和宽视种子量而定,坑底铺一层小石子,其上铺一层过筛细沙。将鲜参籽搓去果皮,或将干参籽用清水浸泡 2 小时后捞出,用等量的湿细沙混合拌匀,放入坑内,覆盖细沙 10cm,再覆一层土,其上覆盖一层杂草,以利保持湿润。雨天盖严,防止雨水流入烂种。每隔 20 天检查翻动 1 次,若水分不足,适当喷水;若湿度过大,筛出参种,晾晒沙子。经自然变温,种子即可完成胚的后熟过程,裂口时即可播种。如次春播种,可将裂口种子与沙混合装入罐内,或埋于室外,置冷凉干燥处贮藏。播种前将种子放入冷水中浸泡 2 天左右,待充分吸水后播种。

2. 播种方法　分春播、夏播和秋播。

夏播采用鲜籽随采随播;催芽种子适宜秋播或翌年春播,秋播于土壤结冻前,播后次年春天出苗;春播于土壤解冻后,用头年经过催芽处理的种子,播后当年出苗。

传统播种都是撒播,目前普及点播。以等距点播为好,即以株行距 5cm×5cm 进行点播,每穴 2 粒种子,播后覆土要均匀,深浅一致。用木板轻轻镇压畦面,使土壤和种子紧密结合。最后覆盖秸秆或草,再覆盖防寒土。

3. 移栽　目前,我国栽培人参有 3 种移栽年限,即"二三制"(育苗二年,移栽三年)、"三三制"(育苗三年,移栽三年)和"二四制"(育苗二年,移栽四年)。现多采用"三三制",即种子出苗后,三年移栽,到收获共六年。

秋季移栽一般在地上茎叶枯黄后至地表结冻前进行。春季移栽,应在参苗尚未萌动时,土壤化冻后立即进行。移栽时选用根部乳白色,无病虫害、芽苞肥大、根条长的壮苗。栽前可适当整形,除去多余的须根。并用 100～200 倍液的代森锌或用 1:1:140 波尔多液浸根 10 分钟,注意勿浸芽苞。移栽时,以畦横向成行,行距 25～30cm、株距 8～13cm。斜栽芦头朝上,参根与畦基成30°～40°角。斜栽参根覆土较深,有利于防旱。开好沟后,将参根摆好,先用土将参根压住全部盖严,然后把畦面整平。覆土深度视苗大小而定,一般 4～6cm,随即以秸秆覆盖畦面,以利保墒。

（三）田间管理

1. 搭荫棚　参苗出土后要及时搭棚遮阴。棚架高低视参龄大小而定。一般一至三年生,前檐高 1.0～1.1m,后檐高 0.6～0.7m;三年生以上,搭棚前檐高 1.2～1.3m,后檐高 1.0～1.1m。每边立柱间距 1.7～2.0m,前后相对,上绑搭架杆,以便上帘。棚帘一般就地取材,用芦苇、谷草等编织而成,宽 1.8m、厚 3cm、缝隙 0.5～1.0cm。帘上摆架条,用麻绳铁丝等把帘子固定在架上。参床上下两头也要用帘子挡住,以免边行人参被强光晒死。夏季阳光强烈,高温多雨,是人参最易发病的季节。为防止参床温度过高和帘子漏雨烂参,要加盖一层帘子,即上双层帘。8 月后,雨水减少,可将帘撤去。否则秋后参床地温低,土壤干燥,影响人参生长。

2. 中耕除草　在人参出苗前,或土壤板结、土壤湿度过大、畦面杂草较多时,应及时进行中耕除草,以保持土壤疏松,减少杂草危害,但宜浅松,次数不宜太多。每次松土,切勿伤根及芽苞,否则影响产量和质量。

3. 排灌　不同参龄、不同发育阶段,对水分的要求和反应是不同的。因此,必须调节好土壤水分。播种或移栽后,若遇干旱,适时喷灌或渗灌。雨水过多,应挖好排水沟,及时排除积水。

4. 追肥　播种或移栽当年一般不用追肥,第二年春苗出土前,将覆盖畦面的秸秆去除,撒一层腐熟的农家肥,配施少量过磷酸钙,结合松土,与土拌匀,土壤干旱时随即浇水。在生长期可用 2% 的过磷酸钙溶液或 1% 磷酸二氢钾溶液进行根外追肥。

5. 摘蕾　人参生长 3 年以后，每年都能开花结籽。花薹抽出时，对不留种的参株及时摘除花蕾，使养分集中供应参根生长，提高人参的产量和质量。

（四）病虫害及其防治

1. 病害

（1）立枯病：危害幼苗，受害参苗在地表下干湿土交界的茎部，呈褐色环状缢缩，地上茎倒伏死亡。

防治方法：①适当增加光照，疏松土壤；②发现病株及时清除，并用 50% 多菌灵 500 倍液喷施或浇灌。

（2）疫病：主要危害叶片，茎和根部亦可受害。

防治方法：①保持参畦良好的通风排水条件；②发病初期用 1∶1∶120 波尔多液喷施，或用 65% 代森锌 500 倍液喷施。

（3）锈腐病：主要危害根部，呈黄褐色干腐状，病部出现松软的小颗粒状物，从而使表皮破裂，最后使参根或芦头全部烂掉。

防治方法：①移栽时减少伤口，并用药剂浸根；②防止土壤湿度过大；③发病时可用 50% 多菌灵 500 倍液浇灌病区。

2. 虫害　主要有蛴螬、蝼蛄、金针虫、地老虎等，主要危害根部。

防治方法：①灯光诱杀成虫，即在田间用黑光灯进行诱杀；②田间发生时用 90% 敌百虫 1 000 倍液或 75% 辛硫磷乳油 700 倍液浇灌；③用 50% 辛硫磷乳油 50g，拌炒香的麦麸 5kg，加适量水配成毒饵进行诱杀。

三、采收、加工与贮藏

（一）采收

人参产区多数在 5～6 年生时收获参根，于 9—10 月茎叶枯萎时即可采收。采收时，先拆除参棚，从畦的一端开始，将参根逐行挖出，抖去泥土，去净茎叶，并按大小分等。一般亩产鲜品人参 900～1 200kg。

（二）加工

按加工方法和产品药效，人参可分为三大类，即生晒参、红参和糖参。

1. 生晒参　鲜参经过洗刷、干燥而成的产品。

2. 红参　将适合加工红参的鲜参，经过洗刷、蒸制、干燥而成的产品。

3. 糖参　将鲜参经过洗刷、排针、浸糖干燥而成的产品。

（三）贮藏

根据加工人参的种类、用途不同进行分别包装，放在低温、干燥、通风的地方贮藏，同时要严防鼠害。定期检查，出现问题及时解决。

四、商品质量标准

（一）外观质量标准

生晒参主根圆柱形，有芦头、艼帽，表皮土灰或土褐色，有横纹，皱细且深，质充实，根内呈白色，无杂质、虫蛀和霉变者为佳。红参主根圆柱形，有芦头、无艼帽，质坚实，无抽皱沟纹，内外呈深红色或黄红色，有光泽，半透明。糖参根内外呈黄白色，无反糖、虫蛀和霉变者为佳。

（二）内在质量标准

《中华人民共和国药典》（简称《中国药典》）（2020 年版）规定：水分不得过 12.0%，总灰分不得过 5.0%。按干燥品计算，含人参皂苷 Rg_1（$C_{42}H_{72}O_{14}$）和人参皂苷 Re（$C_{48}H_{82}O_{18}$）的总量不得少于 0.30%，人参皂苷 Rb_1（$C_{54}H_{92}O_{23}$）不得少于 0.20%。

（付绍智　陈春宇）

三七组图

第二节　三　七

三七 *Panax notoginseng*（Burk.）F.H.Chen 为五加科多年生草本植物，以干燥根和根茎入药，药材名三七。三七味甘、微苦，性温，具有散瘀止血、消肿定痛的功效，用于咯血、吐血、衄血、便血、崩漏、外伤出血、胸腹刺痛、跌仆肿痛等病症。主产于云南、广西，近年江西、湖北、四川、贵州等地也有引种栽培，以云南文山产量最大，质量最好。

一、生物学特性

三七属亚热带高山药用植物，生态幅度较窄。喜冬暖夏凉、四季温差变化幅度不大的气候，生长适宜海拔 1 400～1 800m，可生长温度夏季不超过 35℃，冬季不低于 −5℃，最适温度为 18～25℃。喜潮湿、怕积水，一般以年降水量 1 100～1 300mm、空气相对湿度 70%～80%、土壤含水量 20%～40% 为宜。种子的发芽温度范围为 10～30℃，最适温度为 20℃，通常采用水分为 20% 左右的湿沙保存，种子休眠 45～60 天，在自然条件下种子的寿命为 15 天左右。种苗萌发的最适温度为 15℃。种苗需要一段时间的低于 10℃ 的低温处理打破休眠。一年生不开花，从生长的第二年开始，每年都可以正常开花结实。三年生在 6 月中下旬现蕾，经过 45 天左右的现蕾期，于 8 月初开花。

二、栽　培　技　术

（一）选地与整地
三七栽培多选择具有一定坡度的缓坡地。适宜在富含腐殖质偏酸性的壤土、夹砂土上栽种。忌连作。

育苗地宜选在背风、向阴、靠近水源、土壤疏松而排水良好的生荒地。种植地宜选在地势向阳、缓坡、背风、有利排水及管理的山丘缓地。荒地应提早在 11 月初进行三犁三耙，每隔 15 天耕作一次，深度 30cm。使土壤细碎疏松，拾净杂草、树根、石块等杂物。有条件的地方，可在翻地前铺草烧土进行土壤消毒和增加肥力，或每亩施生石灰 100～200kg 进行土壤消毒。在播种前将畦面做好，畦面宽 120～150cm，长度依地形而定，根据坡度的大小畦高 20～25cm，畦沟宽 30～50cm，下宽 20cm 左右，要求作畦上窄下宽，土壤上实下虚呈板瓦型。

选用熟地最好前作以玉米、花生或豆类为宜，切忌茄科植物为前作。在前作收获后，及时翻土翻土，使其有一定炕土（北方称晒垡）时间，每亩用生石灰 50～100kg 或甲醛溶液、波尔多液进行土壤消毒。

（二）繁殖方法
主要以种子繁殖为主。

1. 选种及种子处理　三七种子一般于 10—12 月成熟。一般选择生长 3 年健壮、粒大饱满的植株作为留种，当果实成熟时，分批采收并进行分级；使用包衣剂将种子包衣均匀，包衣好的种子晾干后即可播种。三七种子干燥后易失活，因此，应随采随播或采用层积处理保存。

2. 播种　要随采随播，播种时间一般在 12 月中下旬至翌年 1 月中下旬。以株行距 5cm×（5～7）cm 进行点播，每穴放入种子 1 粒，覆土 1.5cm 厚，播后盖上基肥和一层茅草或松针，浇透水。每亩用种 18 万～20 万粒。

（三）苗期管理

三七种子从 1—2 月播种至 3—4 月出苗展叶期间，天气干旱时，应经常浇水，雨后及时排去积水，定期除草。苗期追肥一般以磷肥为主，通常追施 3 次，第一次在 3 月份苗出齐后进行，后两次分别在 5 月、7 月进行。苗期荫棚透光度要根据不同季节的光照度变化进行调节。

（四）移栽

三七育苗 1 年后移栽，一般在 12 月至翌年 1 月。要求边起苗、边选苗、边移栽。起根时，严防损伤根条和芽苞。选苗时要剔除病、伤、弱苗，并分级栽培。移栽规格以株行距 10cm×（12.5～15）cm，即每公顷移栽苗（39～48）×10^4 株为宜。种苗在栽种前要进行消毒，多用 300 倍代森锰锌浸蘸根部，浸蘸后立即捞出晾干并及时栽种。栽后盖土 3cm 左右，再盖上切成长 6～7cm 短节的茅草或松针，覆盖地面 80% 左右。

（五）田间管理

1．除草和培土　三七为浅根植物，不宜中耕。幼苗出土后，及时除去畦面杂草，在除草的同时，如发现根茎及根部露出地面应进行培土。

2．浇水、排水　在干旱季节，可采用喷灌和滴灌方式保持土壤湿润，雨季保持排水通畅，防止根腐病及其他病害发生。

3．追肥　三七追肥要掌握"少量多次"的原则。一般幼苗萌动出土后，撒施 2～3 次草木灰，每亩 25～50kg，以促进幼苗生长健壮。4—5 月施 1 次混合肥，每亩 500～1 000kg，以促进植株生长。6—8 月进入孕蕾开花结果期，应追混合肥 2～3 次，每次每亩施混合肥 1 000～1 500kg。

4．搭棚与调节透光度　三七的生长发育与棚透光性密切相关；三七喜阴，人工栽培需搭棚遮阴，棚高 1.5～1.8m，棚四周搭设边棚。棚料就地取材，一般用木材或水泥预制行条作棚柱，棚顶拉铁丝作横梁，再用竹子编织成方格，铺设棚顶盖。棚透光性强弱，影响三七生长发育。透光过少，植株细弱，容易发生病虫害，而且开花结果少；透光过足，叶片变黄，易出现早期凋萎现象。一般应掌握"前稀、中密、后稀"的原则，即春季透光度为 30%～40%，夏季透光度稍小，为 20%～30%，秋季气温转凉，透光度逐渐扩大为 40%～50%。一般生长正常的情况下，保持透光度为30% 左右即可。

5．留种与打薹　三七留种应选生长健壮、无病虫害、结果饱满的 3 年生植株，确定留种株后要加强田间管理，适当剪除花序外缘的部分小花，使其养分集中，促进结果饱满。2 年生和不留种的三七，于 7 月出现花薹时摘除全部花薹，可提高三七产量。打薹应选晴天进行。摘下的花薹，可收集起来，晒干入药，称为"三七花"。

（六）病虫害及其防治

1．病害

（1）根腐病：三七根腐病俗称"鸡屎烂"，是三七块根、根茎、休眠芽等地下病害的总称。多发生于 4 月下旬至 7 月上旬。当温度在 15～20℃，环境湿度大于 95% 时，根腐病极易大发生或流行。由于引起的病原种类不同，在田间主要表现为"黄臭""绿臭"两种症状类型："黄臭"表现为植株矮小，叶片发黄干枯脱落，块根腐烂呈黄色干腐；"绿臭"表现为叶片呈绿色萎蔫披垂，地下发病部位有白色菌浓，闻有臭味。

防治方法：①栽培前严格选地，切忌连作；②移栽时不要伤根，注意排水；③防止地下害虫危害；④发现病株，及时拔除并进行消毒处理和清除病残体及杂草；⑤病轻者用 200 倍硫酸铜或1∶1∶100 的波尔多液消毒 1 次，另行栽种，病重者应挖出加工，病穴内撒生石灰消毒，以防蔓延。

（2）立枯病和猝倒病：立枯病是三七子秧生长前期的严重病害，危害幼苗及种子。种子被侵染后发霉腐烂，伴随有白色菌浓，幼苗被侵染后，叶柄基部出现黄褐色水渍状条斑，后变黑褐色至病部缢缩倒折枯死。猝倒病发生在三七出苗后，植株茎基部变软倒伏死亡，伴随有暗色病斑。两种病害的病程相对一致,3—4月开始发病,4—5月低温阴雨天气发病严重,7月以后病害逐渐减轻。

防治方法:①选择无病、饱满、健壮的种子,进行种子和土壤消毒;②三七出苗后,勤检查,发现中心病株应立即拔出,并在病株周围撒石灰粉进行消毒。可用50%腐霉利可湿性粉剂1 000~1 200倍液或58%甲霜灵可湿性粉剂600~800倍液,每隔7~10天喷1次,连续使用2~3次。

(3)三七疫病:危害叶。5月开始发病,6—8月发病严重,天气闷热、环境湿度大会导致发病快且严重。发病初期叶片上先出现不规则的暗绿色病斑,特别是叶背明显。随着病情发展,病斑颜色变深,叶片软化呈半透明状,干枯或下垂黏附在茎上;花轴和茎秆受害,导致软腐,潮湿条件下有灰白色稀薄霉层。

防治方法:①冬季清园后用波尔多液喷洒畦面,消灭越冬病菌;②发病前用1∶1∶200波尔多液或65%代森锰锌500~800倍液,每隔10天喷1次,连喷2~3次;③发病后剪除病叶,用50%甲基托布津700~800倍液或64%杀毒矾M8可湿性粉剂350~450倍液防治,连续3~5次。

(4)黑斑病:多发于6—7月高温多湿季节,茎、叶、花轴产生近圆形或不规则水渍状褐色病斑,病斑中心产生黑褐色霉状子实体,俗称"扭脖子""扭盘"等。病重的茎叶枯死,果实霉烂。

防治方法:①选用健康无病的优良植株的种子和种苗;②加强田间管理,适量增施K肥,不偏施N肥,提高抗病性;③调节荫棚透光度在20%以下;④适时施药防治,用50%腐霉利1 000倍液,40%菌核净400倍液,40%大生500倍液交替使用。

(5)圆斑病:三七主要病害之一。叶片受害时,初期产生黄色小点,以后扩展为圆形病斑,病健交界处呈黄色晕圈。芽或幼苗茎基部受害病部组织表皮为褐色,茎基部凹陷,中央为黑色,但在病健交界处呈黄色。于6月发病,直到10月中旬气温下降,雨水减少时发病才随之减轻。

防治方法:①加强田间管理,雨季注意清沟排水,降低田间湿度;②发病时用58%瑞毒霉锰锌可湿性粉剂800倍液防治,连续2~3次。

2. 虫害

(1)根结线虫:发病时在根上形成大小不等的根结,根系受到寄生线虫的破坏后机能受损导致发育不良,病根明显比健康植株根干瘪和粗糙。发病后地上部分无明显症状,但随着根系受害逐渐变得严重,使地上部植株生长迟缓,叶片发黄,无光泽,叶缘卷曲,呈缺水缺肥壮,花少,早落。

防治方法:①选择优质品种;②尽量选择未受根结线虫侵染的地块种植;③清洁田园,在前作收获后及时清除病株、病根残体;④深翻土壤,将表土翻至40cm以下的深度,减轻病害的发生。

(2)短须螨:又称红蜘蛛,三七的主要虫害,3月末即发生,以8—9月危害严重。群集于叶背吸取汁液,使其变黄、枯萎、脱落。花盘和果实受害后造成萎缩、干瘪。

防治方法:①清洁三七园;②发病初期喷施阿维菌素、哒螨灵等防治,病情严重时全园喷施2~3次,每次间隔5~7天,喷药时尤其注意喷叶背面。

(3)小地老虎:俗名"黑土蚕"。以老熟幼虫和蛹在土内越冬,年发生4~5代。初孵幼虫以叶肉为食,虫害后叶片呈孔状、缺刻和网络状。3龄以后白天潜入土中,晚上出土危害。一般4月中旬至5月中旬危害严重。

防治方法:①人工捕捉;②毒饵诱杀,早晚各1次。毒饵配方:鲜蔬菜∶冷饭或蒸熟的玉米面∶糖∶酒∶敌百虫按10∶1∶0.5∶0.3∶0.3比例混合而成。

(4)蛞蝓:出苗前危害休眠芽,导致三七不出苗。出苗后,危害幼嫩茎叶,重则幼苗被咬断吃光;开花结果时,啃食其花序和果实。多活动于傍晚至翌日清晨,阴雨天尤为严重。每年约发生3~4代,一般4月出土危害。

防治方法:①于播种和出苗前,结合冬春管理,用1∶2∶200波尔多液均匀喷洒畦土2~3次;

②用 20 倍茶枯液喷洒，或用蔬菜液于傍晚喷撒，次日晨将收集的蛞蝓集中杀灭；③每亩用 6% 密达颗粒杀螺剂 0.5～0.7kg，均匀撒施于园中。

三、采收、加工与贮藏

（一）采收

三七一般种植 3 年以上即可收获。种植 3 年后活性成分（皂苷和多糖）积累和干物质积累在 10—11 月最高，种植 4 年后增长速度变缓，活性成分的积累亦变慢，病虫害严重，成本增加。在 7—8 月开花前收获的，称为"春七"，质量较好，若 7 月摘去花薹，到 10 月收挖更好。12 月至翌年 1 月结籽成熟采种后收获的质量较差，称为"冬七"。收获前 1 周，在离畦面 7～10cm 处剪去茎秆。收获时，用铁耙或竹撬挖出全根，不要挖断及损伤根部。

（二）加工

三七根部主要包括三七主根（头子）、根茎（剪口）、支根（筋条）、须根等，需经过清洗和修剪处理后方能进行干燥。加工流程为：三七根部→分选→清洗→修剪→干燥→分级。采挖的三七运回加工处，将病七、受损三七、茎叶、铺畦草及杂质和土块等拣出，将直径小于 5mm 的须根用不锈钢剪刀剪下，淘洗干净后晒干。剩余部位三七放在加工平台上用高压水枪进行清洗，将黏附在三七表面的泥沙等杂质全部冲洗掉为止，修剪、清洗后的三七放在阳光下晾晒或在 40～60℃条件下烘烤干燥至含水量为 40%～50%，然后进行二次修剪，用不锈钢剪刀在离三七主根表皮高约 1mm 处将支根、根茎剪下。然后进行搓揉后再进行干燥，将三七主根、支根、根茎放在阳光下晾晒或在 40～50℃条件下烘烤干燥至含水量在 13% 以下。

（三）贮藏

三七质地坚硬，较易贮藏。三七成品一般于阴凉干燥处贮藏。

四、商品质量标准

（一）外观质量标准

加工好的药材，即干燥根与根茎，以个大、体重、质坚实、断面灰黑色、干燥、无裂缝者为佳。三七商品分"春七"和"冬七"两类。"春七"体重色好，质量产量均佳；"冬七"外皮多皱纹抽沟，体大质松轻泡，质量次于"春七"。细分标准可参照中华人民共和国国内贸易行业标准《中药材商品规格等级第 3 部分：三七》(SB/T 11174.3—2016)。

（二）内在质量标准

《中国药典》（2020 年版）规定：水分不得过 14.0%。总灰分不得过 6.0%。酸不溶性灰分不得过 3.0%。醇溶性浸出物含量不得少于 16.0%。按干燥品计算，含人参皂苷 Rg_1（$C_{42}H_{72}O_{14}$）、人参皂苷 Rb_1（$C_{54}H_{92}O_{23}$）及三七皂苷 R_1（$C_{47}H_{80}O_{18}$）的总量不得少于 5.0%。

（兰才武）

第三节　川　芎

川芎 *Ligusticum chuanxiong* Hort. 为伞形科多年生草本植物，以干燥根茎入药，药材名川芎。川芎味辛，性温，具有活血行气、祛风止痛的功效，用于胸痹心痛、胸胁刺痛、跌仆肿痛、月经不调、经闭痛经、癥瘕腹痛、头痛、风湿痹痛等病症。主产于四川、重庆、贵州，四川都江堰、彭山和崇州为道地产区。江西、湖北、云南、陕西、甘肃等地亦有栽培。

一、生物学特性

川芎喜温和、雨量充沛、日照充足、湿润环境。地势平坦的冲积平原适宜栽培川芎,种植土壤为潮土,其质地适中,保水保肥性好,不会形成土壤滞水。砂性重的及黏性重的土壤都不适宜。川芎很少开花结实,主要以地上茎的茎节(俗称川芎"苓子")进行扦插繁殖。培育苓种要求气温低,日照少、无霜期短,阴雨多,湿度大的气候条件;川芎生长要求在8~30℃,最适温度为14~20℃,温度过低会导致川芎进入休眠状态或受冻害;温度过高会影响产量及质量。川芎不可连作,否则病虫害严重。川芎的生育期分为苓种培育阶段和商品川芎生产阶段。商品川芎的生育期可细分为育苓期、苗期、茎发生和生长期、倒苗期、二次茎叶发生期、抽茎期、根茎膨大期,各生育期有明显的重叠现象。

川芎根系多分布于表土层,因此要求表层土壤能供给充足的养分。在生长前期要及时勤施追肥,使植株地上部生长旺盛,地下根茎在当年能积累较多的光合产物,为第二年生长奠定良好的物质基础。川芎喜有机肥,对氮肥很敏感,在施用一般农家肥的基础上,加施氮肥能显著增产;施氮肥时配合磷肥、钾肥能增进肥效,提高产量。

二、栽 培 技 术

栽培川芎分为两个环节,在山区培育苓子,在坝区进行药材生产(大田栽种)。

(一)选地与整地

1.育苓选地与整地 育苓在海拔1 000~1 500m的中山区,选择阳山或半阴半阳的地块,以土质略黏的荒地或熟地(休闲1~2年)为好。整地时清除地表杂草后进行翻挖,翻挖深度30~40cm。翻挖后施底肥后将土细碎整平,然后沿坡向开厢,厢面宽1.7~1.8m,畦沟宽约30cm。开横向排水沟,以免山洪冲刷与积水。

2.大田选地与整地 平坝地区栽培川芎多采用稻田免耕栽培,在水稻灌浆后放干田水,8月上、中旬收割后,割去谷桩,开沟作畦,畦宽1.6m,沟宽30cm,深约25cm,将开沟田土挖松耙细,平整成龟背形。若用旱地栽种应在种前半个月将土地翻耕好,每亩施入充分腐熟符合无害化卫生标准的堆肥或厩肥2 000~2 500kg,做到地平土细肥匀,然后作畦。

(二)繁殖方法

常用无性繁殖,繁殖材料为苓子。主产地多选择在海拔1 000~1 500m的山区培育苓子,一般不选择平地或丘陵来种植。平地育苓影响根茎的生长,易发病虫害及退化,不宜采用。

1.苓种培育 一般12月下旬至翌年1月中旬,先将平地栽培的根茎大、芽头多、根系健壮的植株掘起,除去须根、泥土和茎叶,称为"抚芎",消毒、晾干、包装,然后运往中山区繁殖。栽植距离分大、中、小三级,分别为30cm×30cm、25cm×25cm、20cm×20cm。在整平耙细的畦面上开穴深6~7cm,每穴栽"抚芎"1~2块,芽头向上,栽正压实,在根茎上覆盖薄土,再浇少量稀薄肥水。每亩用"抚芎"量150~250kg。

2.苓种田管理 3月上旬陆续出苗。当每株有地上茎10~20根,可于3月下旬至4月上旬,扒开根际周围的土壤,露出根茎顶端,选留其中生长健壮的地上茎8~10根,其余的从基部割除。疏苗后和4月下旬各中耕除草一次,中耕时进行培土,将土壤聚拢到植株周围,以防雨季使根茎裸露,同时追肥,用充分腐熟符合无害化卫生标准的人畜粪水和饼肥混合浇穴。

3.苓种收获与贮藏 7月中下旬,当茎上节盘显著膨大,略带紫色时,选择阴天或晴天的上午及时采收。挖取全株,剔除有虫害及腐烂的茎秆,去掉叶子,割下根茎(干后供药用,称"山川芎"),挑选健壮的茎秆,捆成小束,置于阴凉的山洞或室内。地上先铺一层茅草(或稻草),再将茎秆与茅草（或稻草）逐层相间堆放。堆高 2m 左右，上面盖茅草（或稻草），注意适时翻动。8 月上旬将茎秆取出，用刀切成 3～4cm 的小段，每段中间需具有 1 个膨大的节盘，即为苓子。然后，进行分级、个选，剔除无芽、坏芽、虫咬伤、节盘带虫或芽已萌发的苓子，将苓子消毒晾干后按级进行栽种。

（三）栽苓

栽种适期为 8 月上、中旬水稻收获后，不宜过迟或过早。过早，出苗不齐，幼苗易枯死，缺株严重；过迟，气温低，根茎生长不良。

栽种方法：栽时在畦上横开浅沟，行距 33cm，沟深 2～3cm。山区栽种沟深约 5cm。顺着沟的方向，每隔 20cm 左右放苓子 1 个，封口苓子行间两端各栽苓子 2 个。扁担苓子每隔 6～10 行密栽苓子一行，用作补苗。每亩栽 12 000 株左右。苓子需浅栽，平放沟内，芽嘴向上按入土中一半以上，使其与土壤紧密接触。栽后用过筛的、充分腐熟符合无害化卫生标准的土粪或堆肥把苓子节盘盖住。畦上稀铺一层谷桩或稻草，减少日光照射和暴雨打板土壤，影响发芽出土。

近年来药农以中稻为前茬，采取育苗移栽的方法。8 月上旬把苓子密植于苗床，任其生根出苗，待中稻收获后于 8 月底或 9 月初带土移栽于本田。

（四）田间管理

1．中耕除草　栽后 15 天左右，幼苗出齐，揭去盖草，每隔 20 天左右中耕除草 1 次。缺苗处，结合中耕进行补苗。最后一次中耕除草，在根茎周围培土，保护根茎越冬。中耕时只能浅松表土，以免伤根。

2．追肥　产区在栽后 2 个月内集中追肥 3 次，每隔 20 天追 1 次，末次要求在霜降前施下，否则气温降低，施肥效果不明显。施肥前中耕除草，以充分腐熟符合无害化卫生标准的人畜粪水和饼肥为主，可适量加入速效氮磷钾肥。春季茎叶迅速生长时再追肥 1 次，应根据植物生长情况，酌情施用。

3．排灌　出苗期或苗期，如遇连晴不雨，可引水灌溉，以利出苗。干旱时可引水入畦沟灌溉，保持表土湿润。阴雨天要注意清沟排水，以免地内积水引起根茎腐烂。

（五）病虫害及其防治

1．病害

（1）白粉病：夏秋季高温多雨季节发病严重。植株地上部分出现白色粉状物，叶片逐渐变黄枯死。

防治方法：①收获后清园，将病株烧毁深埋，减少病源；②发病初期用 50% 甲基托布津 1 000 倍液或 25% 粉锈宁（三唑酮）1 500 倍液或 500 倍的多菌灵溶液喷雾防治。

（2）叶枯病：危害叶部，多发于 5—7 月。病叶上呈现多数不规则的褐色病斑，随着斑点的增多将蔓延到全叶，导致叶片枯死。

防治方法：①清洁田园；②用 25% 粉锈宁 1 000 倍液或 1∶100 的波尔多液喷雾防治；③与禾本科作物轮作。

（3）根腐病：危害根茎。发病初期植株嫩叶、根系变黄，继而根茎逐渐变为褐色直至腐烂，地上部分表现为叶片、茎尖干枯直至植株完全枯死，该病害发生期间，染病根茎内部腐烂呈黄褐色、有特殊臭味、浆糊状。

防治方法：①选无病健壮的苓子作种；②收获抚苓和苓秆时，拔除病株，集中销毁，并用石灰消毒病穴，或在周围喷 50% 托布津 1 000 倍液；③与禾本科作物轮作；④发病初期用退菌特 50% 可湿性粉剂 1 000 倍液灌注。

2．虫害

（1）茎节蛾：以幼虫危害茎秆，幼虫从心叶或鞘处蛀入茎秆，咬食节盘，危害苓子。

防治方法：用 90% 的晶体敌百虫 1 000 倍液进行喷洒防治。

（2）蛴螬：危害根茎，春秋两季危害最重，川芎根茎被钻成孔眼，啃食造成的伤口还可能诱发其他病害。

防治方法：发生时，用 800 倍的敌百虫液灌根。

三、采收、加工与贮藏

（一）采收

1. 稻田川芎采收　川芎栽后第二年 5 月水稻移栽前采挖。选晴天，挖起全株，抖掉泥土，除去茎叶，晾晒在田间，水汽干后，运回加工。

2. 旱地或育种地川芎采收　以栽后第二年的 5 月下旬至 6 月上旬为最适采挖期。过早，地下根茎尚未充分成熟，产量低；过迟，则气温高，雨水多，根茎易腐烂。采挖宜选晴天，挖起全株。将根茎抖去泥土，除去茎叶，将根茎在田间稍晒后运回。

（二）加工

运回的川芎根茎及时干燥，一般要烘干。烘炕时火力不宜过大，每天翻炕 1 次，以免表皮炕焦。2～3 天后，根茎散发出浓郁香气时，放入竹笼里抖撞，除掉须根和泥土，烘至全干即为成品。若天气好也可用晒干法进行加工，将根茎晒在晒席上或水泥地上，上午、下午各翻动一次，傍晚收装时抖掉根茎上的泥土。晒 2 天后，用专用撞兜抖撞去须根，再晒至全干即为成品。

（三）贮藏

保持贮藏环境干燥通风，没有除湿条件和设施的，可在贮藏环境放一些石灰或木炭并经常更换。定期检查贮藏环境与川芎药材。

四、商品质量标准

（一）外观质量标准

川芎商品药材以无苓株、无苓盘、无杂质、无蛀虫为合格品，以身干、个大、饱满、质坚实、断面呈黄白色，油性足、香气浓烈者为佳。

（二）内在质量标准

《中国药典》（2020 版）规定：水分不得过 12.0%。总灰分不得过 6.0%。酸不溶性灰分不得过 2.0%。醇溶性浸出物含量不得少于 12.0%。按干燥品计算，含阿魏酸（$C_{10}H_{10}O_4$）不得少于 0.10%。

（兰才武）

第四节　天　麻

天麻 *Gastrodia elata* Bl. 为兰科多年生草本植物，以干燥块茎入药，药材名天麻。天麻味甘、性平，具有息风止痉、平抑肝阳、祛风通络的功效，用于小儿惊风、癫痫抽搐、破伤风、头痛眩晕、手足不遂、肢体麻木、风湿痹痛等病症。主产于四川、重庆、云南、贵州、湖北、陕西等地。

天麻组图

一、生物学特性

（一）生长发育特性

1. 天麻与蜜环菌的关系　天麻无根、无正常叶、无叶绿素，不能从土壤中吸收养分，也不能进行光合作用制造有机营养物质，因此不能自养生活。必须通过共生的蜜环菌提供养分才能生长，属于典型的异养植物。没有蜜环菌，天麻就不能生长。它们之间是消化与被消化的关系，天麻在正常情况下，表现为天麻对蜜环菌的寄生；当天麻生理功能和生长势减弱，则表现为蜜环菌对天麻的寄生。在生产中，必须采取一定措施，控制这种关系，方可获得高产。

2．天麻的生活周期 天麻从种子成熟到新一代种子形成，为一个完整的生命周期，即从种子→原球茎→米麻→白麻→箭麻（商品麻）→种子，完成生长发育全过程。天麻生长发育最快需要 2 年，慢的需要 3 年或 4 年，才能完成其生活史。天麻种子发芽后的原球茎靠共生萌发菌提供营养，当年就分化出营养繁殖茎，开始进行无性繁殖。当它与蜜环菌建立起营养关系后，原球茎就能正常生长发育形成新生麻，即米麻与小白麻。随着气温下降，当年冬季米麻、小白麻进入休眠期。冬眠后米麻的顶芽或腋芽于次年 3～4 月萌发，经过 1 年的生长成为新的块茎，其中少数新块茎较大，顶芽粗大，先端锐尖，芽内有穗的原始体，次年可抽薹开花，这种大块茎被称为箭麻。其余块茎，均小于箭麻，顶芽无穗的原始体，大于米麻者称为白麻，与米麻大小相同者亦称为米麻。秋后新块茎（箭麻、白麻、米麻）进入冬眠。第三年 4—11 月，箭麻抽薹开花结籽，腋芽发育成米麻或白麻，再用箭麻培育出天麻种子，大小不等的越冬后的白麻、米麻的顶芽发育成箭麻，腋芽发育成白麻或米麻。

（二）生态环境条件

天麻喜凉爽、湿润环境。多生长在常年多雨多雾、湿度较大的山区杂木林、针阔叶混交林及茂密竹林中。在海拔 1 100～1 600m，年降水量 1 400～1 600mm，空气相对湿度 70%～80%，土壤相对湿度 50%～70%，夏季气温不超过 25℃ 的凉爽环境中生长良好。天麻和蜜环菌生长的最适温度为 18～25℃，此时蜜环菌生长较快，天麻块茎生长也相应加快，温度超过 25℃，天麻和蜜环菌都生长不良。天麻在土温 -5～-3℃ 能安全越冬，但长期低于 -5℃ 易受冻害。在北方地区因积雪覆盖，天麻也能安全越冬。同时土壤湿度不宜过大，否则天麻块茎易腐烂；湿度过小，蜜环菌生长受到抑制，影响天麻生长。秋季栽种的天麻对湿度要求不高，土壤含水量在 30%～40% 为宜。天麻生长期间，要求土壤含水量要高些，当含水量在 40%～60% 时，对蜜环菌和天麻生长都有利，含水量高于 70%，则对天麻生长不利。天麻适宜生长在富含腐殖质、疏松肥沃、透气、排水、保水性能好的砂质壤土，利于蜜环菌和天麻生长，过于黏重的土壤不宜栽培。酸碱度以 pH 值 5.5～6.0 最好。

二、栽 培 技 术

（一）选地与整地

宜选富含有机质、土层深厚、疏松的砂质壤土或腐殖质土。以富含腐殖质、疏松、排水良好、常年保持湿润的生荒坡地为最好。土壤 pH 值 5.5～6.0 为宜。忌黏土和涝洼积水地，忌重茬。整地时，砍掉地上过密的杂树、竹林，清除杂草、石块，便可直接挖穴或开沟种植。

（二）菌材的培养

天麻的繁殖方法有两种，即块茎繁殖和种子繁殖。无论采用种子繁殖还是块茎繁殖，均需制备或培养菌种，然后用菌种培养菌材（即长有蜜环菌的木材），再用菌材伴栽天麻。优质的菌材是天麻产量和质量的根本保证，因此生产上也利用专业培育的菌材伴栽天麻。这是因为优质菌材木质营养丰富，蜜环菌生长势旺，天麻接菌率高，产量高，质量好；若用已腐朽的旧菌材直接伴栽天麻，则会因为木料缺乏营养，蜜环菌长势弱而影响天麻产量与质量。

1．菌种的准备 用于直接培养菌材的蜜环菌菌种主要有：①采集的天然野生菌种；②室内培养的纯菌种；③室外培养的新菌种；④已伴栽过天麻的有效旧菌材。目前生产上一般采用室外培养蜜环菌枝，再用菌枝培养菌材。

2．菌材培养时期 冬栽天麻一般在 6—8 月培养菌材；春栽天麻一般在 9—10 月培养菌材。菌材培养时间要适宜，培养过早，菌材易消耗腐烂，菌种老化；培养过迟，气温低，蜜环菌生长慢，菌材当年不能使用。

3．菌材树种选择与处理 蜜环菌与壳斗科树种有良好的亲和力，同时，壳斗科树种材质坚硬，耐腐性强，树皮肥厚不易脱落，是首选树种。其次，山茱萸科的灯台树、蔷薇科的野樱桃、桦木科的桦树，易染菌且生长快，培养时间短，也是培养蜜环菌材的好树种。树种选择要根据当地树木资源选用适宜蜜环菌生长的树种。选直径 6～8cm 的树木，锯成长 60～80cm 的木段，在木段上用刀每隔 6cm 斜砍一刀呈鱼鳞口，深度至木质部为度，视木材粗细砍 2～3 行，以利蜜环菌从伤口侵入。由于蜜环菌在生长过程中需要较多的水分，木材失水会影响菌丝体生长，故木材宜随用随砍，采用新鲜段木，同时也可延长菌材的使用时间，减少杂菌感染。在缺少木材的地区，亦可用稻草、茅草、玉米须等代替，将其扎成小把，拌上菌种直接伴栽天麻。

4. 培养场地选择　应选择在天麻种植场地附近，以减少菌材搬运。坡度应小于 20° 的向阳山地，土壤以土层深厚、疏松透气、排水良好的砂壤土为宜，同时要有灌溉水源的地方。

5. 培养料的准备　培养料是指培养菌种、菌材或栽天麻时，用于填充木材间空隙、增加蜜环菌营养的物质。多用半腐熟落叶或锯木屑加沙（3∶1）制成。

6. 菌材培养方法　培养方法有多种，多以窖培法为主。挖窖宽 1m，深 30～60cm，长度视培养菌材多少而定。将窖底挖松整平，铺一层 6cm 厚的树叶，平放一层段木，如段木较干应提前一天用水浸泡 24 小时，在段木之间放入菌枝 4～5 根，洒一些清水，浇湿段木和树叶，并用腐殖土等填充空隙，并略高于段木为宜。再放入第 2 层段木，段木间放入菌枝后，如上法盖一层土。如此依次放置多层，最后盖土厚 6～10cm，略高于地面，并覆盖草或落叶保温保湿。

7. 菌材培养的管理　菌材培养的好坏，直接影响天麻质量和产量，必须加强管理，以保证生产出高产、优质的天麻。

（1）调节湿度：主要是保持菌材窖内填充物及段木适宜的含水量，即 30%～40% 左右。应注意勤检查，根据培养窖内湿度变化进行浇水和排水。

（2）调节温度：蜜环菌索在 6～28℃ 可以生长，超过 30℃ 生长受抑制，同时杂菌易繁殖。在 18～22℃ 条件，适宜蜜环菌生长。在春秋低温季节，可覆盖塑料薄膜提高窖内温度。培养窖上盖枯枝落叶或草可以保温保湿。

（三）繁殖方法

主要用块茎繁殖，也可用种子繁殖。

1. 块茎繁殖　即利用天麻块茎作为播种材料繁殖子麻，既可用于生产商品麻，又可用于生产种麻，其生产周期短，产量高，但品质易老化。

（1）栽培时间：南方一般在 11 月采挖天麻时栽培，此时天麻进入休眠期；北方由于气候寒冷，一般在 3—4 月土壤解冻后栽种，冬栽易受冻害。栽前要培养好菌床。

（2）种麻的选择：生产商品麻宜选用颜色黄白而新鲜，无病虫害，无损伤的重 10～20g 的白麻作种，繁殖力强。作种用的天麻块茎要随用随挖，若不能及时栽种，可用湿沙层积法，置 1～3℃ 低温下，可安全贮藏 6 个月。

（3）栽植方法：目前天麻栽培主要采用活动菌材加新材法、固定菌材法和固定菌材加新材法 3 种。

1）活动菌材加新材法：在选好的地块，于栽前 2～3 个月挖窖，深 25～30cm、宽比段木长约 6cm、长度据地形而定，窖底松土整平，用腐殖质土垫入床底，然后铺 5～6cm 厚的培养料。用处理好的新材与带蜜环菌的菌材间隔摆 1 层，相邻两菌材间的距离为 3～5cm，中间用腐殖质土或培养料填实空隙，以防杂菌污染。当埋没菌材一半时，整平后靠近菌材每隔 12～15cm 放种麻 1 个，然后在两菌材间加放新段木一根，再覆盖腐殖土或培养料盖过菌材 3～4cm，使土与新段木相平；同法摆第 2 层。上下层菌材要相互错开，最后覆土 6～10cm，保持窖内湿润，上盖杂草遮阴降温、保湿。

2）固定菌材法：将固定菌材窖中的泥土细心挖取，尽量不破坏菌索，揭去上层菌材，并取出下层菌材之间的部分培养料，把种麻栽在下层菌材之间菌索较多的地方。然后将上层菌材放回原处，再在上层菌材间放置种麻，然后覆土，上盖一层树叶杂草，保持土壤湿润。越冬期间加厚覆土层，以防冻害。此法由于下层菌材未动，菌索生长未受破坏，蜜环菌能很快长在种麻上，提高天麻接种率，促进天麻早生长，增加产量，尤其在春、夏季用此法栽天麻效果显著。

3）固定菌材加新材法：此法是对固定菌材培养法的改良，与固定菌材法基本相同。将固定菌材窖中做菌种的旧段木菌材用新段木取代，并下种种麻。若全为新培养的菌材，可隔一取一（隔一留一），加入新段木。

2. 种子繁殖 天麻的种子繁殖是防止天麻退化、扩大种源和良种繁育的重要措施。

（1）建造温室或温棚：根据繁殖数量多少，建造简易塑料温棚或具有调控温湿度和光照装置的温室培养种子。

（2）作畦：在棚内或温室内作畦，畦长 3～4m，宽 1m，畦高 15cm，用腐殖质土做培养土，用于种植种麻和播种。

（3）选种：选择个体健壮、无病虫害、无损伤、重量 100～150g 的箭麻做制种母麻。

（4）种麻培育：箭麻从种植到开花、结果、种子成熟需 2 个月时间，故种麻应在播种期前 2 个月种植。在畦内种植种麻，株距 15～20cm，深度 15cm，顶芽应朝向畦外边。种麻种植后，棚内或温室内温度保持在 20～24℃，相对湿度 80% 左右，光照 70%，畦内水分含量 45%～50%。现蕾初期，花序展开可见顶端花蕾时，摘去 5～10 个花蕾，减少养分消耗，有利壮果。

（5）人工授粉：自然条件下，天麻主要靠小土蜂传粉授粉率极低。天麻现花蕾后 3～4 天开花，清晨 4—6 时开花较多，上午次之，中午及下午开花较少。授粉时用左手无名指和小指固定花序，拇指和食指捏住花朵，右手拿小镊子或细竹签将唇瓣稍加压平，拨开花蕊柱顶端的药帽，沾取花粉块移置于花蕊柱基部的柱头上，并轻压使花粉紧密黏在柱头上，有利花粉萌发。每天授粉后挂标签记录花朵授粉的时间，以便掌握种子采收时间。天麻为无限花序，基部花与顶端花开放时间相差 10～15 天，在人工授粉时可分期进行，随开随进行。

（6）种子采收：天麻授粉后，如气温 25℃ 左右，一般 20 天果实成熟，果实开裂后采收的种子发芽率很低，研究发现果实将要开裂前种子发芽率较高。掰开果实，种子已散开，乳白色，为最适采收期。授粉后第 17～19 天或用手捏果实有微软的感觉或观察果实 6 条纵缝线稍微突起，但未开裂，都为适宜采收的特征。天麻种子寿命较短，应随采随播。

（7）菌床播种：播种时，将菌床上层菌材取出，扒出下层菌材上的土，将枯落潮湿的树叶撒在下层菌材上，稍压平，将种子均匀撒在树叶上，上盖一薄层潮湿落叶，再播第 2 层种子，覆土 3cm，再盖一层潮湿树叶，放入上层菌材，最后覆土 10～15cm。如每窖 10 根菌材可播蒴果 8～10 个，每个蒴果约有 3 万粒种子。种植得当，第二年秋可收到一部分箭麻、白麻、子麻和大量的米麻，可作为块茎繁殖的种栽。

天麻授粉育种技术

（四）田间管理

1. 覆盖免耕 天麻栽种完毕，在畦上面用树叶和草覆盖，保温保湿，防冻和抑制杂草生长，防止土壤板结，有利土壤透气。

2. 水分调节 天麻和蜜环菌的生长繁殖都需要较多水分，但各生长阶段有所不同，总体上是前多后少。早春天麻需水量较少，只要适量水分，土壤保持湿润状态即可。进入 4 月初开始萌发新芽，需水量增加，干旱会影响幼芽萌发率和生长速度，同时也影响蜜环菌生长。以后天麻生长加快，对水的要求也逐渐增加。7～8 月是天麻生长旺季，需水量最大，干旱会导致天麻减产。9 月下旬至 10 月初天麻生长定型，将进入休眠期，水分过大蜜环菌会危害天麻。11 月至次年 3 月天麻处于休眠期，需水量很少。

天麻是否缺水，可刨穴检查新生子麻幼芽颜色，变黄则提示缺水。在干旱季节和缺水地区，一般每隔 3～4 天浇一次水，但一次水量不宜过大，应勤浇勤灌，保持土壤湿润。土壤积水或湿度过大，会引起天麻块茎腐烂，应及时排水。尤其到了雨季，要注意及时开沟排水，在暴雨或连续降雨时可覆盖塑料膜防水。

3. 温度调节 6—8 月高温期，应搭棚或间作高秆作物遮阴；越冬前要加厚盖土并盖草防冻。春季温度回升后，应及时揭去覆盖物，减少盖土，以增加地温，促进天麻和蜜环菌的生长。

4．除草松土　天麻一般不进行除草，若是多年分批收获，在5月上中旬箭麻出苗前应铲除地面杂草，否则箭麻出土后不易除草。蜜环菌是好气性真菌，空气流通有利其生长，故在大雨或灌溉后应松动表土，以利空气通畅和保墒防旱。松土不宜过深，以免损伤新生幼麻和蜜环菌菌索。

5．精心管理　天麻栽后要精心管理，严禁人畜踩踏，否则会使菌材松动，菌索断裂，破坏天麻与蜜环菌的结合，影响天麻生长，大大降低天麻产量。

（五）病虫害及其防治

1．病害

（1）杂菌感染：主要在蜜环菌材和天麻块茎上发生。在菌材或天麻表面呈片状或点状分布，部分发黏并有霉菌味，菌丝白色或其他颜色。影响蜜环菌生长，破坏天麻的营养供给。

防治方法：①杂菌喜腐生生活，应选用新鲜木材培养菌材，尽可能缩短培养时间；②培养料和填充料最好要堆积、消毒、晾晒，空隙要填实，以免留空滋生杂菌；③培养或选购优质纯菌种，加大接种量，使蜜环菌生长旺盛，从而抑制杂菌生长；④严格选种，种麻应完整、无破伤、色泽新鲜、无病害；⑤小畦种植，有利蜜环菌和天麻生长。

（2）块茎腐烂病：该病大多在环境不良，如高温高湿、透气不良等不利于天麻生长时进行侵袭危害，导致天麻块茎皮部萎黄，中心组织腐烂，内部成稀浆状，最终因腐烂发臭空壳死亡。

防治方法：①选地势较高、不积水、土壤疏松、透气性好的地方种植天麻；②加强窖场管理，做好防旱、防涝，保持窖内湿度稳定，提供蜜环菌生长的最佳条件，以抑制杂菌生长；③选择完整、无破伤、色鲜的初生块茎作种源，采挖和运输时不要碰伤和日晒；④用干净、无杂菌的腐殖质土、树叶、锯木屑等做培养料，并填满、填实，不留空隙；⑤每窖菌材量不宜过大，以免污染后全部报废。

2．虫害

（1）粉蚧：是危害天麻的主要害虫。天麻收获时常见粉蚧群集于天麻块茎上，危害区块茎颜色加深，严重时块茎停止生长；有时菌材上也可见到群集的粉蚧。粉蚧一般以穴为单位，较集中，传播有局限性。

防治方法：①收获时如发现粉蚧，应将该穴菌材烧毁，天麻蒸煮加工入药；②如大面积发生，该地不宜再种。

（2）蛴螬：土名地蚕（金龟子幼虫），在窖内蛀食天麻块茎，使其成为空洞。

防治方法：可用90%敌百虫800倍液或辛硫磷乳油800～1 000倍液浇灌虫穴。

（3）白蚁：危害菌材和天麻，严重时菌材被蛀食光。

防治方法：①用松枝诱集，灭蚁灵毒杀；②同时，可用肉皮、肉、鸡、鱼骨埋入有蚁害的天麻附近，第2天后拨开，当蚁聚集时用热水浇杀；③窖场四周挖深沟，沟内撒石灰。

（4）蝼蛄：以成虫或若虫在天麻窝表土层下开掘隧道，破坏菌索，嚼食天麻块茎。

防治方法：可用90%敌百虫拌炒香的麦麸或豆饼等诱杀。

（5）蚜虫：危害地上花茎，可用1 000倍乐果防治。

防治方法：可用40%乐果乳油或80%敌敌畏乳油1 500倍喷雾防治。

三、采收、加工与贮藏

（一）采收

天麻一般在立冬后至次年清明前采挖，此时正值新生块茎生长停滞而进入休眠时期。采收时，先将表土撤去，待菌材取出后，再取出箭麻、白麻和天麻，轻拿轻放，以避免人为机械损伤。选取麻体完好健壮的箭麻作有性繁殖的种麻，选取中白麻、小白麻、米麻作无性繁殖的种麻，其余加工成产品。

（二）加工

1．分等级　用于加工的天麻块茎，应按照体重进行分等级。单个重150g以上为一等，75～

150g 为二等，75g 以下和挖破的大个者为三等。

2．清洗　将分级的天麻分别用水冲洗干净，不可磨擦去泥，只能用手轻抹泥液。洗完立即加工处理，来不及加工的先不要洗。

3．刨皮　用竹刀刮去外皮，削去受伤腐烂部分，然后用清水冲洗。刨皮加工好的天麻叫雪麻，现在人工栽培量大，除出口外其余都不刨皮。

4．蒸煮　水开后，将天麻按不同等级分别蒸。单个重 150g 以上蒸 20～30 分钟，100～150kg 蒸 15～20 分钟，100g 以下蒸 10～15 分钟，等级外的蒸 5 分钟左右。蒸至透心、断面无白点（对着光看没有黑心）或用竹签顺利插入为止。蒸后摊开晾干，以防变色霉变。有的地方采用沸水煮，但煮易使有效成分含量降低或丧失，故不可取。

5．烘干　烘干不可火力过猛。炕上温度开始 50～60℃为宜，当烘至麻体变软时，大的取出用木板压扁，小的不压，然后再继续烘烤，此时温度可稍高，70℃为宜，不可超过 80℃。接近全干时应降低温度，否则易烤焦变质。

（三）贮藏

加工好的商品天麻，用无毒塑料袋或其他密闭又不易吸潮的器具密封后放在通风、干燥处保存，防止回潮霉变，以免影响品质。

四、商品质量标准

（一）外观质量标准

天麻商品规格标准分四级，其等级与质量要求如下：

一等：干货。呈长椭圆形，扁缩弯曲。去净粗栓皮，表面黄白色，有横环纹，顶端有残留茎基或红黄色的枯芽，末端有圆盘状的凹脐形疤痕。质坚实、半透明，断面角质，牙白色，味甘微辛。每千克 26 支以内，无空心、枯烤、杂质、虫蛀、霉变。

二等：干货。呈长椭圆形，扁缩弯曲。去净栓皮，表面黄白色，有横环纹，顶端有残留茎基或红黄色的枯芽，末端有圆盘状的凹脐形疤痕。质坚实、半透明，断面角质，牙白色，味甘微辛。每千克 46 支以内，无空心、枯烤、杂质、虫蛀、霉变。

三等：干货。呈长椭圆形，扁缩弯曲。去净栓皮，表面黄白色，有横环纹，顶端有残留茎基或红黄色的枯芽，末端有圆盘状的凹脐形疤痕。质坚实、半透明，断面角质，牙白色或棕黄色稍有空心，味甘微辛。每千克 90 支以内，大小均匀，无枯烤、杂质、虫蛀、霉变。

四等：干货。每千克 90 支以外。凡不合一、二、三等的碎块、空心及未去皮者均属此等。无芦茎、杂质、虫蛀、霉变。

（二）内在质量标准

《中国药典》（2020 年版）规定：水分不得过 15.0%。总灰分不得过 4.5%。二氧化硫残留量不得过 400mg/kg。醇溶性浸出物含量不得少于 15.0%。按干燥品计算，含天麻素（$C_{13}H_{18}O_7$）和对羟基苯甲醇（$C_7H_8O_2$）的总量不得少于 0.25%。

知识链接

1．自养型生物　能够利用无机物合成自身的有机物的生物属于自养生物，如蓝藻、硝化细菌、绿色植物等。

2．异养型生物　不能通过自身将无机物合成有机物，只能从外界摄取现成有机物的生物属于异养生物，如绝大多数动物、真菌等。

3. 鉴于天麻和蜜环菌之间具有极为密切的营养关系，研究证明，蜜环菌的菌丝和发酵液都具有与天麻相类似的药理作用和临床疗效。因此，人们大胆地提出以培养蜜环菌代替天麻的设想。经大量中西医临床验证，蜜环菌片、蜜环菌冲剂、蜜环菌糖浆等在临床上可以治疗眩晕头痛、失眠、惊风、肢麻及腰、膝酸痛等。

课堂互动

生活中常见的药食两用真菌有哪些？请举例说明。

（陈玉宝）

第五节　丹　参

丹参组图

丹参 *Salvia miltiorrhiza* Bge. 为唇形科多年生草本植物，以干燥根和根茎入药，药材名丹参。丹参味苦，性微寒，具有活血祛瘀、通经止痛、清心除烦、凉血消痈的功效，用于胸痹心痛、脘腹胁痛、癥瘕积聚、热痹疼痛、心烦不眠、月经不调、痛经经闭、疮疡肿痛等病症。主产于陕西、四川、安徽、山西、河北、山东、河南、湖南、江苏、浙江、江西等地，目前全国大部分地区都有人工栽培。

一、生物学特性

丹参分布广，适应性强。野生于向阳山坡、草丛、路边、溪旁等处。喜温和气候，较耐寒，可耐受 -15℃以上的低温。生长最适温度为 20～26℃，最适空气相对湿度为 80%。产区一般年平均气温 11～17℃，海拔 500m 以上，年降水量 500mm 以上。丹参根部发达，长度可达 60～80cm，怕旱又忌涝。对土壤要求不严，一般土壤均能生长，但以地势向阳、土层深厚、中等肥沃、排水良好的砂质壤土栽培为好，忌在排水不良的低洼地种植。对土壤酸碱度要求不严，从微酸性到微碱性都可栽培。根部具有很强的吸肥能力，在中等肥力的土壤中生长良好，但当氮、磷、钾、微量元素严重缺乏时，植株不能正常生长。

丹参种子小，长卵圆形，千粒重 1.5g 左右，寿命 1 年。在 18～22℃下，15 天左右出苗，新种子出苗率 70%～80%，陈种子发芽率极低。无性繁殖时，根在地温 15～17℃时开始萌生不定芽，根条上段比下段发芽生根早。当地表 5cm 土层地温达到 10℃时，丹参开始返青，3—5 月为茎叶生长旺季，4—6 月枝叶繁茂，陆续开花结果。7 月之后根生长迅速，7—8 月茎秆中部以下部分或全部脱落，果后花序梗自行枯萎，花序基部及其下面一节的腋芽萌动并长出侧枝和新叶，同时又长出新的基生叶。8 月中、下旬根系加速分支、膨大。10 月底至 11 月初平均气温低于 10℃时，地上部分开始枯萎。

丹参根中丹参酮类有效成分在皮部含量高，在木质部中的含量极少，丹参酮类成分主要分布在根的表面。因此，栽培上可采取相应的措施促使根系表面积增大，增加根系分枝。

二、栽培技术

（一）选地与整地

丹参喜温暖湿润的环境。宜选阳光充足、排水良好、土层疏松肥沃的腐殖质地或砂质壤地。过于水涝或荫蔽处均不宜栽培，可种植在山坡、田园、庭院周围旷地，也可间作于桑地、茶园或果园中。可与玉米、小麦、薏米、大蒜、蓖麻等作物或非根类药用植物轮作,不宜与豆科或其他根类药用植物轮作。忌连作。种植前,深翻 30cm 以上,每亩施腐熟符合无害化卫生标准的堆肥或厩肥 2 000～3 000kg,耙细整平后,做成宽 100～150cm、高 20～30cm 的畦备用,四周开好排水沟系,以利于灌排水。

(二) 繁殖方法

主要有种子繁殖、分根繁殖和芦头繁殖。

1. 种子繁殖 分育苗移栽和大田直播,两法均可在 3 月下旬或 4 月上旬播种,也可在 11 月中、下旬播种。丹参种子细小,发芽率在 70% 左右,在 18～20℃ 和一定的湿度下播后 15 天即可出苗,苗高 3cm 时进行第 1 次间苗。苗高 5～7cm 时,直播可按行株距 30cm×20cm 定苗;育苗移栽者按 15cm×10cm 定苗,并于当年秋或翌年春移栽于大田。每亩播种量为 0.5kg。

2. 分根繁殖 早春发芽前或秋末地上茎叶枯萎后,将根挖出,选一年生健壮无病虫害的新鲜粗壮色红的侧根,直径 1cm 左右,截成 5～7cm 小段,稍晾,按行株距 30cm×20cm 开穴,穴内施充分腐熟符合无害化卫生标准的农家肥,每穴栽 1～2 段,栽时要注意生物学极性,不能倒栽,栽后覆细土,浇透水,盖草。每亩用种根量 40～50kg。

3. 芦头繁殖 3 月上、中旬,挖取无病虫害的健壮植株,从芦头下 2.5～3cm 处剪断,剪下粗根入药,将细于 0.5cm 的根连同莲座状叶的芦头作种,按行株距 30cm×20cm,栽于整理好的畦地内,栽后浇水,40～50 天长新根。每亩用芦头量 30～40kg。

此外,丹参还可以采用扦插繁殖及组织培养进行繁殖,对加速和扩大丹参的栽培生产,提高产量和质量有一定意义。

(三) 田间管理

1. 补苗 开春后,当丹参新苗出土后,首先要查看苗情,若有缺苗,应及时补苗。

2. 中耕除草与施肥 丹参生长期,每年应中耕除草和施肥 2～3 次,第 1 次在 4 月中、下旬,苗高 10cm 左右进行中耕除草后,亩施充分腐熟符合无害化卫生标准的人粪尿 1 000kg,施在根旁;第 2 次在 6 月下旬,此时正是丹参生长和根系增粗的旺盛期,亩施腐熟人粪尿 2 000kg 和加施过磷酸钙 20～30kg;第 3 次施肥通常在 8 月中下旬,此时是丹参生殖器官发育重要阶段,亩施腐熟的饼肥 100～200kg,另用 2% 的过磷酸钙根外喷肥,可以促使种子充实,提早成熟。

3. 灌排水 注意做好灌溉和雨季排积水工作,丹参生长期不可干旱,尤其是出苗期和移栽期,干旱时及时浇水,经常保持土壤湿润,否则叶片焦脆,影响生长和根的产量。雨季及时排水,避免水涝,造成烂根。

4. 摘除花薹 开花结实要消耗大量养分,使根产量降低。对不收种的丹参田,必须及时分批分期除去花序,避免养分消耗。

(四) 病虫害及其防治

1. 病害

(1) 叶斑病:危害叶片。初期叶片生有圆形或不规则形深褐色病斑,严重时病斑扩大融合,致使叶片枯死。5 月初发病,6—7 月发病严重。

防治方法:①冬季清园,处理病残株;②加强田间管理,清除病叶,改善通风透光条件,降低田间湿度;③发病初期用 50% 多菌灵 1 000 倍液喷施。

(2) 根腐病:高温多雨季节易发生,造成根部发黑腐烂,地上部分枯萎,严重时全株死亡。

防治方法:①选地势较高,排水较好的土壤种植;②发病期可用 50% 多菌灵 1 000 倍液浇灌;③拔除病株烧毁并用石灰消毒病穴。

(3) 根结线虫病:危害根部。发病后的丹参植株生长衰弱,外形矮小,须根增多,并有许多大小不等的瘤状物或结节状物,红色素明显减少,产量显著降低;叶片卷曲,色泽失常,并有白色斑块,严重时植株枯萎死亡。

防治方法:①选择无病源的种苗和地块种植;②采取水旱轮作;③整地时用 5% 克线磷 5kg/

亩沟施后翻入土中或栽种时穴施;④发病时,亩施米乐尔颗粒 3kg,沟施。

2. 虫害

(1)蚜虫:以成、若虫吸取幼芽及叶汁液,造成植株发育不良。

防治方法:用 50% 杀螟松 1 000～2 000 倍液或 40% 乐果乳油 1 500～2 000 倍液喷杀,每 7～10 天喷 1 次,连续 2～3 次。

(2)棉铃虫(又名钻心虫):幼虫危害蕾、花、果等,影响种子产量。

防治方法:①现蕾时开始喷 50% 西维因 600 倍液防治;②释放赤眼蜂、草蛉等天敌防治。

(3)蛴螬:危害根部,咬断幼苗。

防治方法:①撒毒饵诱杀;②用 90% 敌百虫 1 000～1 500 倍液浇灌根部杀灭。

(4)银纹夜蛾:幼虫咬食叶片,严重时可把叶片吃光。夏秋季多发生。

防治方法:①黑光灯诱杀成虫;②用 90% 敌百虫 800～1 000 倍液,7 天喷 1 次,连喷 2～3 次或 40% 氧化乐果喷杀。

三、采收、加工与贮藏

(一)采收

春栽于当年 10—11 月地上部分枯萎或次年春季萌发前采收。采收宜选晴天。由于丹参根系疏散且脆嫩易断,故采挖时应注意先刨根际周围泥土,再将整个根蔸挖出。

(二)加工

挖起后,抖净泥土,除去茎叶。采收后的丹参可晒干,也可烘干。如需"条丹参",可将直径 0.8cm 以上的根条切下,顺条理齐,曝晒,不时翻动,7～8 成干时,扎成小把,再曝晒至干,装箱即成。如不分粗细,晒干去杂后装入麻袋者称"统丹参"。

(三)贮藏

仓库应通风、干燥、避光,防止虫蛀、霉变、腐烂等现象发生并定期检查。室温避光储存不宜超过 24 个月。

四、商品质量标准

(一)外观质量标准

以身干、条粗壮、色紫红、无芦头、无须根、无霉蛀、无 7cm 以下碎片为佳。

(二)内在质量标准

《中国药典》(2020 年版)规定:水分不得过 13.0%。总灰分不得过 10.0%。酸不溶性灰分不得过 3.0%。重金属及有害元素照铅、镉、砷、汞、铜测定法测定,铅不得过 5mg/kg;镉不得过 1mg/kg;砷不得过 2mg/kg;汞不得过 0.2mg/kg;铜不得过 20mg/kg。水溶性浸出物含量不得少于 35.0%。醇溶性浸出物不得少于 15.0%。本品按干燥品计算,含丹参酮 II_A($C_{19}H_{18}O_3$)、隐丹参酮($C_{19}H_{20}O_3$)和丹参酮 I($C_{18}H_{12}O_3$)的总量不得少于 0.25%;含丹酚酸 B($C_{36}H_{30}O_{16}$)不少于 3.0%。

(郑　雷)

第六节　甘　草

甘草组图

甘草 *Glycyrrhiza uralensis* Fisch.,又名乌拉尔甘草、甜草、甜根子等,为豆科多年生草本植物,以根和根状茎入药,药材名甘草。甘草味甘,性平,具有补脾益气、清热解毒、祛痰止咳、缓急止痛、调和诸药的功效，用于脾胃虚弱、倦怠乏力、心悸气短、咳嗽痰多、脘腹和四肢挛急疼痛、痈肿疮毒等病症。此外同属植物胀果甘草 *Glycyrrhiza inflata* Batal. 和光果甘草 *Glycyrrhiza glabra* Linn. 同被 2020 年版《中国药典》作为药材甘草原植物收录。我国甘草主要分布于内蒙古、甘肃、新疆、宁夏、陕西及东北部分地区。由于历年来大量采挖，甘草的野生资源遭到严重破坏，资源日益减少，现在以新疆的产量最大，内蒙古、甘肃及宁夏次之。

一、生物学特性

甘草多生长于北温带地区，喜干燥、昼夜温差大、冬季寒冷、光照充足、日照长、夏季酷热的气候条件，降水量一般在 300mm 左右，具有喜光、耐旱、耐热、耐盐碱和耐寒的特性。甘草是钙土指示植物，又是抗盐性很强的植物。因此，土壤 pH 值在 7.2～9.0 范围内均可生长，但以弱碱性砂壤土(pH 值在 8.0 左右)较为适宜，在酸性土壤生长不良。适宜在干旱的钙质土、排水良好、地下水位低的砂质壤土中栽培，忌地下水位高和涝洼地酸性土壤。

甘草的根及根茎在土壤中越冬。春 4 月在根茎上发出新芽，5 月中旬出土返青，6—7 月开花结果，8—9 月果熟。

二、栽 培 技 术

(一)选地与整地

应选择地下水位低，排水条件良好，土层厚度大于 2m，内无板结层，pH 值在 8.0 左右，灌溉便利的砂质土壤较好。最好秋季翻地，同时施基肥，每亩施充分腐熟符合无害化卫生标准的厩肥 2 000～3 000kg，深翻土壤 20～35cm，然后整平耙细，若来不及秋翻，春翻亦可，但必须保证土壤墒情，打碎土块，整平地面，否则会影响全苗、壮苗。种植前平整地表，保证地表土层精细、表面平整。

(二)繁殖方法

甘草主要以种子繁殖为主，也可以采用根茎繁殖和分株繁殖。

1．种子繁殖　种子繁殖有直播和种苗移栽两种方式，目前多采用直播，省时，省工。

(1)种子处理：甘草种子非常硬实，种皮组织致密，水分不易透过，播种前要对种子进行物理处理或者化学处理。物理处理主要用电动碾米机或粗沙进行碾磨种皮，90% 以上的甘草种子表面蜡质层有明显划痕为止，增加透水性，如果有 90% 以上的种子吸水膨胀，说明种子已处理好可用于播种；化学处理是将种子称重置于陶瓷罐内，按 1kg 种子加 98% 的浓硫酸 30ml 进行拌种，用光滑木棒反复搅拌，在 20℃下闷种 7 小时，然后用清水多次冲洗后晾干备用，发芽率可达 90% 以上。甘草种子发芽适宜温度 15～35℃，最适温度 25～30℃，土壤含水量为 7.5% 以上适宜种子萌发。

(2)播种时期：春播一般在 4 月中下旬，在春季墒情好的地方多采用春播。秋播在 8—9 月份播种，播后种子萌动之前土壤冻结，次年春季土地解冻土温适宜时，10℃时即可萌发出土，最适温度为 25℃左右。土壤墒情好，出苗、保苗率都高。

(3)播种方法：可条播和穴播，条播按行距 30cm 开 1.5cm 深的沟，种子均匀撒入沟内，覆土。机械覆膜穴播按行距 30cm，按穴距 10cm，穴深 5cm 左右，每穴播 3～5 粒，踏实后覆土，注意种子和土壤密接，土干要浇水，每亩用种子 2～3kg。第一年直播播种后需及时浇水，保证正常出苗；其他生长期根据土壤墒情决定浇水时间，一般在每年的 6—8 月浇水，越冬水必须灌透。

(4)种苗移栽：种苗外观应条直，无破损、烂根，芽孢完整，种苗长度在 25～45cm 和芦头直径在 4～8mm 之间为宜，每年 4 月份左右，土壤解冻时移栽种植。用甘草种苗移栽机开沟移栽，覆土深度 8～10cm 为宜，平放移栽居多，也可斜放移栽，不覆膜。株距一般为 10cm，行距一般为 20～25cm。每年视墒情浇水 2～4 次，一般在每年的 6—8 月浇水，越冬水必须灌透；黄土高原等无灌溉条件或降水量达到 300mm 以上的地区可以不浇水。

2．根茎繁殖　结合春、秋采挖甘草时进行，种茎宜选用直径 0.8～1cm 的甘草根茎，将其切成长 10～15cm，带有 2～3 个芽眼的小段。按行距 30cm 开 10cm 深的沟，株距 15cm，种茎平放，覆土压平，浇水。

3．分株繁殖　甘草老植株基部能自然萌发出许多萌蘖。可在春、秋季挖出，移栽于事先处理过的土地上，行距 30cm，株距 10～15cm。

（三）田间管理

1．间苗定苗　苗长出 3 片真叶时按株距 5～7cm 间苗，当甘草秧苗长 6 片真叶时可进行定苗，定苗株距 15cm 左右，每亩保苗 2 万株左右。

2．灌溉排水　浇水方式一般有滴灌、漫灌 2 种，采用滴灌浇水，每年浇水 4～5 次，采用漫灌浇水，每年 3～4 次，无灌溉条件的不浇水。

出苗前后要经常保持土壤湿润，以利出苗和幼苗生长。生长中期结合除草、施肥，苗高 10cm 以上，出现 5 片真叶后浇头水，并保证每次浇水浇透，这样有利于根系向下生长，生长后期一般不再浇水，以保持适度干旱以利根系生长。土壤湿度过大会使甘草根部腐烂，如有积水应及时排除。

3．施肥　播种前要施足底肥，以厩肥为好。播种当年可于早春每亩追施 10kg 尿素，第 2、3年每年春季秧苗萌发前追施磷酸二铵每亩 15～20kg。在冬季封冻前每亩可追施充分腐熟符合无害化卫生标准的农家肥料 2 000～2 500kg。甘草根具有根瘤，有固氮作用，一般不需施氮肥。

4．中耕除草　以人工除草和机械除草为主，化学药剂除草为辅，发展生态种植。一般在幼苗出现 5～7 片真叶时，进行第一次锄草松土，结合趟垄培土，提高地温，促进根生长，入伏后进行第二次中耕除草，再趟垄培土 1 次。从第二年起甘草根开始分蘖，杂草很难与其竞争，不再需要中耕除草。必要时采用化学药剂除草，一般种植前喷洒或冲施芽前封闭除草剂进行封闭除草，在生长过程中针对芦苇科、阔叶类、禾本科等杂草利用除草剂进行专项除草。

（四）病虫害及其防治

1．病害

（1）锈病：一般于 5 月甘草返青时，易被真菌侵害，叶、茎的背面出现黄褐色的夏孢子堆，8—9 月形成褐黑色的冬孢子堆。可使叶片发黄，严重时叶片脱落，影响产量。

防治方法：①把病株集中起来烧毁；②初期喷洒 0.3～0.4 波美度石硫合剂、20% 粉锈宁 1 000倍液喷雾、65% 的代森锌可湿性粉剂 500 倍液或 97% 敌锈钠 400 倍液防治。每 7～10 天喷一次，喷 2～3 次即可。

知识链接

石硫合剂是一种高效的杀菌剂和杀虫剂，用于杀灭真菌，防治刺吸性口器的害虫。它是将硫黄和熟石灰悬浊液加热熬制而成，浓度单位为波美度。因其在空气中易变质，所以现用现配。

（2）褐斑病：被真菌感染后，叶片产生圆形和不规则形病斑，中央灰褐色，边缘褐色，病斑的正反面均有灰黑色霉状物。

防治方法：①秋季清园，植株枯萎后及时割掉地上部分，并清除田间落叶、病株残体，减少病株；②50% 多菌灵 500 倍液喷雾，视病情隔 9～10 天喷 1 次。

（3）白粉病：被真菌中的半知菌感染后，叶片正反面产生白粉。

防治方法：喷 0.2～0.3 波美度石硫合剂或用 20% 粉锈宁 800～1 000 倍液喷雾，视病情每隔 7天加强 1 次。

（4）根腐病：主要危害根部。

防治方法：①注意天气预报，防止大水漫灌；②发现病株用50%甲基托布津800倍液或75%百菌清600倍液进行灌根；③发现病株及时拔除；④实施轮作。

2.虫害

（1）跗粗角萤叶甲：以成虫及幼虫取食危害甘草幼芽。

防治方法：①甘草生长季节，可采用40%乐斯本乳油1 000倍液或1 500倍液喷洒；②加强田间管理，冬季灌水，秋季清园。

（2）蚜虫：成虫及若虫危害嫩枝、叶、花、果实。

防治方法：发生期用飞虱宝（25%可湿性粉）1 000～1 500倍液或用吡虫啉1 500倍液或20%高效溴氰菊酯2 000倍液或千虫克800倍液喷洒。

（3）甘草胭脂蚧：4月下旬危害严重，一直持续到7月下旬。发生在地表下5～15cm的甘草根部，吸食甘草汁液，可见有玫瑰色的"株体"，即蚧虫。

防治方法：①避免重茬，减少虫源；②成虫期用2.5%敌杀死3 000倍液或40%乐斯本乳油1 500倍液喷洒地面；③若虫期用40%乐斯本乳油1 000倍液或50%辛硫磷800倍液拌毒土，每株穴施，选择下午无风时喷洒，毒土穴施后用土覆盖。

三、采收、加工与贮藏

（一）采收

直播甘草种植3年后采挖，移栽甘草栽植2年后采挖。采挖季节在秋季9月下旬至10月初地上茎叶枯萎时采挖。采收前先用镰刀或者机械刈割下地上茎叶，然后采用单铧犁或者甘草专用筛挖机采挖甘草，直播种植采挖深度40～60cm，移栽种植采挖深度在30～40cm，人工收拣甘草，去除杂物。甘草根深，必须深挖，不可刨断或伤根皮，挖出后去掉残茎、泥土。秋季采挖质量较好。生长一年的甘草亩产鲜重400～600kg，生长两年亩产可达1 000kg以上。

（二）加工

采收后，去掉泥土，除去残茎、须根，趁鲜用枝剪将侧根从靠近主根部剪下，用枝剪从贴近根头处剪下芦头，按主根、侧根、根茎分类晾晒，半干时再按不同径级和长度分类捆成小把，然后阴至全干。

（三）贮藏

加工好的药材用麻袋封包堆放于货架上，并与地面、墙壁保持60～70cm的距离，仓库应保持清洁和通风、干燥、避光。气候湿润的地区，最好用除湿设备，以防止甘草药材霉变。

四、商品质量标准

（一）外观质量标准

甘草商品以条长、均匀、皮细色红、质坚、油润、断面黄白、味甜、粉足者为佳。

商品甘草分级标准

特级草（特大草）：单根长度25～40cm，根直径2.5cm以上。

甲级草（一等草）：单根长度25～40cm，根直径2.0cm以上。

乙级草（二等草）：单根长度25～40cm，根直径1.5cm以上。

丙级草（三等草）：单根长度25～40cm，根直径1.0cm以上。

丁级草（齐口毛条）：单根长度20～50cm，根直径0.7cm以上。

节草（大小节）：系长短不等的甘草节，无疙瘩头和须根。

疙瘩头：系加工条草后剁下的根头，呈疙瘩状，大小不等，无残茎和须根。

（二）内在质量标准

《中国药典》（2020年版）规定：水分不得过12.0%。总灰分不得过7.0%。酸不溶性灰分不得过2.0%。重金属及有害元素照铅、镉、砷、汞、铜测定法测定，铅不得过5mg/kg；镉不得过1mg/kg；砷不得过2mg/kg；汞不得过0.2mg/kg；铜不得过20mg/kg。有机农药残留量照农药残留量测定法测定，含五氯硝基苯不得过0.1mg/kg。本品按干燥品计算，含甘草苷（$C_{21}H_{22}O_9$）不得少于0.50%，甘草酸（$C_{42}H_{62}O_{16}$）不得少于2.0%。

（陈玉宝）

第七节　西　洋　参

ER-8-10

西洋参组图

西洋参 *Panax quinquefolium* L. 为五加科多年生草本植物，别名花旗参、洋参等，以干燥根入药，药材名西洋参。西洋参味甘、微苦，性凉，具有补气养阴、清热生津的功效，用于气虚阴亏、虚热烦倦、咳喘痰血、内热消渴、口燥咽干等病症。原产于美国北部和加拿大南部的森林区。目前，我国吉林、辽宁、黑龙江、山东、北京、河北、山西有较大规模引种栽培，陕西、甘肃、四川、重庆、云南、贵州、浙江、福建等地有小规模引种栽培。

一、生物学特性

西洋参是一种阴生植物，喜凉爽湿润，半阴半阳的环境。春季当气温达到10℃以上，土温（10cm深）7℃以上才能出苗，生长期最适气温为20～25℃，土温为18～20℃。秋季气温降至12～14℃，土温10℃就进入枯萎期。一年中西洋参的生育期为130～150天，生长期需10℃以上积温2700℃左右。对土壤要求较严格，以湿润疏松、有团粒结构、富含腐殖质、微酸性土壤为好。土壤表层和心土通透性要好，达到疏松肥沃，排水良好。坡度要求20°以内的缓坡地。要求水分充足，年降雨量800～1100mm，空气相对湿度75%～85%，土壤含水量40%～55%。西洋参为长日植物，但不能耐受强光、直射光，喜阴，喜欢散射光和漫射光，忌强光直射，否则会灼伤植物叶部，导致植株枯萎死亡。人工栽培需搭棚遮光，林区空地栽培需调节透光度，一般透光度在20%左右。

西洋参种子千粒重55～60g。种子具有胚后熟休眠的特性，分为形态休眠和生理休眠。种子裂口前胚发育的最佳温度为15℃，而10℃以下及高于25℃均抑制胚的发育，种子裂口后再在10～20℃条件下，经过40～50天，胚长至4mm左右，完成形态后熟。而后种子需要在0～5℃的环境下60天才能打破生理休眠。因此，西洋参播种前必须进行层积处理，否则不出苗或出苗极不整齐。

二、栽　培　技　术

（一）选地与整地

西洋参喜温和湿润的气候，同时西洋参又具有较强的抗寒性，-12℃以上一般不会出现冻害。地温5～7℃开始生长，12℃开始出土，20～21℃时开花，10℃时枯萎。15～18℃最有利于植株生长。土壤湿度过高和过低都不利于西洋参的生长发育，田间持水量60%最有利于西洋参的生长发育。选择土壤较肥沃的农田地，避风，避强光直射。前茬作物以豆类作物、禾本科作物为好，不宜用烟草、茄科、十字花科的白菜和萝卜等作物作前茬。前茬种植早熟品种豆科作物或种植绿肥植物。施用大量有机肥，如堆肥、厩肥、草炭、豆饼肥，进行多次耕翻后，使土壤熟化，达到提高土壤有机质含量，改善土壤理化性状的目的。根据土层厚薄和作床的用土量决定耕翻深度，一般深度为25～30cm。西洋参是阴生植物，需要在荫棚下生长。农田栽培西洋参多采用连体的高式平棚，不同于普通人参棚，整个田块连成一个棚，棚的四周围上草帘，其上盖草帘、苇帘或遮阳网，不盖塑料布。荫棚的规格是：高度从地面算起为1.8～2.3m，床宽150cm，床高25cm，棚下作业，透光率控制在20%左右。荫棚的搭设时间与作床一般同步进行。

（二）繁殖方法

主要采用种子繁殖。

1. 种子处理　西洋参种子有休眠现象，一般在西洋参果实采收后（8月下旬至9月上旬），及时搓去果皮果肉，选取成熟饱满的种子，然后与过筛后调好湿度的细沙或细土混拌均匀，处理期间的温度条件是，种子裂口前控制在14～17℃，种子裂口后控制在12℃左右。前期每15天倒种一次，结合倒种调好湿度，倒种后照原操作再装箱或装床。种子裂口后每7天倒种一次，处理的沙子湿度可稍低些。在以上条件下，一般经过120天左右，种胚长可达4mm，也就是达到种仁长的4/5左右，证明种子处理合格。如果没有达到这一标准，则要继续处理。处理好的种子应逐渐降低温度条件，使之在0～5℃条件下持续放置60天以上。然后再继续降温至完全结冻，放入事先备好的冷藏坑中盖严保存，待翌春化冻后取出播种。

2. 播种　西洋参可在春秋两季播种，但春播不宜晚，秋播不宜早。目前西洋参播种方式常见有两种，一是种子直播，西洋参在同一块土地上连续生长4年；二是先育苗1～2年，然后再移栽。播种前应进行床面喷灌或浇灌。播种方法多用穴播，少数为撒播。播种量的多少和种子质量、管理水平等有关。直播穴播行株距可用7cm×7cm、5cm×10cm等；育苗移栽则采用5cm×5cm、7cm×5cm等。播种深度为3cm，播后床面要盖草，每亩播种量5～6kg。

（三）田间管理

1. 覆盖遮阴　农田栽培西洋参床面覆盖是关键，覆盖4～5cm厚树叶或加盖3cm厚的锯木屑；或者直接加盖苇帘，以保持参床水分和防止杂草滋生。当西洋参刚顶土出苗时，应进行遮阴管理工作。

2. 松土除草　秋栽及生长一年以上的西洋参于春季土壤解冻后，芽苞将要萌动时，除去防寒物后，用耙子疏松表土，搂平畦面，深度以不伤芽、根为度。生育期间还要经常松土除草，松土时期及次数视具体情况而定，以保持田间无杂草，土壤不板结为原则，一般需3～5次。

3. 追肥　西洋参播种后一般要在同一地块连续生长4年，单靠施用基肥不能保证其正常生长发育，必须适时追肥。特别是3～4年生的地块，如不及时追肥，将会影响西洋参的产量和质量。可在揭除完防寒物之后，每平方米施入苏子（煮熟碾碎）50g、豆饼粉100g、脱胶骨粉40g。也可施用高效复合肥，每平方米100～150g。此外，还可在绿果期进行1～2次根外施肥。

4. 排灌　适宜的水分条件是西洋参生长良好的必要保证。各地应因地制宜抓好灌排水工作。灌水应采用喷灌或浇灌方式，一般每平方米用水量15～20kg。4年生的地块，秋季起参前20天左右，适当灌水，可提高参根产量和折干率。在进入雨季前，要清理好田间排水沟。

5. 摘蕾、疏花及采种　3～4年生的西洋参开始大量开花结果，对于不留种的地块，应及时将花蕾摘除。留种地为保证种子饱满，则要进行疏花工作，方法是将花序中心1/3左右的花蕾摘除，只留外围30个左右的花蕾。西洋参种子成熟时期不一致，应当分批采收。

6. 休眠期管理　休眠期要注意越冬防寒，每年积雪融化后，西洋参出苗前，是维修参棚的好时机。要把倒塌、倾斜或不牢固的棚架修好、修牢。

（四）病虫害及其防治

1. 病害　分别是黑斑病、立枯病、疫病、菌核病、根腐病。

防治办法：①以药剂为主，可用的药剂有50%的多菌灵500倍液、65%的代森锌600～800倍液、75%的百菌清500倍液、代森锰锌800倍液、40%的代森铵800倍液、甲基托布津1 000～1 200倍液、1:1:120～1:1:160的波尔多液等，轮换使用，从出苗50%起，每7天喷药一次。药应保证全面喷洒在叶面、叶背及茎秆上，喷药后如遇下雨，应及时补喷一次；②春季出苗前田间消毒可用1%的硫酸铜，全面喷洒在床面、作业道、棚架及帘子上；③对于已发病的植株应及时拔除，并对该处进行重点消毒。

2．虫害　西洋参的虫害有金针虫、蝼蛄等，可用毒饵（敌百虫与鲜草 1∶50～1∶100）或药剂浇灌（90%敌百虫 700～1 000 倍液）。

三、采收、加工与贮藏

（一）采收

栽培西洋参以收获 4 年生产品为最好，收获时间可在 9 月中旬到 10 月中旬。多用人工采挖。起收西洋参时，要先将地上部分枯枝落叶及床面覆盖物清理干净，若床土湿度过大时，可晾晒 1～2 天。然后用镐或叉子、三齿子将床头、床帮的土刨起，再由参床的一头开始将西洋参刨出，边刨边拣，抖去泥土，运回加工。起收的量应根据加工能力而定。除收参根外，西洋参的茎、叶、花、果以及前面介绍的摘下的花蕾也应开发利用。目前，利用最多的是西洋参茎叶，主要用于提取人参皂苷。当年起收的地块，可在收参前割取；其他地块，以在 10 月上旬，参叶枯萎但未着霜前采收为宜。一般亩产干参 100～120kg。

（二）加工

1．洗刷　洗刷是西洋参加工的第一道工序。洗刷的方法有高压水冲洗、刷参机洗刷及手工刷洗。洗刷前应先把西洋参在水中浸 10～20 分钟，然后把泥土刷掉。一般洗刷西洋参不能过重，除有较重的锈病外，只要将浮土及分叉处大块泥土洗掉即可。

2．晾晒　洗刷后的西洋参，在进入加工室以前，要将表面水分在日光下晾晒干。并要把不同大小的西洋参放在不同的烘干帘（盘）上，常分成三级。一级直径大于 20mm，二级直径 10～20mm，三级直径 10mm 以下。进入下一步烘干。

3．烘干　多采用烘干室干燥。烘干室可根据条件而定，有的采用日光玻璃房晒干；有的采用暖气烘干；有的采用电热风吹干；也有的采用地炕烘干。无论采用哪种烘干方法，都要求卫生、防火设备齐全、照明良好、设有能启闭的排潮孔。较先进的烘干室内设有多层放置摆放参帘（盘）的架子，有较完善的供热调温和排湿系统。烘干的温度要求是，起始温度为 25～26℃，持续 2～3 天，然后逐渐升至 35～36℃。在参主体变软后，再使温度升至 38～40℃，2～3 天后逐步降至 30～32℃直到烘干为止。整个烘干时间为 2 周左右。烘干的湿度要求是，初期控制相对湿度在 60% 左右；中期 50%；后期 40% 以下。

（三）贮藏

将加工好的西洋参置于装有石灰的缸中，精心保管，注意防潮、防虫。

四、商品质量标准

（一）外观质量标准

以身干、条匀、质硬、表面横纹紧密，气清香、味浓，无病疤、虫蛀，无霉变者为佳。

（二）内在质量标准

《中国药典》（2020 版）规定：含水分不得过 13.0%；总灰分不得过 5.0%。重金属及有害元素按铅、镉、砷、汞、铜测定法测定，含铅不得过百万分之五；镉不得过千万分之三；砷不得过百万分之二；汞不得过千万分之二；铜不得过百万分之二十。含人参皂苷 Rg_1（$C_{42}H_{72}O_{14}$）、人参皂苷 Re（$C_{48}H_{82}O_{18}$）和人参皂苷 Rb_1（$C_{54}H_{92}O_{23}$）的总量不得少于 2.0%。

（付绍智　陈春宇）

麦冬组图

第八节　麦　　冬

麦冬 *Ophiopogon japonicus*（L.f）KerGawl. 为百合科多年生草本植物，以干燥块根入药，药材名麦冬。麦冬味甘、微苦，性微寒，具有养阴生津、润肺清心的功效，用于肺燥干咳、阴虚痨嗽、喉痹咽痛、津伤口渴、内热消渴、心烦失眠、肠燥便秘等病症。麦冬分布于江西、安徽、浙江、福建、四川、重庆、贵州、云南、广西等地。主产于四川、浙江。产于四川的称为川麦冬，产于浙江的称为浙麦冬。四川绵阳、三台和浙江慈溪、余姚、萧山为道地产区。

一、生物学特性

麦冬喜温暖和湿润气候，稍耐寒，冬季 −10℃ 的低温植株不会受冻害，但生长发育受到抑制，影响块根生长，在常年气温较低的山区或华北地区虽亦能生长良好，但块根较小而少。适宜在稍荫蔽环境中生长，在强光下，叶片发黄，生长发育不利。但过于荫蔽，易引起地上部分徒长，对生长发育也不利。干旱和涝洼积水不利于麦冬生长发育。宜栽培于土质疏松、肥沃、排水良好的壤土和砂质壤土，过砂和过黏的土壤均不适于栽培麦冬。忌连作，需隔 3～4 年才能再种。

二、栽　培　技　术

（一）选地与整地

1. **选地**　宜选疏松肥沃，湿润和排水良好的砂壤土，过砂、过黏以及低洼积水地均不宜种植。麦冬忌连作，前作以蚕豆、黄花苜蓿、紫云英、油菜、萝卜、小麦等为好，可提前或按时收获，保证麦冬不误农时栽苗，而且土壤比较肥沃。

2. **整地**　在前茬收获后进行。翻地深度在 20cm 以上，做到三犁三耙，使土壤疏松、细碎、平整，耕层上虚下实，做成宽 1.3～1.5m 的畦，畦高 20cm，畦沟宽 40cm，四周开挖排水沟，如田块面积过大，土面不易平整，可分筑小田埂，以便排灌。在整地时施足基肥，一般每亩用堆肥 1 500～2 000kg，也可用过磷酸钙 50～70kg 或厩肥 1 000～1 500kg，在栽种时撒入沟中，也可于整地时撒入土中。

（二）繁殖方法

主要采用小丛分株繁殖。在 4—5 月收挖麦冬时，选颜色深绿、健壮、无病虫害的植株，抖掉泥土，切下块根和根须，分成单株，去掉残留的老根茎和叶尖，以基部断面出现白色放射状花心（俗称菊花心）、叶片不开散为度。保留根茎不可过长，否则栽后产生"高脚苗"，块根少，产量低。

（三）栽苗定植

一般在种苗准备好后，应随即栽植。川麦冬适宜的栽植时期在 4 月上、中旬，先按行距 10～13cm 开沟，深 5～6cm 左右，在沟内每隔 6～8cm 放种苗 2～4 株，垂直放于沟中，然后将土填满，用扁锄推压或用脚踩，将种苗两侧的覆土压紧。栽后立即灌透水一次。

（四）间作

在川麦冬主产区，常在麦冬地里间作，四川产区多套种玉米。减少烈日直射，有利于麦冬生长。

（五）田间管理

1. **中耕除草**　麦冬植株矮小，如不经常除草，则杂草滋生，妨碍麦冬的生长。栽后半月就应除草一次，并松土深约 3cm。5—10 月杂草容易滋生，每月需除草 1～2 次。入冬以后，杂草少，可减少除草次数，除草时结合锄松表土。

2.追肥　麦冬生长期长，需肥较多，除施足基肥外，还应根据麦冬的生长情况及时追肥。一般追肥 3 次或 4 次。第一次追肥在栽种约半个月，因此时开始返青，一个月抽生新根，促使抽根早、新根多、生长快、分蘖早，一般亩施腐熟的人畜粪尿 750kg、过磷酸钙 15kg。第二次在 7 月，亩施腐熟的人畜粪尿 1 200kg，有条件的可加施饼肥，亩 25kg。第三次在 9 月下旬，每亩施腐熟的人畜粪尿 1 500～2 000kg，加施饼肥 40～50kg，草木灰 75kg。第四次在 11 月上旬，亩施腐熟的人畜粪尿 2 000～2 500kg，草木灰 150～200kg 和过磷酸钙 10～15kg，以利植株的生长和越冬。

3.灌溉排水　麦冬宜稍湿润的土壤环境，在整个生长发育期内，需要充分的水分。栽植后应及时浇灌定根水，浸润田土，促进幼苗迅速发出新根。5 月上旬，天气旱热，土壤水分蒸发快，亦应及时灌水，如遇冬、春干旱，则应在 2 月上旬前灌水 1～2 次，以促进块根生长。夏季雨水集中，应及时排除田中积水，防止高温多湿引发病虫害。

> **课堂互动**
>
> 如何理解药农在麦冬生产中大量使用多效唑类生物调节剂（俗称膨大素）的做法？

（六）病虫害及其防治

1.病害

（1）黑斑病：4 月中旬开始发生，危害叶片。发病初期，叶尖开始发黄，逐渐向叶基蔓延，并出现青、白、黄等不同颜色的水渍状病斑，后期叶片全部发黄枯死。病菌在麦冬植株上越冬。雨季发病严重，在适宜的温湿度条件下，发病快，危害重。如一穴中有一叶发病，就由此向四周蔓延至成片枯死。

防治方法：①选用健壮种苗，并在栽种前用 1∶1∶100 的波尔多液或 65% 代森锌 500 倍液浸种苗 5 分钟，进行消毒；②发病初期，于早晨露水未干前，每亩撒施草木灰 20kg；③雨季及时排除积水，降低土壤湿度；④发病期，可将严重病株的病叶割除，喷 1∶1∶100 的波尔多液，每隔 10～14 天一次，连续 3～4 次。

（2）根结线虫病：危害根部，造成瘿瘤，使麦冬须根缩短，根表面变粗糙，开裂，呈红褐色。瘿瘤内有大量乳白色发亮球状物，即为雌成虫。

防治方法：①勿与烟草、紫云英、豆角、薯芋、瓜类、白术、丹参等作物轮作，最好与禾本科作物或水生作物轮作；②选用无病种苗，剪尽老根。

2.虫害

（1）非洲蝼蛄：俗名"土狗""泥狗"。成虫和若虫咬苗断根，在土壤中掘隧道（土洞），造成缺苗，被害处常呈麻丝状。1 年发生一代，以成虫或若虫越冬，第二年 3—4 月成虫开始危害麦冬。卵产在土下 25～30cm 深的土室中，卵期约半月。若虫共 5 龄，分散活动和取食，经 4 个月变成成虫。成虫多数在夜间活动，喜飞，有趋光性、趋粪性。

防治方法：可施用杀虫脒毒土、毒谷诱杀，或施堆肥、圈肥时用杀虫脒拌肥诱杀。

（2）蛴螬：俗名"老母虫"，为四川麦冬产区的主要害虫，虫口密度每平方米可达 6.4 头。被害植株叶变黄色，严重的逐渐枯死，轻的虽然能继续生长，但是产量却大为降低。

防治方法：①最好与水稻轮作，田地淹水一季，即可完全杀死蛴螬；②栽苗前可用敌百虫，拌细土 2～3 倍，撒入沟中防治；③发生期可用敌百虫 200～500 倍液浇蔸防治。

三、采收、加工与贮藏

（一）采收

麦冬在各地的收获年限不同。川麦冬栽种后，第二年 4 月中下旬即可收获，选晴天，用锄或犁将麦冬全株翻出土面,然后抖落根部泥土,用刀切下块根和须根,分别放入箩筐,置于流水中洗净泥沙,运回加工,每亩地产麦冬干品可达200~250kg。

留种地块在采挖麦冬时,选颜色深绿、健壮、无病虫害的田块做种,种子田植株单独采挖,挖后抖掉泥土,切下块根和根须,分成单株,去掉残留的老根茎和叶尖即可做移栽用种苗。

浙麦冬则在栽后第三年或第四年收获,采收方法同川麦冬产区相似。一般每亩地产麦冬干品150~175kg。

（二）加工

川麦冬的加工方法是将洗净的根曝晒,晒干水汽后,用双手轻搓(不要搓破表皮),搓后又晒,晒后又搓,反复5~6次,直到除去须根为止。等到干燥后,用筛子或风车除去折断的须根和杂质,选出块根即可出售。

浙麦冬的加工是将洗净的麦冬块根晾晒3~5天后,须根由软到硬逐渐干燥,放箩筐内闷放2~3天,然后再翻晒3~5天,需经常翻动,以利干燥均匀。此后再闷3~4天,再晒3~5天,这样连续反复3~4次,块根干燥度达70%,即可剪去须根再晒至干燥。在天气不好时,采用40~50℃微火烘干,先烘15~20小时后,放置几天再烘至干燥。

（三）贮藏

存放在清洁、干燥、阴凉、通风、无异味的专用仓库中,仓库内温度控制在25℃以下,相对湿度不得高于70%,商品安全水分不得高于120g/kg。

四、商品质量标准

（一）外观质量标准

麦冬药材呈纺锤形,两端略尖,长1.5~3cm,直径0.3~0.6cm。表面黄白色或淡黄色,有细纵纹。质柔韧,断面黄白色,半透明,中柱细小。气微香,味甘、微苦。

（二）内在质量标准

《中国药典》(2020年版)规定:水分不得过18.0%;总灰分不得过5.0%。本品按干燥品计算,含麦冬总皂苷以鲁斯可皂苷元($C_{27}H_{42}O_4$)计,不得少于0.12%。

（付绍智　张新轩）

第九节　党　　参

党参组图

党参 *Codonopsis pilosula*（Franch.）Nannf. 为桔梗科多年生草本植物,以其干燥根入药,药材名党参。党参味甘,性平,具有健脾益肺、养血生津的功效,用于脾肺气虚、食少倦怠、咳嗽虚喘、气血不足、面色萎黄、心悸气短、津伤口渴、内热消渴等功效。此外同属植物素花党参 *Codonopsis pilosula*（Franch.）Nannf. var. *modesta*（Nannf.）L.T.Shen 和川党参 *Codonopsis tangshen* Oliv. 同被 2020 年版《中国药典》作为药材党参的原植物。党参分布于东北、华北、西北、西南,主产于山西、甘肃、陕西、四川、黑龙江、吉林、青海等地,目前生产规模最大的商品党参为甘肃的"白条党",另外山西产者称"潞党",东北产的称"东党",山西五台山野生的称"台党",以山西产的潞党最为著名。

一、生物学特性

党参适应性强,喜温和、凉爽湿润气候,对光照要求较严,耐干旱,耐寒,忌高温积水。一般3月底至4月初出苗,然后进入缓慢的苗期生长;从6月中旬至10月中旬,进入营养生长的快速期。一年生党参一般不开花,10月中下旬植株地上部分枯萎进入休眠期。二年及二年以上生植株,7—8月开花,9—10月结果。8—9月为根系生长的旺盛时期,10月底进入休眠期。在各个生长发育时期对温度的要求不同。一般在8～30℃间能正常生长,温度在30℃以上时生长受到抑制,有较强的抗寒性,在−25℃的条件下参根可在土壤中越冬。对水分的要求不严格,一般在年降水量500～1 200mm,平均相对湿度70%左右的条件下即可正常生长。对光的要求比较严格,幼苗喜阴,成株喜阳。党参为深根系植物,喜中性、偏酸、土质疏松、土层深厚、土壤肥沃、排水良好,富含腐殖质的砂质土壤。

党参种子易萌发,发芽率为70%～80%,无休眠期。种子萌发最低温度为5℃,15～20℃为最适温度,种子寿命一般不超过1年。

二、栽 培 技 术

(一)选地与整地

党参幼苗怕积水、怕雨冲、怕日晒。育苗地宜选择在湿润的阴坡地,地势平坦,靠近水源,土壤肥沃疏松、墒情较好、无宿根杂草、富含腐殖质,无地下虫害的砂壤土,前茬以豆科、禾本科作物为佳。深耕土壤30cm,打碎土块,清除草根、树枝、石块,整平耙细,作成1.2m宽高畦。必要时可进行秋耕冻融。定植地选择要求不严,但需阳坡,排水良好且能保湿,无宿根杂草及地下虫害。一般多选坡度在15°～20°的荒地,于冬季开荒,移植前施基肥,平整后作1.2m宽高畦定植。熟地于定植前结合整地亩施充分腐熟符合无害化卫生标准的厩肥、堆肥3 000～4 000kg做基肥,深耕25～30cm,将基肥均匀翻入土中,耙平整细,作宽1.2m、畦间距25～30cm、高30cm高畦,四周开好排水沟。

(二)繁殖方法

一般采用种子繁殖,种子选用3年生以上植株结实取种。可育苗移栽也可以直播,时间在春、夏、冬三季均可进行。

1. 种子处理　选择籽粒饱满,色泽光亮,无污染的种子。并除去杂质及受伤、破损、霉变的种子。播种前种子应用40～50℃的温水浸泡,边放入种子边搅拌,搅拌至水温不烫手时为止。再浸泡5分钟后将种子捞出,移置布或麻袋内,用清水淋洗数次,再用湿沙保湿催芽,室温保持在15～20℃,约1周,多数种子裂口露白时即可播种。

2. 播种方法　生产上采用种子直播和育苗移栽两种方式。

种子直播:春、夏、秋三季均可播种,多数地区采用春播,西北地区常用秋播。播种时将种子与细沙混匀,条播和撒播均可。每亩地用种量为1.5～2.0kg。播后用草木灰或堆肥作盖种肥,要均匀覆盖畦面。肥沃土地可加大种植密度,以增加产量。

育苗移栽:育苗多采用条播、撒播,在苗床上按行距10cm、深1.5cm、宽6cm开沟,沟底平,把与细沙拌和均匀的种子撒在平沟底内,用笤帚轻扫盖土,用木滚镇压一遍。每亩地播种量为2～2.5kg。播种后一定要注意遮阴。播种作业完成后,立即用草、树枝、树叶、小麦秸秆或其他禾本科作物秸秆均匀覆盖,厚度约5cm,适当用石块、树枝或土带压住覆盖物,防止风吹。可以防止强光直晒幼苗,防止板结,保护幼苗。苗大时可适当去掉遮阴物,保证充足的光照。当苗高5～6cm时间苗,苗间距2～3cm为宜。育苗1～2年后移栽,移栽多在10月中、下旬或3月中旬至4月上旬进行。移栽前需将地整好,按行距20cm、株距8cm挖穴栽种,穴深15～20cm,大小可视参根的大小而定,顺垄斜放沟内,芦头排列整齐,芦头上覆土5cm左右,镇压1次。选阴天起挖参苗,挖出的苗最好当天移栽。

(三)田间管理

1. 间苗定苗　苗高5～7cm时,按株距1～3cm间苗,去弱留强;苗高10～15cm时,按株距3～5cm定苗,缺苗补苗。

2. 中耕除草　苗期，勤除杂草、松土。出苗后至封垄前要除草 3 次，松土要浅，封垄后不再除草。党参移栽后杂草生长迅速，要及时拔除。一般在移栽后 30 天苗出土时第 1 次中耕除草；苗藤蔓长 5～10cm 时第 2 次中耕除草；苗藤蔓长 25cm 时第 3 次中耕除草。除草时注意不要破坏参苗。在苗藤蔓封垄后，植株较高的杂草生长旺盛，党参藤蔓已缠绕在杂草茎秆上，除草方法是从杂草茎基部剪断或铲断杂草茎秆，保证党参藤蔓不受伤害。

3. 整枝打尖　第二年生长中期，地上部分生长过旺，藤蔓层过厚，光照不足时，可适当整枝，即割去地上生长过旺的枝蔓茎尖，可抑制地上部分生长，改善光照条件，减少藤蔓底层的呼吸消耗。

4. 追肥　合理追肥是党参增产的关键，其目的是及时补给党参代谢旺盛时对肥分的大量需要。为防止参苗徒长，育苗地苗期可不追肥。种植地每年追肥 3 次。在 4 月中下旬，苗高 30cm 左右，第一次追肥，亩施充分腐熟符合无害化卫生标准的人粪尿 1 500～2 000kg，施后培土；在 6 月下旬至 7 月上旬开花前进行第 2 次追肥，亩施充分腐熟符合无害化卫生标准的人粪尿 1 500kg，施后培土；10 月中上旬，第 3 次追肥，亩施充分腐熟符合无害化卫生标准的厩肥或土杂肥 2 000kg，加硫酸铵 10～12.5kg 与过磷酸钙 15～20kg，施于根部 10cm 处后培土。追肥的同时要注意及时清除田间杂草，以免杂草与党参争肥。

5. 水分管理　移栽后要及时灌水，以防参苗干枯，保证出苗，成活后可以不灌或少灌水。雨季应及时排除积水，防止烂根。

6. 搭架　当苗高 30cm 时在畦间用细竹竿或树枝等作为搭架材料进行搭架，三枝或四枝一组插在田间，顶端捆扎搭成"人"字形或三角形架，以利缠绕生长，同时加强通风、透气和透光性能。也可采用立体种植即搭架栽培新技术，稀疏间作旱玉米、芥菜型油菜等高秆作物，其冠层在党参生育前期起到遮阴、调温作用，又可以利用高秆作物的茎秆起支撑、自动挂蔓的搭架作用。

（四）病虫害及其防治

1. 病害

（1）锈病：是党参栽培区普遍发生的一种叶部病害，气温高或气温低时易发生。危害叶、茎和花托。表现为初期叶面出现淡褐色或褐色病斑，叶背略隆起，扩大后，病斑中心色泽淡褐色，外围有黄色晕圈，严重时叶片干枯。

防治方法：①在参苗枯后及时清园，收集病残枝叶，带出园外处理；②一般在发病初期喷50% 敌锈钠 200 倍液，喷 25% 粉锈宁可湿性粉剂 1 500～2 000 倍液均可收到较好的效果。

（2）根腐病：是党参生产中最常见的根病。5 月中下旬发生，6 月上旬最重，7 月下旬逐渐减轻。首先从须根、侧根开始，出现红褐色斑，随后变黑、腐烂。严重时全部腐烂，植株枯死。

防治方法：①选择地势高、土质疏松、排水畅通的地块，深耕土壤，整平耙细，高畦栽培；②整地时每亩用 50% 多菌灵 1kg 进行土壤消毒；③雨季挖排水沟，降低田间湿度，保持通风透光；④及时防治蛴螬、地老虎等地下害虫；⑤发病初期，将病株拔除烧毁，发病处撒石灰；⑥当大面积发生根腐病时可用 50% 多菌灵 500～1 000 倍液、50% 退菌特 500 倍液或 50% 甲基托布津1 000 倍液或 1% 石灰水浇灌病区。

（3）白粉病：叶片、叶柄及果实均受害。初期叶片两面产生白色小粉点，后扩展至全叶，叶面覆盖稀疏的白粉层，后期在白粉中产生黑色小颗粒，即病菌的闭囊壳。病株长势弱，叶色发黄卷曲。

防治方法：①收获后彻底清除病残组织，集中烧毁或沤肥，减少初侵染来源。②发病初期喷施 20% 三唑酮乳油 2 000 倍液、12.5 烯唑醇可湿性粉剂 2 000 倍液、30% 嘧菌酯悬浮剂 2 000～2 500 倍液、50% 多菌灵磺酸盐可湿性粉剂 800 倍液及 40% 氟硅唑乳油 3 500 倍液。

2. 虫害

（1）蛴螬：危害参根，5—6 月上升距地面 10cm 处活动，咬食党参根部。

防治方法：①播种前，用 5% 的西维因粉剂 1.5～2.5kg，加细土 12～15kg，混合均匀，撒布田间，随即浅翻入土中或撒入种子沟内进行土壤处理；②生长期用 50% 辛硫磷乳油 700～1 000 倍液,或用 90% 敌百虫 500～800 倍液根际浇灌。

(2) 地老虎:4 月中旬到 10 月,幼虫在地面处咬断根茎或咬断刚出土的幼芽。

防治方法:①实行水旱轮作;②经常除草,消灭其产卵的场所;③利用成虫趋光性,晚上用灯光诱杀;④用敌百虫制成毒饵诱杀。

(3) 蚜虫:主要危害嫩芽、嫩叶。多在夏季发生,干旱时严重。

防治方法:用 40% 乐果 2 000 倍液加增效剂或用灭蚜松乳油 1 500 倍液防治。

三、采收、加工与贮藏

(一)采收

育苗移栽的在栽后 2 年,直播 3 年的即可采收。于秋末霜降之后,党参叶迅速枯黄,根部膨大生长已渐停滞,除去地上茎蔓挖出全根,注意避免挖伤或折断,以免汁液外渗使其松泡。粗大者加工入药,细小者可作为移栽苗。一般亩产干品党参 100～150kg。

(二)加工

将挖出的党参洗净,按粗细大小分成等级,用细线串成 1 米长的串,摊放在干燥通风透光处的竹箔上或干燥平坦的地面、石板、水泥地上晾晒数日,使水分蒸发,晾晒 12 天左右后,根系变柔软,不易折断时,将党参串卷成圆柱状外包麻包用脚轻轻揉搓,一般揉搓 3～4 次即可,使皮部与木质部贴紧、皮肉紧实。继续晾晒,反复多次。或者分等级晾晒,晒至半成干,参体柔软时用手或木板揉搓,使皮部与木质部紧贴,饱满柔软,再晒,如此 3～5 次,直至全干。如遇阴雨天气,可用 60℃ 火烘干,注意温度不宜过高,以免皮肉分离,影响质量。晒干或烘干至含水量在 12% 以下,晒干后的党参须放在通风干燥处,以备出售或入库。入库时散装或扎成小把置于用内衬防潮纸的木箱中贮藏,注意防潮、霉变、防虫,严禁用硫黄熏蒸上色。

(三)贮藏

加工好的党参放在凉爽、干燥通风处,勿受潮湿,并防止虫蛀变质。贮藏期间要注意防鼠害,且经常检查。党参富含糖类,味甜质柔润,夏季易吸湿、生霉、走油、虫蛀,宜贮存于阴凉通风干燥处,温度 28℃ 以下,安全相对湿度 65%～75%。高温、高湿季节,可在 60℃ 左右下烘烤,并放凉后密封保藏。

四、商品质量标准

(一)外观质量标准

党参以无杂质、虫蛀、霉变、无径粗不足 0.35cm 者为合格;以根条粗壮,质坚实,油润,气味浓,嚼之渣少为佳。

(二)内在质量标准

《中国药典》(2020 年版)规定:水分不得过 16%。总灰分不得过 5.0%。二氧化硫残留量照二氧化硫残留量测定法测定不得过 400mg/kg。醇溶性浸出物含量不得少于 55.0%。

(陈玉宝)

第十节　菘　蓝

ER-8-13

菘蓝

菘蓝 *Isatis indigotica* Fort. 为十字花科二年生草本植物,以干燥根和叶入药,药材名分别为板蓝根、大青叶。板蓝根味苦,性寒,具有清热解毒、凉血利咽的功效,用于温疫时毒、发热咽痛、温毒发斑、痄腮、烂喉丹痧、大头瘟疫、丹毒、痈肿等病症。大青叶味苦，性寒，具有清热解毒、凉血消斑的功效，用于温病高热、神昏、发斑发疹、痄腮、喉痹、丹毒、痈肿等病症。分布于东北、华中、西北、西南等地区，主产于河南、安徽、甘肃、山西、河北、陕西、内蒙古、江苏、黑龙江等地。

一、生物学特性

菘蓝对气候和土壤条件适应性较强，耐严寒，喜温暖，怕水渍。3月上旬为抽茎期，3月中旬为开花期，4月下旬至5月下旬为结果和果实成熟期，6月上旬果实成熟，即可收获种子。菘蓝秋季种子萌发出苗后，是营养生长阶段。露地越冬经过春化阶段，于次年早春抽茎，开花，结实而枯死，完成整个生长周期，生长周期为270～300天。菘蓝的根和叶可入药，栽培入药是利用菘蓝播种当年不抽茎开花的特性，春季播种，秋季或冬初收根，生长期间还可收割1～3次叶片，以增加经济效益。菘蓝对土壤要求不严，能适应pH值为6.5～8的土壤，且耐肥性较强，肥沃和深厚的土层适宜其生长发育。地势低洼易积水地块不宜种植。

菘蓝种子千粒重约10g。种子容易萌发，在15～30℃的温度条件下，有适当的湿度就可以萌发，种子最佳萌发温度为20℃。

二、栽培技术

（一）选地与整地

菘蓝宜选择阳光充足、土层深厚、排灌条件良好、疏松、肥沃的砂质壤土，忌低洼、积水、黏重地块。耕前施充分腐熟符合无害化卫生标准的厩肥5 000kg、饼肥100～150kg、磷酸二铵25kg、硫酸钾10～20kg，耕后细耙，作畦。作畦有平畦和高畦两种：平畦宽1～2m；高畦宽50cm，高15～20cm，畦间距20cm。对浇水条件较好或夏季多雨易积水的地块宜用高畦。浇水时沿畦沟灌水，使水渗透至畦面，不易造成土壤板结，基肥较集中于根部，利于吸收，避免雨季积水烂根。

（二）繁殖方法

主要采用种子繁殖。

1. 留种及采种　主要有春播留种和秋播留种。春播当年不开花结实，在收割最后一次叶片后，不挖根，待长新叶越冬，到次年5—6月收种。秋播留种是在8月底至9月初播种，出苗后不收叶，让其越冬，到次年的5—6月采集成熟种子。另外还有在10月份菘蓝采收时，选主根粗壮、无病虫害、分叉少的植株，按行株距50cm×（25～30）cm移栽到种子田中，栽后及时浇水，封冻前撒一层厩肥防寒，翌春苗返青时及时松土，浇水，施肥，抽薹开花时施追肥1次，5—6月采收种子，晒干，置通风干燥处备用。

2. 播种　分春播、夏播和秋播。春播一般在3月下旬至4月上旬，夏播5月下旬至6月上旬，秋播在8月下旬至9月中下旬。播种方式主要为条播和穴播。条播为按行距20～25cm开沟，沟深2cm，播前将种子湿润，晾干，随即拌泥或细沙，均匀撒入沟内，覆土2cm左右，稍加镇压，每亩用种2.0～3.0kg。穴播采用行距25cm，株距10～15cm，每穴5～6粒，每亩用种1.5～2.0kg。播种后如气温在18～20℃，土壤湿度适宜，7天左右即可出苗。

（三）田间管理

1. 间苗定苗　出苗后结合除草、松土进行间苗，最后按株距6～10cm定苗。

2. 中耕除草　菘蓝生长的同时杂草同时生长，应及时进行中耕除草。但封行后停止中耕除草。

3. 追肥　定苗后根据幼苗生长情况追施磷酸二铵等复合肥，亩施15～20kg，生长良好的可在生长期收叶2～3次，采收后应及时追施速效肥及浇水，以促进叶片再生。

4. 排灌水　生长前期水分不宜太多，以促进根部向下生长，生长后期可适当多浇水。多雨地区和季节注意清沟排水,做到田间无积水,避免烂根。如天气干旱,可以早晚浇水,忌在阳光曝晒下进行,以免高温灼伤叶片。

(四)病虫害及其防治

1. 病害

(1)霜霉病:真菌性病害,危害叶部,在叶背面产生白色或灰白色霉状物,无明显病斑,严重时叶片枯黄。

防治方法:①处理病残植株,减少越冬菌源;②注意排水和通风透光;③发病初期喷1:1:100波尔多液,每7~10天1次,连续2~3次;④病前或发病期用50%退菌特1 000倍液或60%代森锰锌可湿粉500倍液喷雾防治。

(2)菌核病:危害全株,从土壤中传染。基生叶片首先发病,然后向上危害茎、茎生叶和果实。发病初期为水渍状,后呈青褐色,最后导致全株枯死。多发病于高温多雨的5—6月。

防治方法:①水旱轮作或与禾本科作物轮作;②增施磷、钾肥,提高植株抗病能力;③开沟排水,降低田间湿度;④植株基部施用石硫合剂;⑤发病初期用65%代森锰锌500~600倍喷雾,每7天喷1次,连续2~3次。

2. 虫害

(1)菜粉蝶:主要为幼虫危害叶片,将叶片吃成孔洞、缺刻,严重者仅留叶脉。

防治方法:①冬季清除田间枯叶、杂草,深翻土地;②在幼虫3龄前用90%敌百虫800倍液喷雾。

(2)蚜虫:以成虫吸食茎叶汁液,严重者造成茎叶发黄。

防治方法:①冬季清洁田园,将枯株落叶深埋或烧毁;②发病期喷50%灭蚜松乳剂1 000~1 500倍液,或40%乐果2 000倍液,每7~10天喷1次,连喷2~3次。

三、采收、加工与贮藏

(一)采收

1. 板蓝根　一般在秋后11—12月采挖。霜降前后割取地上叶子后,靠畦边顺行挖30~70cm深的沟,仔细将根扒出,切勿挖断。

2. 大青叶　一般每年可采收叶2~3次,第一次品质最好。第1次在6月中下旬,第2次在8月下旬,第3次在采挖根时还可采收一部分叶。忌伏天高温收获。割取叶子时应选晴天,当天晒半干,以防发霉。大青叶采收方法为一是贴地面割去芦头的一部分,此法新叶重新生长迟,易烂根,但发棵大;二是离地面3cm处割取大青叶。

(二)加工

1. 板蓝根　去净芦头和泥土,晾晒至六七成干时捆把,再晾晒至全干。

2. 大青叶　去掉黄褐色的病叶、枯叶,晒至八成干时捆把,压平,晒至全干即为成品。如遇阴雨天应烘干,否则发霉变黑,影响质量。

一般亩产干品板蓝根200~300kg;亩产大青叶鲜品600~1 000kg(折干:150~200kg)。

(三)贮藏

至于阴凉通风干燥处,并注意防潮、霉变、虫蛀。

四、商品质量标准

(一)外观质量标准

板蓝根以身干、色白、条粗、粉足者为佳。大青叶以叶片完整、少破碎、色墨绿、无杂质者为佳。

（二）内在质量标准

《中国药典》（2020 年版）规定：板蓝根水分不得过 15.0%。总灰分不得过 9.0%。酸不溶性灰分不得过 2.0%。醇溶性浸出物含量不得少于 25.0%。按干燥品计算，含（R，S）- 告依春（C_5H_7NOS）不得少于 0.020%。

大青叶水分不得过 13.0%。醇溶性浸出物含量不得少于 16.0%。按干燥品计算，含靛玉红（$C_{16}H_{10}N_2O_2$）不得少于 0.020%。

知识链接

青黛

青黛为爵床科植物马蓝 *Baphicacanthus cusia*（Nees）Bremek.、蓼科植物蓼蓝 *Polygonum tinctorium* Ait. 或十字花科植物菘蓝 *Isatis indigotica* Fort. 的叶或茎叶经加工制得的干燥粉末、团块或颗粒。夏秋采收茎叶，置缸内，用清水浸 2～3 昼夜，至叶烂脱离茎秆时，捞去茎秆，每 10kg 叶加入石灰 1kg，充分搅拌，至浸液成紫红色时，捞取液面泡沫，晒干，即为青黛。当泡沫减少时，可沉淀 2～3 小时，除去上面的澄清液，将沉淀物筛去碎渣，再行搅拌，又可产生泡沫，将泡沫捞出晒干，亦为青黛。前者质量最好，后者质量较次。

（郑 雷）

第十一节 蒙 古 黄 芪

蒙古黄芪组图

蒙古黄芪 *Astragalus membranaceus*（Fisch.）Bge. var. *mongholicus*（Bge.）Hsiao 为豆科多年生草本植物，以干燥根入药，药材名黄芪。黄芪味甘，性微温，具有补气升阳、固表止汗、利水消肿、生津养血、行滞通痹、托毒排脓、敛疮生肌的功效，用于气虚乏力、食少便溏、中气下陷、久泻脱肛、便血崩漏、表虚自汗、气虚水肿、内热消渴、血虚萎黄、半身不遂、痹痛麻木、痈疽难溃、久溃不敛等病症。主产于内蒙古、山西、甘肃、河北、黑龙江、吉林、宁夏、陕西、青海等地。此外同属植物膜荚黄芪 *Astragalus membranaceus*（Fisch.）Bge. 也被 2020 年版《中国药典》作为药材黄芪的原植物。两者在植物性状方面略有差异，其栽培种植方法、药效成分含量和功效方面基本相同。

一、生物学特性

喜凉爽气候，怕热，具有较强的耐寒能力。要求年平均温度 2～8℃，全年无霜期 100～180 天，日均温≥5℃的时间为 150～180 天，≥10℃的时间为 120～150 天。蒙古黄芪幼根对水分和养分的吸收功能强，1～2 年生幼根在土壤水分多时能良好生长。随着生长发育的进行，老根的贮藏功能增强，须根着生位置下移，主根变大，不耐积水，如果水分过多，则易发生烂根。蒙古黄芪对土壤的要求不严格，但土壤质地和土层厚薄不同对根的产量和质量有很大影响。土壤过黏，根系生长缓慢，主根短，分枝多，常畸形；土壤砂性过大，根部木质化程度大，粉质少；土层薄，主根短，分枝多，呈鸡爪形，质量差；深厚冲积土中蒙古黄芪根垂直生长，长可达 1m 以上，须根少，俗称"鞭竿芪"，其品质好，产量高。以 pH 值为 7.0～8.0 的砂壤土或冲积土为佳。蒙古黄芪种植不应连作，前茬作物不宜为豆科植物。

蒙古黄芪的种子为半卵圆形，千粒重 7.05g 左右。种子硬实，一般硬实率在 40%～80%，种皮透水性差，在正常温度和湿度条件下，如果种子不处理，会约有 70%～80% 的种子不能萌发，影响了自然繁殖。蒙古黄芪种子的硬实率与种子的成熟度有关，成熟度越高，硬实率也越高。生产上，一般播种前要对种子进行催芽处理，以提高发芽率。蒙古黄芪种子吸水膨胀后，在地温5~8℃时即可萌发，以25℃时发芽最快，仅需3~4天。

二、栽培技术

（一）选地与整地

蒙古黄芪是深根性植物，平地栽培应选择地势高、排水良好、疏松而肥沃的砂壤土；山区选择土层深厚、排水好、背风向阳的山坡或荒地种植。土壤瘠薄、地下水位高、土壤湿度大、低洼易涝，均不宜种植蒙古黄芪。以秋季翻地为好。一般深翻30~45cm，结合翻地施基肥，基肥以腐熟的有机肥为主，可适量配施长效复合化学肥料，施肥量因土地肥力情况而异。提倡测土配方施肥，鼓励使用微生物肥和专用肥。亩施充分腐熟符合无害化卫生标准的农家肥2 500~3 000kg，过磷酸钙25~30kg；春季翻地要注意土壤保墒，然后耙细整平，作畦或垄，一般垄宽40~45cm，垄高20cm，排水好的地方可做成宽1.2~1.5m的宽畦。

（二）繁殖方法

蒙古黄芪繁殖可用种子直播和育苗移栽的方法。直播的蒙古黄芪根条长，质量好，但采收时费工；育苗移栽的蒙古黄芪保苗率高，产量高，但分叉多，外观质量差。

1. 留种及采种　秋季收获时，选植株健壮、主根肥大粗长、侧根少、当年不开花的根留作种苗，挖起根部，剪去根下部，从芦头下留10cm长的根。栽植于施足基肥的畦田中，株行距25cm×40cm，开沟深度20cm，将种根垂直放于沟内，芽头朝上，芦头顶离地面2~3cm，覆土盖住芦头顶1cm厚，压实，顺沟浇水，再覆土10cm左右，以利防寒保墒，早春解冻后，扒去防寒土。7—9月开花结籽，待种子变为褐色时采摘荚果，随熟随摘。晒干脱粒，去除杂质，置通风干燥处贮藏备用。

2. 种子处理　蒙古黄芪种子硬实，播种前应对种子进行处理，常用下列方法：

（1）沸水催芽：先将种子放入沸水中急速搅拌1分钟，立即加入冷水将温度降至40℃，再浸泡2小时，然后把水倒出，种子加麻袋等物闷12小时，待种子膨胀或外皮破裂时播种。

（2）细沙擦伤：在种子中掺入细沙揉搓摩擦种皮，使种皮有轻微磨损，以利于吸水，能大大提高发芽率，处理后的种子置于30~50℃温水中浸泡3~4小时，待吸水膨胀后播种。此方法较常用。

（3）硫酸处理：对晚熟硬实的种子，可用浓度为70%~80%的硫酸浸泡3~5分钟，取出迅速置于流水中冲洗半个小时后播种。

（4）碾磨种皮：播种前通常采用机械擦伤种皮表层的处理方法，可用老式的碾米机碾磨1~2遍，以擦伤不碾破种皮为度。处理后的种子置于30~50℃温水中浸泡3~4小时，待吸水膨胀后播种。

3. 种子直播　春、夏、秋三季均可播种。春播于4月下旬至5月上旬，一般地温达到5~8℃时即可播种；夏播于6月下旬至7月上旬；秋播于10月下旬至地冻前10天左右进行播种较好。

播种方法主要采用条播和穴播。条播按20~30cm行距，开3cm深的浅沟，种子均匀撒入沟内，覆土1~2cm，每亩播种量2~2.5kg。播种后当气温达到14~15℃，湿度适宜，10天左右大部分即可出苗。穴播在垄上20~25cm距离开穴，每穴点4~5粒种子，覆土3cm厚，每亩播种量约1kg。

4. 育苗移栽　选土壤肥沃、排灌方便、疏松的砂壤土，要求土层深度40cm以上。在春夏季育苗，可采用撒播或条播。撒播直接将种子撒在平畦内，覆土2cm，每亩用种子量7kg，加强田间管理，适时清除杂草；条播按行距15~20cm播种，每亩用种量5kg左右。可在秋季取苗贮藏到次年春季移栽，或在田间越冬，次年春季萌芽前边挖边移栽。起苗时应深挖，严防损伤根皮或折断芪根，挖掘深度35~45cm。种苗起收后应及时移栽，否则应放入冷库或储存窖保存，保存温度

1～5 ℃，保存期不超过 30 天。一般采用斜栽，株行距 15cm×30cm，选择直而健康无病、无损伤的根条，栽后压实浇水，或趁雨天移栽，利于成活。

（三）田间管理

1. 间苗、定苗、补苗　无论是直播或育苗一般于苗高 6～10cm 时进行间苗。当苗高 15～20cm 时，按株距 20～30cm 定苗。如遇缺苗，应带土补植。

2. 松土除草　苗出齐后即进行第一次松土除草。此时幼苗小根浅，以浅除为主，以后每年于生长期视土壤板结情况和杂草长势进行松土除草，一般进行 2～3 次即可。

3. 追肥　定苗后，为加速苗的生长，每年结合中耕除草追肥 2～3 次。要追施氮肥和磷肥，一般每亩追施硫酸铵 15～20kg、硫酸钾 7～8kg、过磷酸钙 10kg。花期每亩追施过磷酸钙 5～10kg、氮肥 7～10kg，促进结实和种熟。在土壤肥沃的地区，尽量少施化肥。施肥时在两株之间刨坑施入，施后覆土盖严。

4. 排灌　蒙古黄芪"喜水又怕水"，管理中要注意灌水和排水。在种子发芽期和开花结荚期有两次需水高峰，幼苗期灌水应少量多次；开花结荚期可视降雨情况适量浇水。在雨季土壤湿度大，易积水地块，应及时排水，以防烂根。

5. 打顶　为了控制地上部分生长，减少养分的消耗，除留种田以外，于 7 月末以前进行打顶，割掉地上部分的 1/4，用以控制植株高度，这样有利于蒙古黄芪根系生长，提高产量。

（四）病虫害及其防治

1. 病害

（1）白粉病：主要危害叶片，炎热干旱时易发生。初期叶背面发生白粉病斑，严重时整个叶片两面变成白色，像上一层白霜，后期整个叶片被一层白粉所覆盖，叶柄和茎部也有白粉。可造成早期落叶或整株枯死。

防治方法：①加强田间管理，合理密植，注意株间通风透光；②实行轮作，但不要与豆科植物和易感染此病的作物轮作；③发病初期用 25% 粉锈宁可湿性粉剂 800 倍液或 50% 多菌灵可湿性粉剂 500～800 倍液，每隔 7～10 天喷 1 次，连续喷 2～3 次；④用 75% 百菌清可湿性粉剂 500～600 倍液，每隔 7～10 天喷 1 次，连续喷 3～4 次。

（2）霜霉病：主要危害叶片，发病时叶背面生有大量锈菌孢子，常聚集在叶中间成一堆，锈菌孢子堆周围红褐色至暗褐色。具有局部侵染和系统侵染特征。

防治方法：①实行轮作，合理密植，增施磷、钾肥，提高寄主抵抗力；②收获后彻底清除田间病残体；③注意开沟排水，降低田间湿度；④发病初期喷施 80% 代森锰锌可湿性粉剂 600～800 倍液喷雾、72.2% 霜霉威盐酸盐水剂 800 倍液、66.8% 霉多克 500 倍液、60% 百泰 1 000 倍液、52.5% 抑快净 750 倍液、70% 安泰生可湿性粉剂 400 倍液、72% 克露可湿性粉剂 400 倍液喷施，对蒙古黄芪霜霉病防治效果好。

（3）根腐病：主要危害根部，多发生在高温多雨的季节，造成烂根。先在根部表皮发生褐色水渍状不规则病斑，然后向根部扩大蔓延，使根侧部或大部分变黑而腐烂，地上部分的茎叶自上而下萎蔫、枯黄，以致死亡。

防治方法：①整地时进行土壤消毒，注意排水，降低田间湿度；②发现病株及时拔除烧毁，病穴用生石灰消毒防止蔓延；③发病初期用 50% 多菌灵 800～1 000 倍液喷雾进行防治。

2. 虫害

（1）食心虫：危害蒙古黄芪果实，钻进果内吃掉种子，影响采种。

防治方法：①及时消除田间杂草，处理枯枝落叶，减少越冬虫源；②于盛花期和结果期各喷洒乐果乳油 1 000 倍液 1 次；③种子采收前每亩可喷 5% 西维因粉剂 1.5～2.0kg。

（2）蚜虫：是蒙古黄芪幼苗期的主要害虫，危害蒙古黄芪幼嫩部分及花穗。使幼苗变态，卷曲，致使植物生长不良，造成落花、空荚，甚至枯萎致死。严重影响种子和商品根的产量。

防治方法：用40%乐果乳油1 500～2 000倍液或2.5%敌百虫粉剂，每3天喷1次，连续2～3次。

（3）芫菁：主要危害嫩茎、叶、嫩荚等幼嫩部分，严重的可在几天之内将植株吃成光秆。

防治方法：①冬季翻耕土地，消灭越冬幼虫；②人工网捕成虫；③用西维因粉效果较好或用2.5%敌百虫粉剂喷粉，每亩1.5～2.0kg。

三、采收、加工与贮藏

（一）采收

黄芪以3～4年采挖的质量最好。采收于秋季地上部分茎叶枯萎后进行，先割除地上部分，人工或机械采挖，挖取全根，采收时注意不要将根挖断，以免造成减产和商品质量下降。一般亩产干货150～250kg。

（二）加工

根挖出后，去净泥土，剪掉残茎、根须和芦头，晒至7～8成干时要揉搓，剪去侧根及须根，分等级捆成小把再晒至全干，即成商品。

（三）贮藏

加工好的药材应放在通风、干燥、避光，30℃以下，相对湿度60%～75%的贮藏室，必要时贮藏室安装空调及除湿设备，同时要严防鼠害。定期检查，出现问题及时解决。

四、商品质量标准

（一）外观质量标准

黄芪以根条粗长、质韧、断面黄白色、无黑心及空洞、味甘、粉性足者为佳。

商品黄芪分级标准如下：

特级干货：呈圆柱形的单条，切去芦头，顶端间有空心。表面灰白色或淡褐色，质硬而韧。断面外层白色，中部淡黄色或黄色，有粉性，无根须、老皮、虫蛀、霉变。长70cm以上，上中部直径2cm以上，末端直径不小于0.6cm。

一级干货：呈圆柱形的单条，切去芦头，顶端间有空心。表面灰白色或淡褐色，质硬而韧。断面外层白色，中部淡黄色或黄色，有粉性。味甘，有生豆气。无根须、老皮、虫蛀和霉变。长50cm以上，上中部直径1.5cm以上，末端直径不小于0.5cm。

二级干货：呈圆柱形的单条，切去芦头，顶端间有空心。表面灰白色或淡褐色，质硬而韧。断面外层白色，中部淡黄色或黄色，有粉性。味甘，有生豆气。间有老皮，无根须和霉变。长40cm以上，上中部直径1cm以上，末端直径不小于0.4cm。

三级干货：呈圆柱形的单条，切去芦头，顶端间有空心。表面灰白色或淡褐色，有粉性。味甘，有生豆气。无根径、虫蛀和霉变。不分长短，上中部直径0.7cm，末端直径不小于0.3cm。

除此之外，有些将黄芪置于切药机上，通过专用切制模具，切制成黄芪片、黄芪瓜子片、黄芪柳叶片、黄芪宽带片、黄芪白切片、黄芪指甲片、黄芪粒、黄芪段、黄芪节等规格，用筛选机选择不同孔径的筛网筛去药屑，并进行等级分类。

（二）内在质量标准

《中国药典》（2020年版）规定：水分不得过10.0%。总灰分不得过5.0%。重金属及有害元素照铅、镉、砷、汞、铜测定法测定，铅不得过5mg/kg；镉不得过1mg/kg；砷不得过2mg/kg；汞不得过0.2mg/kg；铜不得过20mg/kg。有机氯农药残留量照农药残留量测定法测定，含五氯硝基苯不得过0.1mg/kg。水溶性浸出物含量不得少于17.0%。按干燥品计算，含黄芪甲苷（$C_{41}H_{68}O_{14}$）不得少于0.080%；含毛蕊异黄酮葡萄糖苷（$C_{22}H_{22}O_{10}$）不得少于0.020%。

课堂互动

蒙古黄芪采收加工的操作要点有哪些？

（陈玉宝）

黄连组图

第十二节　黄　连

黄连 *Coptis chinensis* Franch. 为毛茛科多年生草本植物，以干燥根茎入药，药材名黄连，也称"味连"。黄连味苦，性寒。具有清热燥湿、泻火解毒的功效，用于湿热痞满、呕吐吞酸、泻痢、黄疸，高热神昏、心火亢盛、心烦不寐、心悸不宁、血热吐衄、目赤、牙痛、消渴、痈肿疔疮、湿疹、湿疮、耳道流脓等病症。此外，作为药材黄连的基原植物 2020 年版《中国药典》还收载了同属植物三角叶黄连 *Coptis deltoidea* C.Y.cheng et Hsiao、云连 *Coptis teeta* Wall.，分别称为"雅连""云连"。黄连主产四川、重庆、湖北、陕西、贵州等地，其中湖北利川和重庆石柱有"黄连之乡"的美誉。

一、生物学特性

黄连喜冷凉阴湿环境，野生多见海拔 1 200～1 800m 的亚高山地区，栽培时宜选海拔 1 400～1 700m 的地区。黄连耐寒，不耐炎热，植株正常生长的温度范围为 5～34℃，低于 5℃时或超过 34℃时植株处于休眠状态，超过 38℃时植株受高温伤害迅速死亡。喜湿润环境，既不耐旱也不耐涝，主产区年降雨量多在 1 300～1 700mm，空气相对湿度 70%～90%，土壤含水量经常保持在 30% 以上。为阴生植物，忌强光直射，喜弱光及散射光。对土壤要求较严，宜选择上层为疏松肥沃、土层深厚、排水和透气性良好、富含腐殖质的砂壤土，下层为保水保肥力较强的壤土或黏壤土为好。土壤 pH 值 5.5～6.5 为宜。黄连为喜肥作物，氮肥对催苗作用很大，并可增加生物碱含量；磷、钾肥对提高结实率和充实根茎有很好的作用。黄连的施肥，应以充分腐熟符合无害化卫生标准的农家肥和有机肥为主，以有机肥作底肥及冬季追肥，速效性有机肥和化肥多用于春季及种子采收后追肥。

黄连种子细小，千粒重 1.1～1.4g，种子有胚后熟现象，需要休眠期的继续分化，才能完成后熟过程。主要经历形态后熟与生理后熟两个阶段，第一阶段是形态后熟阶段，经研究发现种子采收后置于 5～10℃下冷藏，可在 6～9 个月内完成形态后熟，达到裂口；第二阶段为生理后熟阶段，需在 0～5℃低温下经过 1～3 个月，才能完成生理后熟，完成生理后熟的种子，次年春季气温达到 11～14℃时整齐萌发。黄连从种到收，经种子、幼苗、成苗和成熟 4 个阶段。种子播种后，通常育苗 2 年，幼苗期只长叶子和须根，少数 2 龄苗根茎稍膨大。第一年株高 3cm 左右，细小而弱。2 龄苗株高 6cm 左右，有叶 4～5 片，为幼苗阶段；幼苗移栽到根茎成熟，称为成熟阶段，也是植株生长最旺盛时期，一般为 4 年。9 月开始形成芽苞，2—3 月开花，4—6 月结果；根茎在成苗阶段前 2 年发育慢，后 2 年快，接近成熟时减慢。成熟时，叶片逐渐枯萎，须根亦逐渐脱落。

二、栽　培　技　术

（一）选地与整地

应选择早晚有斜射光照的阳坡种植，坡度不宜超过 30°，以缓坡地为好，以利排水；坡度过大，冲刷严重，水土流失，黄连存苗率低。同时选择表层富含腐殖质、肥沃疏松、排水良好、上松下实的土壤。

若选用荒地栽培,应在栽种当年2—3月或上年9—10月砍去地面的灌木、竹丛、杂草。粗翻土地,深13~16cm,应分层翻挖,防止将表层腐殖质翻到下层,亩施充分腐熟符合无害化卫生标准的厩肥或堆肥3 000~5 000kg。农田熟土栽植亩施基肥4 000~6 000kg,浅翻入土,深10~15cm左右,耙平即可作畦。作畦前应根据地形开好排水主沟,使水流畅通,不致冲垮畦坝。根据排水主沟情况作畦,畦宽1~1.5m,沟宽20cm,畦面呈瓦背形,畦的长度根据地形而定。

(二)繁殖方法

黄连以种子繁殖为主,进行育苗移栽;亦可采用分株繁殖。

1. 种子繁殖

(1)种子采收与处理:生产上一般选用移栽后第四年植株所结的种子,于5月上旬,当蓇葖果变为黄绿色并出现裂痕、尚未完全开裂时,及时采收充实饱满的果实。采收后的种子,种胚尚未形成,需要9个多月的时间完成种胚的形态后熟和生理后熟才能萌发。因此种子采收后,需及时贮藏,贮藏环境要求为低温、低湿条件。在产区通常将即将开裂的果实连果柄一同剪下,置室内通风阴凉处摊放2~3天,待蓇葖果开裂后拍打出种子,然后将种子与3份湿润的细沙混拌均匀,装入木箱,置山洞或地窖内贮藏。若种子量少,可趁鲜放入冰箱内,在0~6℃低温下,贮藏180天,其发芽率可达90%以上。

(2)播种方法:10—11月播种,每亩用量1.5~2.5kg。因种子细小,将种子与20~30倍的细腐殖质土或干细充分腐熟符合无害化卫生标准的牛马粪拌匀撒播于畦面。撒播后盖0.5~1.0cm厚的干细腐熟牛马粪,冬季干旱地区还需再盖一层草保湿。翌年春雪化后,及时将覆盖物揭除,以利出苗。

(3)移栽:一年生苗小而细,不宜栽种;2~3年生小苗成活率高,品质好;四年生苗多数已长出根茎,栽后易成活,但萌发慢,产量低,品质差,也不宜栽种。

黄连苗每年有3个时期可以移栽,分别为2—3月解冻后,5—6月和9—10月。移栽宜在阴天或雨后晴天进行,取生长健壮、具4~5片真叶、株高6cm以上幼苗,连根挖起,剪去过长的须根,留2~3cm长,按株行距各10cm,深度视移栽季节和苗大小而定,春栽或苗小可栽浅些,秋栽或大苗可稍深些,一般为3~5cm,地面留3~4片大叶即可。

2. 分株繁殖　选3~4年生健壮无病虫害,匍匐茎的芽苞肥大饱满、笔尖形、紫红色、茎秆以粗壮、紫红色、质地坚实而重的植株为好;选留根茎长0.5~1cm的苗作分株苗。栽种时将叶柄全部埋入土中,只留叶片在外,并压紧即可。

(三)田间管理

1. 苗期管理　播种后,翌春3—4月幼苗长出1~2片真叶时,按株距1cm左右间苗,间苗后每亩用充分腐熟符合无害化卫生标准的稀薄人畜粪尿1 000kg,或尿素3kg加水1 000kg泼施。6—7月可在畦面撒一层约1cm厚的细腐殖土,以稳苗根。荫棚应在出苗前搭好,1畦1棚,棚高50~70cm,荫蔽度控制在70%~80%,如采用林间育苗,必须于播种前调整好荫蔽度。

2. 补苗　黄连苗移栽后要及时检查补苗,一般5—6月栽的秋季补苗,秋植者于翌春解冻后补苗。补苗用同龄壮苗移植,尽量保持植株生长一致。

3. 中耕除草　黄连幼苗生长慢,杂草多。除草要做到除早、除小、除净。除草次数随杂草生长情况而定。移栽当年和第二年,每年除草4~5次;第三年和第四年,每年除草3~4次;第五年除草1次。如土壤板结,宜浅松表土。除草和中耕均应小心,勿伤苗。

4. 追肥、培土　移栽后2~3天内施1次肥,亩施充分腐熟符合无害化卫生标准的稀薄人畜粪水或饼肥水1 500kg,促使幼苗生新根,利于幼苗生长健壮。移栽当年的9—10月及以后每年3—4月和9—10月,各施肥1次。春肥以速效肥为主,秋肥以充分腐熟符合无害化卫生标准的农家肥为主,每次亩施1 500~2 000kg,施肥量可逐年增加。黄连根茎每年有向上生长的特点,必须年年培土,覆土厚1~1.5cm,每次培土厚薄均匀,不宜过厚。

5.灌排水　生长期内,特别是在植株生长旺盛期保持土壤湿润。天气干旱、土壤干燥时,宜在早晨和傍晚灌溉,雨天注意排水。

6.调节荫蔽度　不管是荫棚还是林间,都应注意调节光照,以利黄连正常生长发育。随着黄连生长,对光照的需求逐步增多。一般移栽当年荫蔽度为70%~80%为宜,以后每年减少10%左右,至第五年种子采收后,可拆去全部棚盖物,以增加光照,抑制地上部分生长,使养分向根茎转移,增加根茎产量。

7.摘除花薹　黄连开花结实要消耗大量养分,影响根茎生长。除留种地外,应将花薹摘除,以减少养分消耗,使营养物质向根茎积累,提高产量和质量。

(四)病虫害及其防治

1.病害

(1)白粉病:主要危害叶片,5月下旬始发,7—8月危害严重。发病初期在叶背现圆形或椭圆形黄褐色小斑点,逐渐扩大成褐色病斑,叶片上出现白色粉状物,后逐渐变黄枯死。

防治方法:①调节荫蔽度,适当增加光照,注意排水,减少湿度;②发病初期,将病叶集中烧毁,防止蔓延;③用70%甲基托布津1 000~1 500倍液,或0.3波美度石硫合剂,每隔7~10天喷1次,连续2~3次。

(2)炭疽病:主要危害叶片,4—6月发病,发病初期叶片上长出油渍状小点,逐渐扩大成黑褐色病斑,中间灰白色,后期病斑中央凹陷穿孔,严重时全株枯死。

防治方法:①冬季清园,将病叶集中烧毁;②用1∶1∶100~1∶1∶150波尔多液,或代森锰锌800~1 000倍液喷雾,每隔7~10天喷1次,连续2~3次。

(3)白绢病:危害全株,6—8月高温多雨季节盛发。病原菌菌丝先侵染植株根茎处,后叶片叶脉上出现紫褐色,最后逐渐扩大到全叶。全株叶片受害后,根、茎腐烂,植株逐渐枯死。

防治方法:①发现病株,立即拔除烧毁,并用石灰粉消毒病穴;②发病时可用50%退菌特500~1 000倍液喷施,每隔7~10天喷1次,连续2~3次。

2.虫害　主要是蛞蝓,3—11月发生,咬食嫩叶,危害黄连整个生长期,雨天危害严重。

防治方法:①用蔬菜毒饵诱杀;②在棚桩附近及畦四周撒石灰粉。

三、采收、加工与贮藏

(一)采收

黄连通常栽后第五年或第六年采收。不宜超过第六年,否则黄连长势减弱,根茎易腐烂,品质差。采收一般于10—11月进行。选晴天,挖起全株,抖去泥土,剪下须根和叶片,再运回加工。

(二)加工

运回的黄连鲜根茎切忌水洗,应直接干燥。干燥方法多采用炕干,注意火力不能过大,要勤翻动,炕至半干时,取下进行分级后炕至全干,然后趁热放到竹制的槽笼里撞去泥沙、须根及残余叶柄,即得干燥根茎。

(三)贮藏

置阴凉通风干燥处保存,防蛀防霉变。

四、商品质量标准

(一)外观质量标准

以条匀粗壮、鸡爪形、质坚实、断面皮部橙红色、木部鲜黄色或橙黄色、无须根残茎者为佳。

（二）内在质量标准

《中国药典》（2020 年版）规定：水分不得过 14.0%。总灰分不得超过 5.0%。醇溶性浸出物含量不得少于 15.0%。味连按干燥品计算，以盐酸小檗碱（$C_{20}H_{18}ClNO_4$）计，含小檗碱（$C_{20}H_{17}NO_4$）不得少于 5.5%，表小檗碱（$C_{20}H_{17}NO_4$）不得少于 0.80%，黄连碱（$C_{19}H_{13}NO_4$）不得少于 1.6%，巴马汀（$C_{21}H_{21}NO_4$）不得少于 1.5%。

（郑　雷）

？　复习思考题

1. 三七如何进行光照调节？
2. 简述"春七"和"冬七"的区别。
3. 概述川芎苓种的主要级别及其特性。
4. 简述川芎大田栽培主要病害及防治方法。
5. 简述天麻的生物学特性。
6. 丹参的繁殖方法有哪些？
7. 简述甘草种子处理方法及商品甘草的分级标准。
8. 某生产单位所购的甘草种子自然发芽率仅为 10%～20%，为提高该种子的发芽率，应采取什么措施？
9. 简述党参有没有必要搭架？应该如何进行搭架。
10. 简述菘蓝的采收与加工。
11. 简述蒙古黄芪种子处理方法。
12. 简述黄连栽培对环境条件的要求。
13. 简述黄连的繁殖方法。

扫一扫，测一测

第九章　全草入药植物栽培

> ### 学习目标
>
> 1. 掌握各种药用植物栽培技术、采收技术及产地加工技术。
> 2. 熟悉各种药用植物的生物学特性、各种药材的贮藏方法。
> 3. 了解各种药用植物区域分布,各种药材的商品质量标准。

第一节　半　枝　莲

半枝莲 *Scutellaria barbata* D.Don 为唇形科多年生草本植物,以干燥全草入药,药材名为半枝莲。半枝莲味辛、苦,性寒,具有清热解毒、化瘀利尿的功效,用于疔疮肿毒、咽喉肿痛、跌仆伤痛、水肿、黄疸、蛇虫咬伤等病症。主要分布于我国南部、东南部及中部各地区。多为野生,人工栽培较少。

一、生物学特性

半枝莲喜温暖湿润的气候环境。耐寒、耐旱性差,在过于干燥的地区生长不良。生育期较长,可达 352 天。生长适宜温度为 25～28℃,年平均气温 16℃以上,年降雨量 1 000mm 左右,相对湿度 70%～75%。对土壤要求不严,以疏松肥沃、排水良好的砂质壤土栽培为好,忌连作,低洼易积水地不宜种植。

二、栽　培　技　术

(一)选地与整地

选疏松肥沃、排水良好、富含腐殖质的砂质壤土为宜。育苗地应靠近住地和水源,管理方便。移栽地,可选房前屋后、荒坡等闲散地块种植。在选好的土地上,亩施充分腐熟符合无害化卫生标准的厩肥 2 000kg、饼肥 100kg、复合肥(氮、磷、钾各占 15%)50kg,深耕 25～30cm,耙细整平,荒地拣出杂草、石块等,栽种前再耕翻 1 次。耙细整平,作宽 1.2m 的高畦,畦沟宽 30cm,畦面呈瓦背形,四周挖好排水沟。

(二)繁殖方法

以种子繁殖为主,也可分株繁殖。

1. 种子繁殖　因半枝莲的生育期长,种子无休眠性,所以春、夏、秋季均可播种,以 10 月上旬播种产量高,质量好。

(1)大田直播:于 9 月下旬至 10 月上旬条播或穴播。条播按行距 25～30cm 开沟,沟深 3～4cm 左右;穴播按穴距 27cm 左右开穴。播种时,先将种子撒入混有少量、充分腐熟符合无害化卫生标准的人畜粪水的草木灰里,拌成种子灰,再均匀地撒入沟内或穴内,覆一层细土,厚度不得超过 1cm。播种后,在半个月内要绝对保持土壤湿润。播种宜选择阴雨连绵的温暖天气进行,播后约 20 天即可出苗。

(2)育苗移栽:于秋季 10 月上旬,在建好的苗床上按行距 10～15cm 开 3～4cm 的浅沟,将种子拌腐殖质土或细肥土,均匀撒入沟内,覆细土 0.5～1cm,整平畦面,盖草保湿。在温湿度适宜条件下,半个月即可出苗。同时加强田间管理,培育壮苗。当苗高 5cm 以上时,即可定植于大田。第二年 3—4 月移栽。应选阴天进行,在作好的畦面上,按株行距 20cm×30cm 开穴移栽,穴深 8～10cm,将充分腐熟符合无害化卫生标准的厩肥与底土混匀,栽带土苗 1 株,苗摆正,覆土与畦平,压紧,浇透水后封穴。

2.分株繁殖　常在春、秋进行,选健壮、无病虫害的 3～4 年生植株进行分株繁殖。将植株老根挖起,按蘖生株苗的多少分成几丛,每丛 3～4 株苗。具体栽法与育苗移栽相同。

(三)田间管理

1.间苗、补苗　直播的在苗高 5～7cm 时按株距 4～5cm 进行间苗,如发现缺苗,应用间下来的健壮带土苗补栽,栽后浇水。

2.中耕除草　一般中耕除草在封行前进行 3～4 次。直播的在苗高 5cm 时进行,移栽和分株繁殖在定植后 1 周进行。第 1 次中耕要浅,除草要净,以后逐渐加深,封行前要结合中耕进行培土,以防倒伏。每次收割后也应及时培土,做到见草即除,保持田间无杂草。

3.追肥　结合中耕除草进行追肥,每次亩施充分腐熟符合无害化卫生标准的稀薄的人畜粪水 1 500～2 000kg。从第二年起,每年结合中耕除草进行追肥,每次亩施充分腐熟符合无害化卫生标准的人畜粪水 2 000kg,植株旺盛生长期应适量增施,可加饼肥每亩 50kg。每次收割后也应追肥,以促进植株发出新苗。最后一次收割后,每亩用厩肥 2 000kg 与饼肥或过磷酸钙 25kg 共同堆沤腐熟后,于行间开沟施入,施后覆土盖肥,并进行培土,以利保温防寒。

4.灌排水　苗期半枝莲扎根浅,怕旱,应经常浇水,保持土壤湿润。旺盛生长期如遇干旱也应及时浇水,雨季应及时排除田间积水,防止烂根。

5.留种　5—6 月,种子逐渐成熟时分批采收果穗,晒干或阴干,搓出种子,去除杂质,置布袋中,于干燥处贮藏。

6.翻苑更新　半枝莲一般栽培 3～4 年之后,根苑老化,萌发力不强,必须进行分株另栽或换地重新播种栽培。

(四)病虫害及其防治

1.病害　半枝莲栽培中尚未发现明显病害。

2.虫害

(1)蚜虫:4—6 月发生,聚集在嫩叶和嫩茎上吸取汁液,使叶片变黄、枯萎、提早脱落。

防治方法:每亩用 10% 吡虫啉可湿性粉剂 20g 喷雾防治。

(2)菜青虫:5—6 月发生,幼虫咬食叶片,造成孔洞和缺刻。

防治方法:用 2.5% 敌杀死乳油 3 000 倍液或 5% 抑太保乳油 1 500 倍液喷杀。

三、采收、加工与贮藏

(一)采收

半枝莲在开花盛期收割全草。用种子繁殖和分株繁殖的,可在当年的 9—10 月收割 1 次。以后每年 5、7、9 月都可收获 1 次。采收时,选晴天,在离地面 3cm 处用镰刀割取全株,拣除杂草,捆成小把。全年亩产干货量 300～500kg。

(二)加工

晒干或阴干即成商品。

（三）贮藏

置干燥处。

四、商品质量标准

（一）外观质量标准

本品长 15～35cm，无毛或花轴上疏被毛。根纤细。茎丛生，较细，方柱形；表面暗紫色或棕绿色。叶对生，有短柄；叶片多皱缩，展平后呈三角状卵形或披针形，长 1.5～3cm，宽 0.5～1cm；先端钝，基部宽楔形，全缘或有少数不明显的钝齿；上表面暗绿色，下表面灰绿色。花单生于茎枝上部叶腋，花萼裂片钝或较圆；花冠二唇形，棕黄色或浅蓝紫色，长约 1.2cm，被毛。果实扁球形，浅棕色。气微，味微苦。无杂质、虫蛀、霉变。以色绿、味微苦者为佳。

（二）内在质量标准

《中国药典》（2020 年版）规定：按干燥品计算，含总黄酮以野黄芩苷（$C_{21}H_{18}O_{12}$）计，不得少于 1.50%；含野黄芩苷（$C_{21}H_{18}O_{12}$）不得少于 0.20%。

第二节　穿　心　莲

穿心莲组图

课堂互动

请问平时市面销售的蔬菜"穿心莲"属于《中国药典》中使用的穿心莲药材吗？

穿心莲 *Andrographis paniculata*（Burm.f.）Nees 为爵床科一年生草本植物，以干燥地上部分入药，药材名为穿心莲。穿心莲味苦，性寒，具有清热解毒、凉血、消肿的功效，用于感冒发热，咽喉肿痛，口舌生疮，顿咳劳嗽，泄泻痢疾，热淋涩痛，痈肿疮疡，蛇虫咬伤。主产于广东、广西、海南、福建等地。现长江南北各地均引种栽培。

一、生物学特性

穿心莲在原产地南亚、东南亚为多年生草本植物，在我国广东和福建北部及其以北地区，由于不能露地越冬而变为一年生植物。喜阳光充足、日照时间长、温暖湿润、雨量充沛的气候条件，怕低温与干旱。种子发芽和幼苗生长期适温为 25～30℃，气温下降到 15～20℃时生长缓慢；气温降至 8℃左右，生长停滞；遇 0℃左右低温或霜冻，植株全部枯萎。生长发育各阶段应控制好土壤湿度，保持土壤湿润。穿心莲为喜光植物，在荫蔽条件下植株徒长，易倒伏，故应栽培于向阳地势。12 小时的短日照处理能使其提前开花、结果和种子成熟。土壤以疏松、肥沃、排水良好的微酸性或中性砂质壤土或壤土为宜。黏土、瘦瘠、盐碱土等均不适合栽培。土壤最适 pH 值为 5.6～7.4。在 pH 值 8.0 的碱性土中也能正常生长。穿心莲为喜肥作物，生长期多次追施氮肥可显著提高产量。留种地应增施磷肥和钾肥。

二、栽　培　技　术

（一）选地与整地

对土壤要求不严格，以地势平坦、背风向阳、土质疏松肥沃、排水好又有灌水条件的地区栽种为宜。前作以施肥多的作物为好,在菜园地种穿心莲能获较高产量,但不宜选茄科作物为前茬,以免感染黑茎病(青枯病)。也可以选山坡地、荒坡栽种或与幼龄果树和其他树木类药材间作。不宜选用荫蔽或低洼易积水地块种植。选地后深耕土地,海南、广东、广西和福建等地在 4 月上旬亩施充分腐熟符合无害化卫生标准的人畜粪尿 1 000～2 000kg 作基肥,浅耕 1 次,深约 20cm。然后耙细整平,按畦宽 1～1.3m、高 15～20cm 作畦;北方于前作收获后,亩施基肥 4 000～5 000kg,用拖拉机深翻 25cm,耙平,翌年春天土壤化冻后再深翻 1 次,耙平,栽前作 1.3m 宽平畦。畦作好后,需在土地四周开深 30cm 的沟,以利灌溉和排水。

(二) 繁殖方法

主要是种子繁殖。生产上大都采用育苗移栽方式。在水、肥条件便利的地方,也可直接在露地直播,在种苗不足的情况下,也可用扦插繁殖。

1. 育苗　穿心莲种子细小,对播种技术要求较高,苗床土壤要肥沃疏松,耙平整细。海南、广东、广西和福建等地一般采用露地育苗,一般作成 1～1.3m 宽、10～15cm 高的高畦播种。播种期为春季在 2 月下旬至 3 月上旬,天气寒冷可延至 4 月上旬,秋季在 7 月上旬至 8 月下旬。江浙、四川一带则宜采用温床或冷床育苗,温床育苗于 3 月下旬播种,冷床育苗于 4 月上旬播种,如塑料薄膜覆盖育苗可在 4 月中、下旬播种。播种以晴天为宜,播种前先将苗床灌水,需一次性灌透。待水下渗后在畦面扬撒一层薄薄的过筛细土,每平方米苗床撒播经摩擦的种子 7.5～10g,播后撒盖一层细土,覆土厚度以刚刚盖没种子,仍有少量种子外露为度,随即喷水湿润覆土。上面再盖薄层粉碎的树叶或锯末,以保持土壤水分,防止土壤板结。露地直播在 4 月中旬至 5 月中旬为宜。

2. 苗床管理　主要是控制温度和湿度。出苗前要经常保持苗床湿润,不使表土干燥发白,畦内相对湿度保持在 70%～80% 为宜。苗床夜间温度控制在 25℃左右,白天正午温度高于 35℃以上时,要对苗床进行适当遮阴,夜间温度应保持在 20℃以上,一般需加盖草席保温;当幼苗有 3 对真叶时,中午就不必荫蔽。苗床要经常拔草,每隔 7 天结合浇水追施清粪水,以促进幼苗生长。

3. 移栽定植　播种育苗后 1 个月左右,当苗高 6～10cm、有 3～5 对真叶时即可移栽。以阴天、小雨天或傍晚带土移栽为好。如晴天,需移栽前的一天,苗床浇水 1 次,以便起苗,带土移栽易成活。定植地按行距 20～25cm、株距 16～20cm 开穴,穴呈品字形排列;采种地按行距 50～65cm、株距 30～35cm 开穴。每穴栽苗 1 株或 2 株,注意使苗根系舒展,垂直向下不可弯曲,以保证全面成活。

(三) 田间管理

1. 中耕除草　缓苗后,浅松土 1 次。以后每隔 15～20 天中耕除草,中耕宜浅,以免伤根使水分供应不上,植株易被晒死。当穿心莲长至 30～40cm 时,结合松土,在植株基部适当培土,以促进不定根生长,加强吸收水、肥的能力,同时培土也可加固植株,防止风害。

2. 浇水　移栽后的管理,主要是及时浇水,这是保证成活的关键。如无雨,每天浇水 1～2 次;成活后 3～5 天浇水 1 次,保持土壤湿润。北方地区定植后要连续浇水 2 次,保持土壤湿润疏松,利于幼苗萌发新根。但不宜浇水过多,以免地温降低,土壤板结,不透气,降低成活率。在 6、7、8 三个月的高温干旱时期,可在傍晚或早晨进行沟灌,待畦面润湿后及时排除余水。

3. 施肥　穿心莲需大量氮肥,必须适时追肥。一般要求追肥不少于 3 次。缓苗后,结合中耕除草施肥 1 次,肥料以氮肥为主,可施充分腐熟符合无害化卫生标准的人畜粪尿及硫酸铵、尿素等。第 2 次在定植 10 天后,亩施充分腐熟符合无害化卫生标准的稀薄人畜尿水 2 000～3 000kg,或尿素 5～10kg。以后每隔 20～30 天追肥 1 次,亩施充分腐熟符合无害化卫生标准的人畜尿水 2 000kg 或硫酸铵 20kg。留种地在封行后应停止追施氮肥,改施磷、钾肥,利于开花结果。

4. 打顶培土　当苗高 30cm 左右,以采收商品药材为主的应摘去植株顶端,促进侧芽生长,多萌生新枝新叶,以提高产量。同时结合中耕除草,适当培土,加强根系生长,增强抗倒伏能力。留种植株在盛花期一般不摘顶,但可摘除主茎顶端嫩枝,促进中、下部花果生长,提高种子质量和产量。如发现不能结果的花序，也应及时摘除。

5.间套作　穿心莲可与幼龄果树、玉米等蔬菜或其他草本药材进行间套作，以充分利用土地和光能，但忌在一块田地上连续栽培。

（四）病虫害及其防治

1.病害

（1）立枯病：又称"幼苗猝倒病"，多在幼苗有1～2对真叶时发生，发病时近土面的茎呈浅黄褐色腐烂或缢缩，造成地上部分倒伏，病害迅速发展。

防治方法：①及时排除积水，可降低土壤湿度；②播前每亩用70%五氯硝基苯粉剂1～1.5kg均匀拌入土中或500倍液浸种10分钟；③用50%多菌灵1 000倍液或70%五氯硝基苯粉剂200倍液浇灌病区；④用50%甲基托布津可湿性粉剂800～1 000倍液喷雾。

（2）黑茎病：又称青枯病，多发生在7—8月高温多雨季节。在接近地面的茎部发生长条状黑斑，并向上、向下扩展，使茎秆缢缩细瘦，叶色黄绿，叶片下垂，边缘向内卷。茎内部组织变黑，严重时整株萎黄枯死。

防治方法：①加强田间管理，增施磷钾肥，及时排除积水；②忌连作；③发病期用50%多菌灵1 000倍液喷雾或浇灌病区。

（3）疫病：高温多雨季节发生。症状为叶片上产生水渍状暗绿色病斑，随后萎蔫下垂，似开水烫过，茎与根部也会受害。

防治方法：发病初期可用1∶1∶120的波尔多液喷雾防治或用70%敌克松500倍液在傍晚或阴天喷雾防治。

2.虫害

（1）非洲蝼蛄和小地老虎：咬食幼苗，并在苗床土内钻成许多隧道，伤害根部，造成死苗。

防治方法：①施用的粪肥要充分腐熟符合无害化卫生标准；②灯光诱杀成虫；③发病期用90%敌百虫1 000倍或75%辛硫磷乳油700倍液浇灌；④用25g氯丹乳油拌炒香的麦麸5kg加适量水配成毒饵，于傍晚撒于田间或畦面诱杀或在隧道口塞入毒饵诱杀。

（2）斜纹夜蛾：于9—10月以幼虫咬食叶片，咬成孔洞或缺刻。幼虫头部褐色至黑褐色，胸腹部颜色多变，暗褐色至浅灰绿色。

防治方法：①可用90%晶体敌百虫1 000倍液喷雾防治；②利用成虫的趋光性和趋化性，在盛发期，可用黑光灯或糖醋酒水溶液进行诱杀。

三、采收、加工与贮藏

（一）采收

1年收割1次的于定植当年开花现蕾期收获，采收方法为将全株拔起，或者齐地割下地上部分。海南、广东、福建南部和广西南部1年收割2次，第1次于8月收割，第2次于11月收割。四川省一般在9月下旬至10月开花盛期至结果初期采收。华北、西北地区都在开花前采收。北京以9月中下旬、现蕾期采收为宜。第1次（8月）用镰刀从基部2～3节处收割，收割后继续进行追肥、浇水等管理，使其重新萌发枝叶；第2次（11月）收割全草。每年收1次亩产干货300～400kg。折干率为20%～25%。

（二）加工

采收的穿心莲有根的先剪去根部，将茎叶摊开晒干即成。遇雨天也应在室内摊晾，不可堆积，以免发热、变质。摊晒过程中要及时翻动，晒至茎秆发脆即可。脱落叶片可单独晾晒及包装。

（三）贮藏

存放在阴凉干燥处。温度在30℃以下，相对湿度在70%～75%，商品安全水分为10%～13%。不宜久存。

四、商品质量标准

（一）外观质量标准

茎方形，多分枝，节稍膨大，质脆，易折断，断面有白色髓部。单叶对生，叶柄较短或近无柄，叶片皱缩易碎，完整者展开呈披针形或卵状披针形，上表面绿色，下表面灰绿色，两面光滑无毛。气微，味极苦，苦至喉部，经久苦味不减。全草要求身干、色绿，叶多，叶不得少于30%，无杂质、霉变为合格。

（二）内在质量标准

《中国药典》（2020年版）规定：叶不得少于30%。照醇溶性浸出物测定法项下的热浸法测定，用乙醇作溶剂，不得少于8.0%。按干燥品计算，含穿心莲内酯（$C_{20}H_{30}O_5$）、新穿心莲内酯（$C_{26}H_{40}O_8$）、14-去氧穿心莲内酯（$C_{20}H_{30}O_4$）和脱水穿心莲内酯（$C_{20}H_{28}O_4$）的总量不得少于1.5%。

> ### 知识链接
>
> #### 穿心莲药材为什么规定叶含量
>
> 穿心莲的药用部位为干燥地上部分，应包括茎与叶，但在药店中可发现市售的穿心莲饮片几乎没有叶片，只有茎干，这与药典中要求的叶片不得少于30%不符，严格意义上来说应算劣药。其原因主要是因为叶片所含有效成分穿心莲内酯含量大大高于茎干，所以大部分提取该成分的原料药生产厂家或制药厂在采收环节就将绝大多数的叶片收购走，只剩下茎干销售到药店。另外药店开具处方中穿心莲所占比例极小，也未引起医师或药师的重视，造成现在绝大多数药店只能买到只有茎干的穿心莲。除穿心莲外，广藿香、薄荷也存在类似问题，所以国家药典中强制对其叶片含量进行了要求。

（吴琪珍）

第三节　薄　　荷

薄荷 *Mentha haplocalyx* Briq. 为唇形科多年生草本植物，以干燥地上部分入药，药材名薄荷。薄荷味辛，性凉，具有疏散风热、清利头目、利咽、透疹、疏肝行气的功效，用于风热感冒、风温初起、头痛、目赤、喉痹、口疮、风疹、麻疹、胸胁胀闷等病症。主产于江苏、浙江、江西、安徽、河南、湖南、四川、广东等地，全国各地均有栽培。

一、生物学特性

薄荷适应性很强，在海拔2 100m以下的地区均能生长。高海拔地区由于光照不足、温度低、

薄荷组图

生长期短,薄荷油和薄荷脑含量下降,一般以海拔 300～1 000m 为宜。薄荷喜温暖湿润环境,土温达到 5～6℃时,根茎即萌发出苗,适宜生长温度为 20～30℃,地上部分能耐 30℃ 以上高温,气温降至 -2℃ 左右时植株枯萎。根茎比较耐寒,只要土壤保持一定的湿度,在冬季 -30～-20℃ 下仍能安全越冬。生长初期和中期需要雨量充沛;现蕾期、花期则需要充足的阳光、较干燥的天气。生长期缺水或开花期雨水过多,均不利生长,影响产量和品质。薄荷整个生长发育期都需要充足的光照,长日照可以促进开花,减少叶片脱落,提高薄荷油、薄荷脑的形成积累。薄荷对土壤要求不严,一般土壤均能生长。以疏松肥沃、排水良好、pH 值 5.5～6.5 的砂壤土和壤土为宜。薄荷病虫害多,吸肥力强,不宜连作,一般 2～3 年轮作。

二、栽培技术

(一)选地与整地

薄荷对土壤要求不严,一般土壤均可栽培。但宜选择土质疏松肥沃,排灌良好、阳光充足的砂壤土。栽前整地,亩施充分腐熟符合无害化卫生标准的堆肥或厩肥 2 000～3 000kg 及过磷酸钙 15kg 作基肥,然后深耕地 25～30cm,耙细整平,作宽 1.2～1.5m,高 15～20cm 的高畦,畦沟宽 25～30cm。雨水少的地区或排水较好的地块也可做平畦。

(二)繁殖方法

薄荷主要采用根茎繁殖和分株繁殖。种芽不足时也可用种子繁殖和扦插繁殖。

1.根茎繁殖　在冬季或春季均可进行。春栽一般在 2 月中旬至 4 月上旬进行;冬栽宜在 10 月下旬至 11 月下旬栽种。冬季栽比较好,生根快,发棵早。种用根茎随挖随栽,选白色粗壮、节短、无病虫害的新根茎留作种用,剪去老根和黑根,切成 6～10cm 长的小段。按行距 25cm 在畦面开小沟深 6～10cm,将根茎小段均匀放入,下种密度以根茎首尾相接为好,随即覆土厚 6～8cm,压实。每亩用根茎 75～100kg。也可采用穴栽,株行距各 25cm 挖穴,穴径 7cm,深 6～10cm,每穴放根茎 2～3 节,覆土压实,浇施充分腐熟符合无害化卫生标准的稀薄人畜粪尿。

2.分株繁殖　也称秧苗繁殖。选择生长旺盛、品种纯正、无病虫害的植株留作种用。秋季地上茎收后立刻中耕除草追肥,翌年 4 月上旬至 5 月上旬,苗高 10～15cm 时,选阴天将苗挖出移栽,株行距 15cm×21cm,穴深 6～10cm,每穴栽苗 2 株,覆土压紧,施充分腐熟符合无害化卫生标准的稀薄人畜粪尿封根,再浅覆土。移栽时间不宜过早或过迟,过早气候尚寒,易受冻、受旱死亡;过迟则生长期短,产量低。

3.种子繁殖　春天 3—4 月把种子均匀撒入沟内,覆土 1～2cm 厚,浇水,盖稻草保墒。2～3 周即出苗。种子繁殖生长慢,常发生变异,故只用来育种。

4.扦插繁殖　6 月份左右,把地上茎或主茎基部切成 10cm 长的插条,先在苗床上扦插育苗,成活后移栽。该法产量没有根茎繁殖产量高,多用来选种和种根复壮。

(三)田间管理

1.中耕除草　3—4 月苗高 10cm 时,中耕除草一次;生长盛期(5—6 月)封行前第二次除草,在 7 月份头刀收割后第三次中耕,铲去老桩和遗留的地上茎,促使地下幼茎萌发健壮新苗。9 月份进行第四次除草,不中耕;10 月第二次收割后,再进行一次中耕除草。上述处理第三年后出苗过多,于春季苗高 12～15cm 时结合中耕除去过密的幼苗,每隔 7～10cm 留苗 1 株为宜。如有缺株同时补植。但第三年后,由于病虫害较多,肥力下降,生长不良,应换地另栽。

2.追肥　每次中耕除草和收割后都应追肥。生长前期,以氮肥为主,促进茎叶生长旺盛,有利增产。一般亩施充分腐熟符合无害化卫生标准的人畜粪尿 1 500～2 000kg,或用尿素 8～10kg。每年最后一次收割后,用油籽饼 50～70kg 与厩肥 2 500～3 000kg 混合堆沤腐熟符合无害化卫生标准后,于行间开沟施入,施后覆土盖肥,促使次年出苗早,生长健壮整齐。

3．灌溉排水　每次收割后，如土壤干旱，应结合施肥浇水。7—8月份高温浇早晚水。薄荷虽然喜湿润，但怕积水，如排水不良，则出苗不齐、病害多。要做到雨停沟水流尽。

4．摘心　薄荷是否摘心应因地制宜。摘心是指摘去顶端，以促进新芽萌发生长。一般密度大的单种薄荷田不宜摘心，如密度较稀或套种薄荷长势较弱时，在5月份晴天中午进行摘心，以摘掉顶端两对幼芽为宜，并及时追肥，促进新芽萌发。

（四）病虫害及其防治

1．病害

（1）锈病：由一种真菌引起的病害。5—10月发生，多雨时容易发病。发病初期，在叶背面有橙黄色粉状的夏孢子堆，后期在叶背、叶柄、茎上产生黑褐色粉状冬孢子堆，严重时叶片萎黄反卷以致枯死。

防治方法：①及时排除田间积水，降低湿度；②清除病残体；③发病初期用1∶1∶200波尔多液，或25%粉锈宁1 000倍液，或97%敌锈钠300倍液喷雾，每隔7～10天喷1次，连续2～3次。

（2）斑枯病：又称薄荷白星病，危害叶片。初期叶面呈暗绿色近圆形病斑，逐渐扩大成暗褐色。后期病斑中部褪成灰白色，呈白星状，上生黑色小点，严重时叶片枯死、脱落。

防治方法：①秋后收集残茎、枯叶烧毁；②发现病叶及时摘除处理；③合理密植，注意通风透光；④发病初期用65%代森锌可湿性粉剂500～600倍液，或50%多菌灵1 000倍液，或1∶1∶200波尔多液喷雾。收获前20天应停止喷药。

（3）白粉病：主要危害叶片，茎亦受害。发病时，叶片发病在两面产生白色无定形粉霉斑，后期霉斑上出现小黑点。

防治方法：①秋后清园，烧毁病枝残叶；②发病期喷25%粉锈宁1 000倍液。

2．虫害

（1）小地老虎：以幼虫咬食薄荷幼苗，造成缺苗、断苗。

防治方法：①清晨人工捕杀；②每亩用90%晶体敌百虫100g与炒香的菜籽饼（或麦麸）5kg做成毒饵，撒在田间诱杀。

（2）银纹夜蛾和斜纹夜蛾：5～10月，幼虫咬食叶子，咬成孔洞或缺刻。

防治方法：用90%晶体敌百虫1 000倍液或40%乐果1 000～1 500倍液喷杀。

（3）跳甲：成虫咬食叶片背面，咬后成蜂窝状。

防治方法：用90%晶体敌百虫1 000倍液喷杀。

三、采收、加工与贮藏

（一）采收

采收时间对薄荷产量及薄荷油、薄荷脑含量影响极大。薄荷一般每年收获2次，个别地方收获3次。第一次收割在7月下旬，称头刀（头刀薄荷称伏叶）；第二次收割一般在10月下旬，称二刀（二刀薄荷称秋叶）。头刀在初花期，基部叶片发黄或脱落5～6片，上部叶下垂或折叶易断，开花未盛，每株仅开花3～5轮时，选晴天上午10时至下午3时，用镰刀齐地割下茎叶。二刀可在花蕾期或叶片渐厚发亮时选晴天收割。两次收获均可作药用。亩产茎叶干品100kg左右，折干率约20%。

（二）加工

收割的薄荷应立即摊薄晾晒，每隔2～3小时翻动一次，晒2天，稍干后扎成小束，扎时束内各株满叶部位对齐。扎好后用铡刀在叶下3～5cm处切去下端无叶的梗子，摆成扇形，继续晒干或阴干。忌雨淋和夜露，晚上移到室内摊开，防止变质。

（三）贮藏

将薄荷干药材置于28℃以下，空气相对湿度65%～70%的阴凉干燥处贮藏。防止受潮、霉变、虫蛀鼠害。不应与其他有毒、有害、易串味物质混装。薄荷干药材贮藏期间挥发油会大量自然挥发，因此薄荷药材不宜久存。

四、商品质量标准

（一）外观质量标准

薄荷以具香气、无脱叶光秆、亮脚（茎部无叶部分）不超过 30cm、无霉变为合格；以身干、叶多、色绿、气味浓为佳。

（二）内在质量标准

《中国药典》（2020 版）规定：其叶不得少于 30%。水分不得过 15.0%。总灰分不得过 11.0%。酸不溶性灰分不得过 3.0%。本品含挥发油不得少于 0.80%（ml/g）。

课堂互动

薄荷除药用外，尚有一些其他用途。请同学们列举日常生活中使用薄荷的见闻。

知识链接

薄荷素油与薄荷脑

1. 薄荷素油　又称为薄荷油，为薄荷的新鲜茎叶经水蒸气蒸馏、冷冻，部分脱脑加工提取的挥发油。为无色或淡黄色的澄清液体。有特殊清凉香气，味初辛、后凉。存放日久，色渐变深。本品为芳香药、调味药及祛风药。可使皮肤或黏膜产生清凉感，以减轻不适及疼痛。

2. 薄荷脑　为薄荷素油中得到的一种饱和的环状醇，又名薄荷醇、薄荷冰。为无色针状或棱柱状结晶或白色结晶性粉末；有薄荷的特殊香气，味初灼热后清凉；功效同薄荷素油。

（钟湘云）

扫一扫，测一测

？　复习思考题

1. 全草类药材需要进行整枝修剪吗？
2. 阴天和下雨天采收薄荷对其薄荷油的含量有无影响？

第十章　花入药植物栽培

PPT课件

知识导览

第一节　忍　冬

忍冬 *Lonicera japonica* Thunb. 为忍冬科半常绿缠绕灌木,以花蕾和藤入药,药材名分别为金银花和忍冬藤。金银花味甘,性寒,具有清热解毒、疏散风热的功效,用于痈肿疔疮、喉痹、丹毒、热毒血痢、风热感冒、温病发热等病症。忍冬藤味甘,性寒,具有清热解毒、疏风通络的功效,用于温病发热、热毒血痢、痈肿疮疡、风湿热痹、关节红肿热痛等病症。主产于河南、山东、河北、陕西、湖北、江西、广东等地,全国大部分地区均有栽培。

忍冬组图

一、生物学特性

忍冬为喜阳植物,花多着生在植株外围阳光充足的枝条上;虽也耐阴,但在背光和荫蔽条件下,植株生长不良,不易开花;植株过密,通风透光不良,也会引起叶片发黄脱落,开花减少。忍冬喜温暖湿润气候,适应性很强,耐寒性强,生长最适温度为20～30℃。能耐干旱和水湿,在较干旱和湿润的地区均能栽培;若土壤湿度过大,会影响植株生长,叶易发黄脱落。对土壤要求不严,在酸性、碱性以及盐碱地上均能生长,在湿润肥沃、深厚砂质土壤上生长迅速,产量较高;在瘠薄干旱的土壤上种植,只要加强水肥管理,也能大量开花,获得好收成。种子较小,千粒重3.4g,寿命较短,有一定休眠性,属低温生理后熟型种子,必须在低温5℃条件下持续2个月,才能解除休眠而萌发,温度愈高,发芽率愈低。

二、栽 培 技 术

(一)选地与整地

1. 育苗地　宜选择背风向阳、光照良好、土质疏松肥沃、灌溉排水条件良好的砂壤土。深翻30cm以下,打碎土块,施足基肥,整平耙细,作成宽1.2m的畦,以便播种育苗或扦插育苗。

2. 栽植地　可利用荒山、荒坡、地边、沟旁、房前屋后成片或零星地块种植,深翻土地,施足基肥,按株行距1.2m×1.5m挖穴,穴径和穴深各50cm。

(二)繁殖方法

忍冬繁殖可采用扦插、压条、分株、种子繁殖等方法,但生产上以扦插繁殖为主。

1. 扦插繁殖　可扦插育苗或直接扦插,春、夏、秋三季均可进行。春季宜在新芽萌发前,秋季于9—10月进行。长江以南地区宜在夏季6—7月高温多湿季节进行，此时空气与土壤湿度较大时，扦插成活率高。扦插材料宜选健壮充实无病虫害的1～2年生枝条，截成长30cm左右的插条，每个插条至少具3个节。摘去下部叶片，上部留2～4片叶，将其下端近节处削成平滑的斜面，上端剪平，扎成小捆，在0.05%ABT生根粉溶液中浸泡下端斜面半分钟，晾干后立即进行扦插。

（1）扦插育苗：在畦面上按行距15～20cm画线，每隔3～5cm用小木棒在畦面上打斜孔，将插条的1/2～2/3插入孔内，覆土压实后浇透水。若在早春低温时扦插，插床上要搭设塑料薄膜拱棚，保温保湿。约半个月便可生根发芽，之后拆除塑料棚，进行正常的苗期管理。扦插育苗的应在其生长大半年至一年后的秋后早春移栽，即春插的可在秋后出圃定植，夏、秋扦插的则于翌春移栽。

（2）直接扦插：按株行距170cm×170cm挖穴，穴径和深度各40cm，挖松底土后，每穴施厩肥或堆肥5kg，与表土拌匀后，在每穴中插入3～5根插条，将插条1/2～2/3斜立插入，再填上细土压实，浇透水，保持土壤湿润，15～20天左右即可生根发芽。

2．压条繁殖　于秋、冬季植株休眠期或早春芽萌动前进行。选择3～4年生已经开花、生长健壮、产量高的忍冬作母株，将近地面的一年生枝条弯曲埋入土中，将枝条入土部分划伤，并用枝杈固定枝条，覆盖10～15cm厚的细肥土，使枝梢先端露出地面，若枝条长时可连续弯曲呈波状压入土中。压后浇透水并加强水肥管理，第二年春季，将已发根的压条苗截离母体，另行栽植。

3．分株繁殖　于冬季或早春芽萌动前，挖取生长4年以上健壮母株的根蘖苗，将根系及地上茎适当修剪、分株，每穴栽入1～2株，栽后第二年就能现蕾。因母株生长受到抑制，当年开花较少，甚至不能开花，因此，产区除利用野生优良品种分根外，这种繁殖方法一般较少应用。

4．种子繁殖　于10—11月忍冬果实成熟呈黑色时，选优良母株采收果实，于清水中揉搓，漂去果皮及杂质，捞出沉入水底的饱满种子，晾干贮藏备用或随采随播。若翌年春播种，需在播种前40天将种子进行催芽处理：将种子放入35～40℃温水中浸泡24小时，捞出后与3倍量湿沙拌匀，置于木箱或土坑内，上盖一层稻草，3天翻动1次，20天左右，待有50%种子裂口露白点时即可筛选种子进行播种。种子条播是按行距20cm开横沟，沟宽约10cm，深5～10cm，将催芽种子均匀撒于沟内，覆土压紧，盖草或搭棚保湿保温，10天左右出苗。齐苗后揭去盖草，加强苗床常规管理。当苗高15cm时，摘去顶芽，促进分枝，秋后或翌年春便可出圃定植。条播一般用种量1～1.5kg/亩。

（三）田间管理

1．中耕除草　栽种成活后，一般每年中耕除草3～4次，第1次在春季萌发出新叶时，第2次在6月，第3次在7—8月，第4次在秋末冬初霜冻前进行。中耕时，在植株丛远处稍深，近处宜浅，以免伤根，影响植株根系的生长。中耕除草后还应于植株根际培土，可在土壤春季解冻后和秋季结冻前进行松土培土。

2．追肥　忍冬为喜氮、磷植物，每年早春芽萌发后和每次采摘花蕾后，都要进行一次追肥。春、夏季在植株旁开浅沟施用充分腐熟符合无害化卫生标准的粪水或尿素、硫酸铵等氮肥，冬季在每墩植株周围开环形沟施充分腐熟符合无害化卫生标准的农家肥5～10kg及硫酸铵0.1kg、过磷酸钙0.2kg，施肥后用土盖肥并进行培土，厚5cm。

3．灌溉排水　花期若遇过度干旱天气或雨水过多时，都会造成大量落花、沤花、幼花破裂、花蕾瘦小等现象，因此要及时做好灌溉和排涝工作。

4．整形修剪　培养良好的株型是提高金银花产量的重要措施，忍冬树形主要有伞形、自然开心形和疏散分层形，一般将其修剪培养成伞形直立小灌木。每年修剪4次：①春剪，头茬花采收后于6月上旬进行，以主干40cm去顶为主；②夏剪，于7月下旬二茬花采收后进行，以剪掉分生营养侧枝的梢尖部，以轻剪为主；③秋剪，于 8 月上旬三茬花采收后进行剪秋梢，以轻剪为主；④冬剪，采收最后一茬花，待枝藤的养分回到主枝和根系后，于 12 月至翌年 2 月均可进行修剪。每次修剪后，都要追肥。具体修剪方法如下：

（1）栽后 1～4 年的幼龄期：当主干高度在 40cm 时，剪去顶梢，促进主干粗壮直立生长和侧芽迅速萌发成枝条。翌年春萌发后，在主干上部选留粗壮枝条 4～5 个，作为主枝。冬季茎叶枯萎时，截短主枝上的一级分枝，保留 4～5 对芽，以后依此方法截短二级分枝，促使长出新的分枝。通过整形修剪逐渐使忍冬从原来缠绕生长改为枝条疏朗、分布均匀、通风透光、主干粗壮直立的伞形灌木状树形，每年都应及时清除根蘖和主干的徒长枝。

（2）5～20 年生植株：进入盛龄期，对过长枝、病弱枝、密枝重剪，两年生枝、强壮枝轻剪。实行"四留四剪"的方法，即留向上枝、向上芽、粗壮芽、饱满芽；剪除向下枝、向下芽、瘦小芽、纤弱枝，抹掉主干和根茎基部萌发的嫩芽，以减少养分的消耗。

（3）衰老期的植株：要枯枝全剪，病枝重剪，弱枝轻剪，壮枝不剪。

5．设立支架　对藤蔓细长的忍冬品种，可架设支架让其攀援，并使枝条分布均匀，以利生长。

（四）病虫害及其防治

1．病害

（1）白粉病：为忍冬的主要病害。危害叶片和嫩茎。发病初期被害部位出现圆形白色绒状霉斑，不断扩大形成大小不一的白色粉斑，引起落花、凋叶，枝条干枯。

防治方法：①选育抗病品种，合理密植，整形修剪，改善通风透光条件，可有效增强植株抗病力；②发病前期可喷施 15% 三唑酮可湿性粉剂 2 000 倍液，发病严重时可喷施 25% 粉锈宁 1 500 倍液或 50% 托布津 1 000 倍液，每 7 天喷 1 次，连喷 3～4 次。

（2）忍冬褐斑病：每年 7—8 月发病较为严重，多雨潮湿易发病。发病后，叶片上的病斑呈圆形或椭圆形，初期水渍状，边缘紫褐色，中间黄褐色，潮湿时叶背面病斑中生有灰色霉状物。

防治方法：①秋、冬季清除枯枝落叶，减少病原；②从 6 月下旬开始，每隔 10～15 天喷 1 次 1：1.5：300 的波尔多液或 40% 多菌灵 600 倍液，每 7 天喷 1 次，连喷 2～3 次。

2．虫害

（1）咖啡虎天牛：为蛀茎害虫。导致忍冬长势衰弱，严重时整株枯死。

防治方法：① 7—8 月，气温在 25℃ 以上的晴天，在田间释放天敌天牛肿腿蜂或赤腹姬蜂，前者是咖啡虎天牛幼虫的外寄生蜂，后者是寄生于咖啡虎天牛幼虫体内，寄生率很高，防治效果很好；②发现枯枝及时清除烧毁，注意捕捉幼虫；③结合冬季剪枝，剥除老枝干的老皮，使之不利于成虫产卵；④ 5 月中下旬产卵期用 50% 辛硫酸乳油 600 倍液，或 50% 马拉硫磷乳油 800 倍液喷雾，7～10 天喷 1 次，连喷 2～3 次；⑤ 5 月上旬和 6 月下旬，幼虫尚未蛀入茎干前，喷雾 80% 敌敌畏乳油 1 000 倍液各 1 次；⑥蛀入茎后，可用注射器吸 80% 敌敌畏油原液注入茎干后用稀泥密封蛀孔；⑦用糖醋液诱杀。

（2）蚜虫：有忍冬圆尾蚜和胡萝卜微管蚜等，主要危害叶片、嫩枝，造成叶片卷曲发黄、花蕾畸形，对树势、产量及花蕾品质影响很大。

防治方法：①喷施 10% 吡虫啉 1 500～2 000 倍液或灭蚜松 1 000～1 500 倍液，连续多次，最后一次用药必须在采花前 10～15 天进行，采花期严禁喷洒农药，以免农药残留影响花的质量；②集中烧毁或埋掉枯枝烂叶；③田间释放草蛉或七星瓢虫进行生物防治；④在蚜虫集中发生期设黄板诱杀。

（3）蠹蛾：有柳干蠹蛾和豹蠹蛾。前者幼虫蛀入茎的木质部危害，后者主要危害幼嫩枝条，幼虫从枝杈或叶腋处蛀入枝条。

防治方法：①冬季和 7—8 月上旬结合修剪，剪除枯枝、带虫枝条集中烧毁；② 7 月中下旬用 50% 杀螟松 1 000 倍液加 0.3%~0.5% 煤油,喷于枝条上,以喷湿不下滴为度,毒杀豹蠹蛾;③ 7—9 月,用 50% 杀螟松乳剂,加入 2 倍煤油,浇于距植株基部 10~15cm 处挖好的穴中,覆土压实,天旱要适当浇水以利发挥药效,可毒杀柳干蠹蛾。

(4)尺蠖:是忍冬重要的食叶害虫,5—6 月危害严重。大面积发生时,会将叶片全部吃光,只剩枝干。

防治方法:①清洁田园,减少越冬虫源;②人工捉蛹、捕杀成虫;③幼龄期喷施 80% 敌敌畏乳油 1 500 倍液;④保护尺蠖的天敌,如黑卵蜂、弧脊姬蜂、蜻象、啮小蜂、蚂蚁和鸟类等。

三、采收、加工与贮藏

(一)采收

忍冬栽后第二年开始开花,开放时间较集中,大约 15 天。一般于 5 月中下旬采摘第一茬花蕾,隔 1 个月后陆续采第二、第三、第四茬。采收花蕾必须掌握好时机,当花蕾由绿变白,上部膨大,下部为青色,将开未开时为最佳采收期,这时所采的花蕾称"二白花",花蕾完全变白色时采收的花称"大白针"。如在花蕾嫩小尚呈绿色或花已开放时采收,则干后花色不好,产量低,质量差。采收时宜选在晴天上午 9 点前,分批及时摘下,香气浓,好保色,质量好。采摘时注意不要折断枝条,宜用竹篮、藤筐。

忍冬藤可在秋冬采收,割取带叶的嫩藤,扎成小捆晒干,也可结合修枝采集。

(二)加工

采收后应及时干燥,防止堆放引起变色或霉烂。可晾干或烘干。

1.晾干　将鲜花薄摊在竹席上晾晒,不要任意翻动,晒至八成干时,方能翻动,过厚或过早翻动都会引起花变黑,最好当天晾干。如当天未晒干,移入室内也应摊开。

2.烘干　烘时要严格掌握好温度,初烘时温度不宜过高,控制在 30℃左右,2 小时后,温度可提高到 40℃,使花中的水分逐渐排出,经过 5~10 小时后,使温度维持在 45~50℃烘 10 小时,最后再将温度控制在 55℃左右,使花快速干燥,烘时不能翻动或中间停烘,否则易变黑或烂花。一般烘 12~20 小时即可全部烘干。新烘干法:先将鲜花置于 100℃左右高温下烘 1 分钟左右,称为杀青。将酶杀死后,置于热风流下快速吹干,25 分钟左右即可干燥。烘干比晾干质量好,产量高。

(三)贮藏

金银花压实、密封于塑料袋中,置阴凉干燥处保存,防受潮、霉变、虫蛀和变色,做到定期检查。

四、药材质量要求

(一)外观质量标准

金银花以身干,花蕾多,黄白色,气清香者为优。

(二)内在质量标准

《中国药典》(2020 年版)规定:水分不得过 12.0%。总灰分不得过 10.0%。酸不溶性灰分不得过 3.0%。重金属及有害元素照铅、镉、砷、汞、铜测定法测定,铅不得过 5mg/kg;镉不得过 1mg/kg;砷不得过 2mg/kg;汞不得过 0.2mg/kg;铜不得过 20mg/kg。按干燥品计算,含绿原酸($C_{16}H_{18}O_9$)不得少于 1.5%,含酚酸类以绿原酸($C_{16}H_{18}O_9$)、3,5- 二 -O- 咖啡酰奎宁酸($C_{25}H_{24}O_{12}$)和 4,5- 二 -O- 咖啡酰奎宁酸($C_{25}H_{24}O_{12}$)的总量计,不得少于 3.8%,含木犀草苷($C_{21}H_{20}O_{11}$)不得少于 0.050%。

(汤灿辉)

菊组图

第二节　菊

菊 *Chrysanthemum morifolium* Ramat. 为菊科多年生草本植物，以干燥头状花序入药，药材名菊花。菊花味甘、苦，性微寒，具有散风清热、平肝明目、清热解毒的功效，用于风热感冒、头痛眩晕、目赤肿痛、眼目昏花、疮痈肿毒等症。主产于安徽、河南、浙江、四川等地，全国各地均有栽培。药材按产地和加工方法不同，分为亳菊、滁菊、贡菊、杭菊、怀菊。

一、生物学特性

菊喜温暖、凉爽气候，耐寒，怕水涝。春季气温稳定在10℃以上时，宿根隐芽开始萌发，生长的最适温度为20～25℃。花能经受微霜，花期可抵抗 -4℃的低温，地下根茎可抵抗 -17℃的低温，幼苗抗低温的能力差，幼苗期如果气温较低，植株发育不良，分枝少，开花也少，影响产量。菊为短日照植物，每天光照在10～11小时，可以正常现蕾开花。喜光，在荫蔽环境中植株发育不良，开花少。菊生长期要求土壤稍湿润，过于干旱，植株分枝少，发育缓慢，产量低，尤其是近花期，不能缺水，否则使花蕾数大为减少，导致减产。但土壤水分过多，又易造成烂根死苗。菊对土壤要求不严，但喜肥，在土壤疏松肥沃、含腐殖质丰富、排水良好的砂土中生长良好，花多产量高。土壤以中性至微酸性或微碱性为适宜。凡土壤黏重、地势低洼、排水不良、盐碱性大的地块不宜栽培。忌连作，连作时，病虫害多，产量和质量大幅度下降。

二、栽　培　技　术

（一）选地与整地

1. 育苗地　选择地势平坦、土质疏松肥沃、排灌方便的砂壤土。选地后，施入充分腐熟的厩肥或堆肥作基肥，深翻土壤约20cm，耙细整平，作宽1.2m的高畦，畦间距离为30～40cm，周围开排水沟。

2. 种植地　菊为浅根性植物，选地势高燥、排水良好、阳光充足、土层深厚、土质疏松肥沃的砂壤土。定植前，亩施充分腐熟符合无害化卫生标准的厩肥或土杂肥3 000kg和过磷酸钙50kg作基肥，深翻土壤约20cm，耙细整平，作高20cm、宽1.2～1.5m的高畦，畦间距30cm，四周开排水沟。

（二）繁殖方法

繁殖方法可用扦插繁殖和分根繁殖，其中扦插繁殖成活率高、长势好、生长期长、植株开花早、抗病性强、产量高，目前生产上常用。

1. 扦插繁殖　于每年4—5月或6—8月，在菊打顶时，选择发育充实、健壮无病虫害的茎枝作插条，将其剪成12～15cm长的小段，打掉顶梢及下部叶片，下端切成斜面，切口处蘸一下0.15%～0.30%吲哚乙酸，取出晾干后立即进行扦插。在已建好的苗床上，按行距20～25cm开7cm深的横沟，将插条按株距6cm沿沟边斜插入沟中，入土深为插条的1/2，将土压实浇透水，保持畦面的湿润。注意松土除草和浇水，15～20天便可生根，随即浇1次充分腐熟的人畜粪尿，以后每隔15～20天浇肥1次。当苗高20cm左右，长至2片新叶时移栽。

2. 分根繁殖　摘花前，选留株壮、花大的优良植株，做好标记。在11月菊花采收后，将地上茎枝齐地面割除，挖起根蔸，重新集中移栽在一块肥沃的地上，用腐熟厩肥或土杂肥覆盖保暖越冬。翌年3—4月芽苞萌动时，扒开土肥，浇1次充分腐熟的稀薄人畜粪尿，促进菊根蔸萌发，4—

5月当苗高15～20cm时,挖出全株,顺着苗株分成带根的单株,选取茎粗壮、须根发达、无病虫害的做种苗。

3.移植 扦插繁殖的苗在5—6月、分根繁殖的苗在5月上旬进行移栽。选晴天傍晚或阴天进行。在作好的畦面上,按株行距各40cm,开5～6cm深的穴,将带土挖取的小苗放于穴内,每穴1株,扶正覆土压实,浇透定根水,最后掐去菊苗顶芽,以减少水分、养分的消耗,提高移植苗的成活率。

(三)田间管理

1.中耕除草 菊苗移栽成活至现蕾前要进行4～5次中耕除草,分别在立夏、芒种、立秋、白露、秋分前后,要求做到田间无杂草。菊在中耕除草时要浅松土,勿伤根系,防止伤到植株,但在后3次可适当深一些。在后2次中耕除草时,要培土壅根,防止植株倒伏。另外,在每次大雨后,为了防止土壤板结不透气,可以进行一次浅松土。

2.追肥 菊是喜肥植物,其根系发达,吸肥能力强,一般除施足基肥外,生长发育期还要追肥3次,第1次在定植后15天左右,幼苗成活并开始生长时,亩施充分腐熟的稀薄人畜粪尿1 500kg,或用尿素10kg兑水浇施;第2次在植株开始分枝时,亩施稍浓的充分腐熟的人畜粪尿2 000kg,也可以用腐熟的饼肥70kg兑水浇施;第3次在开始现蕾时,亩施较浓的充分腐熟的人畜粪尿2 000kg,或用过磷酸钙25kg加尿素10kg兑水浇施,促进植株多结蕾多开花,提高产量。8月气温降低,空气湿度增大,菊生长旺盛,因此在7月中旬至8月中下旬之间,应该追施速效肥,而且施肥量要大,利于增产。

3.灌溉排水 土壤过湿和过干均导致菊生长不良。因此,在扦插育苗和移苗定植时,要经常适量浇水,确保幼苗成活。现蕾期如干旱要及时浇水,保证花大和花色好。追肥后也要及时浇水。同时保证雨后田间排水通畅,防止病害发生和植株烂根。

4.打顶 为促进菊多分枝、多结蕾开花和主干生长粗壮,一般在苗高15～25cm时,选择晴天摘去顶芽2～3cm,促进多分枝,以后每隔15天打顶1次,共进行3次。打顶次数不能过多,否则植株分枝多,营养不良,花朵细小,影响产量和质量。

(四)病虫害及其防治

1.病害

(1)霜霉病:危害菊的叶片和嫩茎,3月始发,二次发病一般在10月,多雨时发病严重,而且流行迅速。春天发病,幼苗叶片退绿,叶缘略向上卷,幼茎和叶背均长满白色的霉层,最后病叶自下而上逐渐变成褐色,重病苗干枯死亡;秋天发病时,嫩茎、叶片和花蕾上全部都布满白色霉层,叶片呈灰绿色,最后叶片逐渐枯死。

防治方法:①春天发病时,用多菌灵喷洒,每次隔7～10天,连续2次;②菊移栽定植前,小苗用多菌灵、霜脲氰锰锌溶液浸苗5～10分钟,晾干后栽种;③秋季于9月上旬发病前或发病初期,用多菌灵、代森锰锌喷洒,每10天喷1次,连续3次,防治效果明显;

(2)叶枯病:又称斑枯病、褐斑病,主要危害叶片。受害初期,叶片出现圆形或椭圆形的紫褐色斑点,后期病斑中心变为灰褐色至灰黑色,并有许多小黑点,随着病斑的不断扩大,叶片枯死但不脱落。一般5月开始发病,直到菊花采收。在高温多雨、通风不良的环境下容易发病。用老根蔸留种的叶枯病较重。

防治方法:①菊花采收后,割去地上部分,并将残枝落叶和病叶集中烧毁,减少越冬病源;②加强田间管理,保持田间排水通畅,减少病害的发生;③选择健壮植株,用扦插繁殖的方法来繁育新株,可减轻病害的发生;④发病初期,摘除病叶烧毁,并用多菌灵喷洒,每10天喷1次,连续2次;⑤在梅雨季节交替喷施苯醚甲环唑、甲氨基丙酸酯类(醚菌酯、嘧菌酯),预防病害的发生。

(3)花叶病:主要危害叶片。发病的叶片由绿色变为灰绿色,病叶上有灰白色不规则稍凸出的条纹,或是叶片变小增厚,后期叶面暗绿色,背面紫红色。病株生长不良,植株矮小或丛生,枝条细小,开花少,花朵小,造成产量和质量下降。

防治方法:①通过茎尖的组织培养,选育出抗病毒品种;②在发病初期,可以使用宁南霉素、氨基寡糖素、谷类蛋白多糖溶液喷洒防治;③发现菊蚜危害时,及时防治,可以采用啶虫脒等减少蚜虫;④增施磷钾肥,增强植株抗病毒的能力。

(4)枯萎病:6月上旬至7月上旬始发,在高温多雨季节发病严重。病株的叶片变为黄绿色或紫红色,自植株的上部向下部蔓延,严重时造成植株死亡,发病植株的根部为深褐色,呈水渍状腐烂。

防治方法:①实行轮作;②雨季保持田间排水通畅,降低田间湿度,可减轻病害的发生;③发病初期采用多菌灵、醚菌酯喷施;④发病中后期可用甲基硫菌灵灌根防治;⑤选择无病田里的老根留种。

2.虫害

(1)菊蚜:在每年的4—5月或9—10月易发生危害。蚜虫喜密集于嫩枝梢、花蕾、叶片背面和小花上危害,吸取植株汁液,造成叶片变黄萎缩,花朵变小,数量减少。

防治方法:①冬季清园,减少越冬的虫口;②实行轮作;③虫害发生时,用啶虫脒、氟啶虫胺腈、溴氰虫酰胺、噻虫嗪喷洒防治;④人工释放七星瓢虫、草蛉治蚜。

(2)菊天牛:又名菊虎、蛀心虫。成虫和幼虫均能危害茎部。成虫主要是咬食植株的嫩梢,并将卵产于茎的髓部,使茎梢枯死;卵孵化出来的幼虫,沿茎秆蛀入茎内,并向下取食,9月以后到根部化蛹,羽化为成虫越冬。被害枝不开花或整枝枯死,植株茎秆的分枝处易折断或开裂。

防治方法:①结合打顶,从断茎下面的4cm处,摘除枯茎并集中烧毁;②在5—7月,早晨露水未干前捕杀成虫;③7月,在有虫害的田间释放菊天牛的天敌肿腿蜂进行生物防治;④虫害严重时,可用吡丙醚和毒死蜱进行杀卵,噻虫啉进行杀虫。

(3)潜叶蝇:主要是幼虫危害叶片,幼虫从叶片的边缘进入叶内并吃食叶肉,留下白色的表皮,形成弯曲不规则的潜道。当叶肉大部分被破坏时,叶片枯黄并脱落。

防治方法:在虫害发生期,用阿维菌素,噻虫胺进行喷杀。

三、采收、加工与贮藏

(一)采收

不同品种的采收期有所不同,一般在霜降至立冬分期分批采收,也可以一次性采收。如杭白菊分三期采收,而亳菊、川菊是一次性采收。当花序中的管状花(即花心)散开2/3、花色洁白、花瓣平直时采收,商品质量好。如果在花心全部散开时再采收,加工后商品质量差;在花心散开不够时采收则会降低产量。一般是选择晴天露水干后进行采收,否则易发生腐烂、变质。每亩可产干货60~80kg,花的折干率约为15%。

(二)初加工

菊的品种繁多,各地有其独特的传统加工方法。

1.亳菊　菊花采收时连茎秆割下,扎成小捆,倒挂于阴凉干燥的通风处干燥,晾至1个月左右,将晾干的花剪下,即可入药。注意阴干时不可太阳曝晒,否则菊花的香气差,质量差。

课堂互动

古法亳菊采收时为什么连茎秆割下,而不是直接采花?

2.滁菊   菊花采收后，在通风处阴干，当干至6成干时，用竹筛将花头筛成圆球形，再晒干。晒时切忌用手翻动，只能用竹筷轻轻翻晒。

3.贡菊   菊房内用无烟的木炭烘焙干燥。将贡菊薄摊在竹帘上，用40～50℃的温度烘至九成干时，将温度降至30～40℃继续烘烤，当花色呈象牙白时，即将花从烘房内取出，再置于通风干燥处阴干。此法加工的菊花质量最好，菊花颜色鲜艳而且洁白，气清香而味甘，挥发油含量减低甚少，而且没有硫黄熏蒸的过程，不会被硫和硫化物污染。

4.杭白菊   菊花采收后，将花序置于蒸笼蒸5～6分钟，然后晒干。

菊花的加工以贡菊的加工方法最佳。

（三）贮藏

加工包装后应置于室内干燥的地方贮藏，同时应防止老鼠等啮齿类动物的危害。为保持色泽，还可将干燥的菊花放在密封的聚乙烯塑料袋中贮藏，并定期检查。正常情况下，从冬季至春季可安全贮藏3～4个月。但进入次年5月后，由于气温升高，菊花应转入具低温条件的地方贮藏。一般在4～10℃的贮藏条件下可安全越夏。

四、商品质量标准

（一）外观质量标准

以花序完整、颜色鲜艳、气清香者为佳；花序散碎、颜色暗淡、香气弱者次之。

（二）内在质量标准

《中国药典》（2020年版）规定：水分不得过15%。按干燥品计算，含绿原酸（$C_{16}H_{18}O_9$）不得少于0.20%；含木犀草苷（$C_{21}H_{20}O_{11}$）不得少于0.08%；含3,5-O-二咖啡酰基奎宁酸（$C_{25}H_{24}O_{12}$）不得少于0.70%。

（陈　娜）

扫一扫，测一测

？ **复习思考题**

1.忍冬的繁殖方法有哪些？

2.简述忍冬药材的产地加工方法。

3.菊花的加工为什么禁止用硫黄熏蒸？

4.菊栽培过程中通常需要打顶，其原因是什么？

第十一章　果实或种子入药植物栽培

PPT 课件

1. 掌握各种药用植物栽培技术、采收技术及产地加工技术。
2. 熟悉各种药用植物的生物学特性、各种药材的贮藏方法。
3. 了解各种药用植物区域分布、各种药材的商品质量标准。

知识导览

第一节　山　茱　萸

　　山茱萸 *Cornus officinalis* Sieb.et Zucc. 为山茱萸科植物,以成熟干燥的果肉入药,药材名山茱萸,别名枣皮、萸肉、药枣、蜀枣等,是我国常用中药之一。山茱萸味酸、涩,性微温,具有补益肝肾、收涩固脱的功效,用于眩晕耳鸣、腰膝酸痛、阳痿遗精、遗尿尿频、崩漏带下、大汗虚脱、内热消渴等病症。主产于浙江、河南、安徽、陕西、山西、四川等地。以浙江所产个大、肉厚、色鲜红为优,河南产量最大。

山茱萸组图

一、生物学特性

（一）对环境条件的要求

　　山茱萸分布在亚热带及温带地区,以海拔 600～800m 间的丘陵地区分布最多。喜温和气候,植株正常生长发育和开花结实要求平均温度为 8～16℃。花期怕低温,授粉的最适温度为 12℃左右。若温度低于 5℃则会受冻伤,发生严重落花、落果的现象,是山茱萸减产的主要原因。

　　山茱萸喜湿润、光照充足的气候条件,生长季节要求有充足的降水和较高的空气湿度,一般年降水量为 600～1 500mm,年均相对湿度要求在 70%～80%。透光好的植株坐果率高。在山区、丘陵、平原和河滩均可栽植,喜肥沃疏松、深厚、湿润、富含有机质的微酸性和中性砂质壤土,过酸、过碱、黏重瘠薄的土壤均不利于其生长。

（二）生长发育习性

　　山茱萸种皮质地坚硬致密,内含半透明的黏液树脂,阻碍种子吸水透气。种子收获时,种胚虽已分化,但生理上尚未成熟,属低温休眠型种子。因此,在育苗前必须进行处理,否则需经 2～3 年才能发芽出土,1 年以上出苗很少。

二、栽　培　技　术

（一）选地与整地

山茱萸园地宜选在海拔 700m 左右的低山丘陵区。

　　1. 育苗地　山茱萸栽培大多在山区,育苗地宜选择背风向阳、光照良好的缓坡地或平地,以土层深厚、疏松、肥沃、湿润、排灌方便的中性或微酸性砂质壤土为好。在入冬前深耕 30～

40cm,耕后整细耙平,结合整地亩施充分腐熟的土杂肥 3 000～4 000kg 作基肥。播种前,北方地区多作平畦,南方多作 1.3m 宽的高畦。但是不管是高畦或是低畦都应有排水沟。育苗地不宜重茬。

2．栽植地　山茱萸对土壤要求不严,选择地形起伏不大、坡度较小、场面开阔、排灌良好、土层深厚的砂质壤土地种植。也可利用房前屋后、田边渠旁等闲散地进行栽种。坡度小的地块要按常规进行全面耕翻;坡度在 25°以上的地段,按坡面一定宽度沿等高线开垦,即带垦,带与带之间不留生土带;坡度大、地形破碎的山地或石山区采用穴垦,其主要形式是鱼鳞穴整地,穴与穴之间交错排列成鱼鳞状。高山、阴坡、土壤黏重、光照不足、排灌不良处不宜栽培。

土壤肥沃、水肥好、阳光充足条件下种植的山茱萸结果早、寿命长、单产高。

（二）繁殖方法

山茱萸主要采用种子繁殖,少数地区也可采用嫁接和压条繁殖。

1．种子繁殖　一般育苗 2 年后移栽。

（1）选种与种子处理:选择树势健壮、生长旺盛、冠形丰满、抗逆性强的中龄树作为采种树。秋季果实成熟时,采集果大、核饱满、无病虫害的果实,晒 3～4 天,待果皮柔软去掉皮肉后进行种子处理。

1）浸沤催芽法:用温水（50℃左右）浸泡种子 2 天,然后挖坑闷沤。选向阳潮湿处挖坑,将湿沙与牛、马粪混合均匀,然后一层粪土与一层种子交替铺放坑内,一般铺 5～6 层即可,最后盖粪土约 7cm 厚,呈馒头状,防积水,注意保湿防冻。4 个月后检查,如发现粪土有白毛、发热、种子皮裂口应立即播种育苗,防止芽大无法播种。若没有裂口,则继续沤制。

2）沙贮催芽法:去掉皮肉的种子用清水浸泡后,用洗衣粉或碱液反复搓揉,再用清水反复清洗至种子表皮发白,捞起晾干。在室外挖坑,坑底铺一层 3～5cm 厚的湿润细沙,上铺一层 3cm 厚种子,再铺一层细沙,如此 4～5 层,最上方覆盖厚约 15cm 的细土,稍高出地面,使之呈龟背形,防积水,注意保湿防冻。经过 5 个多月的处理,至少有一半种子裂口露白时进行春播育苗。

3）腐蚀法:每 1kg 种子用 15g 漂白粉,放入清水内拌匀溶化后放入种子。根据种子数量加水,至高出种子 12cm 左右,每天用棍搅拌 4～5 次,让其腐蚀掉外壳的油质,使外壳腐烂,浸泡至第 3 天,捞出种子拌入草木灰,即可育苗。

（2）播种育苗

1）播种:3 月下旬至 4 月上旬春分前后,将萌动的种子在整好的苗床上进行条播。按行距 25～30cm 开沟,深 2～3cm,将种子均匀播入沟内,覆土 1.5～2cm 并稍镇压后,上盖一层薄膜或草秆,保持畦面湿润,防止地面干旱板结,旱时及时浇水,播后 20 天左右便可出苗。每亩用种量 40～60kg。

2）苗期管理:出苗后除膜或除去盖草,进行松土除草、追肥、灌溉、间苗、定苗等常规的苗期管理。当苗高 15cm 左右时进行间苗、锄去杂草,按株距 10cm 左右定苗,结合中耕亩施尿素 4kg 或充分腐熟符合无害化卫生标准的稀薄的肥水进行追肥,加速幼苗生长。对达不到定植高度的幼苗,入冬前浇一次防冻水,在根部培施土杂肥并加盖杂草,以利保温保湿,使幼苗安全越冬。一般育苗期 2 年,当苗高 80cm 时,便可移栽定植。

（3）定植:山茱萸苗高 50～100cm 时,即可移栽定植,于冬季落叶后或早春萌芽前移栽。阴天起苗,苗根带土,随起随栽。在山地栽植,一般采用 3m×4m 或 4m×5m 的株行距挖穴;大面积栽植,可采用 2.5m×3m 或 3m×3m 的株行距挖穴。穴深 50cm,每穴施充分腐熟符合无害化卫生标准的农家肥 5～6kg,与表土混匀后定植,每穴栽壮苗 1 株。填土踩紧后,浇定根水。

2．嫁接繁殖　一般山茱萸实生苗 7～10 年后才能结果,嫁接苗 2～3 年即可开花,且能保持品种的优良性状,是山茱萸人工栽培良种化的常用方法。砧木采用优良品种的实生苗,接穗宜从产量高、果实大、果肉肥厚、生长健壮、无病虫害的优良单株上采集。剪取位于树冠中部或中上部的 1～2 年生枝条作接穗,进行芽接和切接,其成活率都在 80%以上。芽接于 7—9 月进行,通常采用 T 字形盾芽嵌接法。切接于 2—3 月间树液流动至芽膨大期进行,多选用 1~2 年生、茎基直径在 0.6~1.0cm 左右的实生苗作砧木。

3．压条繁殖　秋季采果后或春天萌芽前,选择生长健壮、病虫害少、结果又大又多、树龄 10 年左右的优良植株进行压条,在植株旁挖坑,坑深 15cm 左右,将近地面处 2~3 年生枝条压入坑中,用木桩固定,在枝条入坑处用刀切割至木质部,然后盖土肥,压紧,枝条先端伸出地面,保持土壤湿润,压条成活后两年即可与母株分离定植。

（三）田间管理

1．中耕除草　山茱萸定植成活后的前 3 年,于每年春、夏、秋季各松土除草 1 次,保持植株周围无杂草。前期中耕宜浅不宜深,成株后,可适当加深以促进根系生长。松土深度一般为 5~10cm,在距幼树 20cm 以内宜浅翻,以免伤根。秋季锄草后要培土并把杂草堆放在幼树根部作肥、保湿保温,但不能紧靠根颈处,避免堆草发热灼伤根颈。

2．追肥　移栽时如施底肥较多,当年可不追肥。以后每年在春、秋两季各追肥 1 次。幼树施肥以氮肥、充分腐熟符合无害化卫生标准的粪水为主,每株可施 5~10kg,开环状沟和放射状沟施肥。结果树每年要增施磷、钾肥,每株追施充分腐熟符合无害化卫生标准的粪水 10~15kg。在每年 4—7 月,每月还可用 0.3%~0.5% 磷酸二氢钾、0.5% 尿素和 0.2% 硼酸混合液进行 1~2 次叶面喷肥,以提高坐果率,增加果实重量、提高果品质。

3．灌溉　山茱萸在定植后和成年树开花、幼果期,或夏、秋两季遇天气干旱时,要及时浇水保持土壤湿润,保证幼苗成活和防止落花落果。

4．整形修剪　山茱萸有以短果枝及短果枝群结果为主的习性,以及萌发力强、成枝力弱的特点。进行修剪后形成合理的树体结构和冠形,增加树冠内透光程度,可使幼树提早开花结果、成年树丰产稳产、老年树更新复壮。

（1）幼树整形修剪:重在培养树形,这个时期应以整形为主,修剪为辅。修剪应以疏删(从基部剪除)为主,短截为辅。疏剪的枝条包括生长旺、影响树形的徒长枝、骨干枝上直立生长枝条、过密枝以及纤细枝。通过修剪尽快形成树冠,缓和树势,促进早开花结果。一般采用疏散分层形和自然开心形两种树型。

（2）成年树的修剪:山茱萸进入结果期,早期仍以整形为主。进入盛果期后,则以修剪为主。由于此时生长枝数量显著减少,所以生长枝要尽量保留,特别是树冠内膛抽生的生长枝更为宝贵。对生长枝的修剪,应以"轻短截为主,疏剪为辅",以促进分枝,培养新的结果枝群,更新衰老的结果枝群。侧枝应及时回缩,剪口附近的短枝长势转旺,整个侧枝又开始向外延伸,同时,侧枝的中、下部也常抽生较强的生长枝,可用来更新衰老的结果枝群。回缩时应注意"强者轻回缩,弱者重回缩"。

（3）老树的修剪:多数老树由于大量结果导致树体负担过重,结果枝群大量枯死,造成树势衰老。因此,除加强肥水管理外,应及时疏删枯枝、弯曲的大枝和纤弱枝,促使抽生强壮的新梢;对再生力较强的枝条,进行重剪,使侧枝及时回缩到较强的分枝处;轻剪徒长枝,将其培育成骨干枝,促使徒长枝多抽中、短枝群。经 2~3 年培养后可逐渐恢复树势。

5．疏花　3 月开花时,根据树势的强弱、花量多少确定疏除量。一般逐枝疏除 30% 的花序,即在果树上按 7~10cm 距离留 1~2 个花序,可达到连年丰产的目的。在小年要采取保果措施,可在 3 月盛花期喷施 0.4% 硼砂和 0.4% 尿素。

（四）病虫害及其防治

1．病害

（1）灰色膏药病:多在成年山茱萸的树干和枝条上发生。发病初期呈灰白色,后变灰褐色,最后呈黑褐色。病斑贴在枝干上形成不规则厚膜,像膏药一样,故称膏药病。受害后树势衰退,严重的不能开花结果,甚至枯死。

防治方法:①冬季用刀刻去菌丝膜后,涂上 20% 石灰乳剂保护树干枝条;②喷石硫合剂(冬季8波美度,夏季4波美度),消灭传染媒介,防止孢子在介壳虫的分泌物上发芽;③发病初期喷施1:1:100的波尔多液或50%多菌灵600倍液,每10～14天喷1次,连续多次。

(2)炭疽病:6月上旬发病,主要危害果实、叶片。绿色果实上初生圆形红色小点,病斑扩大后呈黑色,边缘紫红色,病斑凹陷,外围有红色晕圈,使青果未熟先红,严重时全果变黑干枯脱落。叶片受害时,初为红褐色小点,后逐渐扩大成褐色圆形病斑,边缘红褐色,病斑常穿孔脱落。

防治方法:①选育抗病的优良品种;②清洁田园,将病残体、枯枝落叶及病果集中烧毁;③发病初期喷施1:2:200波尔多液或50%多菌灵可湿性粉剂800倍液或50%退菌特500倍液;④在春季树体萌芽前喷1次5波美度石硫合剂,对消灭越冬病菌有良好效果。

(3)白粉病:危害叶片,被害植株叶片自尖端向内失绿,叶面有褐色或淡黄色病斑,叶背面有白粉状物,后期散生褐色小颗粒,最后叶片干枯。

防治方法:①合理密植,使林间通风透光;②发病初期,喷施50%托布津1 000倍液。

2.虫害

(1)蛀果蛾:幼虫钻入果内,纵横蛀道取食,蛀空的果实内遍积虫粪,随着果实的成熟,危害加重,使果实肉质减少,严重影响产量和质量。蛀果蛾1年1代,老熟幼虫入土结茧越冬,成虫有趋化性。

防治方法:①选择虫害发生少的优良品种进行种植;②8月集中捕捉或用40%乐果乳剂1 000倍液喷杀,连续2次;③利用食醋加敌百虫制成毒饵,诱杀成蛾;④用2.5%敌百虫粉剂处理树干周围土壤,可以杀死入土幼虫和蛹。

(2)大蓑蛾:幼虫以取食叶片为主,也可食害嫩枝和幼果,幼虫将叶片咬成空洞、缺刻,甚至吃光,尤以长江以南地区发生危害重。1年发生1代,老熟幼虫悬吊在寄主枝条上的囊中越冬。

防治方法:①在冬季人工摘除虫囊;②可选用青虫菌或Bt乳剂(HD-1)(孢子量每克100亿个以上)500倍液喷雾;③在低龄幼虫盛期,可喷施90%晶体敌百虫800～1 000倍液,喷药时要湿虫囊。

三、采收、加工与贮藏

(一)采收

山茱萸定植后4年就可开花结果。一般成熟时间在9—10月,当果实大部分为红色时,便可采收。果实成熟时,枝条上已着生许多花芽,因此,采收时动作要轻,避免损伤花芽,影响来年产量。一般亩产180～250kg。

(二)加工

一般要经过净选、软化、去核、干燥4个步骤。

1.净选　除去鲜果中的枝梗、果柄等杂质及虫蛀果。

2.软化　山茱萸须将果实软化后才能取出种子。常见的软化方法有以下几种:

(1)水煮法:将鲜果实倒入沸水中,上下翻动10分钟左右至果实膨胀柔软,用手挤压果核能很快滑出时,捞出去核。

(2)水蒸法:将鲜果实放入蒸笼内,上汽后蒸5分钟左右即可。

(3)火烘法:鲜果实放入竹笼,用文火烘至果实膨胀变柔软时,取出摊晾。

3.去核　将软化好的山茱萸挤去果核,一般采用人工挤去果核或用山萸肉脱皮机去核。

4.干燥　采用自然晒干或烘干。

(三)贮藏

置阴凉干燥的室内贮藏,同时应防止老鼠等啮齿类动物的危害。在贮藏中,要定期检查,既要防止受潮,但也不宜过分干燥,以免走油。一般贮藏温度26℃以下,相对湿度70%～75%,商品安全水分13%～16%。

四、商品质量标准

（一）外观质量标准

山茱萸以身干，无核，果肉肥厚、色泽鲜红、油润无黑色，质软润，焦皮者为佳。

（二）内在质量标准

《中国药典》（2020 年版）规定：本品杂质（果核、果梗）不得过 3%（通则 2301）；水分不得过 16.0%（通则 0832 第二法）；总灰分不得过 6.0%（通则 2302）；重金属及有害元素照铅、镉、砷、汞、铜测定法（通则 2321 原子吸收分光光度法或电感耦合等离子体质谱法）测定，铅不得过 5mg/kg；镉不得过 1mg/kg；砷不得过 2mg/kg；汞不得过 0.2mg/kg；铜不得过 20mg/kg。按干燥品计算，含莫诺苷（$C_{17}H_{26}O_{11}$）和马钱苷（$C_{17}H_{26}O_{10}$）的总量不得少于 1.2%。

课堂互动

以干燥成熟果肉入药的中药材有哪些？请举例说明。

第二节　五　味　子

五味子组图

五味子 *Schisandra chinensis*（Turcz.）Baill. 为木兰科多年生落叶木质藤本植物，以其干燥成熟果实入药，药材名五味子，习称"北五味子"。五味子味酸、甘，性温，具有敛固涩、益气生津、补肾宁心的功效，用于久嗽虚喘、梦遗滑精、遗尿尿频、久泻不止、自汗盗汗、津伤口渴、内热消渴、心悸失眠等病症。主产于辽宁、吉林、黑龙江等地，河北、内蒙古等地亦产。习惯认为辽宁产者油性大，紫红色，肉厚，气味浓，质量最佳，故有"辽五味"之称。

一、生物学特性

五味子耐阴喜光、喜潮湿环境，耐严寒，枝蔓可抗 -40℃低温，适宜生长温度为 25～28℃。五味子喜土层深厚、肥沃疏松、湿润、含腐殖质多、排水良好的暗棕壤，低洼地、干旱贫瘠和黏湿的土壤不宜栽培。幼苗怕强光。五味子种子为深休眠型，并易丧失发芽能力，其休眠的主要原因是胚未分化完全，形态发育不成熟。其胚的生长发育要求低温湿润条件，在 0～5℃低温下湿沙埋藏 3～4 个月后，胚发育成熟，种子才能萌发。

二、栽　培　技　术

（一）选地与整地

1. **选地**　选择潮湿的环境、疏松肥沃的土壤或腐殖质土壤。有灌溉条件的林下、河滩、溪流两岸，地势宜选择 15° 左右的半阳或半阴山坡，通风透光好的地方。

2. **整地**　深翻、施足基肥，亩施充分腐熟符合无害化卫生标准的农家肥 5 000kg 左右，还可配合施用过磷酸钙、硝酸铵、硫酸钾等化学肥料。深耕，耙平作畦，低洼易涝雨水多的地块可作成高 15cm 左右的高畦，高燥干旱，雨水较少的地方作成宽 120～150cm 的平畦，畦长视地势而定。

（二）繁殖方法

有种子繁殖、压条繁殖、扦插繁殖、根蘖繁殖和嫁接繁殖，大面积生产常采用种子繁殖。

1. 种子繁殖

（1）种子处理：8—10月，当五味子果实完全成熟时，选果粒大、均匀一致的果穗作种，搓去果皮、果肉，清水洗净，晒干或阴干。12月中、下旬用清水浸泡种子3～4天，使充分吸水，每天换水1次，漂除瘪粒，然后捞出种子与2～3倍的洁净湿河沙混匀，沙子的湿度以手紧握成团而不滴水为好，放入室外准备好的深50cm左右的坑中，上面覆盖10～15cm厚的细土，再盖上草帘子，进行低温处理。播种前15天左右，将经低温处理后胚发育成熟的种子，拌上湿沙装入木箱，保持一定的湿度，在20～25℃的条件下催芽，待大部分种子裂口时即可播种。

（2）播种育苗：五味子播种分春播和秋播，春播5月，秋播为8月，在实际生产中采用秋播为好。方法有撒播或条播，条播行距10～15cm，播后覆土厚2cm左右，每平方米播种量0.03kg左右。浇透水，盖草保墒。出苗后撤去盖草，搭100～150cm高的棚架用苇帘或草帘遮阴，通风和少量阳光。当苗高5～6cm时，拆除架棚，按株距5cm定苗，每亩追施尿素5kg，经常除草松土，并及时剪掉根茎处生出的新枝，冬季小苗要覆盖草，第二年或第三年春即可定植，行株距100cm×50cm，穴深30～40cm、直径40cm。

2. 压条繁殖 多在每年春季萌发前进行，在地面上每隔一段距离挖一个10～15cm深的坑，选1～2年生健壮茎蔓，将埋入土中部分外皮割伤，埋入土中，覆土踏实，浇水，待扎根抽蔓后与母枝分离即成新植株，第二年移栽。

3. 扦插繁殖

（1）硬枝扦插：4月上旬，取出贮藏的种条，剪成10～25cm的插条，每50支捆成一捆，在室温条件下，插条基部3～5cm处用150mg/kg ABT生根粉溶液浸泡6～8小时，或用150mg/kg α-萘乙酸、吲哚丁酸水溶液浸泡24小时后，取出用清水冲洗干净即可扦插。用河沙和营养土（大田表层土加充分腐熟符合无害化卫生标准的农家肥）按3∶1配比混合作扦插基质，做成宽1.5～2m、高15～20cm的扦插苗床，底部铺设农用电热线。扦插时，插条与床面呈45°角，插条基部温度保持在25～26℃，扦插基质保持适宜温度。

（2）硬枝带嫩梢扦插：在5月上、中旬，将母树上一年生长健壮枝条剪成8～10cm的插条，上部留1个3～5cm长的新梢，基部用200mg/kg α-萘乙酸水溶液浸泡24小时。扦插基质上层为5～7cm厚的细河沙，下层为10cm左右厚的营养土。插条与床面成30°角，扦插密度5cm×10cm，苗床上搭遮阳棚，在插条生根前叶片保持湿润。

（3）绿枝扦插：在6月上、中旬采集半木质化新梢，剪成长度为8～10cm的插条，上留1片叶，插条基部用200mg/kg ABT1号生根粉溶液浸蘸15秒或用300mg/kg α-萘乙酸水溶液浸透3分钟，扦插基质及床面管理与"硬枝带嫩梢扦插"方法相同。

4. 根蘖繁殖 在栽培园中，3年生以上五味子树在地表以下10～15cm的土层中，可产生大量横走茎，5—7月横走茎上的不定芽萌发生出大量根蘖，当嫩梢高15～20cm时将横走茎刨出，再用剪子剪出带根系的"幼苗"，按10cm的株距破垄栽植于准备好的苗圃地中，并对幼苗适度遮阳，2～3天后去掉遮阳物。

5. 嫁接繁殖 落叶后至萌芽前采集1年生健壮枝条作接穗，结冻前起出1～2年生实生苗作砧木，在低温下贮藏以备次年萌芽期前进行劈接（或就地劈接）。嫁接前把接穗和砧木用清水浸泡12～24小时，在砧木根颈以下剪除地上部分，将接穗剪截长度4～5cm，含1个芽眼，芽上剪留2cm左右，芽下剪留3cm左右，用切刀在接近芽眼的两侧下刀，削面为长3cm左右的楔形，最下端留1～2mm厚，把削好的接穗放在水盆内待用，在砧木的中心处下刀劈开3cm长的劈口，选择粗细大致相当的接穗插入劈口内，要求有一面形成层对齐，接穗削面保留1～2mm（"露白"），用塑料薄膜将整个接口扎严。然后把嫁接好的苗木移栽到苗圃，移栽后10～15天产生愈伤组织，30天后可看出是否成活。

6. 大田栽植 按行株距100cm×50cm或60cm×50cm栽植，搭架。南北行间以利通风透光，挖穴深宽各约 40cm,将肥料和土拌匀,然后将一半回填到穴内并踩实。把选好的树苗放入穴中央,让根系向四周伸展,填入剩余的土并稍提树苗以便根系伸直,利于成活,把土填平踏实,围绕树苗用土做一个直径约 50cm 的树盘,浇水,水渗透完后再覆一层隔墒土。

（三）田间管理

1.松土除草　在五味子生长期间要及时松土除草,但不要伤及根系,保持土壤疏松、无杂草。因种植地多为坡地,因此要对植株下侧进行培土,避免土壤流失。同时在树基部做好树盘,便于灌水。

2.灌水施肥　五味子喜水喜肥,苗期生长较慢,要常浇水、施肥。特别是孕蕾开花结果期除了供给足够水分外,还需要大量肥料。一般 1 年追肥 2 次,第 1 次在展叶前,每株追施充分腐熟符合无害化卫生标准的农家肥 5～10kg,或速效性氮肥及钾肥,在距根部 30～50cm 周围开 15～20cm 深的环状沟,勿伤及根系,施后覆土;第 2 次在开花前,适当追施磷、钾肥,促使果实成熟。随着树体的扩大,肥料的用量应逐年增加。

3.搭架　移栽当年,植株生长量不大,株高一般在 60cm 左右,不需搭架。第二年后需搭架,用水泥柱做立柱,用木杆、竹竿或铁丝在立柱上部拉一横线,然后每个主蔓处插一竹竿或木杆,高 250～300cm,用绳固定在横线上,及时把选留的主蔓缚到竹竿上引导五味子茎蔓上架生长。

4.剪枝　一年在春、夏、秋三季剪枝。①春剪:在萌发前进行,剪掉短结果枝和枯枝,长结果枝留 8～12 个芽,其余全部截去,剪后枝条疏密适度,通风透光好;②夏剪:在 5 月上旬至 8 月上、中旬进行,剪掉基生枝、重叠枝、膛枝和病虫害枝,对过密的新生枝也要疏剪或截短;③秋剪:在秋季落叶后进行,剪掉基生枝。三次剪枝时都要注意,每株选留 3～4 个生长势强、芽眼饱满的粗壮枝条培育成主蔓,其余大部分基生枝均剪掉,并引蔓上架。

5.疏除明蘖及地下横走茎　五味子地下横走茎每年的生长量特别大,并且生长出大量的明蘖,造成较大的养分浪费,还会造成架面光照条件恶化,影响植株生长,因此,每年都要清除地下横走茎和明蘖。

（四）病虫害及其防治

1.病害

（1）叶枯病:5—7 月为发病盛期,主要危害叶片。初期从叶尖或边缘发病,逐渐感染整个叶面,使之枯黄脱落,严重时果穗脱落。

防治方法:①冬季彻底清除园内植株病残体,集中烧毁;②加强田间管理,增强通风透光,降低湿度;③发病初期及时摘除病叶,喷施 1∶1∶100 波尔多液预防;④发生期选用 50% 甲基托布津可湿性粉剂 1 000 倍液或 50% 代森锰锌可湿性粉剂 600 倍液喷雾 2～3 次,间隔 10 天左右,两种药可交替使用;⑤萌芽前可喷 1 次 5 波美度石硫合剂。

（2）根腐病:5 月上旬至 8 月下旬发病,主要危害根部,田间积水时易发病。发病时根部与地面交接处变黑腐烂,根皮脱落,叶片枯萎,甚至全株死亡。

防治方法:①下雨时要及时排水,避免田间积水;②发病期用 50% 多菌灵可湿性粉剂 500～1 000 倍液或用 50% 托布津 1 000 倍液浇灌根部,发病期应连续用药 2 次,间隔 8～10 天;③发现死亡植株及时除掉深埋或烧毁,坑穴换新土,土壤进行消毒。

（3）黑斑病:5—8 月发病,主要危害叶片。发病先从植株中下部叶片开始,逐渐向上扩展。病初在叶片上生有黑色小斑,病斑逐渐扩展,融合成大斑,使叶片组织枯死,整叶干枯或脱落。

防治方法:①冬季清洁田园,集中烧毁枯枝落叶;②5 月下旬喷施 1∶1∶100 波尔多液进行预防;③发病期喷施 75% 百菌清可湿性粉剂 600 倍液或 80% 代森锰锌可湿性粉剂 1 000 倍液,这些杀菌剂可交替使用;④萌芽前全园喷 1 次 5 波美度石硫合剂。

（4）白粉病:在 6—7 月发病,主要危害叶片。病初在叶面上出现针刺状褪绿色小点,逐渐上覆白粉,严重时扩展至整个叶面,病叶由绿变黄,向上卷缩,干枯脱落,影响幼果生长。

防治方法：①冬季清洁田园，集中烧毁枯枝落叶；②白粉病与黑斑病发病期相近，5月下旬喷施1∶1∶100波尔多液进行预防；③发病期喷施25%粉锈宁可湿性粉剂800～1 000倍液。

2. 虫害

卷叶虫：7—8月，幼虫危害叶片和果实，造成卷叶，影响果实生长，甚至脱落。

防治方法：①冬季清洁田园，集中烧毁枯枝落叶，消灭虫蛹，减少虫源；②用灯光诱杀成虫；③发病期喷洒50%辛硫磷乳油1 500倍液或40%乐果1 000倍液或80%敌百虫1 500倍液或20%溴氯菊酯2 000～3 000倍液，防治效果很好。

三、采收、加工与贮藏

（一）采收

栽后4～5年大量结果。9—10月，果实变软而富有弹性，外观呈紫红色时采摘为宜。东北各省多在降霜后采收，质量好。采集过早果实不成熟，干后抽皱，油性小，商品质量差；采集过晚果皮易破碎，晾晒不方便，影响质量。其他地区多在白露后果实成熟时采收。亩产干品1 000kg左右。

（二）加工

将果实摘下，拣净果枝和杂质，晒干或阴干即可。遇阴雨天要用微火烤干，温度不能过高，一般以60℃左右为宜，当五味子半干时将温度降至40～50℃。温度过高挥发油易挥发，果实变成焦粒。不可干燥过度，以免失润干枯，影响质量。

（三）贮藏

包装后应置于通风良好、干燥、阴凉的库房中贮藏，定期检查。因五味子果实内含较多糖分和树脂状物质，极易吸湿反潮，发热、发霉变质，如发现问题应及时置室外晾晒防潮。严防潮湿、霉变、鼠害等。

四、商品质量标准

（一）外观质量标准

以粒大、果皮紫红、肉厚、柔润、有油性及光泽者为佳。

（二）内在质量标准

《中国药典》（2020年版）规定：本品杂质不得过1%（通则2301）。水分不得过16.0%（通则0832第二法）。总灰分不得过7.0%（通则2302）。本品含五味子醇甲（$C_{24}H_{32}O_7$）不得少于0.40%。

第三节　宁夏枸杞

ER-11-5

宁夏枸杞组图

宁夏枸杞 *Lycium barbarum* L. 为茄科多年生灌木，以干燥成熟果实入药，药材名枸杞子。枸杞子味甘，性平，具有滋补肝肾、益精明目的功效，用于虚劳精亏、腰膝酸痛、眩晕耳鸣、阳萎遗精、内热消渴、血虚萎黄、目昏不明等病症。主产于宁夏、内蒙古、新疆、甘肃、青海、山西、河北等地。其中宁夏中宁、银川产的称宁夏枸杞、西枸杞。

一、生物学特性

宁夏枸杞为长日照植物，喜光、耐寒性强，在阳光充足的环境中植株生长迅速，发育良好。在−25℃的低温下能安全越冬。茎叶生长适宜的温度为16～18℃，开花期适宜的温度为16～

23℃，结果期适宜的温度为 20～25℃。宁夏枸杞喜湿润，能耐干旱，怕积水。长期积水的低洼地，植株生长不良，甚至会引起烂根而死亡。在生长季节，湿度过大或者阴雨连绵对宁夏枸杞生长影响大，易发生白粉病和黑果病等。但花果期要保证有充足的水分供应，土壤缺水花果会早落、果实小、品质差、产量低。宁夏枸杞对土壤的适应性较强，耐盐碱，能在砂壤土、壤土、黄土、沙荒地、盐碱地、土壤瘠薄、肥力差的土地上生长。宁夏枸杞种子生活力强，在适宜的条件下，7～10 天发芽出土。果实保存 4 年以内，种子生活力无明显变化，发芽率在 91% 以上，5 年以后，种子生活力则急剧下降。种子发芽最适宜的温度为 20～25℃。

二、栽 培 技 术

（一）选地整地

1. 苗圃地　宁夏枸杞苗圃地应选择阳光充足、地势平坦、排灌方便、土质较肥沃的砂壤土或轻壤土，土壤含盐量 0.5% 以下，pH 值 8 左右为好。于秋冬间深耕 1 次，深 25～30cm，结合翻地亩施充分腐熟符合无害化卫生标准的厩肥 2 000～2 500kg，并灌冬水，第二年春季播种前再浅耕 1 次，深约 15cm，整细耙平，作畦宽 1～1.5m 高畦。

2. 定植地　定植地宜选择有效土层 30cm 以上灌溉方便的壤土、砂壤土或冲积土。选好地后进行秋耕，并施足基肥，第二年春季耙平、备好基肥后按一定株行距开穴进行栽苗。

（二）繁殖方法

主要采用种子繁殖和扦插繁殖，其次是分株繁殖。种子繁殖的植株生长旺盛、结果晚，而且其后代变异率高达 73% 以上。因此，目前多采用扦插繁殖，可保持优良的遗传性状。

1. 种子育苗

（1）种子处理：播种前将干果于 40～50℃ 温水中浸泡 24 小时，至果实发胀易揉烂为度。若是鲜果不必浸泡，将种子在水中搓揉使果肉与种子分离，取出沉于水底的饱满种子，洗净稍晾干，与 3 份细沙拌匀，置于室内 20℃ 条件下催芽。当种子有 30% 露白时，即可取出播种。

（2）播种：在春、夏均可播种。以春季播种最好，幼苗生长期长，当年就可以育成大量壮苗出圃。播种时在畦上按行距 30～40cm 开播种沟，沟宽 5cm，深 2～3cm，将催芽后的种子拌 10 倍细沙或细土，均匀撒入沟中，覆土 1～2cm，稍加镇压并盖草保持土壤湿度。也可以播种后立即灌水。在干旱、土壤盐化、灌水少的地区，可开深沟，播种后浅覆土。

（3）苗期管理：一般播后 7～10 天出苗，出苗后及时揭去盖草。苗高 3～6cm 时第 1 次间苗，苗高 20～30cm 时第 2 次间苗，留苗株距 15cm 左右。结合间苗中耕除草。播种后如土壤干旱，应及时灌水，保持土壤湿润，一般 7 月以前宜多灌，8 月以后要少灌，以促使幼苗木质化。苗期应适当追肥，苗高 7～10cm 时进行第 1 次，苗高 20～30cm 时进行第 2 次，每次每亩追施尿素 5kg 左右，施后应灌水。宁夏枸杞发枝能力很强，在 7—8 月生长旺盛期及时剪除萌生的侧枝，适当保留离地面 40cm 以上的侧枝，使之成为移栽后树冠的第 1 层主枝。当苗高 60cm 时，应去顶以加速主干增粗。

2. 扦插育苗　一般在 3 月下旬至 4 月上旬，枝条萌芽前进行。选择优良植株上一年生的徒长枝，截成长 15～20cm 的插条，上端剪成平口，下端削成斜口，按株行距 20cm×50cm 或株行距 15cm×30cm 开沟斜插，枝条上端一节露出地面，填土并压实，扦插后最好覆盖地膜保持土壤湿度和提高土温，促其生根发芽。扦插前，插条下切口可用 0.001 5% 的 α-萘乙酸浸泡 24 小时，或用 0.01% 的 α-萘乙酸浸泡 2 小时，或用 0.05% 生根粉溶液快速浸渍 10～15 秒，以促进生根，提高成活率。

插条发芽后及时揭去地膜。一般在插条长出较多侧根后进行苗期灌水，以免水分过多不利于侧根生长，甚至引起插条韧皮部腐烂。插条萌发后要注意防风害，苗高 5cm 左右时，要剪去插条新苗萌发点以上的部分，苗高 20～30cm 时，在基部培土约 10cm，以防被吹折。每支插条除了选留的枝条外，其余萌条都应剪掉，以减少养分消耗。其他管理措施与种子育苗相同。

3.定植　春秋两季均可定植,以春季为好。春季宜在3月下旬至4月上旬,秋季宜在10月中下旬。当苗高60cm以上便可出圃定植。种子育苗管理较好的,当年就有80%的壮苗可出圃定植,扦插苗当年就可出圃定植。

定植时,先按规定的株行距定点开穴,一般株行距以2m×2.5m为宜,穴中施少量充分腐熟符合无害化卫生标准的有机肥,与穴中土壤拌和均匀。将苗放入穴中,填入湿润疏松的表土,将苗木稍微向上提一下,再分层填土踏实,最后填土稍高于根基为度,并灌水。

(三)田间管理

1.幼树培土　幼树生长快,发枝旺,树冠迅速扩大,但是主干较细,应适度培土,防止植株倒伏。

2.中耕除草　幼龄宁夏枸杞由于树冠未定型,易滋生杂草,中耕除草宜勤。树冠定型后,适当减少中耕除草,5—7月上旬各进行1次即可。中耕深度10cm左右,同时去除无用的萌蘖,保证母株发育良好。在3月中旬至4月中旬和10月下旬进行深中耕15～20cm,树冠下宜浅些,有利于保墒增温、除草、治虫和促进根系活动。

3.追肥　宁夏枸杞每年结果量大,养分消耗多,必须及时追肥。分生长期追肥与休眠期追肥。生长期追肥多用速效性肥料,一般5月上旬追施尿素,6月上旬和7月上旬各追施1次磷铵复合肥,采用穴施,施肥后灌水。在花果期还可用0.5%的磷酸二氢钾喷洒树冠,能提高产量。休眠期追肥以有机肥料为主,10月下旬至11月上旬施肥,然后冬灌。一般成年树每亩施尿素250kg,磷酸二铵200kg,充分腐熟符合无害化卫生标准的农家肥3 000kg,饼肥260kg。幼年树施肥量为成年树的1/3～1/2。施肥方法沿树冠开深20cm、宽40cm的环形沟,将肥料施入沟中后覆土。

4.灌溉排水　灌水的时间与次数随宁夏枸杞树龄、土壤、降水情况等方面而变化。2～3年生幼龄树应适当少灌水,每年灌水5～6次即可,以利根系向下生长。一般幼果期需水量要大。每采一批果后灌水1次,以后9月上旬及10月底至1月上旬施肥后各灌水1次。灌水不能太深,如灌水过量或大雨后要及时排除积水,以免引起烂根和死亡。

5.整形修剪　定植后,大量结果前,必须进行整形修剪培养树型。培育成树冠骨架稳定、半圆树型、通风透光、立体结果的丰产树型。

(1)幼树整形:一般在宁夏枸杞定植后的当年或翌年春进行,在树干离地面高50～60cm剪顶定干,当年秋季在主干上选留3～5个粗壮枝条作主枝,于20cm左右处短截,第二年春在主枝的剪口处抽生出许多新侧枝,选留5～6个生长旺者于25cm左右处短截作为骨干枝,并适当疏删弱枝。剪顶后第二年,从主干上部长出的直立性枝条中选留1个壮枝,在距第1层树冠50～60cm处剪顶作为延伸主干,从剪口处发出许多新侧枝中,选留5～6个在25cm处短截培育成第2层树冠的主枝。剪顶后第三年,再从第2层树冠顶上长出的直立性枝条中选留1个壮枝,在距第2层树冠50cm处剪顶作为延伸主干,再从剪口处发出的新侧枝中,选留3～5个在25cm处短截作为培育第3层树冠的主枝。要适当疏剪过密的枝条和弱枝,短截生长过旺的枝条。经过几年整形修剪,中央主干得以延伸并加粗生长,树冠各层主枝和骨干枝都已基本形成,进入成年树阶段。

(2)成年树修剪:成年宁夏枸杞修剪的重点是以更新果枝为主,修剪可在春、夏、秋三季进行。春季修剪在宁夏枸杞萌芽至新梢生长初期进行,主要是剪去枯枝和枯梢。夏季修剪在5—6月进行,剪去徒长枝、密生枝和病弱枝,如果树冠不完整或秃顶,则应保留部分健壮徒长枝,并在适当高度剪顶,促使其发新侧枝。秋季修剪在8—11月进行,主要是剪去徒长枝和树冠周围的老枝、病弱枝及横生枝,同时清除树冠膛内的串条、老枝、弱枝,以增强树冠内的通风透光度。同时挖去枯死植株,补栽幼株。

(四)病虫害及其防治

1.病害

(1)炭疽病:俗名黑果病,是宁夏枸杞中的主要病害之一,危害较严重。一般于6月下旬后进入雨季发生,主要危害枸杞中的青果,也危害嫩枝、叶、花蕾和花。青果受害后,初期果实表面开始出现几个小黑点或不规则的褐斑,阴雨天病斑迅速扩大,2～3天就蔓延全果,变成干硬的黑果,气候干燥时黑果缢缩,潮湿时黑果表面长出无数胶状红色小点。花蕾和花感病也出现黑斑,甚至成为黑蕾和黑花,不能开花结果。

防治方法:①在深秋或冬季清园时,结合剪枝,清除病枝、病果、枯枝落叶、残花残蕾、落果等,集中烧毁;②选用抗病品种或通过嫁接防病;③增施磷钾肥,不偏施氮肥,提高抗病能力;④发病初期叶面喷施0.1%～0.3%尿素液,增强抗病能力,并及时摘除病果、病叶、病花;⑤交替使用1:1:160的波尔多液、50%退菌特600～800倍液和代森锌800倍液3种农药。

(2)根腐病:主要危害根部。一般在植株根颈部附近开始发病,初期须根变成褐色腐烂,逐渐蔓延主根发黑腐烂,严重时植株枯死。

防治方法:①保持枸杞园地排水通畅,防止长期积水;②发现病株应拔除烧毁,病穴用石灰消毒后补栽健壮幼株;③发病初期用50%多菌灵1 000～1 500倍液浇根。

(3)白粉病:主要危害嫩枝和叶片。受害叶片上生有薄层白粉,染病的嫩叶皱缩卷曲,逐渐枯黄坏死,叶片早落,影响植株生长发育,严重时枝梢、花朵和幼果都会染病。

防治方法:①冬季清除枯枝、病叶,集中烧毁,减少病源;②加强田间管理,增强植株抗病能力;③3月上旬枝条萌芽前喷1次1:1:100波尔多液,7月上旬喷施25%粉锈灵800倍液或50%多菌灵500倍液;④发病严重的宁夏枸杞中,在发芽后至展叶前,喷施70%甲基托布津可湿性粉剂1 500倍液,7～10天喷1次,连喷2～3次。

2.虫害

(1)枸杞负泥虫:是枸杞的重要害虫,6—7月危害严重,幼虫和成虫都咬食叶片,严重时可将叶片吃光。

防治方法:①春季灌溉松土,可杀死部分越冬虫源;②不与茄科植物套种或邻作;③4月中旬在地面撒入5%西维因粉剂拌土防治成虫;④7—8月成虫发生期喷施40%乐果乳油1 500倍液,每7～10天喷1次,连喷3次。

(2)枸杞瘿螨:俗称虫苞子、痣虫,危害枸杞叶、嫩茎、幼果和果柄。受害部位呈紫黑色或黄色痣状虫瘿,使组织畸形,叶片萎缩早落。

防治方法:①冬季清理枯枝落叶集中烧毁;②合理修剪,使其通风透光,降低园地湿度;③4月中旬至7月上旬,喷施20%杀螨菊酯乳油4 000～5 000倍液;④结合防治蚜虫、木虱,用45%～50%硫黄胶悬剂300倍液喷洒树冠;⑤秋冬季用3波美度石硫合剂喷雾杀死越冬螨。

(3)蚜虫:危害嫩茎、嫩叶、花蕾和幼果。

防治方法:①冬季清除园地及四周杂草,减少蚜虫越冬数量;②9月中、下旬于蚜虫产卵前喷施40%乐果乳油1 000～1 500倍液;③喷施尿洗合剂(尿素:洗衣粉:水=4:1:400)毒杀。

三、采收、加工与贮藏

(一)采收

6月中旬至10月果实陆续成熟,当果实变红或橙红色,果蒂松软时及时采收。依其采收时间可分为夏果、伏果和秋果,以夏果质量最佳。

应选晴天露水干后,连同果柄一同采收。1～2天采摘1次,摘果要轻,轻拿轻放,防止压烂和挤伤。更不得去掉果柄,以免感染霉菌,或者果汁流出,晒干后果实变成黑色,俗称"油籽",品质降低。每亩可收干品枸杞子100～150kg左右。

(二)加工

1.干燥　枸杞鲜果含水量78%～82%,因此采回的鲜果必须及时干燥,方法主要有晒干法和烘干法。

（1）晒干：将鲜枸杞摊放在芦席或竹席上，厚度约 1.5cm，置于阴凉通风处，晾至果皮起皱后才移至露天曝晒，在晾的过程中切忌用手翻动，否则易变成黑色（油籽）。曝晒 6～7 天，至外皮干韧、果肉柔软即可。注意前一两天忌曝晒。不要晒得过干，否则颜色发暗，皮脆易破碎。晾干的色泽更佳。

（2）传统烘干：将鲜枸杞摊放在果栈（烤盘）上，送入热风干燥室。先在 40～45℃ 下烘烤 24～36 小时，果皮略皱时，将温度调高至 45～50℃ 烘烤，至干透即可。

（3）现代工艺热风烘干：先将鲜果经冷浸液（食用植物油、氢氧化钾、碳酸钾、乙醇、水配制成，起破坏鲜果表面蜡质层的作用）处理 1～2 分钟后均匀摊在果栈上，厚 2～3cm。在热风炉中，鲜果在 45～65℃ 递变的流动热风作用下进行脱水干燥，果实含水量达到 13% 以下时即可。

2．清选　干燥后的果实，装入布袋中来回轻揉数次，使果柄脱落，扬去果柄，也可采用机械脱去果柄。然后将油粒、黑粒、破粒、霉粒、不合格的小粒和颜色不红的枸杞拣出。

3．分级　现在绝大多数用电动筛机械分级，根据果实大小，分为贡果、枸杞王、特优、特级、甲级、乙级 6 个等级。

（三）贮藏

分级包装后或放在密封的聚乙烯塑料袋中，置于干燥、清洁、阴凉、通风、无异味的专用仓库中贮藏。有条件的采用低温冷藏法，温度控制在 5℃ 以下。同时应防止仓储害虫及老鼠的危害，并定期检查。

四、商品质量标准

（一）外观质量标准

以果实干燥，果皮柔软滋润为优。出口商品要求鲜红色或红色，质柔软、滋润、籽少、味甜，无油粒，无残破霉变，无虫蛀，颗粒大小均匀。

（二）内在质量标准

《中国药典》（2020 年版）规定：水分不得过 13.0%（通则 0832 第二法温度为 80℃）；总灰分不得过 5.0%（通则 2302）。重金属及有害元素照铅、镉、砷、汞、铜测定法测定，铅不得过 5mg/kg；镉不得过 1mg/kg；砷不得过 2mg/kg；汞不得过 0.2mg/kg；铜不得超过 20mg/kg；本品按干燥品计算，含枸杞多糖以葡萄糖（$C_6H_{12}O_6$）计，不得少于 1.8%。

第四节　薏　米

薏米组图

薏米 *Coix lacryma-jobi* L.var. *ma-yuen*（Roman.）Stapf 为禾本科一年生或多年生草本植物，以去除外壳和种皮的干燥成熟种仁入药，药材名为薏苡仁。薏苡仁味甘、淡，性凉，具有利水渗湿、健脾止泻、除痹、排脓、解毒散结的功效，用于水肿、脚气、小便不利、脾虚泄泻、湿痹拘挛、肺痈、肠痈、赘疣、癌肿等病症。主产于福建、江苏、河北、安徽、山东、辽宁等地。

一、生物学特性

薏米喜温暖、不耐寒，整个生育期间要求较高的温度。气温高于 25℃、相对湿度 80%～90% 时，幼苗生长迅速。喜向阳、忌荫蔽。在荫蔽条件下薏米植株纤细矮小，分蘖、分枝少，产量低。薏米耐涝，不耐干旱。如遇干旱，植株生长矮小，开花结实少且不饱满，产量低，质量差。薏米适应性强，对土壤要求不严，除过黏重土壤外，一般的土壤均可种植。但以向阳、肥沃、深厚、潮湿、保水性能好的黏质壤土为好。干旱贫瘠、保水保肥力差的砂土不宜种植。忌连作，一般不宜与其他禾本科植物轮作。

二、栽 培 技 术

（一）选地整地

1．选地　宜选择地形开阔、向阳、土层深厚肥沃、灌溉和排水方便的黏质壤土为好，薏米对盐碱地、沼泽地有较强的耐受性，也可在海滨、河道、湖畔和灌渠两侧等地种植。前茬以豆类、薯类、棉花等植物为好。

2．整地　秋季整地前，亩施充分腐熟符合无害化卫生标准的农家肥 3 000kg 和过磷酸钙 30kg 作基肥，翻耕深度 20～25cm 左右，整平耙细，地块四周开好排水沟以利排灌。

（二）繁殖方法

薏米用种子繁殖，一般都采取直播。

1．种子处理　精选种子后，为促进种子萌发并防止黑穗病，播种前应进行浸泡和消毒处理，方法如下：

（1）温水浸种：用 60℃温水浸种 30 分钟。

（2）开水烫种：将种子装入箩筐内，先用冷水浸泡 12 小时，再转入沸水中烫 8～10 秒，立即移入冷水中迅速降温并洗净种子，晾干。

（3）石灰乳浸种：将种子浸泡于 5% 石灰水或 1∶1∶100 波尔多液中，24～48 小时后捞出，用清水冲洗干净。

（4）药物拌种：用种子量 0.4% 的 20% 粉锈宁拌种，预防效果可达 100%，且有增产效果。

2．播种　一般采用大田直播，也可采用育苗移栽。

（1）大田直播：播种期因品种、气候而异。春播一般在 3 月上旬至 4 月中旬进行，其生育期较长、产量较高。夏播则是在油菜或大麦、小麦收获后进行，因生育期较短、植株比较矮小，可适当增加密度。多采用条播法，一般按行距 30～40cm 开沟，深 3～5cm，将种子均匀撒于沟内，覆土与畦面平，15 天左右出苗。南方多采用穴播，行穴距各 30cm 左右，每穴播 6～8 粒种子，深 3cm。播种时若土壤干旱，要先灌水后才进行播种，避免播种后浇水，造成土壤板结，影响出苗。每亩用种量 4kg 左右。

（2）育苗移栽：可采用类似水稻育苗的方法，作畦宽 1～2m、高 10～15cm 的苗床，早春播种还可做成塑料薄膜苗床防寒。苗床建好后，撒播种子，然后覆盖细土 2～3cm 左右，保持苗床湿润。3～4 叶时每亩追施硫酸铵或尿素 5kg，促使苗粗苗壮、早分蘖，7～8 叶时每亩追施尿素 10kg。播种 30～40 天后，当苗高约 15cm 时即可移栽，按行距 30～35cm 开沟，按株距 10～15cm 移栽 1 株，以带土秧苗为好，覆土、压紧并在田间灌水，约 1 周后即可成活、返青。每亩用种量约 35kg，育出的秧苗可栽 15 亩左右。

（三）田间管理

1．间苗补苗　当幼苗高 5～10cm，长出 3～4 片叶时，结合松土除草进行间苗补苗，条播的按株距 10～15cm 定苗，穴播的每穴留苗 3～4 株。若有缺株，应及时补苗。

2．中耕除草　在苗期一般进行 3 次松土除草，第 1 次在 5 月上中旬，苗高 5～10cm 时结合间苗进行；第 2 次在 6 月上旬，苗高 30cm 时，松土宜浅，促进分蘖；第 3 次在 6～7 月，苗高 40～50cm，植株封行前进行，此时正值拔节期，应结合追肥、培土，以促进根系生长，防止植株倒伏。封行后一般不再松土除草。

3．追肥　结合中耕除草，一般进行 3 次追肥。第 1 次在苗高 5～10cm 时，亩施充分腐熟符合无害化卫生标准的人畜粪尿 1 200kg 或硫酸铵 10～15kg，以促进幼苗生长健壮和分蘖；第 2

次在苗高 40cm 时，此时进入孕穗期，每亩追施腐熟的人畜粪尿 1 500kg 或尿素 15kg、过磷酸钙 20kg、钾肥（硫酸钾或氯化钾）10kg，有利孕穗；第 3 次（粒肥）在基本齐穗之后，每亩追施充分腐熟符合无害化卫生标准的人畜粪尿 2 000kg 或硫酸铵 10kg，可防止植株早衰，增加粒重。此时也可根外追施 2% 过磷酸钙溶液，每亩 7kg 左右，可增加粒重，提高产量。

4．灌溉排水　根据薏米的湿生习性，应保证在苗期、抽穗、开花和灌浆期有足够的水分。若遇干旱应及时灌水，保持土壤湿润，雨后应及时排除积水。

5．摘除脚叶　拔节期后，应及时摘除第 1 分枝以下的脚叶和无效分蘖，以利株间通风透光，促进茎秆粗壮，防止倒伏，减少病害发生。

6．人工辅助授粉　当扬花期雄花少或风力不足时，雌花就不能全部授粉，会形成空瘪粒。为提高产量，可在花期每隔 3～4 天，用绳子或长竹竿顺行振动植株上部，使花粉飞扬，便于传粉，对提高结实率有明显效果。

（四）病虫害及其防治

1．病害

（1）黑穗病：又名黑粉病，俗称黑疸，是薏米的主要病害。主要危害穗部。染病种子常肿大呈球形或扁球形的褐色瘤，破裂后散出大量黑褐色粉末状孢子。此病菌以厚囊孢子附着在种子表面或土壤中越冬。病菌孢子萌发后，侵入薏米幼芽，随植株生长进入穗部，严重时造成颗粒无收。

防治方法：①播种前严格进行种子处理；②实行轮作；③发现病株，立即拔除烧毁，病穴用 5% 石灰水消毒；④建立无病留种地，种子单收单藏。

（2）叶枯病：主要危害叶部，雨季发生严重。发病初期叶尖上出现淡黄色小斑，后病斑逐渐扩展连成一片，叶片呈焦枯状死亡。

防治方法：①发病初期喷 1∶1∶100 波尔多液，每 7～10 天喷 1 次，连续 2～3 次；②与非禾本科植物轮作；③及时清除脚叶，通风透光，可减轻发病；④6 月下旬开始，根据田间发病情况，用 50% 代森锰锌 600 倍液或 50% 多菌灵 500 倍液或 75% 百菌清 600 倍液喷雾 2～3 次，每 10～15 天喷 1 次。

2．虫害

（1）亚洲玉米螟：危害茎、叶。5 月底至 6 月上旬始发，8—9 月危害严重。1～2 龄幼虫钻入幼苗心叶咬食叶肉或叶脉，3 龄幼虫钻入茎内危害，蛀成枯心或白穗，遇风易折断下垂。玉米螟以老熟幼虫在薏米茎秆内越冬。

防治方法：①早春将上年留下的玉米、薏米茎秆集中处理，消灭越冬幼虫；②5—8 月夜间用黑光灯诱杀成蛾；③在心叶展开时，用 50% 杀螟松 200 倍液或用 90% 敌百虫 1 000 倍液灌心毒杀。

（2）黏虫：又名夜盗虫。危害叶片、嫩茎和茎穗。幼虫咬食叶片成不规则的缺刻，严重时将叶片食光，造成严重减产。

防治方法：①在幼虫幼龄期喷 90% 敌百虫 800～1 000 倍液毒杀；②用糖 3 份、醋 4 份、白酒 1 份和水 2 份搅拌均匀，做成糖醋毒液诱杀；③在化蛹期，挖土灭蛹。

三、采收、加工与贮藏

（一）采收

9—10 月，当茎叶枯黄，有 80% 果实呈浅褐色或黄色时，即可收割。一般亩产 200～300kg，丰产田可达 500kg。

（二）加工

收割后，用打谷机脱粒，晒干，除去杂质，扬净空壳，然后用碾米机碾去外壳和种皮，筛净后晒干。

（三）贮藏

贮藏于阴凉干燥通风处，温度 30℃ 以下，相对湿度 70% 左右，防霉变，防虫蛀。

四、商品质量标准

（一）外观质量标准

以粒大、饱满、粉足、色白、无破碎者为佳。

（二）内在质量标准

《中国药典》(2020 年版)规定：杂质不得过 2%(通则 2301)；水分不得过 15.0%(通则 0832 第二法)；总灰分不得过 3.0%(通则 2302)。本品按干燥品计算，含甘油三油酸酯($C_{57}H_{104}O_6$)，不得少于 0.50%。

课堂互动
请同学们观察植物的传粉方式有哪些，举例说明。

（王　乐　钟长军）

ER-11-7

？ **复习思考题**

1. 怎样打破山茱萸种子的休眠特性？
2. 山茱萸如何育苗？种子处理有何目的？
3. 山茱萸采收时应注意哪些问题？
4. 简述五味子田间管理。
5. 怎样进行宁夏枸杞的种子育苗？
6. 枸杞在采收时为什么须将果柄一起摘下？
7. 风对薏米的产量和质量有何影响？

扫一扫，测一测

PPT课件

知识导览

牡丹组图

第十二章 皮入药植物栽培

学习目标

1. 掌握各种药用植物栽培技术、采收技术及产地加工技术。
2. 熟悉各种药用植物的生物学特性、各种药材的贮藏方法。
3. 了解各种药用植物区域分布、各种药材的商品质量标准。

第一节 牡 丹

牡丹 *Paeonia suffruticosa* Andr. 为毛茛科多年生落叶亚灌木植物，以干燥的根皮入药，药材名牡丹皮。牡丹皮味苦、辛，性微寒，具有清热凉血、活血化瘀的功效，用于热入营血、温毒发斑、吐血衄血、夜热早凉、无汗骨蒸、经闭痛经、跌仆伤痛、痈肿疮毒等病症。目前牡丹皮商品主要来源于栽培，栽培品种主要为从安徽引种的凤丹 *Paeonia ostii* T.Hong et J.X.Zhang。主产于安徽、山东、河南、河北、陕西等地。

一、生物学特性

牡丹耐寒、耐旱、怕热、怕涝、畏强风，喜温暖湿润环境。要求光照充足、雨量适中，年均气温 15℃左右，年降雨量为 1 200～1 500mm，无霜期约 230 天。牡丹为宿根植物，早春萌发，4 月上旬开花，7—8 月果熟，10 月中旬地上部分枯萎，生育期为 250 天左右。牡丹的种子具有休眠的习性，种子收获后胚尚未完全成熟，需要在不同的温度条件下才能解除。种子寿命 1 年，隔年种子发芽率仅为 30% 左右。

二、栽培技术

（一）选地与整地

适宜阳光充足、排水良好、地下水位低、土层深厚肥沃的砂质壤土及腐殖质土，但以"金砂土"即麻砂土为最好。怕涝，忌连作，前作以芝麻、花生、黄豆为佳。地势选向阳缓坡地，以 15°～20° 为宜。栽种前 1～2 个月，每亩施饼肥 200～400kg；撒匀，翻地 70cm 深，要做到底子平、不积水，以免烂根。然后，耙细整平作畦。安徽铜陵和南陵整地要求是：平地要求整地成馒头型，四方沥水，畦宽 2m 左右，长度视平地长度而不等，通常企业规模化种植长度在 7～14m 之间，沟宽 40cm，沟深 30cm。坡地种植：坡度一般选用 30° 以下的坡地，一字坡，配成馒头形，一方流水，四方沥水坡地作畦宽约 1.5m，沟宽约 30cm，沟深约 30cm。

（二）繁殖方法

牡丹多采用种子繁殖。

1. 种子采集与贮藏 选 4～5 年生，无病虫害植株的种子作种。7 月中下旬至 8 月初，当果实表面呈蟹黄色时摘下,放室内阴凉潮湿地上,使种子在果壳内成熟,要经常翻动。待大部分果壳裂开,剥下种子放于阴凉处贮藏。

2.育苗　在立秋后至霜降前下种育苗。取出在阴凉处贮藏的种子直接播种,或播前用清水浸种24～30小时后进行播种,播种方式分为穴播、条播和撒播。坡地多采用穴播,每亩播种量40～50kg。平地多采用条播和撒播,条播做行距15～20cm开深5～8cm浅沟,然后均匀播入种子,亩播种量60kg左右;撒播直接播撒种子即可,撒播每亩播种量80～90kg。第二年开春解冻后种子开始发芽。幼苗生长期要经常拔草,松土保墒注意做好雨季排水和夏季的灌溉工作。10—11月间施腐熟的饼肥或者复合肥1次,促进幼苗的生长,饼肥施用量约200kg/亩,复合肥约80kg/亩。

3.移栽　幼苗有的2年即可出圃移栽,苗小的要第三年方可移栽。

一般于处暑至霜降前进行,但以寒露前后为好。栽前,将大苗、小苗分开,分别移栽,以免混栽植株生长不齐。定植间距的行距50cm、株距40cm,挖穴定植时为斜栽,定植穴表面呈梯形,深度为10cm左右,上底宽6～7cm,下底宽20～25cm,即做成上首略高、下首略低的斜面,穴底要平整,便于平铺的种苗与土壤结合紧密。下苗时要注意根朝下,顶芽朝上,根在土中不卷曲且保证同一地块的根部全部朝同一个方向,便于以后采挖。

ER-12-4

牡丹平地移栽

(三)田间管理

1.苗期管理　翌年2—3月幼苗出土,及时揭去盖草,并施1次草木灰,以提高地温。齐苗后,松土除草。立秋后浇清粪,每亩350～500kg,以后每月施1次,用肥可逐渐加浓,但应避免泥、肥溅污茎叶。冬季可用厩肥或畜粪铺盖苗株四周,并清除枯枝落叶然后培土盖草,以利越冬。苗期注意防旱排涝和防治病虫害。

2.中耕除草　移栽的幼苗翌年春季萌芽出土后,及时揭除盖草。应经常松土除草,尤其是雨后初晴要及时中耕松土,保持表土不板结。中耕时,切忌伤及根部。秋后封冻前结合最后一次中耕除草,进行培土,防寒过冬。

3.施肥　牡丹喜肥,每年开春化冻、开花以后和入冬前各施肥1次,每亩施腐熟的饼肥150～200kg或者复合肥100kg左右,肥料可施在植株行间的浅沟中,施后盖上土。

4.防旱排涝　牡丹要求雨水均匀。育苗期和生长期如遇干旱,要盖草,保持土壤水分,早晚进行沟灌,待水渗足后,应及时排除积水,还可早晚浇一些淡水粪增强抗旱力。雨季要清沟排水,防止积水受涝。

5.摘蕾与修枝　为了促进牡丹根部的生长,提高产量,产区对1～4年生的植株花蕾全部摘除,以减少养分的消耗,4年生留种牡丹不用摘蕾。采摘花蕾应选在晴天露水干后进行,以防伤口感染病害。秋末对生长细弱单茎的植株,从基部将茎剪去,次年春即可发出3～5枚粗壮新枝,这样也能使牡丹枝壮根粗、提高产量。近年来由于牡丹花瓣和牡丹种子经济效益较好,药农少有摘蕾,而是在盛花期采摘花瓣、果期采摘果实。

(四)病虫害及其防治

1.病害

(1)叶斑病:带病的茎、叶是本病的传染源。常发生在梅雨季节,主要危害叶片、茎部,叶柄也会受害。初起叶片上可见类圆形褐色斑块,边缘不明显,感染严重时叶片扭曲,甚至干枯、变黑;茎和叶柄上的病斑呈长条形,花瓣感染会造成边缘枯焦,严重时导致整株叶片萎缩枯凋。

防治方法:①发现带病的茎、叶,及时剪除、并清扫落叶集中烧毁;②早春发芽前用50%多菌灵600倍液喷洒,杀灭植株及地表病菌;③合理密植,控制土壤湿度,适量施用氮肥、多施复合肥及有机肥;④及时除去植株病叶;⑤病情蔓延,喷1:1:100波尔多液,每10天喷1次,或50%多菌灵1 000倍液,或65%代森锌500～600倍液,7～10天喷1次,连续3～4次。

(2)锈病:病株残叶是本病的传染源。多在4—5月时晴时雨、温暖潮湿或地势低洼的情况下发生,主要危害叶片,初期叶背生有黄褐色颗粒状夏孢子堆,破裂后孢子粉如铁锈,后期叶面出现灰褐色病斑,严重时全株枯死。6～8月发病严重。

防治方法:①收获后将病株残叶集中烧毁;②选择地势高燥、排水良好的土地,作高畦种植;③发病初期,喷波美0.3～0.4度石硫合剂或97%敌锈钠400倍,7～10天喷1次,连续3～4次。

(3)白绢病:带病菌的土壤、肥料是本病的传染源,尤其以红薯、黄豆为前作时,发病严重。初期无明显症状,后期白色菌丝从根颈部穿出土表,并迅速密布于根颈四周并形成褐色粟粒状菌核。最后导致植株顶梢凋萎、下垂、枯死。多在开花前后,高温多雨季节根和根茎部发病。

防治方法:①与禾本科植物轮作,不宜与根类药用植物以及红薯、黄豆、花生等作物轮作;②栽种时用50%托布津1 000倍液浸泡种芽;③发现病株带土挖出烧毁,病穴用石灰消毒。

(4)根腐病:土壤中的病残体或种苗是本病的传染源。主要危害根部。多发生于雨季,系雨水过多,地间积水时间过长造成,感病后根皮发黑,水渍状,继而扩散至全根而死亡。

防治方法:①选择地势高燥,排水良好的地块,作高畦;②与禾谷类作物轮作;③早期发现病株,带土挖出,病穴用石灰消毒或多菌灵等药剂灌施。

2.虫害

(1)蛴螬:为华北大黑鳃金龟和暗黑鳃金龟的幼虫。全年均有危害,以5～9月严重。危害根部,咬成凹凸不平的空洞或残缺破碎,造成地上部分长势衰弱或枯死,严重影响产量和质量。

防治方法:①早晨将被害苗、株,扒开捕杀;②灯光诱杀成虫;③用50%辛硫磷乳油或90%敌百虫1 000～1 500倍液浇注根部。

(2)小地老虎:是一种多食性的地下害虫。一般在春、秋两季危害最重,常从地面咬断幼苗或咬食未出土的幼芽造成缺苗断株。

防治方法:①清晨日出之前,在被害苗附近人工捕杀;②低龄幼虫期,用98%的敌百虫晶体1 000倍液或50%辛硫磷乳油1 000倍液喷雾;③高龄幼虫阶段可采用毒饵诱杀,每亩用98%的敌百虫晶体或50%辛硫磷乳油100～150g溶解在3～5kg水中,喷洒在15～20kg切碎的鲜草或其他绿肥上,边喷边拌均匀,傍晚顺行撒在幼苗周围,能收到很好的防治效果。

三、采收、加工与贮藏

(一)采收

采挖移栽3～5年的牡丹,9月下旬至11月上旬选择晴天采挖,采挖时先把整块区域的地上部分砍掉,确定采挖地块定植时根部的走向,然后从根部走向的反向处开始采挖,将根全部挖起,谨防伤根,抖去泥土,运至室内,分大、小株进行加工。牡丹皮的主要有效成分是丹皮酚,其含量高低是衡量丹皮质量的主要指标之一。因此,牡丹皮的最佳采收期应综合考虑药材产量和丹皮酚的含量。

(二)加工

牡丹皮由于产地加工方法不同,可分为连丹皮和刮丹皮。连丹皮也叫"原丹皮",就是将收获的牡丹根堆放1～2天,待失水稍变软后,去掉须根,将侧根用木槌进行轻度捶打,以丹皮木栓层纵向裂开为准,然后一手握丹皮,一手握根部主干将木芯从侧面拉出,置于晾晒处晒干即得。若趁鲜用竹刀或碗片刮去外表栓皮和抽掉木心晒干者则称刮丹皮。在晒干过程中不能淋雨、接触水分,因接触水分再晒干会使丹皮发红变质,影响药材质量。若根条较小,不易刮皮和抽心,可直接晒干,称为丹皮须。由于牡丹皮中有效成分丹皮酚的沸点较低,约为50℃,产地干燥方法常采用晒干。

(三)贮藏

牡丹皮置于干燥的库房内贮藏,防虫防鼠,夏季注意防潮;为保持色泽,可将干燥的药材存放在聚乙烯塑料袋中密封贮藏,定期检查。

四、药材质量要求

（一）外观质量标准

牡丹皮以切口紧闭、条粗长、皮厚、无木心、断面白色，粉性足、结晶多、香气浓、久贮不变色者为佳品。

（二）内在质量标准

《中国药典》（2020 年版）规定：水分不得过 13.0%、总灰分不得过 5.0%。本品按干燥品计算，含丹皮酚（$C_9H_{10}O_3$）不得少于 1.2%。

（汪荣斌）

第二节　杜　　仲

杜仲组图

杜仲 *Eucommia ulmoides* Oliv. 为杜仲科多年生木本植物，以干燥的树皮入药，药材名杜仲。是我国的名贵特产，是幸存的古老树种之一。杜仲味甘，性温，具有补肝肾、强筋骨、安胎的功效，用于肝肾不足、腰膝酸痛、筋骨无力、头晕目眩、妊娠漏血、胎动不安等病症。主产于四川、湖北、贵州、云南、河南、陕西等地，此外河北、浙江、湖南等地也有分布和栽培。

一、生物学特性

（一）生长发育习性

杜仲幼龄期结果少，容易落花落果，常选择 15 年以上的雌株作为采种的树。成株杜仲每年 3 月萌动，四月发叶同时现蕾开花，杜仲为风媒花，雌雄异株，实生苗定植 10 年左右才能开花，以后年年开花结果。果期为 7—9 月。10 月后开始落叶休眠，11 月进入休眠期。种子较大，一般种子寿命为半年到 1 年。其果皮中含有胶质，阻碍吸水，沙藏处理后的种子在地温 9℃时开始萌动，在 15℃左右，2～3 周即可出苗。在年生长期中，成年植株春季返青，初夏进入旺盛生长期，入秋后生长逐渐停止。杜仲树在幼年期生长缓慢，7～20 年时生长速度最快，20 年后生长速度又逐年减慢，至 50 年后，树干基本停止生长，植株自然枯萎。

（二）生长发育与环境条件的关系

杜仲属于喜阳植物，宜栽培在阳光充足的地方，在荫蔽环境中树势较弱，甚至死亡。杜仲有较强的耐旱能力，喜湿润气候，年降雨量 600mm，相对湿度 70% 以上的地区都能种植。当气温稳定在 10℃以上时可以发芽，11～17℃时发芽较快，25℃左右为最适温度。杜仲也可耐低温。对土壤的要求不高，在酸性土壤、中性土壤、微碱性土和钙质土中均能生长，以土层深厚、疏松肥沃、湿润、排水良好、pH 值 5.0～7.5 的砂壤土为好，过于黏重、贫瘠或干燥的土壤均不适合其生长。

二、栽培技术

（一）选地与整地

1. 苗圃地的选择与管理　宜选择地势向阳、土质疏松肥沃、排灌方便、富含腐殖质的壤土或砂壤土为宜。pH 值 6.5～7，酸度过高可撒入石灰以降低土壤酸度。春播于立冬前深翻土地，立冬后浅犁放入基肥。亩施充分腐熟符合无害化卫生标准的厩肥 5 000kg，草木灰 150kg，与土混匀，耙平，作成高 15～20cm、宽 1～1.2m 的高畦，低洼地要在苗圃四周挖好排水沟。

2.定植地的选择与管理 选择土层深厚，疏松肥沃，排水良好的向阳缓坡、山脚、山的中下部地段，也可选择石灰岩山地或肥沃的酸性土壤，不宜种植在低洼涝地。杜仲为深根性树种，主根明显，深达 1m 以上，所以杜仲造林要实行大穴。对缓坡和平地造林，力求做到全面整地或带状整地。对坡度超过 15°的造林地，除局部可以全垦外，一般应进行带状整地。对坡度 25°以上，禁止全垦，应进行带状或穴状整地。带状整地必须沿等高线进行，带间保留 2～3m 原有植被。定植前清理土地，除去杂草、灌木、石块等杂质。深翻土壤，施足底肥，耙平，行株距（2～2.5）m×3m 挖穴，深 30cm，宽 80cm，穴内施入充分腐熟符合无害化卫生标准的厩肥、饼肥及过磷酸钙、骨粉、火土灰等基肥少许，与穴土拌匀，备用。

（二）繁殖方法

1.种子繁殖

（1）采种：选用生长在向阳、肥沃环境中的 15 年以上健壮杜仲树作为采种母株。采收当年成熟饱满的种子育苗。以种子果皮呈淡褐色或黄褐色，有光泽，种仁乳白色，富含油脂者为好。采回的种子宜置于阴凉通风处晾干，种子不宜堆放过厚。不可用不透气的容器装存，不可烈日下曝晒，注意防潮防霉。一年以上的陈年种子不用于播种。

（2）种子处理：杜仲种皮中含有胶质，妨碍种子吸水，自然成熟的种子秋季直接播于田间，任其自然慢慢腐烂吸水，来年春天可正常发芽出苗。如果秋冬采种，不能及时播种，为保证种子质量，春播前要对种子进行催芽处理。处理方法通常有层积法、沙藏法、温水浸泡法。层积法：将种子与干净湿沙混匀，或分层叠放在木箱内，经过 15～20 天，待大多数种子露白时，即可取出播种。沙藏法：将种子用冷水浸泡 2～3 天，捞出稍晾干后，混拌 2～3 倍量湿沙，湿沙以手捏成团不出水为宜，放入木箱等容器中，保持湿润，经 15～20 天，待大多数种子露白时，即可取出播种。温水浸泡法：将种子放入 60℃的热水中浸烫，边浸烫边搅拌，当水温降至 20℃时，使其在 20℃下浸泡 2～3 天，浸泡期间每天早晚要换一次温水，当种子膨胀、果皮软化后捞出，混以草木灰或细干土，即可播种。

（3）播种：因各地地理位置、气候不同，播种期也不同。秦岭、黄河以北及高山地区，适宜春播；长江以南，适宜冬播。冬播一般随采种随播种，在 11—12 月完成。春播则在 2—3 月播种。由于杜仲幼苗不耐高温，所以春播宜早不宜迟。播种时多采用条播，在畦面按 20～25cm 的行距开沟，沟深 3～4cm，播后覆盖疏松肥沃细土厚 2cm。播种后应浇透水，床面用稻草覆盖。幼苗出土后，于阴天除去盖草。每亩用种量为 7～10kg，可出苗 2 万～3 万株。

2.扦插育苗

（1）粗枝扦插：早春萌动前选用一年生粗壮枝条，剪成 10～15cm 长，每个插条有 3～5 个节，插条上部平截，下端剪成马耳形斜面。然后将插条插入插床内，插入深度为插条长度的 2/3，株距 7～10cm，然后保持土壤湿润，搞好苗期管理，第二年春即可移栽。

（2）嫩枝扦插：6—8 月，选当年生的健壮枝条，剪成 6～8cm 长，带有 3 个侧芽的小段，将枝条插进苗床，枝条高度以上端与床面相等高为宜，上端叶片可以外露，然后在苗床上面搭上遮阴棚。根系形成之前，大概在一个月之内，要每天早晚各喷水一次。根系形成后，要逐渐减少喷水次数，只要保持床面湿润即可。长出新根，应及时移入苗圃地。嫩枝扦插以早晨为最佳时间，这个时间扦插的成活率高，生长也快。

3.压条繁殖 将杜仲下部萌发的幼嫩枝条埋入土中 7～13cm，枝梢露出地面，埋在土中的枝条部分便能发出新根，第二年挖出便可移栽。

（三）定植

秋季苗木落叶后至次年春季新叶萌芽前可将幼苗移出定植。定植前按行株距（2～2.5）m×3m 挖穴，深 30cm，宽 80cm，穴内施入厩肥、饼肥、过磷酸钙、骨粉、火土灰等基肥少许，与穴土拌匀，将健壮、根系发育较好、无严重损伤的苗木置于穴内，根系舒展，逐层加土踏实，浇足定根水,最后覆盖一层细土。

(四)田间管理

1.苗田管理　播种后出苗前要保持土壤湿润,出苗时阴天逐渐撤去覆盖的稻草。刚出土的幼苗怕烈日和干旱,需适当遮阴或及时灌溉。幼苗长出3~5片真叶时,要进行间苗。将弱苗、病苗全部拔除,保持株距5~8cm,每亩留苗3万~4万株。间苗后要及时追肥。如果种苗太少,可将间出的幼苗扩圃移栽,随间随栽。幼苗进入生长期,要松土除草,保持苗圃无草。中耕3~4次,苗期还应追3次肥。4—8月为杜仲的追肥期,第一次在苗高6~7cm时进行,以后每月追肥一次。肥料必须施在行距间,不可直接施在幼苗上。每次亩施稀释的人畜粪尿2 500kg,加过磷酸钙5~7.5kg。立秋后最后一次追施草木灰或磷肥、钾肥5kg。利于幼苗生长和过冬。每次施肥,结合松土除草。秋季不再追肥,以免幼苗顶部未木质化即进入冬季形成干尖。到第二年春季,苗高60~70cm以上即可进行移栽定植。小苗及弱苗可在苗床内继续培育。

2.定植园管理　定植当年要经常浇水,保持土壤湿润,定植4~5年内,应进行3~4次中耕除草。每年春夏结合中耕除草,进行追肥,每亩用充分腐熟符合无害化卫生标准的人畜粪2 500kg,或堆肥、圈肥1 000~1 500kg,过磷酸钙5~7.5kg。幼树抗旱力差,在生长旺盛的季节要保持土壤湿润。杜仲的萌蘖能力较强,要十分重视修枝整形,保证主干生长高大健壮。这是提高杜仲树产量和质量,使树木成材的重要措施。主干已育好的杜仲树,要适当疏剪侧枝。使其通风透光。修剪工作多在休眠时进行。至于侧枝保留多少,要根据生长年限和主干高度而定,逐年向上修剪,一般成年树在5m以下不留侧枝。另外可采取"全截更新速生法"来管理。具体方法是在定植栽培后第二年芽萌动前的早春,于主干离地面5cm处截掉,以刺激下部潜伏芽抽发春梢。全截更新的当年植株生长高度可达1m以上,而且端直粗壮。定植后3~5年植株矮小,为了充分利用土地和空间,又能增加土壤肥力,有利于田间管理,林间可套种豆类、玉米或其他矮秆作物或药用植物,以后随着植株逐渐长大,就不宜套种。

(五)病虫害及其防治

1.病害

(1)立枯病:多在土壤黏重、排水不良的苗圃地或阴雨天发病。在苗期易发生。

防治方法:在幼苗出土后1个月内用0.5∶0.5∶100波尔多液每10天喷洒1次,1个月后用1∶1∶100波尔多液每15天喷洒1次,2~3次即可。

(2)角斑病:4—5月开始发病,7—8月严重。危害叶片,病叶枯死早落,病斑分布在叶片中间,出现不同规格的暗褐色多角形斑块,秋天时,病斑上长出灰黑色霉状物,随后叶片变黑脱落。

防治方法:①加强抚育,增强树势;②冬季清除落叶,减少传染病源;③初发时摘除病叶;④发病后每隔7~10天喷施1次1∶1∶100波尔多液,连续3~5次。

(3)灰斑病:4月下旬发病,5月中旬至6月上旬梅雨季节病害迅速蔓延,6月中旬至7月下旬为发病高峰。主要危害叶片,叶上病斑圆形或近圆形,中心灰白色,病斑上散生黑色霉层。

防治方法:①冬季清园,烧毁枯枝残叶;②增施有机肥和磷钾肥;③发病初期喷施一次1∶1∶140波尔多液或50%多菌灵500倍液,每10天左右喷1次,连续2~3次。

2.虫害

(1)刺蛾:幼虫危害叶片,咬食成孔洞,严重时仅剩叶柄和叶脉,多发生于7月中旬至8月下旬。

防治方法:①消灭越冬虫茧;②及时捕捉幼虫并摘除病叶;③灯光诱杀;④施放赤眼蜂;⑤发病期用90%敌百虫800倍液和青虫菌粉500倍液喷雾。

(2)木蠹蛾:蛀蚀树干树枝的韧皮部、形成层至木质部,形成空洞,使树势衰退,严重时蛀空树干,全株枯死。全年多次发生。

防治方法:①冬季清除被害树木,剥皮消灭越冬害虫;②6月初在成虫产卵期前用涂白剂涂刷树干；③将蘸有 80% 敌百虫原液的棉球塞入虫道，并用黄泥封口，毒杀幼虫；④ 3 月中旬阴天施用白僵菌生物防治。

三、采收、加工与贮藏

（一）采收

1. 采收时间　定植 15 年以上的杜仲树，其皮可采收入药。时间在 4—6 月，因此时是杜仲旺盛生长期，树皮易剥落也易愈合再生。

2. 采收方法　剥皮的方法有两种，一为整株采收，一为环剥采收。

（1）整株采收：每年 4—7 月，树液开始活动时，树皮易于剥下。从树干基部约 20cm 处沿树干环割一刀，环割后每 80cm 环割一刀，于两环割间笔直纵向割一刀。至基部割完后，将树砍倒，继续把其余的皮用同样的方法环割下来。采伐后的树桩仍可发芽更新，选留 1～2 条萌条，7～8 年后又能砍伐剥皮。

（2）环剥采收：5 月上旬至 7 月上旬，选择阴天而无雨天气，先在杜仲树干分枝处的下面和树干基部离地面 20cm 处分别环割一刀，然后在两环割处之间纵向割一刀，并从纵向刀割处向两侧剥皮。割时以不伤木质部为宜。剥皮后，树皮暂不取下，待新皮生长时取皮加工。

剥皮中应注意的是：第一，剥皮时间以春夏季即 4—6 月，气温较高，空气湿度较大时为好。第二，剥皮时不能割伤形成层木质部，也不能碰伤木质部表面的细嫩部分。新鲜细嫩部分稍受损伤，就会形成愈伤组织，影响新皮的再生。第三，采用环割的杜仲树，宜选用生长旺盛，易于生长新皮的树干。剥皮前 3～5 天适当浇水，以增加树液，使树皮易于剥取，剥后成活率高。第四，避免在雨天剥皮。最好选择阴天进行。第五，避免烈日曝晒，要将原皮盖在树干上，用绳子捆好，隔一段时间后再将原皮取下加工。也可用塑料薄膜遮盖，防止水分过量蒸发或淋雨，24 小时内避免日光直射，不喷洒化学药物。一般在剥皮后 3～4 天表面出现淡黄绿色，说明已开始长新皮，若呈现黑色，则说明将死亡。

（二）加工

剥下后的树皮用开水淋烫后摊开，两张的内皮相对并压平，然后一层一层重叠平放于用稻草垫底的平地上，上盖木板，加重物压实，四周用稻草围严实，使其"发汗"1 周后，当内皮呈紫褐色时，取出晒干，刮去粗皮即成商品。

（三）贮藏

将已分好等级的杜仲皮分类装好，排列整齐，打捆成件，贮存于干燥的地方即可。注意防潮、防晒、防虫、防鼠害。

四、商品质量标准

（一）外观质量标准

杜仲皮的大小、厚薄、质量不一，打包时要分等包装。国家中药材收购的现行标准是以宽度和厚度为确定等级的主要指标，长度为次要指标。杜仲皮分为以下 4 等：

1. 特等　干货平板状，两端切齐，去净粗皮，表面灰褐色，里面黑褐色，质脆，断处有胶丝相连。味微苦，长 70～80cm，宽 50cm 以上，厚 0.7cm 以上，碎块不超过 10%，无卷形、杂质、霉变。

2. 一等　干货平板状，两端切齐，去净粗皮，表面灰褐色，里面黑褐色，质脆，断处有胶丝相连。味微苦，长 40cm 以上，宽 40cm 以上，厚 0.5cm 以上，碎块不超过 10%，无卷形、杂质、霉变。

3. 二等　干货平板状或卷曲状，表面灰褐色，里面青褐色，质脆，断处有胶丝相连。味微苦，长 40cm 以上，宽 30cm 以上，厚 0.3cm 以上，碎块不超过 10%，无杂质、霉变。

4．三等　不符合特、一、二等标准，厚度最薄不得小于 0.2cm，包括枝皮、根皮、碎块均属此等，但也应无杂质、霉变。

（二）内在质量标准

《中国药典》2020 年版规定：醇溶性浸出物不得少于 11.0%。含松脂醇二葡萄糖苷（$C_{32}H_{42}O_{16}$）不得少于 0.10%。

（钟湘云）

?　**复习思考题**

1．简述牡丹苗移栽技术。
2．简述丹皮的产地加工方法。
3．简述杜仲的种子处理方法。

扫一扫，测一测

PPT课件

知识导览

第十三章　药用真菌栽培

赤芝组图

学习目标

1. 掌握各种药用真菌栽培技术、采收技术及产地加工技术。
2. 熟悉各种药用真菌的生物学特性、各种药材的贮藏方法。
3. 了解各种药用真菌区域分布、各种药材的商品质量标准。

第一节　赤　芝

赤芝 *Ganoderma lucidum*（Leyss.ex Fr.）Karst. 为多孔菌科真菌，以干燥子实体入药，药材名灵芝。灵芝味甘，性平，具有补气安神、止咳平喘的功效，用于心神不宁、失眠心悸、肺虚咳喘、虚劳短气、不思饮食等病症。此外同属植物紫芝 *Ganoderma sinense* Zhao，Xu et Zhang 也被 2020 年版《中国药典》作为药材灵芝基原收录。赤芝主要分布于浙江、黑龙江、吉林、山东、山西、安徽、江西、湖南、贵州、广东、福建等地。

一、生物学特性

（一）生长发育习性

赤芝属于腐生真菌，其生活史如下：担孢子→芽管→单核菌丝→双核菌丝→子实体→担孢子。从孢子萌发开始，经过单核的初级阶段、双核的次级菌丝和三级菌丝，形成子实体，产生新一代担子和担孢子过程。当生理成熟，即从菌盖下的子实层弹射出担孢子，又开始新的发育周期。

（二）生态环境条件

赤芝的生长发育过程需要适宜的营养、温度、湿度、光照、酸碱度等条件。

1. 营养　赤芝属于腐生真菌和兼性寄生真菌，可腐生于栎、槠、栲树等阔叶林的枯木树桩或倒木上，也可寄生于活树上。赤芝的主要营养物质是碳源、氮源和无机盐，碳氮比例为 22：1。碳源主要有葡萄糖、蔗糖、淀粉、纤维素、半纤维素、木质素等，氮源有蛋白质、氨基酸、尿素、氨盐等，无机盐有钾、镁、钙、磷等。

2. 温度　赤芝属高温型菌类，在 15～35℃均能生长，最适生长温度为 25～28℃。不同的生长阶段对温度的要求不同，子实体在 18℃以下难分化或不分化，低于 25℃，生长缓慢，皮壳色泽也差；高于 35℃，菌丝体易衰老自溶，子实体会死亡。此外，温度不适，还会产生畸形菌盖。

3. 湿度　菌丝体生长期，要求培养基含水量 55%～65%、空气相对湿度为 65%～70%；子实体发育期，培养料含水量 60%～65%，空气相对湿度为 85%～95%。

4. 空气　赤芝为好气性真菌，其整个生长发育过程中都需要新鲜的空气。对二氧化碳更为敏感，当空气中二氧化碳含量增至 0.1% 时，子实体就不能开伞，长成鹿角芝，含量达 1% 时，子实体发育极不正常，无任何组织分化，形成畸形。为保证其正常生长发育，培养过程中，加强通风、换气，减少有害气体。

5. 光照　菌丝在生长阶段不需要光线。子实体生长阶段需要适量的散射光或反射光，忌直射光，在光照强度 1 500～5 000lx，菌柄、菌盖生长迅速，粗壮，盖厚。

6. 酸碱度　赤芝在 pH 值 3～7.5 均可生长，最适 pH 值为 5～6。

二、栽培技术

赤芝培养包括菌种的培养和子实体栽培两个阶段。

（一）菌种的培养

菌种培养过程包括纯菌种的分离与母种培养、原种生产、栽培种生产等环节。各级菌种的培养、生产步骤主要有培养基（料）的制备、灭菌、消毒、分离、接种、培养及保存等。所用器具均需消毒，做到无菌操作。

1. 纯菌种的分离与母种培养　用组织分离或孢子分离法获得原始菌种，然后接种到培养基上培养得到母种。母种培养基多采用马铃薯 - 琼脂（PDA）培养基。PDA 培养基配方为去皮切小块的马铃薯 200g、葡萄糖 20g、琼脂 20g、磷酸二氢钾 3g、硫酸镁 1.5g、维生素 B$_1$ 1～2 片、水 1 000ml。将制备好的培养基调节 pH 值 4～6 分装于 120 支试管中，灭菌后取出并使之倾斜，冷却后即为斜面培养基，取 3～5 支试管置于 30℃培养 3 天，若无杂菌出现，表明灭菌彻底，可供接种用。

（1）组织分离法：取新鲜、成熟的赤芝用清水洗净，然后用 75% 的乙醇溶液或冷开水冲洗。在无菌条件下，切取菌盖或菌柄内部 1 小片黄豆大小的组织块，接种于斜面培养基中央。置 24～26℃的温度下避光培养 3～4 天，当小块组织周围有白色菌丝长出，即赤芝组织萌发的菌丝，挑选纯白无杂的菌丝先端接种到新的斜面培养基上，继续避光培养 5～7 天，当白色均匀、生长旺盛的菌丝长满斜面时，即得母种。

（2）孢子分离法：在无菌条件下也可将孢子接种于斜面培养基上培养母种。取质优的已开始释放孢子的赤芝子实体，消毒备用。收集孢子，取孢子接种于培养基上，经过培养，可获得一层薄薄的菌苔状菌丝，挑选纯白无杂的菌丝先端接种到新的斜面培养基上，继续避光培养，即得母种。

2. 原种和栽培种生产　将母种接种到培养料上，扩大培养得到原种，再用原种扩大培养得到栽培种，以满足栽培所需菌种的量。小量生产时，可用母种或原种直接接种栽培。

生产原种和栽培种与子实体袋（瓶）栽法的培养料配方相同，有多种配方。主要原料有木屑或棉籽壳，再加适当辅料制成混合培养料。配方 1：麦粒 99%、石膏 1%；配方 2：木屑 78%、麸皮或米糠 20%、石膏 1%、黄豆粉或蔗糖 1%；配方 3：甘蔗渣 75%、麸皮 20%、蔗糖 1%、石膏 1%、黄豆粉 1%；配方 4：棉籽壳 80%、麸皮或米糠 16%、蔗糖 1%、生石灰 3%。按照配方每 100kg 干料加水 140～160kg，拌料均匀（以手紧握料指缝中有而不滴下为宜），装入菌种瓶内，至瓶高的 2/3，注意松紧适中，在中间打一孔至近瓶底，洗净污物，用牛皮纸封口。高压或常压高温灭菌，冷却后无菌条件下接种，约 1 试管母种接 5 瓶原种，1 瓶原种接 50～60 瓶栽培种。接种后放入培养室培养，需控制条件。25～30 天，瓶内长满菌丝即可接种栽培。

（二）赤芝栽培

赤芝栽培方法主要有段木培养法（熟料短段木法、生料段木法、树桩栽培法等）、袋栽法、瓶栽法、林下仿野生栽培等。目前多采用袋栽法和熟料短段木培养，袋栽法可在室内、温室、大棚和露地栽培。

1. 袋栽法　工艺流程：备料与配料→装袋与灭菌→接种→菌丝培养→出芝管理→采收加工。控制合适的条件，可全年培养。主要为春栽，即 3—4 月制种，4—5 月接种栽培。秋栽则 7 月制种，8 月接种栽培。

（1）备料与配料：同"原种和栽培种生产"。

（2）装袋与灭菌：一般选用聚氯乙烯或聚丙烯塑料袋，规格为厚约 0.04mm，36cm×18cm

（长×宽）。配制培养料，焖放半小时后装袋至离袋口约 8cm，装料量合干料量约 500g，要装实；将袋口空气排出后，用绳子扎紧，放入灭菌锅内，在 1.5kg/cm² 条件下灭菌 1.5～2 小时，或常压灭菌 8～10 小时，冷却到 25℃左右出锅。要求当天装料，当天灭菌，当天接种。

（3）接种及菌丝培养：在无菌条件下进行接种，接种时将菌种与培养料紧密接触，及时扎好袋口。每瓶菌种可接 20～30 袋。接种后的菌袋移至培养室内或大棚内的培养架上进行发菌培养。温度控制在 22～30℃，最佳为 24～28℃，空气相对湿度要求 45%～60%，避光保存，注意每天通风降温一次。1 周左右检查 1 次，弃去污染菌袋。10 天左右菌丝可长满袋。

（4）出芝管理：菌丝长到 30 天左右，当芝袋两端表面出现指头大小的白色疙瘩或突起物，即子实体原基（芝蕾或菌蕾）时，应解开塑料袋使赤芝向外生长，芝蕾向外延长形成菌柄，大约 15 天菌柄上长出菌盖，30～50 天后成熟，当菌盖边缘的浅白色或浅黄色消失，生长停止变硬，菌盖颜色由艳丽转为暗粉棕色，开始弹射孢子时，即可采收。此阶段要注意通风换气、向空气中喷水等，温度控制在 24～28℃，空气相对湿度为 90%～95%，给予散射光。

子实体培养可以室外栽培。挖宽 80～100cm、深 40cm 的菌床，长度视地块条件和培养量而定。将培养好菌丝的菌袋脱袋，竖放在菌床上，间距 6cm 左右，覆盖 1cm 厚富含腐殖质的细土，浇足水分。菌床上搭建塑料棚并遮阴，避免阳光直射，做好防风雨各种工作，保持温度在 22～28℃，空气新鲜，相对湿度为 85%～95%。10 天后，床面出现子实体原基，再经 25 天后陆续成熟，即可采收。

2．段木培养法　工艺流程：选料与制料→装袋与灭菌→接种→菌丝培养→培土→出芝管理→采收加工。

（1）段木的选择与处理：选择直径 8～18cm 的栎、栗、柞、桃、柳、杨、刺槐、枫等阔叶树作段木，砍伐运输时保持树皮完整。锯成长 15～20cm 的段木，晾晒干燥 3 天左右，段木含水量 35%～42%。

（2）装袋与灭菌：将段木装入塑料袋内，木料不可过干，扎紧袋口，高压高温灭菌 2 小时，或常压 100℃灭菌 8～10 小时，必须蒸足熟透。

（3）接种：无菌条件下进行。可打孔接种或段面接种。打孔直径为 1～1.2cm，深度 1cm，行距约 5cm，每行 2～3 孔，呈品字形错开排列。打孔后，在无菌条件下阴凉地方立即接种，否则孔穴干燥，影响成活率。选择培养 20 天，子实体原基刚形成的新鲜菌种，取出菌块，塞入孔内，稍压紧后，盖上木塞或树皮，用小木槌轻轻锤平。断面接种是一个袋中两段木料，将菌种用冷开水拌匀，然后，将菌种均匀地涂在两段木之间及上方段木表面，袋口塞一团无菌棉花，扎紧。应选择气温 20～26℃、空气相对湿度 70%。1m³ 段木需要菌种 60～100 瓶。

（4）菌丝培养：将接种后的段木菌袋置于通风干燥室内暗处培养，控制温度 22～25℃，放在室外要采取保温、遮雨、遮阳措施。30～60 天长满白色菌丝，菌穴四周变成白色或淡黄色，后逐渐变成浅棕色，当木塞或树皮盖已被菌丝布满时说明接种成功。

（5）埋土栽种：选择土质疏松、pH 值 5～6 的酸性土壤、排灌方便的地方作栽培场。翻土深 25cm，清除杂草石块，曝晒后做宽 1.5～1.8m 畦，畦长依实际情况决定，一般南北走向，四周开好排水沟，并撒灭蚁药。畦上在芝材入厢前几天应搭建塑料棚，并灭菌杀虫，覆盖草帘子，要求能保温、保湿、通气、遮阴。待日平均温度稳定在 20℃，将长好菌丝的段木埋入土中培养。在作好的畦上开沟，先在沟底撒些灭白蚁药物，覆盖一薄层松土，将段木接种端朝下立于沟中，间距 6cm 左右，盖土 1～2cm，为防止喷水时把泥土溅到子实体上，再覆盖厚约 1cm 的谷壳或沙子。埋好后喷水 1 次，若天气干旱可喷水湿润土壤。

（6）出芝管理：埋土后 10～15 天可出现芝蕾。注意防止连体子实体的发生。控制短段木上菌体数量，赤芝朵数一般直径 15cm 以上的不超过 3 朵，15cm 以下的 1～2 为宜。在生长芝蕾时期，控制棚内温度 24～28℃，相对湿度 85%～90%，光照强度 300～1 000lx，空气新鲜，土壤疏松湿润。雨天注意排水。

（三）病虫害及其防治

1. 病害　赤芝的栽培过程中多易受青霉菌、毛霉菌、根霉菌等杂菌感染危害。

防治方法：①搞好周围环境卫生，减少杂菌侵染的机会；②接种过程中，严格无菌操作；③培养料彻底消毒；④及时通风降低温度；⑤轻度感染可用烧过的刀片将局部杂菌和周围的树皮刮除，再涂抹浓石灰乳防治，或用蘸有75%乙醇溶液的脱脂棉填入孔穴中，及时淘汰严重污染者，以免感染其他菌棒。

2. 虫害　在赤芝栽培场周围诱杀外加灭蚁药粉防止白蚁危害；用菊酯类或石硫合剂进行多次喷施，人工捕杀蜗牛等。

三、采收、加工与贮藏

（一）采收

1. 适时采收　从芝体出现至芝体不再增大需要40～50天，颜色已由淡黄色转为红褐色，菌盖和菌柄颜色相同，由软变硬，有褐色孢子粉射出，芝体成熟，即可采收。

2. 采收方法　采收前1周停止喷水，关闭通风门口。用快刀或枝剪从菌柄基部剪下灵芝，留柄蒂0.5～1cm，让剪口愈合后，再形成菌盖原基，形成新的子实体。依据段木体积不同，可连续采收2～3年。如收集孢子粉供药用，多用瓶栽法或袋栽法，子实体发散孢子可持续1个月，收集方法是用纸袋将菌盖罩住收集。

（二）加工

1. 干燥　采收后及时阴干，有条件的烘干或晒干至含水量为12%，即为灵芝成品。采收灵芝后，可以将孢子粉收集供药用。

2. 分级　将子实体彻底晒干后根据菌盖直径大小、厚度、菌柄长度、有无虫蛀霉斑等情况分级。

（三）贮藏

将灵芝用密封袋包装后，置于阴凉干燥处保存，严防受潮和回潮。

四、药材质量要求

（一）外观质量标准

赤芝：体干、菌盖肥厚、菌柄粗壮、无畸形、质坚硬、色红褐、具漆样光泽者为佳；紫芝：皮壳紫黑色，有漆样光泽。菌肉锈褐色，菌柄长17～23cm。栽培品：子实体较粗壮、肥厚，直径12～22cm，厚1.5～4cm。皮壳外常被有大量粉尘样的黄褐色孢子。

（二）内在质量标准

《中国药典》（2020年版）规定：水分不得过17.0%。总灰分不得过3.2%。水溶性浸出物不得少于3.0%。按干燥品计算，含灵芝多糖以无水葡萄糖（$C_6H_{12}O_6$）计，不得少于0.90%；含三萜及甾醇以齐墩果酸（$C_{30}H_{48}O_3$）计，不得少于0.50%。

第二节　茯　苓

茯苓组图

茯苓 *Poria cocos*（Schw.）Wolf 为多孔菌科真菌，以干燥菌核入药，药材名茯苓。茯苓味甘、淡，性平，具有利水渗湿、健脾、宁心的功效，用于水肿尿少、痰饮眩悸、脾虚食少、便溏泄泻、心神不安、惊悸失眠等病症。我国茯苓主要生长于温带及亚热带地区，主产于云南、湖北、安徽，河南、四川、贵州，在福建、湖南、广东、广西等地也有茯苓人工栽培。

一、生物学特性

茯苓是兼性寄生真菌，繁殖器官是子实体，营养器官是菌丝。着生于马尾松、黄山松、云南松、赤松等松属的段木或树蔸上。其生长发育分为菌丝阶段和菌核阶段。菌丝生长阶段：成熟茯苓子实体在25～28℃时形成孢子弹出，孢子感染松木，先萌发产生单核菌丝，又发育成双核菌丝，形成菌丝体。菌丝体将分解、吸收木材中的有机质纤维素，转化为自身所需营养物质，并繁殖大量的营养菌丝体，在木材中旺盛生长。菌核生长阶段：大量的菌丝体不断地分解、吸收营养物质，茯苓聚糖日益增多，在生长的中后期开始聚结成团，形成菌核。其颜色变化为白色渐变为浅棕色，再变为棕褐色或黑褐色的茯苓个体。与菌核直接接触的是土壤，由于长时间的摩擦、破损，有内含物溢出，内含物与茯苓表面菌丝黏结，形成茯苓皮。

茯苓适合在温暖、干燥、通风、阳光充足、雨量充沛的环境中生长，菌丝生长最适温度为25～30℃，适宜的土壤含水量为25%～30%；生长所需营养源自松属的段木或树蔸，在进行人工栽培时，应选择7～10年生、胸径为10～45cm、含水量在50%～60%的松树段木。茯苓喜偏酸性环境，pH值为5～6、疏松透气、排水良好、土层深厚的砂质壤土（土壤含砂量为60%～70%）中生长。选择的种植地坡度为10°～30°，地势向阳为宜。

二、栽 培 技 术

（一）茯苓菌种的培养

茯苓菌种分为母种、原种和栽培种。用于分离茯苓菌种的优质鲜茯苓菌核称为种苓；由种苓直接分离选育得到的具有结实性的菌丝体纯培养物，称为茯苓母种；由母种移植、扩大培育的菌种，称为茯苓原种；茯苓原种经扩大培育，直接用于栽培种植的菌种，称为茯苓栽培种。

1．母种的培养

（1）培养基的配制：多采用马铃薯-琼脂（PDA）培养基。配方为切碎的马铃薯200g、蔗糖50g、琼脂20g、尿素3g、水1 000ml。制备方法：取去皮切碎的马铃薯200g，加水1 000ml，煮沸半小时，用双层纱布过滤，将琼脂加入滤液中，煮沸并搅拌至充分溶化，加入蔗糖和尿素，溶解后，再加水至1 000ml即得液体培养基。调pH值6～7，分装于试管中，包扎，以1.1kg/cm² 高压灭菌30分钟，稍冷后摆成斜面，凝固后即成斜面培养基。

（2）母种的分离与接种：繁殖用菌种又称为引子，常见有肉引、木引、菌丝引等。肉引是以茯苓鲜菌核切片直接接种；木引是把肉引接段木，待菌丝充分生长后挖起锯成小段接种；菌丝引采用组织分离或孢子分离制作纯菌种接引。一般常用菌丝引，其组织分离法获得方法如下：选择未受其他微生物感染或昆虫侵蚀，形态完整，近球形，菌核组织结构较紧密，外皮较薄，色黄棕或淡棕，外皮有明显白色或淡棕色裂纹的新鲜菌核。用清水冲洗干净，并进行表面消毒；待表面稍干后，移入无菌接种室净化工作台上，用75%乙醇溶液冲洗，再用无菌水冲洗数次；于中央切一浅口，顺切口瓣开。在接近茯苓皮内侧2～3cm处，切取黄豆大小的茯苓菌核，接种于试管培养基斜面；置于22～25℃恒温箱中培养5～7天，当白色菌丝布满培养基的斜面时，即得母种。

2．原种的培养

（1）培养基的配制：配方为松木块（长×宽×高为30mm×15mm×5mm）55%、松木屑20%、麦麸或米糠20%、蔗糖4%、石膏粉1%。配制方法：将松木屑、米糠（或麦麸）、石膏粉拌匀，将蔗糖加1～1.5倍水溶解，调pH值5～6，放入松木块煮沸30分钟，松木块充分吸收糖液，捞出松木块。将拌匀的松木屑配料加入糖液中，搅匀，使含水量为60%～65%，以手紧握指缝中有水渗出、手松开不散为度,然后拌入松木块,分装于 500ml 的广口瓶中,装量为 4/5 瓶即可,压实,于中央打一小孔至瓶底,孔径约 1cm,洗净瓶口,擦干后塞上棉塞,高压灭菌 1 小时,冷却后即可接种。

（2）接种与培养:在无菌条件下,挑取黄豆大小的上述母种,放入原种培养基的中央,置于 25～30℃恒温箱中培养 20～30 天,待菌丝长满全瓶,即得原种。培养好的原种,可供进一步扩大培养使用。如暂时不用,需放于 5～10℃冰温箱中保存,保存时间不得超过 10 天。

3.栽培种的培养

（1）培养基的配制:配方为松木屑 10%、麦麸或米糠 21%、葡萄糖 2% 或蔗糖 3%、石膏粉 1%、尿素 0.4%、过磷酸钙 1%,其余为松木块（长×宽×高为 120mm×20mm×10mm）。配制方法:将葡萄糖（或蔗糖）溶解于水中,调 pH 值 5～6,倒入锅内,放入松木块,煮沸 30 分钟,使其充分吸收糖液后捞出;将松木屑、麦麸或米糠、石膏粉、尿素、过磷酸钙等混合均匀;将吸足糖液的松木块放入混合后的培养料中,充分拌匀后,加水使配料含水量在 60%～65%;随即装入 500ml 的广口瓶中,装量为 4/5 瓶即可,擦净瓶口,塞上棉塞,用牛皮纸包扎,高压灭菌 3 小时,待瓶降温至 60℃左右时,即可接种。

（2）接种与培养:在无菌条件下,用镊子将原种瓶中长满菌丝的松木块夹取 1～2 片和少量松木屑、米糠等混合料,接种于瓶内培养基的中央。然后将接种的培养瓶移至培养室中培养 30 天,前 15 天温度调至 25～28℃,后 15 天温度调至 22～24℃。待乳白色菌丝长满全瓶,有特殊香气时,即可供生产使用。

（二）段木栽培

1.选地与挖窖

（1）选地:以麻骨土、砂土、砂壤土为主的黄棕壤为宜,宜选择土层深厚、疏松、排水良好、土壤 pH 值 5.5～7,坡度 10°～25°向阳坡地为宜,无白蚁危害的地区。苓场不宜连作,以休闲 3 年为宜。

（2）挖窖:选好地后,于冬至前后挖窖。先清除杂草灌木、树苑、石块等杂质,然后顺山坡挖窖,深 20～30cm,长度和宽度视段木长短而定,一般 65～80cm,窖间距 20～30cm,将挖起的土清洁并堆放于一侧,窖底按坡度倾斜整平,清除窖内杂物。窖场沿坡两侧筑坝拦水,以免水土流失。

2.培养料准备

（1）备料季节:宜选择松木的休眠期,木材水分少,养料丰富的季节进行伐木,以立冬至翌年谷雨为佳。

（2）段木制备:松树砍伐后,去掉枝条,用利刀沿树干从上至下纵向削去部分树皮,深入木质部 0.5cm,利于菌丝生长蔓延,削一条,留一条不削,即"削皮留筋"。不削部分的宽度一般为 3～5cm,使树干呈六方形或八方形。

（3）截料上堆:制备好的段木干燥半个月后截料上堆。直径为 10cm 左右的松树,截料长度为 80cm,直径 15cm 左右的松树,现截料长度多为 40～50cm。然后按照长短分别堆叠成"井"字形,放置约 40 天。待两端无树脂分泌,敲之发出清脆声时,可供接种用。在堆放过程中,要上下翻晒 1～2 次,使木材达到干燥程度一致。

3.放料　放料时间为 4—6 月,选择晴天、场干、料干时进行。根据段木粗细决定每窖下段木的数量,直径 4～5cm 的段木,每窖下段木 5 根,下 3 根上 2 根,呈"品"字形排列;直径 8～10cm 的段木,每窖下段木 3 根;直径 10cm 以上,每窖下段木 2 根;特别粗大的下一根。排放是将两根段木的"留筋"部分贴在一起,周围用砂土填紧,利于传引和提供菌丝生长发育的养料。

4.接种　茯苓的接种方法有"菌引""肉引"等。

"菌引":将栽培菌种紧紧接种于培养料上,接种后,立即覆土,厚 8～10cm,最好使窖顶呈龟背形,以利于排水。

"肉引":选择皮色紫红、肉白、浆汁足、质坚实、近圆形、有裂纹、个重 2～3kg 的 1～2 代种苓。在6月前后,把干透心的段木,按照大小搭配下窖,方法同"菌引"。接种方法常采用"贴引""种引""垫引"三种方法:"贴引",即将种苓切成小块,厚约3cm,将种苓块肉部紧贴于段木两筋之间;"种引"即将种苓用手掰开,每块重约250g,将白色菌肉部分紧贴于段木顶端;"垫引"即将种引放在段木顶端下面,白色菌肉部分向上,紧贴于段木。然后,用砂土填塞,以防脱落。

(三)树蔸栽培

宜选择松树砍后60天以内的树蔸栽培。于晴天在树蔸周围挖土见根,除去细根,选择粗壮的侧根5~6条,将两条侧根削去6~8cm的根皮,在其上开2~3条供放菌种的浅凹槽,开槽后曝晒,即可接种。另选用径粗10~20cm、长40~50cm的干燥木条,也开成凹槽,使其与侧根上的凹槽形成凹凸槽配合。然后,在两槽之间放置菌种,用木片或树叶将其盖好,覆土压实。培养至次年4—6月即可采收。

(四)茯苓场管理

1. 护场、补引　为防止人畜践踏,菌丝脱落,影响生长,在茯苓接种后,应保护好现场。10天后检查,发现茯苓菌丝延伸到段木上,表明已经"上引"。如感染了杂菌(菌丝发黄、变黑、软腐等)表明接种失败,则应选择晴天进行补引,即将原菌种取出,重新接种。30天后再检查,如果段木侧面与菌丝缠绕延伸生长,说明正常生长。60天左右菌丝应生长到段木底部或开始结苓。

2. 除草、排水　及时除去杂草,保持苓场无杂草,利于光照。为避免水分过多,土壤板结,影响空气流通,导致菌丝生长发育受限制,雨季或雨后及时疏沟排水、松土。

3. 培土、浇水　8月开始结苓后,应进行培土,厚10cm左右,过厚过薄均不利于菌核生长。大雨过后,需及时检查,发现土壤裂缝,及时填塞。随着茯苓菌核增大,常使窖面泥土龟裂,菌核裸露,应及时培土,并喷水抗旱。

(五)病虫害及其防治

1. 病害

霉菌:茯苓在生长期间,培养料(段木或树蔸)及已接种的菌种常会被霉菌如绿色木霉、根霉、曲霉、毛霉、青霉等污染。正在生长的茯苓菌核污染后菌核皮色变黑,菌肉疏松软腐,严重时渗出黄棕色黏液,失去药用、食用价值。

防治方法:①选择生长健壮、抗病能力强的菌种;②接种前,翻晒多次栽培场;③段木应清洁干净,出现杂菌污染,应除掉或用70%乙醇溶液杀灭,淘汰已经污染严重者;④晴天接种;⑤保持苓场通风、干燥,经常清沟,排除积水;⑥发现菌核出现软腐,应提前采收或剔除,苓窖用石灰消毒。

2. 虫害

(1)白蚁:主要是黑翅土白蚁及黄翅大白蚁,蛀蚀段木,茯苓不能正常生长发育,造成减产,甚至有种无收。

防治方法:①苓场应选择南向或西南向;②要求段木和树蔸干燥,最好冬季备料,春季下种;③下窖接种后,苓场周围挖一道深50cm、宽40cm的封闭环形防蚁沟,既防白蚁进苓场又可排水;④在苓场四周挖几个诱蚁坑,埋入松木、松毛,用石板盖好,常检查,诱白蚁入坑,发现白蚁用煤油或开水灌蚁穴或施白蚁粉杀灭;⑤应用蚀蚁菌生物防治。

(2)茯苓虱:多群聚结于菌丝生长处,蛀蚀菌丝体及菌核。

防治方法:①采收茯苓时,用桶收集后,用水溺死;②接种后,用尼龙纱网片掩罩在窖面上,减少茯苓虱侵入。

三、采收、加工与贮藏

(一)采收

多在7—9月采收。段木颜色由浅黄色变为黄褐色,材质腐朽状;菌核外皮由淡棕色变为褐色，裂纹逐渐弥合（封顶），苓场不再出现新的龟裂纹，标志着菌核已成熟。选晴天采收，挖去窖面泥土，掀起段木，敲段木使菌核松脱，取出。对于菌核部分长在段木上（扒料），用手掰菌核易碎，可将长有菌核的段木放于窖边，用锄头轻轻敲打段木，将菌核震下，拣入箩筐。采收后及时运回加工。

（二）加工

趁鲜除去泥沙等杂质，大小分档，多进行发汗处理，即将潮苓堆码放置于稻草上，个大质硬的放在中间和底部，个小质松者放在四周，再用干净稻草或草帘、编织袋等物严密覆盖后进行发汗。每3～4天翻动潮苓1次，待表面略呈皱缩干燥状时，反复数次至现皱纹、内部水分大部散失后，阴干，即可进行加工。发汗过程中，潮苓外皮上出现的白色茸毛或蜂窝状物（子实体），待变成淡棕色时去除。或趁鲜分开不同的药用部位，阴干，分别称为"茯苓块"和"茯苓片"，削下的外皮为"茯苓皮"。切取近表皮处呈淡棕红色部分，加工成块或片状，为"赤茯苓"；内部白色部分切成块或片状，为"白茯苓"；若白茯苓夹有松木的，为"茯神"。

（三）贮藏

将茯苓密封置于在阴凉、干燥通风处存放，避免虫蛀受潮。

四、药材质量要求

（一）外观质量标准

茯苓个呈类球形、椭圆形、扁圆形或不规则团块。体重质坚，外皮棕褐色至黑褐色，断面色多呈白色，嚼之黏性强。

（二）内在质量标准

《中国药典》（2020年版）规定：水分不得过18.0%。总灰分不得过2.0%。醇溶性浸出物不得少于2.5%。

（汤灿辉）

？ **复习思考题**

1. 简述赤芝的栽培方法。
2. 简述赤芝段木培养法出芝阶段的管理技术。
3. 简述茯苓栽培场的管理技术。

ER-13-5
扫一扫，测一测

实 训 指 导

实训一 土壤耕作技术

一、实训目的与要求

1. 掌握土壤耕作类型及各自特点、作用。
2. 能根据当地实际情况选择适宜的耕作方法。

二、实训材料用品

有壁犁、无壁犁、旋耕机、镇压器、铁锹、锄头、耙（钉齿、缺口、圆盘耙）、铲子、镐、木棍或竹竿、细绳等。

三、实训内容及方法

（一）土壤基本耕作

药用植物在种植前，要对土壤进行疏松，包括耕翻、深松耕和上翻下松 3 种方法。

1. 耕翻 耕翻是使用各种式样的有壁犁进行全耕层翻土。

（1）耕翻时期确定：耕翻时期应根据气候条件、栽培制度和土壤情况等具体确定。在北方单作区主要以秋耕为主，而双主作区耕翻时期可分春耕、夏耕秋耕，其中秋耕是最基本的形式，秋耕在秋茬作物收获后，土壤结冻前进行；春耕主要指将秋天已耕翻过的地块耙地、镇压、保摘，或给未秋耕的地块进行耕翻，为春种或定植做好准备；夏耕则要求早、深、细，争取早深翻，增加晒茬时间。

（2）耕翻方法及深度

1）秋耕：耕翻深度应为 15～30cm，通常机器耕翻深度为 15～25cm，一般农具为 20～30cm。

2）春耕：已秋耕的地块，当土壤化冻 5cm 左右时，开始耙地。未秋耕的地块，只要土壤化冻深度达 16～18cm 时，即可耕翻，随翻随耙。

3）夏耕：耕翻深度为 25～30cm，耕后及时耙耢收墒。

2. 深松耕 用无壁犁或铲子对耕层土壤进行上下层不翻转的松土耕作。深松耕深度 20～50cm。

3. 上翻下松 前犁耕翻后再用去掉犁壁的犁或铲子进行松土。

（二）表土耕作技术

1. 耙地 耙地时间为秋耕的地块，春季耙地起垄或作畦；春耕的地块，随翻随耙。耙地操作应根据种植药用植物和土质情况确定耙地深度，轻耙为 8～10cm，重耙为 12～15cm；采用顺耙、横耙、对角线耙等耙地方式,做到不漏耙、不拖堆。

2．耱地　耱地时间应在宜耕期进行。操作方法为用耙耱平,使耕层内无大土块及大孔隙,1m² 内直径大于 5～10cm 土块不得超过 5 个。

3．旋耕　利用旋耕机一次完成耕、耙、平、压等作业。一般深耕 12～15cm。

4．镇压　用镇压器通过紧实土壤、破碎土块和平整地面。镇压时要掌握适宜土壤含水量。

5．作畦　在整好地的基础上,按设计的畦长和宽放线、定桩。在线内用铁锹翻地,深度为 30cm,边翻边打碎土块,然后用耙子耧平整细畦面。平畦畦面与地面持平,高畦畦面高于地表面,低畦畦面低于地面。边耧平整细畦面边筑畦埂。高畦可用机具一次成型。高畦高度 15～20cm,畦面宽 1.3～1.5m;平畦埂高于地面 10～15cm,畦宽 1.3～1.7m,长 6～10m;低畦间走道比畦面高。

6．起垄　随耕翻随用机具或木犁起垄,垄宽 50～70cm,高度 12～16cm。起垄后稍镇压一下,使垄体光滑平整。

7．中耕　在药用植物生长期进行 2～3 次中耕,中耕深度一般为 4～6cm。苗期宜浅,生育中期宜深,接近封行时宜浅。

8．培土　培土是结合中耕将行间土壅到根旁形成高垄或土堆的措施。块根、块茎、根茎及高秆类药用植物培土常与第二、第三次中耕结合进行。

四、实训作业与思考

畦的类型有哪些?作畦质量有哪些要求?

（郑　雷）

实训二　土壤样品采集与处理

FR-S-2

PPT 课件

一、实训目的与要求

掌握正确的耕层土壤混合样品的采集和处理方法。

二、实训材料用品

小铁铲(或锄头)、土钻、卷尺、布袋、标签、铅笔、镊子、土壤筛(18 号、60 号、100 号)、木棒、木板、天平、广口瓶、盛土盘、研钵、塑料布或油布等。

三、实训内容及方法

（一）土壤样品的采集

根据实训目的,选择适合的土壤样品采集方法。如进行土壤物理性质测定,须采集原状土壤;如要了解土壤肥力状况或研究药用植物生长期中土壤养分的供应情况,一般采集耕层土壤的混合土壤样品。在采集与处理样品的过程中,需按"随机""多点"和"均匀"的方法进行操作。

1．选点　根据土壤类型、地形以及肥力状况等选点取样,避免在沟边、田边、路边或肥堆底选点取样。采集样品路线和布点形式以蛇形较好。若地块面积小、地势平坦、肥力均匀,可用对角线采样或棋盘式采样。采样点数目可根据采样区域大小和土壤肥力差异情况来确定,一般采集5～20个点。

2．采样时间　不同季节土壤中有效养分的含量不同，根据实验目的，适时进行采样。分析土壤养分供应状况，一般在晚秋或早春取样；解决随时出现的问题需要进行土壤测定时，应随时采样；了解土壤养分变化和作物生长规律，即按作物生育期定期取样；制订施肥计划而进行土壤测定时，在前作植物收获后或施基肥前进行采样；了解施肥效果，则在作物生长期间，施肥的前后进行采样。

3．采样　在采样点上，先除去地面落叶杂物等，并刮去表土厚2～3mm，通常耕作层取土深度为20cm左右。用土钻取土时，一定要垂直插入土内；用小铁铲取样，可先挖成一铲宽、约20cm深的小坑，一面切成垂直面，然后用小铲从垂直面切取上下厚薄一致的薄土片。每点地取土深度、取土量、上下土体应尽量一致。将采集的各样点土壤用盛土盘集中起来，除去石砾、根系等杂质，混合均匀。采用四分法，弃去多余的土，直至所需要数量为止，即够分析用。一般每个混合土的质量以1kg左右为宜。将该土样装入布袋，立即填写标签，一式两份。标签上用铅笔写明样品编号、日期、采样地点、地形、地质、深度、土壤名称、植物种类、采样人等。一份系在布袋外，一份放入布袋内，同时将此内容登记在专门的记载本上备查。

（二）土壤样品的处理

做速效性养分及还原性物质的测定时，要用新鲜土。做其他分析用的土样，应及时处理。土壤样品处理分以下几步：

1．风干除杂　除速效养分、还原物质的测定需用新鲜样品外，其余均采用风干土样，以抑制微生物活动和化学变化，便于长期保存。

风干土样的处理方法：将新鲜土样平铺于木板上或光滑的厚纸上，厚2～3cm，放置在清洁阴凉通气的室内风干。严禁曝晒或受到酸、碱气体等物质的污染，应随时翻动，捏碎大的土块，剔除杂质，经过5～7天后可达风干要求。

2．碾细过筛　将风干以后的土样平铺在木板或塑料布上，用木棒碾碎，边碾边筛，直到全部通过1mm（18目）筛为止。筛去石砾和石块，切勿弄碎，量少时可弃去，量多时，应称其质量，计算其百分含量。

3．装瓶贮存　将过筛后的土样充分混匀后，分别装入广口瓶，贴上标签，标签上记录土样编号、采样地点、地形、地质、深度、时间、土壤名称、筛号、采集人等。保存时应避免日光、高温、潮湿或酸、碱气体的影响与污染。

四、实训作业与思考

土样的采集与处理应注意的问题。

（郑　雷）

实训三　土壤含水量测定

一、实训目的与要求

掌握烘干法、酒精燃烧法和田间验墒测定土壤含水量的方法。

二、实训材料用品

天平（感量0.01g）、恒温干燥箱、带盖铝盒、土钻、酒精、量筒、木柄小刀、火柴、骨勺、石棉网。

三、实训内容及方法

土壤含水量的测定

1. 烘干法　①将带盖铝盒在（105±2）℃下烘干2小时，移入干燥器中冷却至室温，称重，精确至0.01g。用土钻在田间取有代表性的新鲜土壤约20g，捏碎后迅速装入铝盒并盖紧盖，带回室内称重，精确至0.01g，计算出土样重；②打开盒盖，将盖放于盒下，然后放入烘干箱中在（105±2）℃下烘12小时。取出铝盒，盖好盖，置干燥器中冷却至室温，称重，计算出烘干土重。一般要求做3次平行测定；③结果计算：

$$土壤含水量（W\%）=\frac{土样质量-烘干土样质量}{烘干土样质量}\times100\%$$

2. 酒精燃烧法　①取新鲜土样约10g（精确至0.01g），放入已知质量的铝盒中；②向铝盒中加酒精直至刚浸没土样，稍加振荡，使土样被酒精浸透；③将铝盒放在石棉网上，点燃酒精，灭焰后用小刀轻轻翻动土样，样品冷却后，再加酒精至刚浸没土样，燃烧。一般要燃烧3～4次，至恒重为止，前后两次之差小于0.03g；④结果计算同烘干法。

3. 田间验墒　华北地区旱作土壤墒情一般分为汪水、黑墒、黄墒、潮干土和干土等5种类型。

（1）汪水：表面有汪水，手握湿土则有水滴出。土壤含水量在田间持水量至饱和持水量之间。

（2）黑墒：土色深暗发黑，握之极易成团，落地不散。在手上留有明显湿印。含水量约为持水量的75%。

（3）黄墒：土色呈黄色，手握成团，落地约有一半散碎。手上留有湿印，含水量约为田间持水量的50%～75%。

（4）潮干土：土色灰黄，握不成团，呈半干半湿状态。含水量约为田间持水量的50%至凋萎系数。

（5）干土：含水很少，含水量一般在凋萎系数以下。

四、实训作业与思考

用酒精燃烧法测定土壤含水量是否合适？为什么？

（郑　雷）

实训四　土壤pH值测定

一、实训目的与要求

掌握测定土壤pH值的方法。

二、实训材料用品

天平（感量0.01g）、白瓷比色板、玻璃研钵、溴甲酚绿、溴甲酚紫、甲酚红、0.1mol/L的NaOH溶液、蒸馏水、甲基红、溴百里酚蓝、酚酞、苯二甲酸氢钾、磷酸二氢钾、硼砂、95%乙醇溶液、pH值计、干燥器、玻棒、比色卡等。

PPT课件

三、实训内容及方法

土壤 pH 值测定

（一）混合指示剂比色法

利用指示剂在不同 pH 值溶液中，可显示不同颜色的特性，根据其显示颜色与标准酸碱比色卡进行比色，即可确定土壤溶液的 pH 值。

1. 混合指示剂的配制

（1）pH 值 4～8 混合指示剂：分别称取溴甲酚绿、溴甲酚紫及甲酚红各 0.25g 于研钵中，加 15ml 0.1mol/L 的氢氧化钠（NaOH）溶液及 5ml 蒸馏水，共同研匀，再加蒸馏水，稀释至 1 000ml，指示剂的 pH 值变色范围如表实 -1 所示。

表实 -1   指示剂的 pH 值变色范围

pH 值	4.0	4.5	5.0	5.5	6.0	6.5	7.0	8.0
颜色	黄	绿黄	黄绿	草绿	灰绿	灰蓝	蓝紫	紫

（2）pH 值 4～11 混合指示剂：称取 0.2g 甲基红、0.4g 溴百里酚蓝、0.8g 酚酞，在玻璃研钵中混合研匀，溶于 95% 的 400ml 乙醇溶液中，加蒸馏水 580ml，再用 0.1mol/L 氢氧化钠调至 pH 值 =7（草绿色），用 pH 值计或标准 pH 值溶液校正，最后定溶至 1 000ml，其变色范围如表实 -2。

表实 -2   指示剂的 pH 值变色范围

pH 值	4.0	5.0	6.0	7.0	8.0	9.0	10.0	11.0
颜色	红	橙黄	稍带绿	草绿	绿	暗蓝	紫蓝	紫

2. 土壤 pH 值测定
取黄豆粒大小待测土壤样品，置于清洁白瓷比色板穴中，加指示剂 3～5 滴，以能全部湿润样品而稍有剩余为宜，水平振动 1 分钟，稍澄清，倾斜瓷板，观察溶液色度与标准比色卡，确定 pH 值。

（二）电位法

pH 值计的原理是当一个指示电极与一个参比电极同时浸入同一溶液中时，两电极间产生电位差，电位差的大小直接与溶液的 pH 值有关。在测定过程中，参比电极电位保持不变，而指示电极的电位则随溶液 pH 值而改变，这种指示电极电位的改变，可通过一定换算装置直接表示为 pH 值。电位计测定法精确度较高，pH 值值误差在 0.02 左右。

1. 标准缓冲液配制

（1）pH 值 4.0 标准缓冲液：称取经 105℃烘干的苯二甲酸氢钾 10.21g，用蒸馏水溶解后稀释至 1 000ml。

（2）pH 值 6.86 标准缓冲液：称取经 45℃烘干的磷酸二氢钾 3.39g 和无水磷酸氢二钠 3.53g，溶解在蒸馏水中，定容至 1 000ml。

（3）pH 值 9.18 标准缓冲液：称取 3.80g 硼砂溶于蒸馏水中，定容至 1 000ml。此溶液的 pH 值容易变化，应注意保存。

2. 土壤 pH 值测定
取通过 1mm 筛孔的风干土样 10g，放入 50ml 小烧杯中，加入 25ml 去 CO_2 的蒸馏水，搅拌 1 分钟，放置 0.5 小时，然后用 pH 值计测定。

四、实训作业与思考

测定土壤 pH 值有何意义？简述测定方法。

（郑　雷）

PPT 课件

实训五　种子品质检验试验

一、实训目的与要求

1. 学会测定种子净度的方法；了解种子净度对质量的影响。
2. 学会测定种子千粒重的方法；了解种子千粒重对质量的影响。
3. 掌握测定种子含水量的操作技术及计算方法。
4. 掌握种子发芽试验的操作技术及计算种子发芽率的方法。

二、实训材料用品

1. 实训材料　本地区主要药用植物种子2～3种，为经净度测定合格后的纯净种子。

2. 实训用品　种子检验板、直尺、毛刷、镊子、放大镜、中小培养器皿、盛种容器、钟鼎式分样器、数粒器、恒温箱、温度计、干燥器、样品盒、坩埚钳、分析天平（1/1 000g）、量筒、解剖刀、水分测定仪、发芽箱、发芽盒、滤纸、纱布、脱脂棉、取样匙、烧杯、福尔马林、高锰酸钾、标签、电炉、蒸煮锅、蒸馏水、滴瓶、解剖针等。

三、实训内容及方法

（一）种子净度的测定

1. 测定样品的提取　将样品用四分法或分样器法进行分样。四分法是将种子倒在种子检验板上混拌均匀摆成方形，用分样板沿对角线把种子分成四个三角形，将对角的两个三角形的种子再次混合，按前法继续分取，直至取得略多于测定样品所需量为止。测定样品可以是规定重量的一个测定样品（一个全样品），或者至少是这个重量一半的两个各自独立分取的测定样品（两个半样品）。必要时也可以是两个全样品。

2. 测定样品的分离　将测定样品铺在种子检验板上，仔细观察，分离出净种子、其他植物种子、杂质三部分。记录在表实 -3。

分类标准应符合《农作物种子检验规程 - 净度分析》（GT/T3543—1995）中的规定。

3. 各成分分别称重　用天平分别称量净种子、其他植物种子和杂质的重量，称量精度同测定样品。

4. 种子净度的计算

$$种子净度（\%）=\frac{净种子重}{净种子重+其他植物种子重+杂质重}×100\%$$

表实 -3　净度分析记录表

方法	试样重 /g	净种子重 /g	其他植物种子重 /g	杂质重 /g	净度 /%
重复1					
重复2					
重复3					
平均值					

（二）种子千粒重测定

从经过净度检验并混合均匀的净种子中，随机用手或数粒仪数出 2 份样品各 1 000 粒种子，大粒种子每份 500 粒，用感量 0.01g 或 0.1g 的天平称重，取平均值记入表实 -4 中，如两份样品的重量相差在 5% 的范围内时，两份样品的平均重量即为该样品的千粒重。若两份样品重量相差超过 5% 时，则应再数取第 3 份样品称重，直至达到要求。

$$千粒重（g）= \frac{W}{n} \times 1\,000$$

式中：W 为样品重量，n 为样品种子总粒数。

表实 -4 种子千粒重测定记录表

重复	千粒重
重复 1	
重复 2	
平均值	

（三）种子含水量测定

1. 低恒温烘干法

（1）样品盒准备：将 2 个样品盒编号、烘干、称量，记入表实 -5 中。

（2）提取测定样品：从含水量的送检样品中随机分取两份测定样品，每份样品重量为：样品盒直径小于 8cm 时 4～5g；直径等于或大于 8cm 时 10g。大粒种子（每千克小于 5 000 粒）以及种皮坚硬的种子（豆科），每个种子应当切成小片，再取 5～10g 测定样品。分别装入样品盒后，连盖称重，记下读数。

称重以克为单位，保留三位小数。

（3）烘干：将装有测定样品的样品盒放入已经保持在（103±2）℃的烘箱中烘（17±1）小时。烘箱回升至所需温度时开始计算烘干时间，达到规定的时间后，迅速盖好样品盒的盖子，并放入干燥器里冷却 30～45 分钟。冷却后，称出样品盒及样品的重量，记下读数。

（4）结果计算：含水量以重量百分率表示，用下式计算到一位小数：

$$含水量（\%）= \frac{M_2 - M_3}{M_2 - M_1} \times 100\%$$

式中：M_1 为样品盒和盖的重量（g），M_2 为样品盒和盖及样品的烘前重量（g），M_3 为样品盒和盖及样品的烘后重量（g）。

表实 -5　含水量测定记录表

容器号	1号	2号
容器重（g）		
容器及测定样品原重（g）		
烘至恒重（g）		
测定样品原重（g）		
水分重（g）		
含水量（g）		
平均值	%	

2. 高恒温烘干法　高恒温烘干法即在 130℃下烘 1～3 小时的烘干法。其操作方法为：首先将烘箱预热到 140～145℃，打开烘箱门迅速将试样放入烘箱内，关好箱门，待温度回升至 130～133℃时，开始计时，在 130～133℃下烘 1 小时。该法注意要严格控制烘干温度和时间，若温度

过高或时间过长,会使种子的干物质氧化而导致试样重量降低,结果使水分测定结果会偏高。

(四)种子发芽试验

1.测定样品的提取　从净度测定合格的净种子中数取 400 粒,共分成 4 个 100 粒,即为四次重复,分别装入纱布袋中。

2.消毒灭菌　为了预防霉菌感染,干扰检验结果,检验所使用的种子和各种物件一般都要经过消毒灭菌处理。

(1)检验用具的消毒灭菌:发芽盒、纱布、小镊子仔细洗净,并用沸水煮 5～10 分钟;供发芽试验用的发芽箱用喷雾器喷洒福尔马林后密封 2～3 天,然后使用。

(2)种子的消毒灭菌:目前常用的药剂有福尔马林、高锰酸钾。药剂种类不同,处理的方法和时间也不一致。

福尔马林:将纱布袋连同其中的测定种子样品放入小烧杯中。注入 0.15% 的福尔马林溶液以浸没种子为度,随即盖好烧杯。20 分钟取出绞干,置于有盖的玻璃皿中闷 30 分钟,取出后连同纱布用清水冲洗数次,即可进行浸种处理。

高锰酸钾:用 0.2%～0.5% 的高锰酸钾溶液浸种 2 小时,取出用清水冲洗数次。

3.浸种　多数药用植物种子不必浸种处理,但是如落叶松、马尾松、侧柏、黄连木、胡枝子等,用始温为 45℃ 水浸种 24 小时,刺槐种子用 80～90℃ 热水浸种,待水冷却后放置 24 小时,浸种所用的水最好更换 1～2 次。

4.发芽床的准备　发芽床是为种子发芽和发芽初期幼苗生长发育提供衬垫的发芽基质。发芽床种类较多,但标准发芽试验主要选用的是纸床和沙床。土壤或其他介质不宜用作初次试验的发芽床。

纸床可以用滤纸、吸水纸等制备。多用于中小粒种子的发芽试验,要求具有一定的强度、质地好、吸水性强、保水性好、无毒无菌、清洁干净,不含可溶性色素或其他化学物质,pH 值为 6.0～7.5。有纸上或纸间两种置种方式。纸上是将两层或多层纸放于透明的培养皿、发芽盘或塑料盒里,然后将种子放在充分湿润的纸上盖好盖子,放入发芽箱或发芽室进行发芽试验。纸间方法有盖纸法和纸巾卷法等几种方法。盖纸法:先将种子放在两层湿润纸上,然后再在上面轻轻盖上一层湿润纸。纸巾卷法:先将种子均匀排列在一层或两层湿润纸上,在种子上面盖上一层同样大小的湿润纸,然后卷成筒状,两端用橡皮筋绑好,放于保湿盒里或塑料袋内,平放或立放发芽。

沙床要求沙粒大小均匀,其直径为 0.05～0.80mm,无毒无菌无种子,pH 值为 6.0～7.5。使用前必须进行洗涤和高温消毒。

化学药品处理过的种子样品发芽所用的沙子,不再重复使用。

沙床也有沙上或沙中两种置种方式。沙上是把种子压入厚 2～3cm 湿润沙的表层;沙中则是将种子播在厚 2～4cm 的湿沙上,再按种子大小覆盖上一层 12cm 厚度的湿沙。

注意:发芽床、培养皿等用具使用前应洗净或消毒。

5.置床　将经过消毒灭菌、浸种的种子安放到发芽床上。每个发芽床上整齐地安放 1 个重复的种子,种粒之间保持的距离大约相当于种粒本身的 1～4 倍,以减少霉菌感染,种粒的排放应有一定的规则,此外,要求每粒种子均充分接触水分,从而使其吸水一致,发芽整齐。在发芽盒不易磨损的地方贴上小标签,写明送检样品号、重复号、姓名和置床日期,然后将发芽床盖好放入指定的能调控温度、光照的发芽箱内。

6.管理　经常检查测定样品及其水分、通气、温度、光照条件。发芽所用温度执行 GB2772—1999 中的规定。轻微发霉的种粒可以拣出用清水冲洗后放回原发芽床。发霉种粒较多的要及时更换发芽床或发芽容器。

7.观察　要定期观察记载。观察记载的间隔时间根据不同药用植物和样品情况自行确定,但初次记数和末次记数必须有记载。

记载项目按发芽床的编号依次记载以下各点（表实 -6）。

8. 计算发芽率

$$发芽率（\%）=\frac{n}{N}×100\%$$

式中：n 为最终达到的正常发芽粒数；N 为供试种子数。

表实 -6　发芽测定记录表

品种名称_____，pH 值_____，温度_____℃，光照与否_____，发芽前处理_____，发芽床类型_____，每处理种子粒数_____，置床时间：_____年_____月_____日，记录人_____。

重复	发芽种子数	霉烂种子数	死亡种子数	未发芽种子数	发芽但不正常幼苗数
重复 1					
重复 2					
重复 3					
重复 4					
平均值					

四、实训作业与思考

1. 将种子净度的测定结果填入净度分析记录表中，写出测定净度时应注意的问题。
2. 将种子千粒重测定结果填入重量测定记录表中，计算某种子的千粒重，说明应注意的问题。
3. 填写种子含水量测定记录表，并写出计算过程。
4. 填写种子发芽试验记录表，计算种子的发芽率。

（赵　鑫）

实训六　种子生活力测定

一、实训目的要求

掌握种子生活力快速测定的各种方法。

二、实训材料用品

1. 实训材料　本地区常见药用植物种子 3～5 种。

2. 实训用品　种子检验板、烧杯、解剖刀、镊子、放大镜、显微镜、培养皿、解剖针、温箱、紫外光灯、表面玻璃、滤纸、白纸（不产生荧光的）、0.2%～0.5%TTC 溶液（TTC 可直接溶于水，溶于水后，呈中性，pH 值 7.0±0.5，不宜久藏，应该随用随配）、0.05%～0.2% 靛红溶液或 5% 红墨水，宜随配随用、碘 - 碘化钾溶液（把 1.3g 碘化钾溶解在水中，再加入 0.3g 结晶碘，然后定容至 100ml）。

三、实训内容方法

（一）红四氮唑（TTC）染色法

1. 实验样品的数取　每次至少测定 200 粒种子，从充分混合的净种子中随机数取每重复

PPT 课件

100粒或少于100粒的若干副重复。

2．种子的预措预湿　预措是指有些种子在预湿前须除去种子的外部附属物（包括剥去果壳）和在种子非要害部位弄破种皮。

预湿是为了加快充分吸湿、软化种皮，便于准备样品，以提高染色的均匀度而在染色前对种子进行的处理。根据种的不同，预湿的方法有所不同，一种是缓慢润湿，即将种子放在纸上或纸间吸湿，它适用于直接浸在水中容易破裂的种子，以及许多陈种子和过分干燥种子；另一种是快速水浸，即将种子完全浸在水中，让其达到充分吸胀，它适用于直接浸入水中而不会造成组织破裂损伤的种子。如萝卜子需纸间预湿5～6小时或在30℃温水中浸泡3～4小时，小茴香需在20～30℃水中浸泡3小时。

3．染色前准备　为了使胚的主要构造和活的营养组织暴露出来，便于红四氮唑溶液快速而充分地渗入和观察鉴定，经软化的种子应进行样品准备。具体准备方法因种子构造和胚的位置不同而异，如伞形科种子近胚纵切。

4．染色　在已准备好的种子中加入适宜浓度的红四氮唑溶液以完全淹没种子，移至一定温度的黑暗控温设备内或弱光下进行染色反应。所需染色时间因红四氮唑溶液浓度、温度、种子种类、样品准备方法等因素不同而有差异。一般来说，红四氮唑溶液浓度高，染色快；温度高，染色时间短，但最高不超过45℃。到达规定时间或染色已很明显时，倒去红四氮唑溶液，用清水冲洗种子。

5．鉴定前准备　为便于观察鉴定和计数，将已染色的种子样品加以适当处理使胚主要构造和活的营养组织明显暴露出来，如一些种子会沿胚中轴纵切，一些会剥去种皮和内膜等。

6．观察鉴定　大中粒种子可直接用肉眼或手持放大镜观察，小粒种子最好用10～100倍显微镜观察。

观察种胚被染色的情况，凡种胚全部或部分被染成红色的即为具有生命力的种子，种胚不被染色的为死种子。如果种胚中非关键性部位（如子叶的一部分）被染色，而胚根或胚芽的尖端不染色，都属于不能正常发芽的种子。

（二）靛红染色法

步骤同TTC染色法。

注意事项如下：

1．染料的浓度要适当，染色时间不能太长（如用红墨水染色，只需要5～10分钟即可），否则不容易区别染色与否。

2．靛红染色法测定种子生活力，适用于豆类、麻类、瓜类、十字花科、果树、乔灌木种子的生活力测定。

（三）碘化钾反应法

1．将种子在水中浸18小时。

2．取出种子放在垫有湿滤纸的培养皿内，将培养皿置30℃恒温箱中，不同植物种子放置时间不同，如松种子放48小时，落叶松放72小时。

3．用刀片把胚部切下，然后浸入碘-碘化钾溶液中20～30分钟后，取出胚用水冲洗12分钟，然后在垫有白纸的玻璃板上进行观察。

4．鉴别种子生活力的标准　有生活力的种子的胚部全部染成不同程度的黑色或灰色，或者胚根部呈褐色，子叶为黄色。无生活力种子的胚部全部染成黄色，或子叶呈灰色或黑色，胚根呈黄色，或胚根末端呈黑色或灰色，而其他部分呈黄色。

5．此法适于松属、云杉属和落叶松属的种子生活力测定。

（四）剥胚法

将种子在清水中浸泡24小时，使种皮软化，切开种皮，有胚乳的种子，还须将胚乳切开，用解剖刀和解剖针小心地取出胚。放在铺有湿润滤纸的培养皿内，每皿 50 粒，重复 1 次，放在 20～25℃的温箱中，经 2～10 天后即可观察胚的生长情况。有生活力的胚在这段时间仍然坚实而呈白色，开始生长或转变为绿色；而死胚则变色腐烂。离体胚测定和 TTC 法测定一样比普通测定要快，但取胚时胚较易受伤。该法适于测定长度大于 5mm 种子的生活力。

（五）荧光法

1. 直接观察法　这种方法适用于禾谷类、松柏类及某些蔷薇科果树的种子生命力的鉴定，但种间的差异较大。

用刀片沿种子的中心线将种子切为两半，使其切面向上放在无荧光的白纸上，置于紫外光灯下照射并进行观察、记载。有生活力的种子在紫外光的照射下将产生明亮的蓝色、蓝紫色或蓝绿色的荧光；丧失生命力的死种子在紫外光照射下多呈黄色、褐色以至暗淡无光，并带有多种斑点。

随机选取 20 粒待测种子，按上述方法进行观察并记载有生活力及丧失生活力的种子的数目，然后计算有生活力种子所占百分数。同时也做一个常规发芽试验作为对照。

2. 纸上荧光　随机选取 50 粒完整无损的种子，置烧杯内加蒸馏水浸泡 10～15 分钟令种子吸胀，然后将种子沥干，再按 0.5cm 的距离摆放在湿滤纸上（滤纸上水分不宜过多，防止荧光物质流散），以培养皿覆盖静置数小时后将滤纸（或连同上面摆放的种子）风干（或用电吹风吹干）。置紫外光灯下照射，可以看到摆过死种子的周围有一圈明亮的荧光团，而具有生活力的种子周围则无此现象。根据滤纸上显现的荧光团的数目就可以测出丧失生活力的种子的数量，并由此计算出有生活力种子所占的百分率。此外，可与此同时做一平行的常规种子萌发试验，计算其发芽率作为对照。

这个方法应用于白菜、萝卜等十字花科植物种子生命力的鉴定效果好。但不适用衰老、死亡后减弱或失去荧光的种子，因此，对它们只宜采用直接观察法。

四、实训注意及记录表

一般的种子可全部剥皮，取出种仁。发现的空粒、腐坏粒和病虫害粒记入表实 -7 中。剥出的种仁先放入盛有清水的器皿中，待一个重复全部剥完后再一起放入染液中，使溶液淹没种仁，上浮者要压沉。

表实 -7　生活力测定记录表

重复	测定种子粒数	种子解剖结果					进行染色粒数	染色结果				平均生活力 /%	备注
		腐烂粒	涩粒	病虫害粒	空粒	%		无生活力		有生活力			
								粒数	%	粒数	%		
1													
2													
3													
4													
平均													
测定方法													

计算生活力

测定结果以有生活力种子的百分率表示，分别计算各个重复的百分率，重复内最大容许差距与发芽测定相同，如果各重复中最大值与最小值之差没有超过容许差距范围，就用各重复的平均数作为该次测定的生活力。如果超过容许差距，与发芽测定同样处理。

五、实训作业与思考

1.填写种子生活力测定记录表。
2.写出红四氮唑染色法测定种子生活力的原理。

（赵　鑫）

实训七　种子播种

PPT 课件

一、实训目的要求

掌握种子播种前的处理方法和播种操作要点。

二、实训材料用品

1.**实训材料**　本地区常见药用植物种子3～5种。
2.**实训用品**　大田（或种植园）、镢头、铁锨、锄头、耙子、铲子、水壶、杀虫剂、杀菌剂、福尔马林、苇席等。

三、实训内容方法

（一）播种前种子准备

1.**实验样品的获取**　取净种子适量。

2.**种子消毒**　通过种子消毒预防病虫害的发生。根据试验用种子的特性,选取适宜的方法进行。

（1）拌种:取种子重量的0.3%杀虫剂或杀菌剂的粉剂,浸种后与种子充分拌匀或与干种子拌匀。

（2）浸种:把种子用清水浸泡5～6小时,然后浸入药水中消毒一定时间,捞出后,用清水冲净。

（3）烫种:用冷水先浸没种子,再用80～90℃的热水边倒边搅拌,使水温达到70～75℃保持1～2分钟,然后加冷水逐渐降温至20～30℃,再继续浸种。

3.**促种子萌发**　为使种子更好萌发,保证出苗整齐,在播种前结合种子特点选用适当的方法促进种子萌发。

（1）晒种:利用阳光将种子摊在架棚和苇席上,厚3～5cm,每隔1～2小时翻动一次。

（2）浸种:利用冷水与温水或冷水与热水变温交替浸泡种子一定时间,使种皮在短时间内吸水软化,增加透性,加速种子生理活动。

（3）其他:此外可采用机械损伤、磁或超声波等进行处理。

（二）播种前土地准备

根据大田或植物园土壤土质特点进行如下处理:

1.**除草除杂**　将选取的地块表面的杂草或其他杂物去除干净,使土地表面干净整洁。

2.**翻地整地**　根据地块大小,大块采用机械化处理,小块可直接手工进行,利用镢头、铁锨等将土壤翻开,同时打碎板结的大块土壤,使土壤土质变松软,增加透气性。

（三）播种

根据实验用种子的播种要求分别采用相应方法进行。

以大田播种的点播、条播为例介绍如下：

1. 点播　按一定的株行距在畦面挖穴播种,每穴播种子2～3粒,适用于大粒种子和较稀少的种子。发芽后保留一株生长健壮的幼苗,其余的除去或移作补苗用。点播费工费时,但出苗健壮,管理方便。

2. 条播　按一定行距开沟,将种子均匀播于沟内,适用于中、小粒种子,行距与播幅视情况而定,条播用种量较少,便于中耕除草施肥,通风透光,苗株生长健壮,能提高产量,在药用植物栽培上大多采用此法。

四、实训注意及记录

在使用器械翻地整地时需注意人身安全,体小力弱者不能强行试做,防止伤到脚面、磨破手皮等。

记录播种种子名称、播种时间、播种方式,后续种子出苗、生长状态等。

五、实训作业与思考

1. 填写播种记录。
2. 体验劳动的艰辛,思考从播种中获取的其他收益有哪些。

（赵　鑫）

实训八　药用植物扦插繁殖技术

一、实训目的与要求

掌握药用植物根插、枝插及叶插的繁殖技术。

二、实训材料用品

（一）实验材料
根插材料:蒲公英、山丁子、山核桃、蔷薇、玉竹等植株的地下根,选择一年生充实饱满的根,不宜选择不易发芽的老根和新生根。

枝插材料:月季、五味子、迎春等植株的半成熟的枝条。

叶插材料:秋海棠、虎尾兰、景天、落地生根等植株生长健壮、充分成熟的叶片。

（二）仪器与用品
枝剪、刀片、育苗盘、移植铲、标签、遮阳网、塑料薄膜

（三）试剂
萘乙酸、乙醇、石蜡

三、实训内容及方法

（一）营养土的消毒和装盘
可选择轻质壤土、江沙、苔藓等作栽培基质。栽培基质用高压灭菌锅121℃进行湿热灭菌

1.5 小时，用福尔马林熏蒸或紫外灯对育苗盘进行杀菌。将基质平铺于育苗盘上，约 10cm 厚，打透底水备用。

（二）生长调节剂溶液的配制

1.500ppm 萘乙酸粉剂 将 1g 萘乙酸混于 2 000g 滑石粉中备用。

2.500ppm 萘乙酸溶液 1g 萘乙酸先溶于少量 95% 乙醇溶液后，再加水稀释至所需浓度。

（三）插穗的剪切

剪插穗的枝剪在每剪一个新插穗前用 70% 左右的乙醇溶液消毒处理。

1.根插穗的修剪 在准备好的根插繁殖材料中选取粗 0.3～1.5cm 的根，剪成 5～15cm 长作插根，上口平剪，下口斜剪。

2.枝插穗的修剪 插穗一般保留 1～4 个节，长度 5～15cm，为减少阔叶木本植株的水分蒸腾，适当摘除插穗下部的叶片，必须保留上部的叶片，若叶片过大可再将留下的叶片剪掉 1/3～1/2。为利于生根，插穗下切口应位于叶或腋芽之下，可剪削成双面模型或单面马耳朵形，上切口应平剪。剪口要整齐，不带毛刺。

3.叶插穗的修剪 将用于全叶插的秋海棠的叶片在叶柄处剪下；将用于片叶插的虎尾兰叶片剪成 5cm 左右的叶段，用记号笔标好形态学上端或下端。

（四）插穗的扦插

将根插法和枝插法及叶片插法的插条各分成 6 组，每组 15 枝插穗，分别为：不处理的对照组、上切面不处理及下切面蘸 500ppm 萘乙酸粉剂处理组、上切面不处理及下切面蘸 500ppm 萘乙酸溶剂处理组、上切面封蜡及下切面不处理组、上切面封蜡及下切面蘸 500ppm 萘乙酸粉剂处理组、上切面封蜡及下切面蘸 500ppm 萘乙酸溶液处理组。将处理好的各组插穗分别扦插于铺好扦插基质的育苗盘中，挂好标签，标签上写明扦插时间、扦插方式、处理方式。

将全叶插的插穗分成 2 组，每组 15 枝插穗，分别为：不处理的对照组、表面喷洒 500ppm 萘乙酸溶液的处理组。将处理好的叶片平放于铺好扦插基质的育苗盘中，使叶片背部的叶脉紧贴扦插基质，并在叶脉处用消过毒的小刀划开小切口。之后同样挂好标签，标签上写明扦插时间、扦插方式、处理方式。

（五）插穗苗的管理

扦插好插穗的育苗盘用塑料膜支起小拱棚，上面再用 20% 透光率的遮阳网覆盖。注意育苗盘的水分情况，缺水要及时用喷雾器补水。

（六）插穗苗成活率的调查

扦插半个月后调查插穗的成活率。

各处理组的成活率可以按以下公式计算：

扦插苗成活率＝（扦插苗成活株数 / 扦插苗总株数）×100%

通过各处理组的计算数值，可以简单地分析挑选出好的处理组合，在生产实践中具有一定的意义。也可将各处理组的数据接着进行统计学分析，比较各处理间差异的显著性。

四、实训作业与思考

1. 书写扦插观察日志。
2. 列举三种日常所见的自然营养繁殖实例。
3. 人工营养繁殖的意义是什么？

（林泽燕）

实训九　药用植物嫁接繁殖技术

一、实训目的与要求

掌握药用植物嫁接繁殖的技术方法。

二、实训材料用品

1. 实验材料　黄瓜、黑子南瓜。
2. 仪器与用品　刀片、竹签、嫁接夹、营养钵、移植铲、标签、遮阳网、显微镜。
3. 试剂　乙醇、曙红或红墨水。

三、实训内容及方法

（一）播种

黄瓜和黑子南瓜的种子按常规方法浸种、催芽，靠接法砧木与接穗同时播种，插接法和舌接法砧木可先播种 3～5 天。

（二）嫁接

嫁接时旧嫁接夹事先要用 200 倍福尔马林溶液泡 8 小时消毒。用 75% 乙醇溶液涂抹灭菌操作人员手指、刀片、竹签，每间隔 1～2 小时消毒一次，以防杂菌感染伤口。但用酒精棉球擦过的刀片、竹签一定要等到干后才可用，否则将严重影响成活率。

出苗后植株长至第一片真叶露尖时即可用于嫁接，嫁接有以下 3 种方法，每个实验小组各做 50 株。

1. 插接法　去掉砧木黑子南瓜苗的生长点，用竹签的先端靠叶子的一侧斜向下插入。在接穗黄瓜苗子叶下 1.0～1.2cm 处切断，用刀片从子叶基部向下将胚轴削成楔状，插入砧木的穴内，使接穗与砧木的子叶呈十字形，用嫁接夹固定好。

2. 舌接法　除掉砧木黑子南瓜苗的生长点，用刀片在胚轴处向下呈 20°～30° 角切一个长 0.5～0.7cm 的斜口。接穗黄瓜苗的胚轴子叶下 1cm 左右处，用刀片呈 15°～20° 角向上切一个长 0.5～0.7cm 的斜口。然后将两者的切口互相插入，用嫁接夹固定住。嫁接 7～10 天后，切断接穗的胚轴。

3. 靠接法　用刀片在砧木黑子南瓜苗子叶下 1cm 处，向下将胚轴削去长 0.5～0.7cm 的一个切口，接穗黄瓜苗也削去同样一切口，然后将两者的切口靠合，缠上胶带，嫁接 7～10 天后，切断接穗黄瓜的胚轴。

（三）嫁接苗管理

嫁接后保持湿度，白天温度控制在 25～30℃，夜间 23℃，并保持湿度在 90%～95%。白天温度高于 32℃ 以上时要用遮阳网遮光。定期观察嫁接后的植株情况。

结果观察：将嫁接苗在茎部地面处切断，从切口处使其吸收红墨水或曙红，然后将嫁接部位纵切，在显微镜下观察其砧木与接穗的维管束连接状况。详细观察嫁接愈合过程，可在嫁接后，定期取样，将材料用石蜡包埋，用切片机制成连续切片，染色后进行观察。

计算各种不同嫁接方法的成活率：

$$嫁接苗成活率（W\%）=\frac{嫁接苗成活株数}{嫁接苗总株数}×100\%$$

四、实训作业与思考

1．书写嫁接观察日志。
2．砧木和接穗的选择有什么要求？
3．提高嫁接成活率应注意做好哪些关键环节？

（林泽燕）

实训十　药用植物栽培的田间管理技术

PPT 课件

一、实训目的与要求

掌握药用植物栽培田间管理的方法。

二、实训材料用品

实训材料：药用植物栽培园里的黄芪、甘草、半夏、延胡索、忍冬、菊、山茱萸、人参、三七、黄连、党参、山药等。
实训用品：常用农具、肥料、果枝剪、遮阳和搭架材料等。

三、实训内容及方法

（一）黄芪间苗、定苗、补苗

黄芪直播后一般苗高6～10cm时，五出复叶出现后，进行间苗，如有缺苗，应及时进行补种。当苗高15～20cm时，采用三角留苗法，按株距20～30cm定苗，穴栽按照每穴1～2株定苗。如有缺苗，应带土进行移栽。

（二）甘草、半夏、延胡索中耕除草

不同种类的药用植物其中耕除草的时间、次数及深度各异。
1．甘草　在幼苗出现5～7片真叶时，进行第一次除草松土，为提高地温，促根生长，结合趟垄进行培土；入伏后进行第二次中耕除草，再蹚垄培土一次；立秋后拔除大草；地上部分枯萎，霜后冻前深趟一犁，培土保护根头越冬。
2．半夏　其植株矮小，在生长期要经常松土除草，做到除早、除小、除净，避免草荒。用手拔除株间杂草。中耕宜浅不宜深，深度不超过5cm，避免伤根。
3．延胡索　其根系分布浅，地下茎又沿表土生长，一般不宜中耕除草。仅在10月中、下旬块茎生长初期，进行1次浅松表土或拔草。春季出苗后不宜松土，要勤拔草，畦沟杂草用刮子除去，保持田间无杂草，在2、3、4月分别拔草3次。

（三）枸杞、薏米、山茱萸追肥

1．枸杞　在生长期5月上旬、6月上旬和6月下旬分别施入充分腐熟符合无害化卫生标准的农家肥或尿素、硫酸铵等速效肥料3次。穴施每株每次尿素100g，施后灌水、盖土；在5月、6

月、7月，每月用 0.5% 尿素和 0.3% 磷酸二氢钾进行根外追肥 1 次。11月上、中旬灌封冻水前，于根际周围挖穴或开沟，每株施入农家肥 20kg、土杂肥 50kg、饼肥 2kg，施后盖土，并在根际培土，利于越冬。

2．薏米　第一次追肥在苗高 10cm 左右时，结合中耕除草，每亩施入充分腐熟符合无害化卫生标准的农家肥 1 000kg 或硫酸铵 10kg；第二次追肥在苗高 30cm 或孕穗期，亩施粪水 1 500kg，或硫酸铵 15kg 加过磷酸钙 20kg；第三次追肥在开花前，用 2% 过磷酸钙溶液进行根外追肥，每亩 7kg 左右。也可浇施 1 次充分腐熟符合无害化卫生标准的农家肥 2 000kg。

3．山茱萸　定植成活后，春秋两季各施 1 次。幼树期施肥以氮肥、农家肥为主，每株可施农家肥 5～10kg，开环状沟和放射状沟施肥。结果的树可增施磷钾肥，每株追施充分腐熟符合无害化卫生标准的农家肥 10～15kg，并于 4～7月，每月用 0.3%～0.5% 磷酸二氢钾进行 1～2 次叶面喷肥。

（四）菊打顶

打顶一般要进行三次打顶，第一次在苗高 15～20cm 时，摘取主干的顶芽；第二次在 6 月上、中旬，植株长出 3～4 个新枝，新枝长到 20cm 左右时摘取新枝的顶芽；最后一次在 7 月上旬，把第二次新长出的新枝顶芽摘除，并剪去疯长的枝条。

（五）山茱萸摘蕾

根据树势的强弱、花量的多少确定摘除量。一般逐枝疏除 30% 左右的花序，在果树上按 6～10cm 距离留 1～2 个花序即可。

（六）忍冬整枝修剪

一般将其修剪培养成为伞形直立小灌木。

在幼龄期一般可整形修剪，在主干 40cm 处剪去顶梢，第二年春季在主干上部选留粗壮枝条 4～5 个作为主枝。冬季茎叶枯萎时，截短主枝上的一级分枝，保留 4～5 对芽，以后依此方法截短二级分枝，逐渐使忍冬枝条疏密均匀，内外层次做到上面圆、丛脚清、内膛空。每年都要剪掉基部的萌蘖，按伞形树冠的要求剪去过长的徒长枝。

在盛花期应对弱枝、密枝重剪，二年枝、强壮枝轻剪。实行"四留四剪"的方法，即选留向上枝、向上芽、粗壮枝、饱满芽，剪除向下枝、向下芽、纤弱枝、瘦小芽，并同时抹掉基部萌发的嫩芽。

在衰老期实行枯枝全剪，病枝重剪，弱枝轻剪，壮枝不剪的剪法。

四、实训作业与思考

掌握记录药用植物栽培田间管理的步骤和方法。

（钟湘云）

实验十一　根及根茎类药材的采收与加工

PPT课件

一、实训目的与要求

1．掌握根及根茎类药材的采收时期、采收与加工方法。
2．能够正确使用适宜的工具，进行不同种类、不同品种的根及根茎类药材采收加工。

二、实训材料用品

1．采收工具　铁锹、镢头（锄头）等。

2.加工机具　干燥箱、水盆、笊篱、锅、笼屉、灶具、晒席、剪刀、编织袋、密封袋、麻袋、搓板、瓷碗、分级筛、刮皮刀、木铲、竹签、切刀、瓦片或竹刀、锯刀、枝剪、木锤、竹筐等。

3.加工辅料　盐、醋、硫黄、玉米淀粉等。

4.加工场地　加工厂房、晒场、烘房、仓库等。

5.其他用品　秤、米尺、计算器、记录表、记录笔、标签挂牌等。

三、实训内容及方法

（一）浅根系类根及根茎类药材的采收与加工

1.采收与加工品种　天麻、地黄、三七、川芎、麦冬、泽泻、贝母、白芷、白术、延胡索、附子、黄连等种植品种。从中选取1种进行采收与加工实训。

2.采收方法

（1）试采：在土壤比较松软、湿度适宜（一般含水量在40%~60%）及适宜采收期内，用镢头从距植株芦头20cm的两侧，将土刨开深至20cm以上，逐渐靠近植物芦头，待隐约可见药用部位时，挖出药材，采收数株，总结经验，掌握药用部位距离植物芦头的距离和深度，以便快速收刨。

（2）采收：根据试采经验，掌握好下镢距离和深度，一镢即可将药材挖出。

采收样方：根据所采收的药材随机设计4个样方，样方为长2m，宽2m，将样方内所采药材称重，计算产量。下同。

3.加工方法　天麻，洗净，分级，置于笼屉中蒸透，晒干或烘干，表面干燥后趁药材温热时堆拢起来发汗，待表面潮湿时再行出晒，如此反复多次，直至干透。

地黄、白术、黄连、贝母、麦冬等，剪削除去非药用部位，分级后，采用晒干法或烘干法干燥。在晒至半干时应注意发汗，以利充分干燥；并在近干时装入麻袋或条筐中进行多次撞击，去掉毛须和泥土。

三七、川芎、白芷等，剪去须根，分级，用晒干法干燥。为避免药材皮肉分离或出现空枯现象，三七需边晒边用手、搓板或机械进行揉搓，保证药材质地致密、条直、光洁，防止霉变，提高药材的商品价值。

延胡索块茎洗净后，过筛分级，放入锅内，按比例加入适量醋和水，煮至透心。再行晒干或烘干。

附子清洗后，置于盐水中，煮20分钟以上，再行晒干或烘干。

4.质量要求　采收的药材应完整、无破损。加工后，药材应无霉变，保持固有色泽，并充分干燥。

（二）深根系类根及根茎类药材的采收与加工

1.采收与加工品种　人参、山药、党参、牛膝、丹参、白芍、西洋参、当归、郁金等种植品种。从中选取3种进行采收与加工实训。

2.采收方法　在适宜采收期内，土壤比较松软、湿度适宜（一般含水量在40%~60%），用镢头（采收山药需用铁锨）从距植株芦头30cm的两侧，将土刨开，深至40cm以上，慢慢挖土靠近药材，用力将镢头从一侧的深处刨向另一侧（山药需慢慢挖土，使药材全部暴露后，用手提出），晃动镢头，使土壤与药材分离，将药材挖出。

3.加工方法　人参（生晒参）、西洋参、党参、山药、怀牛膝、丹参、当归等，洗净泥土，修剪后，分级，晒干或烘干，为避免药材皮肉分离或出现空枯现象，干燥过程中，要不断用手、搓板或机械进行揉搓，保证药材质地致密、条直、光洁，提高药材的商品性。将修剪下来的人参、西洋参的参须，晒干入药。

白芍、郁金等，洗净后，分级，放入沸水锅中，煮至透心，捞出；郁金可切片直接晒干或烘干；白芍用手工或机械刮去外表粗皮，为抑制药材的氧化变色，洗净后放入玉米或豌豆粉浆浸渍12小时，晒干或烘干。干燥过程中要注意进行多次发汗，以利充分干燥。

4.质量要求　采收的药材应完整、无破损、无霉变,色泽美观,充分干燥。

四、实训作业与思考

1.根据你所采收的药材填写表实 -8,并计算折干率和亩产量

表实 -8　根及根茎类药材采收记录表

药材	鲜重 /kg	干重 /kg	折干率 /%	亩产量 /kg
人参				
西洋参				
麦冬				
丹参				
桔梗				
川芎				
泽泻				
地黄				
白芷				

注:折干率 %=(样品药材干重÷样品药材鲜重)×100;

　　亩产量 =(样方鲜药材的重量÷样方的面积)×666.67× 折干率。

2.如何使测出的亩产量更准确?

3.产地调查:白芷的硫黄熏蒸加工方法是如何替代的?

(付绍智)

实训十二　全草类药材的采收与加工

一、实训目的与要求

1.掌握全草类药材的采收时期、采收与加工方法;

2.能够正确使用适宜的工具,对不同种类的全草类药材进行采收加工。

二、实训材料用品

1.采收工具　电锯、砍刀、镰刀(锯刀)、枝剪、铁锹、镢头(锄头)等。

2.加工机具　切药机、干燥箱、铡刀、笊篱、晒席、编织袋、密封袋、分级筛、木铲、竹筐、缝包针线等。

3.加工场地　加工厂房、晒场、烘房、仓库等。

4.其他用品　秤、米尺、计算器、记录表、记录笔、标签、挂牌等。

三、实训内容及方法

(一)全草类药材品种

全草类根据药用部位不同,分为地上全草和全株全草。地上全草如淡竹叶、龙牙草、益母

草、荆芥、薄荷、茵陈等种植品种；全株全草如鱼腥草、蒲公英、车前草等品种。从中选取 1～2 种进行采收与加工实训。

（二）采收方法

1. 采收期　一般在茎叶生长旺盛、枝繁叶茂、活性成分含量高、质地色泽均佳的初花期采收。如茵陈在幼嫩时采收，石韦全年均可采收。

2. 采收方法　地上全草类药材用割取采收，除净根、泥土等非入药部分和杂质。全株全草类药材拔起或挖取采收，除净泥土等杂质。

（三）测产量

根据所采收的药材随机设计 4 个采收样方，样方为长 2m，宽 2m，将样方内所采药材称重，计算鲜品产量，干燥后测定干品产量。

（四）加工方法

采收后及时铺开，阴干、晒干或烘干，部分趁鲜切段，干燥。自然冷却后包装，易碎的全草药材应该堆放回润后进行包装。

（五）质量要求

采收加工的药材应符合药材质量标准，应无霉变、虫蛀、保持固有色泽，并充分干燥。

四、实训作业与思考

1. 根据你所采收的药材填写表实 -9，并计算折干率和亩产量

表实 -9　全草类药材采收记录表

药材	鲜重 /kg	干重 /kg	折干率 /%	亩产量 /kg
淡竹叶				
龙牙草				
益母草				
荆芥				
薄荷				
鱼腥草				
蒲公英				
车前草				
茵陈				

注：折干率 %=（样品药材干重÷样品药材鲜重）×100%；

　　亩产量 =（样方鲜药材的重量÷样方的面积）×666.67× 折干率。

2. 全草类药材全株干燥与切段干燥对药材质量有什么影响？

（吴琪珍）

实训十三　花类药材的采收与加工

一、实训目的与要求

1. 掌握花类药材的采收时期、采收与加工方法。
2. 能够正确使用适宜的工具，进行不同种类、不同品种的花类药材采收加工。

ER-S-13

PPT 课件

二、实训材料用品

1. 采收工具 梯子、凳子、采摘钩杆、铁锹、锄头（镢头）、编织袋、竹筐、背篓等。

2. 加工工具 锅炉、杀青机、烘干机、推车、干燥箱、推车、剪刀、水盆、笊篱、锅、笼屉、灶具、晒席、编织袋、密封袋、麻袋、搓板、瓷碗、分级筛、枝剪、竹筐等。

3. 加工场地 加工厂房、晒场、烘房、仓库等。

4. 其他用品 秤、米尺、计算器、手套、记录笔、记录表、标签挂牌、口罩、眼罩、毛巾、缝包针线等。

三、实训内容及方法

（一）采收与初加工品种

根据花类药材药用和食用要求不同，花类药材分为花朵、花蕾或花的一部分。花朵为初开的花或盛开的花，如旋覆花、野菊花、凌霄花、菊花；花蕾如金银花、辛夷、款冬花、密蒙花等；还有的以花的一部分入药的药材，如蒲黄、松花粉、西红花等。从中选取1~2种进行采收与初加工实训。

（二）采收方法

1. 采收期 应根据花的生长情况，选择晴天，植株无露水时分批次采收。花朵一般在花初开和盛开时采收；花蕾在开花前期采收；花的一部分入药的品种如蒲黄、松花粉在开花期采收，宜早不宜迟，防止花粉脱落；西红花以柱头入药，在花盛开时采收，还有的则需根据色泽变化来采收，如红花。

2. 采收方法 一般采用人工采摘，除净枝叶、砂土等非入药部分或杂质，如款冬花需要在入冬下雪前采挖全株，再采摘花蕾。对花期较长、花朵陆续开放的还必须分期分批采摘，以保证药材的质量和产量。

（三）测产量

根据所采收的药材随机设计4个采收样方，样方为长2m，宽2m，将样方内所采药材分次称重，计算各次总的鲜品和干品产量。

（四）加工方法

花朵应根据花朵开放情况及时分批次采收。采后直接置于通风干燥处摊开阴干、晒干，亦可置于低温条件下迅速烘干。加工时，应保持花朵完整，颜色鲜艳，保持浓厚的香气和避免有效成分的散失，如月季花、玫瑰花、金银花等；部分品种如金银花、菊花等趁鲜杀青后干燥。

（五）质量要求

采收加工的药材应符合药材质量标准。应无霉变、无虫蛀、保持固有色泽，并充分干燥。

四、实训作业与思考

1. 根据所采收的药材填写表实-10，并计算折干率和亩产量。

表实-10 花类药材采收记录表

药材	鲜重 /kg	干重 /kg	折干率 /%	亩产量 /kg
金银花				
辛夷				

续表

药材	鲜重/kg	干重/kg	折干率/%	亩产量/kg
月季花				
槐花				
菊花				
密蒙花				
蒲黄				
松花粉				
西红花				

注：折干率（%）=（样品药材干重÷样品药材鲜重）×100%；

　　亩产量=（样方鲜药材的重量÷样方的面积）×666.67×折干率。

2. 菊花不同药材商品规格等级的采收加工方法有何区别？

（汤灿辉）

实训十四　果实类药材的采收与加工

PPT 课件

一、实训目的与要求

1. 掌握果实类药材的采收时期、采收与加工方法。
2. 能够正确使用适宜的工具，进行不同种类、不同品种的果实类药材采收加工。

二、实训材料用品

1. **采收工具**　梯子、凳子、采摘钩杆、编织袋、竹筐、背篓等。
2. **加工工具**　烘干机、推车、干燥箱、水盆、笊篱、灶具、锅、笼屉、晒席、塑料布、剪刀、编织袋、密封袋、麻袋、搓板、瓷碗、分级筛、木铲、竹筐、缝包针线等。
3. **加工场地**　加工厂房、晒场、烘房、仓库等。
4. **其他用品**　秤、米尺、计算器、手套、记录表、记录笔、标签挂牌、毛巾等。

三、实训内容及方法

（一）果实类药材品种

1. **以果实的全部入药**　主要包括山楂、连翘、山茱萸、木瓜、五味子、枸杞子、马兜铃、砂仁、瓜蒌、草果、苍耳子、牛蒡子、补骨脂、川楝子、罗汉果、青皮、枳实、佛手、乌梅、山茱萸、吴茱萸等品种。从中选取1种进行采收与加工实训。

2. **以果实的一部分入药**　主要包括山茱萸（果肉）、陈皮（果皮）、丝瓜络（果皮中维管束）、瓜蒌皮（果皮）、石榴皮（果皮）等。从中选取1种进行采收与加工实训。

（二）采收方法

1. **采收期**　主要根据植株的生长年限、季节及果实的成熟度来决定。不同的果实类药材的采收期不尽相同，成熟期不一致的果实，应分批次采收。采收选择在晴天，植株无露水时进行。

（1）采收年限的确定：根据生长年限确定采收期。小茴香当年收获；栝楼、牛蒡子等栽培

2～3 年收获；栀子、五味子、连翘、山茱萸、木瓜、使君子等木本中药材栽培 3 年以上才能结果收获。

（2）采收时间：不同中药材的果实，采收时间有差异，往往通过果实的成熟度来确定。大部分在果实成熟或将要成熟时采收，少部分在果实尚未成熟时采收。栀子、山楂、瓜蒌、枸杞子、草果、苍耳子、五味子等在成熟或将要成熟时采收；山茱萸着霜后果实由黄变红时采收；瓜蒌当果实表皮有白粉、浅黄色时采摘；青皮、枳实、乌梅等在果实尚未成熟时采收；小茴香在果皮颜色由绿变黄绿时便可采摘，若等果皮变黄，果实易脱落，造成损失；川楝子经霜后变黄、罗汉果由嫩绿转青色；佛手、木瓜应随熟随采。

2. 采收方法 多采用人工采收，部分先收全部植株或者果枝，再集中采收果实。多汁果实，采摘时避免挤压，减少翻动，以免碰伤。

（三）产量测定

根据所采收的药材随机设计 4 个采收样方，样方为长 2m，宽 2m，将样方内所采药材称重，计算产量。下同。

（四）加工方法

小颗粒的果实采收后立即铺开阴干、晒干或烘干；山茱萸采收后，及时进行净选、杀青软化、去核、干燥、分等、包装等加工；女贞子需要蒸制后再干燥或直接干燥；佛手切片后干燥。

（五）质量要求

采收加工的药材应符合药材质量标准。

四、实训作业与思考

1. 根据你所采收的药材填写表实 -11，并计算折干率和亩产量。

表实 -11 果实类药材采收记录表

药材	鲜重 /kg	干重 /kg	折干率 /%	亩产量 /kg
五味子				
枸杞子				
砂仁				
草果				
牛蒡子				
瓜蒌				
马兜铃				
罗汉果				
青皮				
枳实				
佛手				
山茱萸				
吴茱萸				

注：折干率（%）=（样品药材干重÷样品药材鲜重）×100；
   亩产量 =（样方鲜药材的重量÷样方的面积）×666.67× 折干率。

2. 以橘的果实入药的药材有哪些？如何采收加工？

实训十五　种子类药材的采收与加工

一、实训目的与要求

1. 掌握种子类药材的采收时期、采收与加工方法。
2. 能够正确使用适宜的工具，进行不同种类、不同品种的种子类药材采收加工。

二、实训材料用品

1. 采收工具　梯子、凳子、采摘钩杆、袋子、竹筐、背篓等。
2. 加工工具　烘干机、推车、干燥箱、水盆、笊篱、灶具、锅、笼屉、晒席、塑料布、剪刀、编织袋、密封袋、麻袋、搓板、瓷碗、分级筛、木铲、竹筐、缝包针线等。
3. 加工场地　加工厂房、晒场、烘房、仓库等。
4. 其他用品　秤、米尺、计算器、手套、记录表、记录笔、标签挂牌、毛巾等。

三、实训内容及方法

从植物学角度看，虽然果实和种子是植物体中两种不同的器官，但种子总是与果实在一起，大多数包裹在果实中，在采收种子时，往往要先采收果实，才能收集种子。从药材商品角度看，种子类药材还可以分为种子的全部和种子的一部分。

（一）种子类药材的品种

1. 以种子的全部入药　主要包括橘核、瓜蒌仁、牵牛子、天仙子、决明子、青葙子、白芥子、槟榔、白扁豆等。

2. 以种子的一部分入药　主要包括白果、薏苡仁（种仁）、杏仁（种仁）、桃仁（种仁）、肉豆蔻（种仁）、龙眼肉（假种皮）、莲子心（胚芽）等。

（二）采收方法

1. 采收期　主要根据植株的生长年限、季节及种子的成熟度来决定。不同的种子类药材的采收期不尽相同，如种子成熟期不一致，则应分批次采收。采收一般选择晴天，植株无露水时采收。

（1）采收年限的确定：根据生长年限确定采收期。薏苡仁、决明子、青葙子、白芥子、白扁豆等1年收获；瓜蒌仁在栽培2～3年收获；白果、巴豆等木本中药材一般要栽培3年以上才能结果收获。

（2）采收时间：大部分在种子完全成熟时采收，少部分在种子将要成熟时采收。如种子成熟期不一致，则应随熟随采。

白果、决明子、白扁豆等在自然成熟或将要成熟时采收。薏苡仁在叶片转黄、种子八成熟时即可采收，如采收过迟，已成熟的种子容易脱落，造成减产。

2. 采收方法　大部分采用人工采摘；部分草本人工或机械收割，脱粒；还有部分可以先收果实或者果枝，然后再分离非药用部位，收集种子。

3. 测产量　根据所采收的药材随机设计4个采收样方，样方为长2m，宽2m，将样方内所采药材称重，计算产量。下同。

（三）加工方法

采收后及时阴干、晒干或烘干，部分趁鲜杀青、切制后干燥。干燥后再分级包装储藏。

（四）质量要求

采收加工的药材应符合药材质量标准，应无霉变、保持固有色泽，并充分干燥。

四、实训作业与思考

1. 根据你所采收的药材填写表实 -12，并计算折干率和亩产量。

表实 -12　种子类药材采收记录表

药材	鲜重 /kg	干重 /kg	折干率 /%	亩产量 /kg
橘核				
瓜蒌仁				
牵牛子				
天仙子				
薏苡仁				
决明子				
青葙子				
白芥子				
白扁豆				
杏仁				
桃仁				
肉豆蔻				
龙眼肉				
莲子				
槟榔				
木蝴蝶				
白果				

注：折干率（%）=（样品药材干重÷样品药材鲜重）×100；

　　亩产量 =（样方鲜药材的重量÷样方的面积）×666.67× 折干率。

2. 来源于植物莲的药材有哪些？如何采收加工？

（王　乐）

实训十六　皮类药材的采收与加工

一、实训目的与要求

1. 掌握皮类药材的采收时期、采收与加工方法。
2. 能够正确使用适宜的工具，进行不同种类、不同品种的皮类药材采收加工。

二、实训材料用品

1. 采收工具　砍刀、锯刀、枝剪、铁锹、锄头（镢头）、竹筐等。

2. 加工工具　干燥箱、水盆、筢篱、锅、灶具、晒席、笼屉、剪刀、编织袋、密封袋、麻袋、搓板、瓷碗、分级筛、刮皮刀、木铲、竹签、瓦片或竹刀、木锤等。

3. **加工场地**　加工厂房、晒场、烘房、仓库等。

4. **其他用品**　秤、米尺、计算器、记录笔、记录表、标签、挂牌等。

三、实训内容及方法

皮类药材主要包括木本植物的干皮、枝皮、根皮以及少数多年生草本植物的根皮。

（一）皮类药材的品种（选取 1~2 种进行采收与初加工实训）

1. **树干皮或枝皮**　黄柏、杜仲、厚朴、肉桂等品种。

2. **根皮**　牡丹皮、香加皮、白鲜皮、地骨皮、五加皮等品种。

（二）采收方法

1. **采收时间**　干皮、枝皮采收多在春、夏季节，此时皮中活性成分含量较高，植物生长旺盛、树液丰富、皮部养分增多，形成层细胞分裂旺盛，皮部和木质部也容易剥离，剥离后伤口也易愈合，如黄柏、杜仲、厚朴等。少数在秋冬，如苦楝皮等。此外，栽培于热带、亚热带的肉桂等皮类药用植物，由于生育周期长，几乎全年均可剥皮。根皮的采收期推迟到生育周期的后期，过早有效成分少，产量质量及折干率均低，如牡丹皮等。

2. **采收方法**　树皮采收方法主要有两种：其一是砍树剥皮；其二是活树剥皮，分为全环状剥皮、半环状剥皮和条剥。活树剥皮能缩短树皮生长利用周期，保护和增加药材资源，时间宜选择在多云，无风或小风的天气，清晨或傍晚进行，使用锋利刀具环剥或半环剥或条剥将皮割断，深度以割断树皮为准，争取一次完成，以减少对木质部和形成层的损伤，剥皮处进行包扎，根部灌水施肥利于植株生长和新皮形成；根皮的采收一般是先挖取根，再除去泥土、须根。

3. **测产量**　草本皮类药材按照面积测定产量，根据所采收的药材随机设计 4 个样方，样方为长 2m，宽 2m，将样方内所采药材称重，计算产量。

木本皮类药材可以按照株数测定产量，根据树的长势设计多个样地，每个样地选择样树，将样树所采药材称重，计算产量。

（三）加工方法

剥下的树干皮或枝皮趁鲜除去老的栓皮，按要求压平或发汗或卷成筒状，阴干、晒干或烘干；根皮（如白鲜皮、香加皮、地骨皮、五加皮等）用工具挖取后，除去泥土、须根，趁鲜刮去栓皮或用木棒敲打，分离皮部与木部，抽去木心，晒干或阴干。

（四）质量要求

皮类药材应完整、无杂质、无霉变、保持固有色泽，并充分干燥。

（五）实例

1. **杜仲的采收加工**　杜仲定植后生长 15~20 年，开始剥皮，树皮厚度才符合药典要求。采收方法主要有两种：砍伐剥皮和活树剥皮。活树剥皮再生能保护树木，充分利用资源，且能提高单株产量。剥皮一般在 4—6 月树木生长旺盛期进行。

（1）砍伐剥皮法：多在老树砍伐时采用。于树干基部 10cm 处绕树干锯一环状切口，在其上每隔 80cm 环割一刀，于两环隔间纵割后环剥树皮，然后把树砍倒，如此剥取干部及树枝上的皮，不合长度的可作碎皮供药用。茎干的萌芽和再生力强，采伐后的树桩上能很快长新梢，育成新树。

（2）活树剥皮法：分部分剥皮和大面积环状剥皮。

1）部分剥皮：即在树干离地面 10~20cm 以上部位，交替剥落树干周围面积 1/3~1/4 的树皮，树干上未剥的皮仍能连成整体，使养分输送不致中断。每年可更换部位，如此陆续局部剥皮，这种轮换剥皮，树木不死亡，恢复生长快。

2）大面积环状剥皮：推广活树环状剥皮法，一棵树可多次剥皮，提高单株产量，但技术复杂，要求高。剥皮季节宜在高温多湿的夏季 6—8 月，此时昼夜温差小，树木生长旺盛，体内汁液多，营养丰富,树皮再生能力强,成活率高。

杜仲采收以多云、阴天或晴天下午4时后为宜,以日均25℃左右,空气相对湿度80%时为好,如天气干旱,应在剥皮前3～5天适当浇水,以增加树液,有利于剥皮和愈伤组织的形成。先在树干分枝处下部和树干基部离地面15～20cm处分别环割一圈,再在两环割处间纵割一刀,并从纵向处向两侧剥皮环割,直至把整张皮剥下,割时注意深度以割断韧皮部,不损伤木质部为度,剥时也要注意勿伤木质部,少伤形成层。对剥皮部位要采取保护措施,可用白色塑料薄膜包扎环剥部位,提高绝对温度和湿度,促使细胞分裂,避免曝晒雨淋,从而防止发生细胞脱水干枯和病虫害。2～3年后树皮可长成正常厚度,可继续依法剥皮。

将剥下的树皮用沸水烫后置于通风避雨处摊开,两张的内皮相对并压平,然后一层一层重叠平放于有稻草垫底的平地上,上盖木板,以重物压实,再覆稻草,使其"发汗",1周后,当内皮已呈紫褐色时,即可取出晒干,刮去粗皮即成商品。

2.牡丹皮的采收加工　牡丹栽种后3～4年即可收获。9月下旬至10月上旬,选择晴天采挖,挖时先把牡丹四周的泥土刨开,将根全部挖起,谨防伤根,抖去泥土,运至室内,大、小分级进行加工。因接触水分再晒干会使牡丹皮发红变质,故牡丹皮干燥过程中不能淋雨或接触水,干燥时还应注意进行发汗,以利充分干燥。由于产地加工方法不同,可分为连丹皮、刮丹皮和丹皮须。

连丹皮:又称原丹皮,将剪下的牡丹根堆放1～2天,待失水稍变软后,去掉须根,然后抽去中间木心晒干即得。不刮外表粗皮,晒时趁其柔软,将根条理直,捏紧刀缝使之闭合。

刮丹皮:将采挖出的牡丹根等,清水洗净泥土,依粗细修剪,分级,趁鲜(用刀具、机械、手工)刮去外皮,较粗的牡丹根(直径一般在2cm以上),先截取适宜长度,用刀顺着根的长度方向纵划一刀,切开根皮后用手将皮与木芯从一端向另一端剥离,去芯取皮;较细的牡丹根皮,先放在木墩上,用木锤敲击,使木质部与皮分离,去芯取皮后手将木芯抽出,晒干即可,商品上称刮丹皮或粉丹皮。

丹皮须:根条细小,不易刮皮和抽心,直接晒干者。

四、实训作业与思考

1.根据你所采收的皮类药材填写表实-13,并计算折干率和亩产量。

表实-13　皮类药材采收记录表

药材	鲜重/kg	干重/kg	折干率/%	亩产量/kg
黄柏				
杜仲				
厚朴				
肉桂				
牡丹皮				
香加皮				
白鲜皮				
五加皮				
地骨皮				

注:折干率(%)=(样品药材干重÷样品药材鲜重)×100%;

亩产量=(样方鲜药材的重量÷样方的面积)×666.67×折干率。

2.如何提高杜仲剥皮再生的成功率?

(钟湘云)

附录 01

附录 02

主要参考书目

[1] 国家药典委员会. 中华人民共和国药典（一部）[S]. 北京：中国医药科技出版社，2020.

[2] 么厉，程惠珍，杨智. 药材规范化种植（养殖）技术指南[M]. 北京：中国农业出版社，2006.

[3] 徐良. 中药栽培学[M]. 北京：科学出版社，2006.

[4] 张玉星. 果树栽培学总论[M]. 4版. 北京：中国农业出版社，2011.

[5] 黄璐琦，王康才. 药用植物生理生态学[M]. 北京：中国中医药出版社，2012.

[6] 吴兴亮，卯晓岚，图力古尔，等. 中国药用真菌[M]. 北京：科学出版社，2013.

[7] 陈随清，秦民坚. 中药材加工与养护学[M]. 北京：中国中医药出版社，2013.

[8] 潘佑找. 药用植物栽培学[M]. 北京：清华大学出版社，2014.

[9] 郭巧生. 药用植物资源学[M]. 2版. 北京：高等教育出版社，2017.

[10] 边银丙. 食用菌栽培学[M]. 3版. 北京：高等教育出版社，2017.

[11] 陈士林，董林林，李西文，等. 中药材无公害栽培生产技术规范[M]. 北京：中国医药科技出版社，2018.

[12] 郭巧生. 药用植物栽培学[M]. 3版. 北京：高等教育出版社，2019.

[13] 巢建国，张永清. 药用植物栽培学[M]. 北京：人民卫生出版社，2019.

[14] 董诚明，谷巍. 药用植物栽培学[M]. 3版. 上海：上海科学技术出版社，2020.

[15] 郭兰萍，谷巍. 中药资源生态学[M]. 北京：人民卫生出版社，2020.

[16] 黄璐琦，匡海学，孟祥才. 新编中国药材学（第一卷）[M]. 北京：中国医药科技出版社，2020.

[17] 张永清. 药用植物栽培学[M]. 2版. 北京：中国中医药出版社，2021.

[18] 章承林，龚福保. 药用植物栽培技术[M]. 3版. 北京：中国农业大学出版社，2021.

[19] 王光志. 土壤与肥料学[M]. 北京：人民卫生出版社，2022.

复习思考题答案要点

模拟试卷

《药用植物栽培技术》教学大纲